数据科学与大数据技术专业核心教材体系建设——建议使用时间

学期					
四年级上		分布式系统与云计算		自然语言处理 信息检索导论	
三年级下	计算理论导论	编译原理 计算机网络	非结构化大数据分析	模式识别与计算机视觉 智能优化与进化计算	信息内容安全
三年级上	数据结构与算法Ⅱ	并行与分布式计算	大数据计算智能 数据库系统概论	网络群体与市场 人工智能导论	密码技术及安全 程序设计安全
二年级下	离散数学	计算机系统基础Ⅱ	数据科学导论		
二年级上	数据结构与算法Ⅰ	计算机系统基础Ⅰ			
一年级下	程序设计Ⅱ				
一年级上	程序设计Ⅰ				

面向新工科专业建设计算机系列教材

软件测试实验

从应用实践到工具研制

钱　巨◎编著

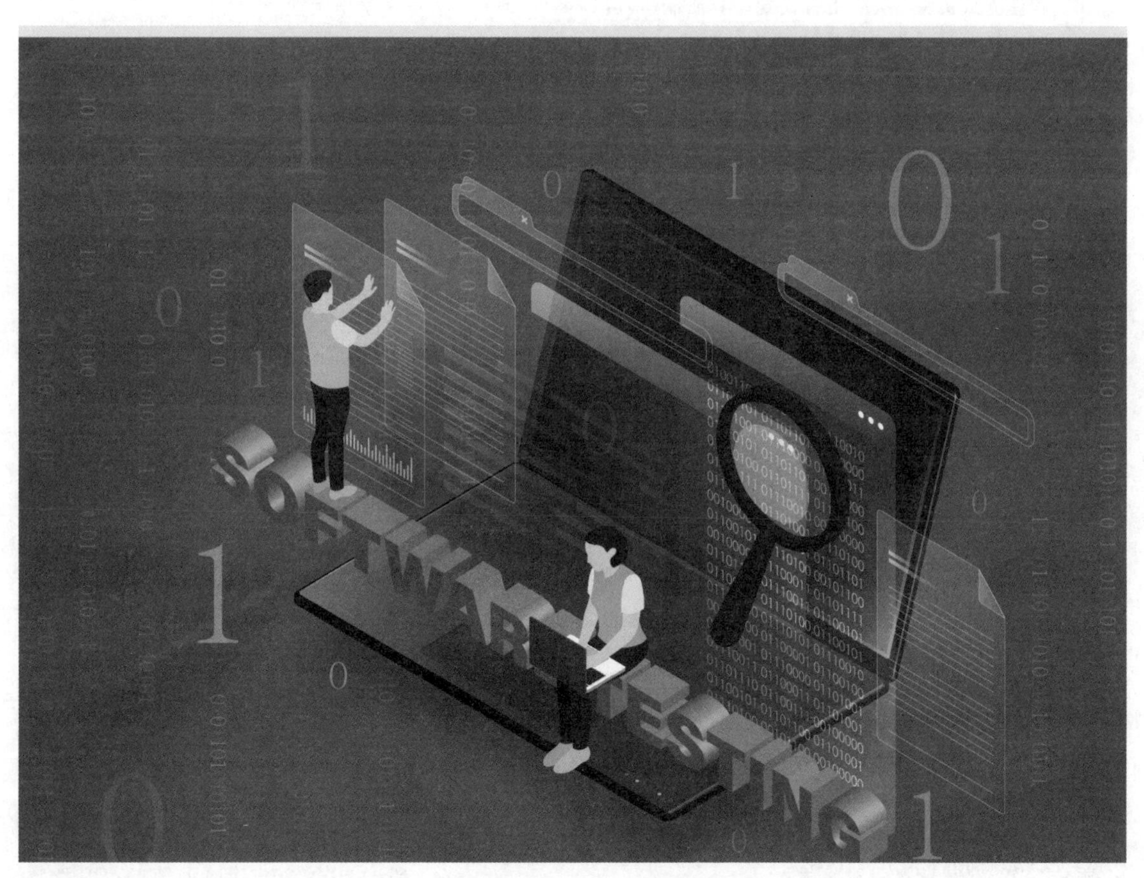

清華大学出版社
北京

内 容 简 介

本书以实验案例为主线介绍软件测试的方法、技术和工具，其内容包括22个实验，覆盖基本黑盒和白盒测试方法、开发者测试、自动化功能测试、性能测试、测试与软件项目管理、测试工具研制等，由浅入深，由实验案例引发解题思路的探讨，进而展开测试技术的介绍，最后再将测试技术应用到案例。

本书中的实验项目既可作为实验任务开展，也可作为理论教学的辅助案例。实验从工程教育专业认证的角度出发设定知识和能力培养目标；精心设计实验步骤，引导思考原理、解决问题并分析不足；设有实验评价方法，帮助了解实验要点，检验完成成效。

本书可作为高等院校计算机、软件工程专业高年级本科生、研究生的实验教材，也可作为从事软件测试实践应用的广大科技工作者的参考用书。

图书在版编目(CIP)数据

软件测试实验：从应用实践到工具研制/钱巨编著. —北京：清华大学出版社，2023.4
面向新工科专业建设计算机系列教材
ISBN 978-7-302-63155-2

Ⅰ. ①软… Ⅱ. ①钱… Ⅲ. ①软件－测试－高等学校－教材 Ⅳ. ①TP311.55

中国国家版本馆CIP数据核字(2023)第047785号

责任编辑：白立军　薛　阳
封面设计：刘　乾
责任校对：韩天竹
责任印制：刘海龙

出版发行：清华大学出版社
网　　址：http://www.tup.com.cn，http://www.wqbook.com
地　　址：北京清华大学学研大厦A座　　**邮　　编**：100084
社 总 机：010-83470000　　**邮　　购**：010-62786544
投稿与读者服务：010-62776969，c-service@tup.tsinghua.edu.cn
质量反馈：010-62772015，zhiliang@tup.tsinghua.edu.cn
课件下载：http://www.tup.com.cn，010-83470236
印 装 者：三河市君旺印务有限公司
经　　销：全国新华书店
开　　本：185mm×260mm　　**印　　张**：20.25　　**插　　页**：1　　**字　　数**：499千字
版　　次：2023年4月第1版　　**印　　次**：2023年4月第1次印刷
定　　价：69.00元

产品编号：091959-01

出版说明

一、系列教材背景

人类已经进入智能时代，云计算、大数据、物联网、人工智能、机器人、量子计算等是这个时代最重要的技术热点。为了适应和满足时代发展对人才培养的需要，2017年2月以来，教育部积极推进新工科建设，先后形成了"复旦共识""天大行动""北京指南"，并发布了《教育部高等教育司关于开展新工科研究与实践的通知》《教育部办公厅关于推荐新工科研究与实践项目的通知》，全力探索形成领跑全球工程教育的中国模式、中国经验，助力高等教育强国建设。新工科有两个内涵：一是新的工科专业；二是传统工科专业的新需求。新工科建设将促进一批新专业的发展，这批新专业有的是依托于现有计算机类专业派生、扩展而成的，有的是多个专业有机整合而成的。由计算机类专业派生、扩展形成的新工科专业有计算机科学与技术、软件工程、网络工程、物联网工程、信息管理与信息系统、数据科学与大数据技术等。由计算机类学科交叉融合形成的新工科专业有网络空间安全、人工智能、机器人工程、数字媒体技术、智能科学与技术等。

在新工科建设的"九个一批"中，明确提出"建设一批体现产业和技术最新发展的新课程""建设一批产业急需的新兴工科专业"。新课程和新专业的持续建设，都需要以适应新工科教育的教材作为支撑。由于各个专业之间的课程相互交叉，但是又不能相互包含，所以在选题方向上，既考虑由计算机类专业派生、扩展形成的新工科专业的选题，又考虑由计算机类专业交叉融合形成的新工科专业的选题，特别是网络空间安全专业、智能科学与技术专业的选题。基于此，清华大学出版社计划出版"面向新工科专业建设计算机系列教材"。

二、教材定位

教材使用对象为"211工程"高校或同等水平及以上高校计算机类专业及相关专业学生。

三、教材编写原则

(1) 借鉴 *Computer Science Curricula* 2013(以下简称CS2013)。CS2013的核心知识领域包括算法与复杂度、体系结构与组织、计算科学、离散结构、图形学与可视化、人机交互、信息保障与安全、信息管理、智能系统、网络与通信、操作系统、基于平台的开发、并行与分布式计算、程序设计语言、软件开发基础、软件工程、系统基础、社会问题与专业实践等内容。

(2) 处理好理论与技能培养的关系，注重理论与实践相结合，加强对学生思维方式的训练和计算思维的培养。计算机专业学生能力的培养特别强调理论学习、计算思维培养和实践训练。本系列教材以“重视理论，加强计算思维培养，突出案例和实践应用”为主要目标。

(3) 为便于教学，在纸质教材的基础上，融合多种形式的教学辅助材料。每本教材可以有主教材、教师用书、习题解答、实验指导等。特别是在数字资源建设方面，可以结合当前出版融合的趋势，做好立体化教材建设，可考虑加上微课、微视频、二维码、MOOC 等扩展资源。

四、教材特点

1. 满足新工科专业建设的需要

系列教材涵盖计算机科学与技术、软件工程、物联网工程、数据科学与大数据技术、网络空间安全、人工智能等专业的课程。

2. 案例体现传统工科专业的新需求

编写时，以案例驱动，任务引导，特别是有一些新应用场景的案例。

3. 循序渐进，内容全面

讲解基础知识和实用案例时，由简单到复杂，循序渐进，系统讲解。

4. 资源丰富，立体化建设

除了教学课件外，还可以提供教学大纲、教学计划、微视频等扩展资源，以方便教学。

五、优先出版

1. 精品课程配套教材

主要包括国家级或省级的精品课程和精品资源共享课的配套教材。

2. 传统优秀改版教材

对于已经出版、得到市场认可的优秀教材，由于新技术的发展，计划给图书配上新的教学形式、教学资源的改版教材。

3. 前沿技术与热点教材

反映计算机前沿和当前热点的相关教材，例如云计算、大数据、人工智能、物联网、网络空间安全等方面的教材。

六、联系方式

联系人：白立军

联系电话：010-83470179

联系和投稿邮箱：bailj@tup.tsinghua.edu.cn

面向新工科专业建设计算机系列教材编委会

2019 年 6 月

面向新工科专业建设计算机系列教材编委会

FOREWORD

前言

软件测试是一种实践性极强的软件工程方法，案例与实验教学是测试能力培养的关键。本书面向本科及研究生软件测试实践教学，包含22个精心设计的软件测试实验问题及其解决方案。实验内容涵盖基本测试方法应用、依托工具实施常见测试、测试管理、测试工具研制等方面；同时，引入服务与微服务测试、移动应用测试、云测试等前沿性内容。这些实验旨在加深学生对软件测试基本理论和方法的理解，将概念、方法、技术转换为测试技能，提升解决软件工程领域复杂工程问题的能力。

书中实验体系包括由浅入深的六大主要部分。第一部分为基本测试方法，包括一组黑盒和白盒软件测试实验项目，旨在加深学生对软件测试基本理论和方法的理解。这一部分的实验突出基本原理和方法，可不借助工具开展，主要训练测试分析、设计能力，构建面向软件质量问题的"测试思维"。

第二部分为开发者测试，旨在培养开发者在不同环境下开展单元测试、集成测试的能力，包括面向相对简单的函数和类实施单元测试、集成测试，以及面向更复杂、综合性更强的服务与微服务实施单元测试。

第三部分为自动化功能测试，旨在训练编写测试脚本实施自动化测试的能力，该项能力也是软件研发单位"测试开发"岗位经常需求的能力。

第四部分为性能测试，包括开发者视角的性能剖析以及系统测试者视角的并发性能测试。当前软件开发更多地向云服务迁移，而性能是服务质量的核心要素之一，性能测试也是云服务研发者时常面对的测试主题。

第五部分为测试与软件项目管理。测试是软件研制流程的一个必要环节，如何有效衔接开发和测试，是测试者乃至软件开发者都需要了解的问题。DevOps理念的流行、测试与开发融合的趋势也要求软件研发者了解测试开发相关管理流程与方法。

第六部分为测试工具研制，包括一组综合性的设计开发实验，要求学生研发简单的测试工具。通过该部分实验，可培养架构自动化测试系统的能力，训练学生在一些开源工具的基础上，综合应用数学、编译原理等知识，设计简单测试支撑工具。该部分可用于培养研究型的软件测试人才，也可作为一些软件工程方向研究生的实验教材。

本书每个实验设有明确的知识和能力培养目标，对应工程教育专业认证标准；安排循序渐进的实验步骤，引导学生思考测试原理、综合实验数据获得实验结论，分析比较方法与工具的优势与不足；列出了实验评价要素，既帮助教师评价学习效果，也帮助学生了解问题难点、要点。

实验附带对实施方法和过程的分析与思考，呼应理论课程的原理介绍。配套有参考方案以及相应实验数据与代码（实验附件可在清华大学出版社官网下载），所有实验方案均经过详细验证。教学过程可将本书中的实验作为案例来介绍软件测试方法。若要求学生完成本书的实验，大部分项目可要求学生选择不同的实验对象进行实验，或对实验要求进行适当的修改，以考查学生针对新案例解决软件测试问题的能力。全部实验难以在较短课时内完成，可考虑选做实验、组合不同实验的方式来控制实验内容。

需要说明的是，软件测试是一种工程方法，许多问题并没有标准答案，本书中的实验实施方法仅为读者提供参考，不代表对于实验问题最恰当的解决方案。如有不当，请批评指正。

本书编写得到了学生吴晗、林诚昊、王鹏宇、马荧炜、王子鸣、何明圣、朱建才、王岩等的大力支持，感谢他们不断尝试实验方案，并提供大量原始素材。感谢南京航空航天大学软件工程专业历届学生提供的教学反馈，也感谢业界提供的大量优秀测试工具。

钱　巨

2023年2月

实 验 结 构

实验项目列表

实 验 项 目	描　　述	实验类型	参考学时
第一部分　基本测试方法			
实验 1　基于用例场景的测试需求分析	基于用例场景法的黑盒测试	设计	2
实验 2　等价类与边界值测试	等价类法、边界值分析	设计	2
实验 3　组合测试	组合测试方法应用	设计	2
实验 4　综合黑盒测试	多测试技术综合应用	设计	4
实验 5　面向逻辑覆盖的白盒测试设计	白盒测试覆盖分析	设计	2
第二部分　开发者测试			
实验 6　单元测试	单元测试开发	设计	2
实验 7　集成测试	集成测试开发	设计	2
实验 8　服务与微服务单元测试	SOAP 服务、RESTful 微服务测试	设计	4
第三部分　自动化功能测试			
实验 9　桌面应用功能测试	基于 UFT/Sikuli 的桌面应用测试	设计	4
实验 10　移动应用功能测试	基于 Appium 的移动应用测试	设计	4
实验 11　Web 应用功能测试	基于 Selenium 的 Web 应用测试	设计	4
第四部分　性能测试			
实验 12　本地应用性能跟踪	本地应用程序性能跟踪	设计	2
实验 13　Web 应用并发性能测试	基于 JMeter 的并发性能测试	设计	4
实验 14　基于云的并发性能测试	基于云环境的并发性能测试	设计	4
第五部分　测试与软件项目管理			
实验 15　软件需求与测试管理	基于 TestLink 的测试管理	设计	4
实验 16　代码变更与评审	基于 pull　request 的代码评审	设计	2
实验 17　持续集成与测试	基于 Jenkins 的持续集成与测试	设计	4
实验 18　问题跟踪管理	基于 Github 的缺陷管理	设计	2
第六部分　测试工具研制			
实验 19　关键字驱动测试框架设计	设计关键词驱动的测试框架	综合	4
实验 20　测试自动生成工具开发	三种方法自动构造测试输入	综合	8
实验 21　静态缺陷检测工具开发	自动扫描缺陷并融入持续集成过程	综合	12
实验 22　运行时监控与覆盖分析工具开发	实现运行时代码执行跟踪	综合	12

实验涉及的工具

实验项目	工　具
第一部分　基本测试方法	
实验 1　基于用例场景的测试需求分析	—
实验 2　等价类与边界值测试	—
实验 3　组合测试	PICT
实验 4　综合黑盒测试	PICT
实验 5　面向逻辑覆盖的白盒测试设计	JDK、Eclipse、EclEmma
第二部分　开发者测试	
实验 6　单元测试	JDK、JUnit、TestNG、Apache Commons
实验 7　集成测试	JDK、Mockito
实验 8　服务与微服务单元测试	JDK
第三部分　自动化功能测试	
实验 9　桌面应用功能测试	UFT、Sikuli
实验 10　移动应用功能测试	Appium、Android SDK、Python
实验 11　Web 应用功能测试	Selenium、Python、Chrome
第四部分　性能测试	
实验 12　本地应用性能跟踪	JDK、Visual JVM
实验 13　Web 应用并发性能测试	JMeter、Badboy
实验 14　基于云的并发性能测试	华为云性能测试服务 CPTS
第五部分　测试与软件项目管理	
实验 15　软件需求与测试管理	TestLink
实验 16　代码变更与评审	Git、Github
实验 17　持续集成与测试	Maven、Git、GitStack、Jenkins、SonarQube
实验 18　问题跟踪管理	Github
第六部分　测试工具研制	
实验 19　关键字驱动测试框架设计	Python、Selenium、Robot Framework
实验 20　测试自动生成工具开发	Microsoft Z3、Xeger、Selenium
实验 21　静态缺陷检测工具开发	JDK、Soot、Git、Jenkins
实验 22　运行时监控与覆盖分析工具开发	LLVM

实验内容构成

本书中每个实验由以下内容构成。

实验 X 标题

引言，说明实验的必要性。

一、实验目标

说明本实验的知识和能力培养目标，以表格的形式列出主要知识点和能力要求，知识和能力的结构与工程教育认证的毕业生基本能力要求框架相一致。本书各实验所涉及的知识和能力覆盖情况见附录 A.1。

表 X-X　目标知识与能力

知　　识	能　　力
(1) 数学与自然科学 XXX (2) 专业基础 XXX (3) 软件测试 XXX	研究能力：XXX 设计/开发解决方案：XXX 使用现代工具：XXX

二、实验内容与要求

包含具体要开展的实验项目及其步骤和要求。

三、实验环境

实验相关的应用对象与工具环境等。

注意，本书中的所有网址为实验撰写时所用的网址，仅供读者参考。网址易变，如无法访问，可从搜索引擎查找相关内容的最新网址。

四、评价要素

供参考的实验评价要素，用于引导学生关注重点，避免将软件测试问题视为简单的工具安装使用问题。主要针对技术性内容，通用性的关于实验对象、实验答辩、实验报告等部分的标准和要求参见附录 A.2。

问题分析

1. 方法介绍

介绍实验内容相关的方法与技术。本书的核心不是测试原理的介绍，在该部分，主要是明晰相关概念、回顾测试方法核心要点等。

2. 实验问题的解决思路与注意事项

结合具体实验来分析如何应用测试方法和技术解决问题。

3. 难点与挑战

分析实验中的主要难点及其对策。

实验方案

1. 实验环境与实验对象

介绍关键的实验环境设置和具体的实验对象。实验环境设置方法在不同的软件版本、不同配置的目标计算机上可能有所不同。按本书给出的参考方法未必能完全正确地设置实验环境。如有问题，可检索搜索引擎加以解决。

本书中的实验对象仅作为学习参考，实际教学中，一般需要要求学生尽可能针对不同对象独立开展实验。

2. 实验步骤

呼应实验要求，展示实验核心步骤如何开展。实验过程中往往涉及编写代码等细节，本书附件提供了各实验的实现代码，可查看代码了解更多细节。

3. 总结、讨论、比较等

本书的大部分实验设有总结、讨论与比较环节，并且明确了相关要求。书中给出了一些参考性的分析，供启发思路。软件测试实践性极强，并且技术更新较快，一些说法可能未必准确，仅供参考。

实验评价中，一般也不要求学生给出完全正确的总结、讨论或比较，这些环节的设立，其目标是希望学生从实验实践回到原理本身，通过总结，形成对测试技术的更深入认知。

附件资源

实验相关的附件资源。

参考文献

供参考阅读的学习资料。

CONTENTS

目录

第一部分　基本测试方法

第二部分　开发者测试

第三部分　自动化功能测试

第四部分 性 能 测 试

第五部分 测试与软件项目管理

第六部分 测试工具研制

第一部分

基本测试方法

测试的起点是软件的需求规格，本部分从软件的功能分析开始，实验1“基于用例场景的测试需求分析”旨在探索如何对一个真实软件，尽可能全面地去识别软件功能需求，从软件功能需求获得“测试需求”，即测试需要覆盖的功能点。

对一项具体的功能，常用测试方法包括等价类法、边界值分析、组合测试等，因此实验2“等价类与边界值测试”探索如何系统地分析测试等价类、识别边界，由此来构造测试用例。

实验3“组合测试”旨在体验对于一个真实的组合问题，如何通过问题分析与抽象等手段提取组合因素与水平，构造组合测试用例，并在组合的过程中适当控制组合规模，避免构造过多的测试用例，影响测试效率。

一个真实问题往往难以用一种测试技术解决，实验4“综合黑盒测试”旨在面对真实问题，探索如何运用多种方法来开展测试，以较全面地覆盖系统风险。

黑盒测试设计是测试实践中采用较多的方法，但往往也需要采用白盒覆盖技术对测试的充分性加以评估，确保必要的测试强度。实验 5“面向逻辑覆盖的白盒测试设计”中读者将体验如何分析测试覆盖、面向覆盖目标构造测试用例，以掌握覆盖测试的相关概念和应用方法。

实验 1

基于用例场景的测试需求分析

测试伊始，首要任务是将诸如“请测试微信软件”这一宏大而模糊的目标转换为具体的“请测试微信软件文字消息发送功能”这一具体可操作的目标，即提取测试的基本需求。如此，对每一具体测试目标，可采用等价类、边界值等方法来开展测试，逐步完成整个系统的功能、性能检查，保证软件质量。

测试需求提炼的主要挑战是如何提高系统性，避免无线索地探索需求造成的功能点遗漏。惠特克在《探索式软件测试》一书中总结了商业区探索测试、历史区探索测试等一系列探寻软件功能的方法，为测试者梳理了测试思路。但是其中的方法相对发散，大部分依赖测试者的经验，对于缺乏经验的在校学生，还是有些理解和使用上的困难。用例场景分析是一种较为系统的可用于分析软件功能点、识别测试需求的方法，核心思路比较统一，相对而言较易于入门。本实验从一个小的测试问题，探寻如何应用用例场景法分析软件测试需求，以保证所识别的功能需求尽量全面、系统。

一、实验目标

掌握基于用例场景分析识别应用系统测试需求的方法，能够分析复杂应用系统中可能存在的测试需求，采用场景表达测试需求，并设计能够检验需求实现情况的测试用例，如表 1-1 所示。

表 1-1　目标知识与能力

知　　识	能　　力
(1) 用例、场景、基本流与备选流 (2) 测试用例	(1) 问题分析：以流程图等图模型对软件业务流程展开分析 (2) 设计/开发解决方案：软件需求规格分析；测试用例设计

二、实验内容与要求

选择一个包含多种角色的应用系统，例如在线购物系统，采用用例场景法为其设计测试用例。

(1) 列出待测应用的利益相关者。

(2) 分析利益相关者之间可能存在的活动关联，进而列出主要用例。

(3) 选择一个用例，列出该用例的基本流和备选流，得到测试场景。

(4) 基于所得场景构造测试用例。

(5) 讨论如何结合其他方法构造更多的测试用例。

三、实验环境

Word 与 Excel 软件。

四、评价要素

评价要素如表 1-2 所示。

表 1-2 评价要素

要　素	实验要求
利益相关者分析	充分发现系统的利益相关者
用例分析	全面列举用例
场景枚举	较全面地枚举场景，能够注意到一些隐蔽场景
测试用例设计	能够将场景具体化到可以执行的程度
测试方法讨论	能够结合具体问题特点分析可以结合的测试方法

问题分析

1. 用例场景分析

用例场景分析从利益相关者出发，识别利益纠缠引发的活动，即用例；再从用例去探寻一个活动中多种潜在的可能性，即场景；最后由场景出发构造测试用例。该方法既是大型业务系统的一种分析设计方法，也是一种测试思路。

用例场景法非常适合一些角色和流程复杂的系统。如果一个系统功能非常明确，例如，处理一个文件，产生一个输出，那么未必需要使用用例场景法。而如果一个系统涉及例如管理员、群组、用户的许多角色，每一个活动包含多步骤的交互，则用例场景法可以作为一种测试选项。

采用用例场景法进行测试，首先应该仔细分析有哪些利益相关者。此处的利益可以包括经济利益、社会利益等诸多方面，凡是和系统有可能产生关联的，都应考虑是否需要在测试过程中加以关注。特别需要注意的是，一个系统可能存在许多隐蔽的利益相关者，而一旦忽略这些相关者，则测试的全面性将很难得到保证。

列举出利益相关者之后，可以尝试将这些相关者连线，考虑有哪些活动会将不同相关者聚集到一起，这些活动即对应用例，或者说功能块。一方面，需要从软件文档出发，了解有哪些主要活动；另一方面，也要大胆假设、小心求证。大胆假设即根据测试者自身的认知对系统潜在活动加以广泛推测，因为软件的文档常常不全甚至缺乏，软件的功能在其用户界面上可能隐藏得较深，不加注意容易在测试中遗漏软件功能。小心求证即对照软件文档和实现来观察软件是否有相关功能，排除不存在的系统活动。

确定了用例后，即要系统地考虑该用例下有哪些可能性，这些可能性会如何组合在一起，由此识别用例场景。许多软件失效发生在不容易引起注意的场景下，因此，需要特别注意一些边缘情况，例如，购票选买儿童票、购物出现多重打折等情况。

从场景出发，可以填充具体数据，构造对应场景的可执行测试用例。此时，应注意到即使是同一个流程，不同的填充数据也可能带来不同的影响，因此，必要时配合其他测试方法来对系统的各类质量风险加以有效检查。

2. 实验问题的解决思路与注意事项

实验要求已经将测试过程重点需要考虑的问题列为测试步骤，因此，建议遵循实验步骤开展实验，每一步将相关要求落实到位。

3. 难点与挑战

(1) 系统利益相关者识别：真实应用系统往往存在许多不容易想到的隐蔽利益相关者，测试过程中需要注意发掘。

(2) 备选流分析：真实应用系统中的备选流往往比较多，即使是身边常用的软件，也有可能吃惊地发现许多从未注意到的功能。

实验方案

本实验尝试以淘宝网为对象，来实践基于用例场景的测试需求分析方法。淘宝网尽管被人们所广泛使用，但对这样的应用来开展测试，却常常容易忽略一些软件的重要需求。审慎地应用基于用例场景的测试方法，有助于避免需求遗漏。

1. 利益相关者分析

应用用例场景方法的第一步是识别利益相关者，从而全面地获取系统用例。在淘宝这样的应用中，普通购物用户是核心的利益相关者，但是除此以外，卖家、银行、淘宝官方、快递、菜鸟驿站等也是重要的角色，且不同角色关注的重点不同。表 1-3 列出了淘宝中的部分利益相关者。这些利益相关者各自具有不同的利益诉求，关注不同的实体。例如，对于买家和卖家而言，其主要利益是所购买和卖出的商品。对于淘宝官方而言，其核心价值主要体现在组织营销活动、对商品开展评价、处理投诉以维护各方权益等。而对于快递而言，其核心利益不在于商品，而在于包裹，从包裹的数量、重量、邮寄距离等方面获取其相关利益。

表 1-3　利益相关者

利益相关者	主要利益	利益相关者	主要利益
买家	商品	淘宝官方	营销、商品评价、投诉
卖家	商品	快递	包裹
银行	费用	菜鸟驿站	包裹

2. 用例识别

系统功能主要围绕利益相关者及其关注的利益展开。分析哪些利益相关者关注的利益存在关联，关联体现为何种活动等，可以识别系统中的用例。用例代表系统的主要功能块。对于利益相关者，还可以将其分为活动的发起者和参与者，以便于清晰梳理相关活动。

在淘宝系统中，买家是核心利益相关者，也是大部分活动的发起者。其关注的内容为商品，卖家的利益也是商品，买家和卖家通过商品发生联系，典型的关联活动是“购物”，构成一个重要用例。商品有其价格，商品从卖家到买家需要通过快递包裹发送，因此银行和快递也参与到购物活动中。而快递可能通过菜鸟驿站完成最终的投递，菜鸟驿站也是购物活动的一个重要参与者。如此，可以从利益相关者，特别是作为活动发起方的利益相关者出发，梳理出淘宝网的一组用例，如表 1-4 所示。需要注意的是，卖家、淘宝官方、快递等也可能作为发起者，关联一组不同活动。用例的识别需要充分考虑不同角色的利益，以避免遗漏系统需求，造成测试不充分。

表 1-4　淘宝网用例

发　起　者	参　与　者	活动(用例)
买家	卖家、银行、快递、菜鸟驿站	购物
		退货
	淘宝官方、卖家	投诉
卖家	淘宝官方	入驻
		上新
淘宝官方	卖家	营销
快递	卖家	结算

3. 场景分析

用例标识了系统的主要功能块，偏向于一个抽象的概念，无法直接对其展开测试。为了对软件开展有效测试，需要进一步识别每个用例代表的活动中，可能发生的各种不同的情况(称为场景)。

本实验以“购物”这一用例为例，来开展基于用例场景的测试。购物活动几乎与系统所有利益相关者有关，每一相关者在该用例下又有其关注的重点“利益”，如商品、包裹等(见图 1-1)。围绕这些相关者和利益可以提取用例下的场景。

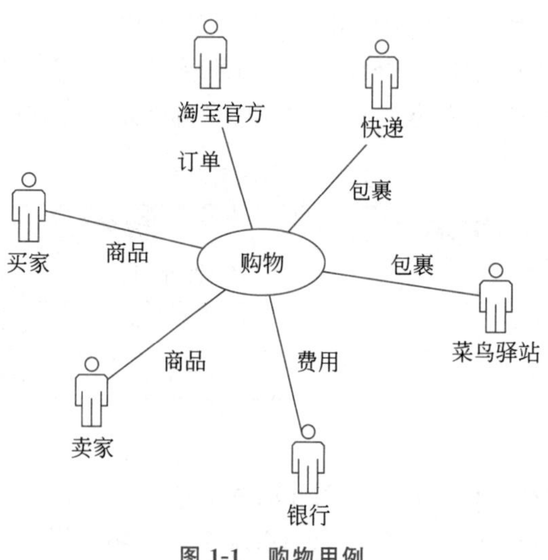

图 1-1　购物用例

为全面识别一个用例下的各种可能场景，首先需要确定系统的正常流程是什么，该流程是场景的“基本流”。在基本流的识别中，测试者应充分考虑各利益相关者在流程中的参与，避免遗漏重要步骤或可能情况。表 1-5 列出了整个淘宝购物的基本流。需要注意的是，淘宝网平台包括前后端等多种角色的系统，如果测试关注于整个平台，则所有系统角色都应纳入到测试考量中。而如果仅关注买家的客户端系统，则只需测试买家为主的功能。部分功能虽然在买家端，但仍需要第三方配合，例如，需要卖家配合发货，如果缺少配合，则只能开展部分功能的测试。

表 1-5　淘宝购物基本流

步骤	发起者	发起点	动作	参与者	可能变化
1	买家	买家客户端	登录淘宝	—	账户异常
2	买家		选择商品并加入购物车	—	商品缺货
3	买家		结算并形成订单	卖家、淘宝官方	多种折扣方式、邮寄方式、支付方式
4	买家		自行付款	—	付款失败、他人代付
5	卖家	卖家后台	确认订单并发货	—	发货超期、退货
6	快递	快递系统	邮寄商品	—	投递失败
7	买家	买家客户端	确认收货	—	主动/自动确认 退货、投诉
8	淘宝	官方后台	货款拨付	—	—

本实验后续测试设计主要关注淘宝的买家客户端，不考虑卖家后台活动。对于所关注的部分，“购物”用例的流程如图 1-2 所示，其中涵盖基本流以及购物流程下可能发生的各种变化。主线流程为基本流，支线流程对应备选流。

基本流(成功购物)为：用户登录，验证通过，选择商品并加入购入车，商品齐全，商品无优惠，生成订单，自己付款，付款成功，不退货，确认收货，不投诉。

备选流包括：①账户不正确；②商品不足；③商品有优惠；④他人付款；⑤付款失败；⑥退货；⑦投诉。

覆盖所有基本流和备选流，可以构造淘宝网买家客户端如表 1-6 所示的代表性用例场景。多个备选流也可以组合或循环反复出现。本实验主要考虑流程覆盖，暂不考虑备选流组合问题。

表 1-6　淘宝买家客户端场景

序号	名　称	包含的基本流/备选流	
场景 1	成功购物	基本流	
场景 2	账号有误退出	基本流	备选流①
场景 3	商品不足退出	基本流	备选流②
场景 4	商品优惠购物	基本流	备选流③
场景 5	他人付款购物	基本流	备选流④
场景 6	付款失败退出	基本流	备选流⑤
场景 7	买家退货	基本流	备选流⑥
场景 8	买家投诉	基本流	备选流⑦

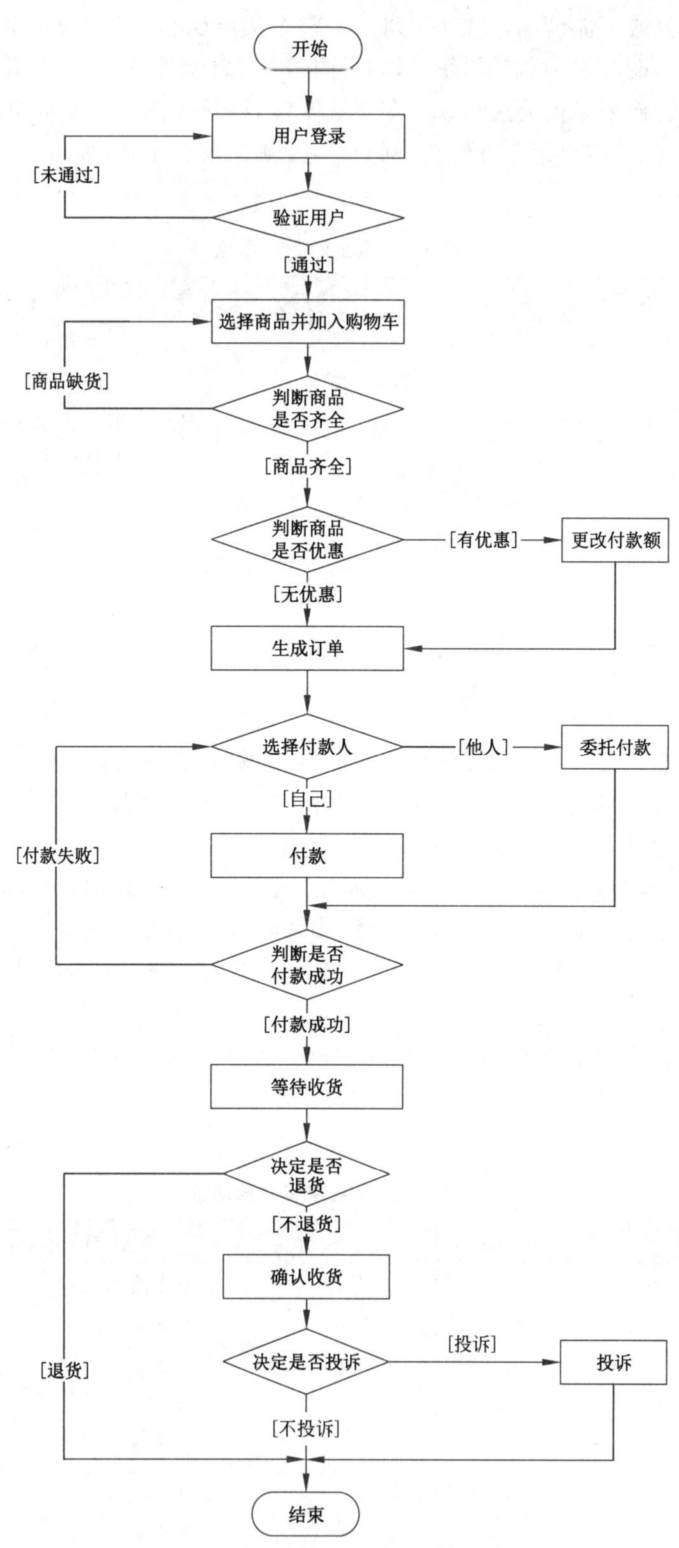
开始
用户登录
[未通过]
验证用户
[通过]
选择商品并加入购物车
[商品缺货]
判断商品是否齐全
[商品齐全]
判断商品是否优惠
[有优惠]
更改付款额
[无优惠]
生成订单
选择付款人
[他人]
委托付款
[自己]
[付款失败]
付款
判断是否付款成功
[付款成功]
等待收货
决定是否退货
[不退货]
确认收货
[退货]
决定是否投诉
[投诉]
投诉
[不投诉]
结束

图 1-2 “购物”用例的流程

4. 测试用例构造

从表1-6的场景，可以设计淘宝客户端上关于购物的测试用例。测试用例设计只需构造适当的值，按场景规定的流程运转即可，所得测试用例如表1-7所示。该表中，表头的“账户”“余额”等列出了运行场景所需的测试输入(或关于输入的条件)。各行中，Valid/Invalid表示对应的输入必须是有效的或无效才可执行场景流程，空白格表示该输入与当前场景不相关。

表1-7　淘宝买家客户端购物活动测试用例

序号	场景	账户	余额	价格	商品优惠	商品不足	付款人	退货	投诉	预期结果
1	场景1	Valid	300	200	否	否	自己	否	否	成功购物
2	场景2	Invalid								账户有误
3	场景3	Valid	300	200	否	是				商品不足
4	场景4	Valid	300	200	是	否	自己	否	否	商品优惠
5	场景5	Valid	300	200	否	否	别人	否	否	成功购物
6	场景6	Valid	480	512	否	否	自己			付款失败
7	场景7	Valid	300	200	否	否	自己	是	否	退货成功
8	场景8	Valid	300	200	否	否	自己	否	是	投诉成功

5. 结合其他方法构造更多测试用例

基于用例场景的测试需求分析其最大价值是分析软件所实现的功能，了解要测试什么样的功能块。除了功能，规格要求和缺陷风险也是测试中重点需要考虑的因素。例如，尽管已知购物场景中有用户登录这一功能，但用户的账户名称和密码有许多规格要求(如密码可能要求8位以上、字母与数字混合)，也存在SQL注入等各类质量风险，要全面测试用户登录，往往还需要其他测试技术的配合。

其中，典型的测试技术包括等价类法、边界值分析等。这些方法应用系统性或经验性的策略来帮助提高测试的充分性。此外，基于数学方法的测试构造技术也能够帮助提升测试质量。例如，在备选流的组合中可以考虑采用正交测试方法来构造组合测试用例。对于账户密码，可以用正则表达式等来建立输入数据的规格描述。应用“编译原理”课程中介绍的正则表达式和有限自动机的等价性，可以将正则表达式转换为自动机图形。然后，可以用图论的方法来生成自动机状态变迁序列，构造对应正则表达式语言的测试数据。

实验2

等价类与边界值测试

等价类和边界值分析是测试设计的基本方法，在软件测试实践中得到广泛应用，也是测试从业者极有必要掌握的方法。本实验通过一个案例来系统地训练应用等价类和边界值分析的能力。

一、实验目标

掌握基于等价类划分和边界值分析(或错误推测)设计黑盒测试用例的方法。能够针对目标问题分解等价类，并从等价类导出测试用例；能够相对系统地分析软件边界，构造边界值测试用例，如表2-1所示。

表2-1 目标知识与能力

知识	能力
(1) 等价类及其划分方法 (2) 边界值及其常见类别 (3) 测试用例 (4) 软件失效及其成因	(1) 设计/开发解决方案：软件需求规格分析；测试用例设计 (2) 研究：根据测试设计和成功、失败执行情况，总结测试结果，并尝试推断错误

二、实验内容与要求

有一命令行程序，依次间隔输入三个值：year、month、day，分别对应日期的年、月、日，通过该程序可以输出给定日期在日历上间隔两天后的日期。例如，输入为“2004 11 29”，则输出为“2004 12 1”。

要求用等价类与边界值法测试该程序。

(1) 分析输入条件和输出(程序行为)特征，以表格形式列出按输入及不同输出特征划分的有效和无效等价类。

(2) 根据等价类划分，构造测试输入，并给出预期执行结果。

(3) 用边界值和错误推测法补充生成更多测试用例。

(4) 执行测试，比较预期执行结果与实际执行结果，给出测试结论(对于发现错误的情况，应特别说明)。

(5) 结合自身的经验，推测可能造成所发现软件失效的原因。

(6) 分析测试过程的不足，讨论测试资源充足时可以做出的进一步改进。

三、实验环境

(1) Word 与 Excel 软件。

(2) 待测日期应用程序 Calendar.exe。

四、评价要素

评价要素如表 2-2 所示。

表 2-2　评价要素

要　　素	实 验 要 求
等价类划分	应能够分析输入本身的特征和由输入造成的不同软件行为模式(输出),划分等价类来表达输入/输出特征,而不是仅着眼于输入本身的特征
测试用例构造	有效等价类:一个测试用例多覆盖;无效等价类:尽量是一个测试一覆盖
边界值分析	较全面地考虑边界和异常情况
缺陷发现与原因分析	本案例程序包含错误,好的测试应能够发现潜藏失效
测试方法讨论	能够有理有据地展开分析讨论

问 题 分 析

1. 等价类与边界值测试的基本方法

等价类测试法,其核心是按揭示失效的等效性将输入数据划分为若干等价类。划分依据方面,如图 2-1 所示,一方面是不管软件如何处理,按照输入数据自身的特点(如数值个数、范围、集合等)进行等价类划分;另一方面,软件的行为或者说输出可能存在一些不同模式,从这些模式反向追溯到输入空间,也可以形成对输入空间的等价类划分。等价类分为有效等价类和无效等价类,对应有效(正常)和无效(异常)输入。一开始即进行细粒度的等价类划分可能存在难度。可以先粗粒度分析输入/输出特征,划分等价类。然后,在测试代价允许的条件下,不断细分等价类,构造等价类表。

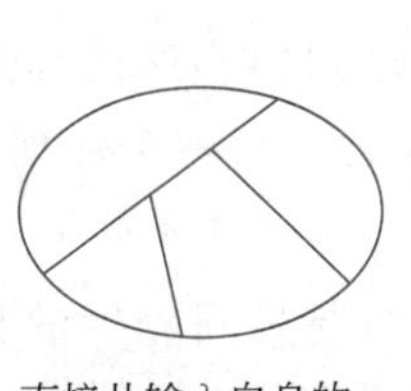

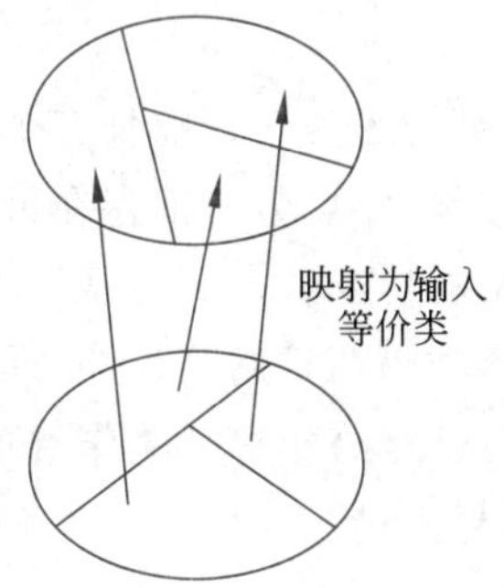

图 2-1　等价类划分思路

有了等价类，就可以构造测试用例覆盖这些类别。对于有效等价类，用一个有效输入的测试用例覆盖尽量多的类别。因为有效输入对应多个有效等价类相关条件的逻辑与，一旦用例测试通过，则表明这些有效等价类都得到了正确处理。对于无效等价类，用一个无效输入的测试用例尽量覆盖唯一的无效等价类。因为无效输入对应无效等价类相关条件的逻辑或，只要一个无效条件成立，即构成异常，往往其他无效条件并不会得到检查(类似短路表达式)，此时无效输入实际也仅能检查一个无效等价类。

边界值测试方法检查边界情况的处理，包括输入自身的边界值、从软件行为(输出)模式切换的边缘追溯到输入层的边界，以及内部实现中的边界等。良好的等价类分析方法为边界值测试提供了清晰线索，可在等价类的边缘选取输入值来施加测试。考虑到等价类划分常常难以穷尽、系统实现中还往往有一些危险边界等，除了在等价类边缘寻找边界值，还可以根据自身经验和对软件质量风险的认知，尝试去找寻更多隐蔽的边界情况。

2. 实验问题的解决思路与注意事项

不考虑软件行为，仅知道输入是个日期，那么可以从日期本身的特征去构造有效和无效等价类。软件输出隔两天后的日期，这种相隔既可能不跨年月，也可能跨月、跨年，根据这些行为特征，可以反向追溯到输入层，形成对等价类的划分。

按照对日期相关问题的认知，可以知道 2 月、7 月、8 月的相关规则与其他月份存在些许不同，而闰年、平年在百年节点上也存在规则变化。这些情况是引发缺陷风险比较大的点，应重点加以测试。

3. 难点与挑战

(1) 等价类的划分线索：在实际划分等价类前，理清划分思路是一个难点，因为等价类的划分尺度有很多，如何系统地进行划分是一个问题。

(2) 粗细划分尺度的权衡：等价类既可以划分得很细，也可以划分得较粗。那么，到底如何划分、如何从粗到细，是一个有待思考的问题。

(3) 缺陷发现：被测软件已知包含缺陷，如何全面地发现缺陷是一个难题，特别是那些非格式、用户体验类的核心逻辑缺陷。

实验方案

1. 等价类划分

从软件描述可知，其输入为年、月、日三个值构成的日期，通过命令行输入，那么其形式相对自由，输入数字、字母、浮点数等都存在可能。年、月、日各个数据自身，以及这些数据的组合都存在正常和异常的情况。

软件的输出是一个间隔两日后的日期。简单的情况是间隔后的日期仍在本月，复杂的情况还包括间隔后跨月甚至跨年等。跨年月可能是较大的风险点，它们的计算过程与不跨的情况有所不同，很容易出错。

根据以上分析，可得到关于输入和输出特征的有效/无效等价类，并对等价类进行编号。结果如表 2-3 所示。

表 2-3　等价类划分

划分依据		有效等价类	无效等价类
按输入条件进行划分	按输入值个数	(1) 三个数	(25) 小于三个数
			(26) 大于三个数
	按输入值区间划分	(2) 三个正数	(27) 一个≤0 的数
			(28) 两个≤0 的数
			(29) 三个≤0 的数
	按数值集合划分	(3) 三个整数	(30) 一个非整数(包括小数、字符串等)
			(31) 两个非整数(包括小数、字符串等)
			(32) 三个非整数(包括小数、字符串等)
	按闰年平年	(4) 一般闰年	—
		(5) 百年闰年	
		(6) 平年	
	按年的位数	(7) 4 位数年	—
		(8) 小于 4 位数年	
		(9) 大于 4 位数年	
	按月份大小	(10) 大月 month={1, 3, 5, 7, 8, 10, 12}	(33) month>12
		(11) 小月 month={4, 6, 9, 11}	
		(12) 2 月 month=2	(34) month<1
	按日	(13) 每月都有的日子 1≤day≤28	(35) day>31
		(14) 除平年 2 月都有的日子 day=29	(36) day<1
		(15) 除 2 月都有的日子 day=30	(37) 小月 day>30
		(16) 大月都有的日子 day=31	(38) 闰年 2 月 day>29
			(39) 平年 2 月 day>28
按输出特征进行划分	按后两日是否跨年	(17) 肯定不跨年 1≤month≤11	—
		(18) 可能跨年 month=12	
	按后两日是否跨月	(19) 肯定不跨 1≤day≤26	—
		(20) 可能跨月,日子不定(1, 29) day=27	
		(21) 可能跨月,日子不定(1, 2, 30) day=28	
		(22) 可能跨月,日子不定(1, 2, 31) day=29	
		(23) 肯定跨月,日子不定 day=30	
		(24) 肯定跨月,日子确定 day=31	

2. 根据等价类划分构造测试用例

首先，针对每个未被覆盖的有效等价类，设计新的测试用例，使它能够尽量多地覆盖尚未覆盖的有效等价类。重复该步，直到所有的有效等价类均被测试用例所覆盖。

然后，针对每个未被覆盖的无效等价类，设计新的测试用例，使它尽量仅覆盖一个尚未覆盖的无效等价类。重复该步，直到所有无效等价类均被测试用例所覆盖。

所得测试用例如表 2-4 所示。

表 2-4　基于等价类构造的测试用例

序号	目标等价类	测试输入	预期结果	实际覆盖的等价类
1	(1)	2000/1/31	2000/2/2	(1) (2) (3) (5) (7) (10) (16) (17) (24)
2	(4)	2016/2/29	2016/3/2	(1) (2) (3) (4) (7) (12) (14) (17) (22)
3	(6)	2015/4/30	2015/5/2	(1) (2) (3) (6) (7) (11) (15) (17) (23)
4	(8)	999/11/26	999/11/28	(1) (2) (3) (6) (8) (11) (13) (17) (19)
5	(9)	10000/1/27	10000/1/29	(1) (2) (3) (5) (9) (10) (13) (17) (20)
6	(18)	2015/12/31	2016/1/2	(1) (2) (3) (6) (7) (10) (16) (18) (24)
7	(21)	2000/1/28	2000/1/30	(1) (2) (3) (5) (7) (10) (13) (17) (21)
8	(25)	2000/5	不合法提示	(25)
9	(26)	2000/1/3/12	不合法提示	(26)
10	(27)	2000/0/15	不合法提示	(27)
11	(28)	2000/0/0	不合法提示	(28)
12	(29)	0/0/0	不合法提示	(29)
13	(30)	2015/1/2.1	不合法提示	(30)
14	(31)	2015/1.1/1.1	不合法提示	(31)
15	(32)	2015.1/ab/3.3	不合法提示	(32)
16	(33)	2015/13/5	不合法提示	(33)
17	(34)	2015/0/25/	不合法提示	(34)
18	(35)	2015/5/32/	不合法提示	(35)
19	(36)	2015/5/0	不合法提示	(36)
20	(37)	2016/11/31	不合法提示	(37)
21	(38)	2000/2/30	不合法提示	(38)
22	(39)	2015/2/29	不合法提示	(39)

3. 用边界值和错误推测法补充生成更多测试用例

在表 2-3 的划分中，等价类(10)、(11)、(13)、(17)、(19)、(25)～(39) 或者规定了值的范围，或者规定了值的个数，测试过程中需要考虑输入取边界值的情况。

如果输入条件规定了值的范围，则取刚好达到范围的边界以及刚好超过范围边界的值作为测试输入数据；如果输入条件规定了值的个数，则考虑用最大个数、最小个数和比最大个数多 1 个、比最小个数少 1 个的数作为测试数据。对于前述需要考虑边界值的等价类，将进一步生成如表 2-5 所示的测试用例。等价类(10)、(11)、(17)、(25)～(39)的边界已在基于等价类的测试数据生成时覆盖到，故不再生成新测试用例。只有等价类(13)和(19)的边界需要生成测试数据。

表 2-5　基于边界值构造的测试用例

序号	待覆盖边界的等价类	测 试 输 入	预 期 结 果	实际覆盖到边界的等价类
23	(13)	2000/1/1	2000/1/3	(13) (19)

从实现风险的角度，考虑到 7 月、8 月是大小月切换的位置，从月末日期计算两日后的日子时容易出错，故采用错误推测法进一步生成如表 2-6 所示的两条测试用例。

表 2-6　基于错误推测构造的测试用例

序号	测 试 输 入	预 期 结 果
24	2016/7/30	2016/8/1
25	2016/8/31	2016/9/2

4. 执行测试，获得测试结果

对附件里的 Calendar.exe 程序进行测试，可获得如表 2-7 所示的测试结果。

表 2-7　测试用例执行结果

序号	测 试 输 入	预 期 结 果	实际测试结果	是否存在失效
1	2000/1/31	2000/2/2	2000/2/2	
2	2016/2/29	2016/3/2	2016/3/2	
3	2015/4/30	2015/5/2	2015/5/2	
4	999/11/26	999/11/28	999/12/28	
5	10000/1/27	10000/1/29	10000/1/29	
6	2015/12/31	2016/1/2	2015/13/2	是
7	2000/1/28	2000/1/30	2000/1/30	
8	2000/5	不合法提示	停止工作	是
9	2000/1/3/12	不合法提示	2000/1/5	是
10	2000/0/15	不合法提示	月不合法	
11	2000/0/0	不合法提示	月不合法	
12	0/0/0	不合法提示	月不合法	
13	2015/1/2.1/	不合法提示	2015/1/4	是
14	2015/1.1/1.1/	不合法提示	2015/1/3	是
15	2015.3/ab/3.3/	不合法提示	月不合法	
16	2015/13/5	不合法提示	月不合法	
17	2015/0/25/	不合法提示	月不合法	

续表

序号	测 试 输 入	预 期 结 果	实际测试结果	是否存在失效
18	2015/5/32/	不合法提示	日不合法	
19	2015/5/0	不合法提示	日不合法	
20	2016/11/31	不合法提示	月不合法	是(错误的提示信息)
21	2000/2/30	不合法提示	日不合法	
22	2015/2/29	不合法提示	日不合法	
23	2000/1/1	2000/1/3	2000/1/3	
24	2016/7/30	2016/8/1	2016/8/2	是
25	2016/8/31	2016/9/2	2000/9/2	

以上测试表明，程序在跨年、日期格式不正确、7 月切换到 8 月的情况下，无法正确工作，存在错误。另外，程序在小月日子大于 30 时无法给出正确的提示信息。

软件即使在合法的输入下也不能保证正确工作，严重影响使用，因此可以认为存在较大的质量缺陷。

5. 可能造成所发现的软件失效的原因

根据一般的编程经验，可以对失效的成因稍作推测。推测未必准确，可作为后续缺陷修复的参考，并在今后的编程开发中加以注意。

对于用例 6、7 中的跨年计算错误，有一定的可能性是开发者未考虑到日期计算跨年的情况，在此方面的条件判定或计算过程有误。

对于用例 8、9 中的日期格式不正确(少于三个输入或者多于三个输入)，很多开发者在读取命令行参数时，时常不注意检查命令行参数的个数，容易发生数组访问越界造成的崩溃等问题。

对于用例 13、14 中的非整数情况未正确处理，在 C 语言编程中，常用 atoi()函数进行字符串到整数的转换，该转换模块对于一些非整数的字符串也能够读取，容易造成错误。

对于用例 20 的输出提示错误，很多程序员在输出错误提示信息时，常采用复制、粘贴的方式，复制后不注意更正，可能造成输出信息不准确。

对于用例 24 中的 7 月、8 月计算错误，在年月日处理中，7 月、8 月、2 月都是极容易出错的情况，很容易出现条件判断方面的考虑不周，程序可能在相关条件的设定方面出现错误。

6. 测试过程的不足与可以做出的改进

以上测试过程比较多的是关注数字输入的处理，而命令行参数本质上是字符串，还可能存在一些字符串相关的错误。实验中仅个别用例考虑了字符串输入，后续可以继续加强字符串的测试。此外，前述测试也未充分检验负数、整数接近溢出的情况等，这些输入也可以考虑。

本实验是黑盒测试，在有源代码的情况下，可以统计源代码中的逻辑覆盖来导向更充分的测试。日期计算问题涉及非常多的条件判定，语句覆盖可能不够，还应考虑分支和条件覆盖准则。

附件资源

日期计算程序及其 C++ 源代码。

实验3

组合测试

在针对不同软件开展测试设计的过程中，可以发现，大量软件的输入、配置等呈现组合性特征。如果对所有可选组合都进行测试，极易造成组合爆炸问题，可能产生过多的测试用例，影响测试效率，甚至导致测试方案不可行。测试者有必要掌握基本的组合测试方法，以应对软件输入数据、环境等呈现组合性特征的情况。

一、实验目标

掌握应用组合测试技术进行测试用例设计的方法。了解组合测试技术所适用的问题，能够对给定测试问题进行抽象，将待测试内容抽象为多种因素的组合，能够分析组合因素之间的约束等，并利用工具完成测试用例的构造。目标知识与能力如表3-1所示。

表3-1 目标知识与能力

知　识	能　力
(1) 组合关系、组合约束、组合生成算法 (2) 组合测试方法	(1) 问题分析：能够将软件测试问题表达成组合数学问题 (2) 设计/开发解决方案：软件需求规格分析；测试用例设计 (3) 使用现代工具：能够使用组合测试工具来辅助开展测试设计

二、实验内容与要求

许多在线购物系统支持组合检索策略，允许用户选定某个组合配置，然后在该配置下浏览、检索相应的商品，例如，如图3-1所示的计算机选购组合检索。然而，系统的组合检索并不总是能够正确地实现，时常有不符合预期的情况发生。

本实验要求用组合测试方法开展在线购物系统组合选购功能的测试。具体实验内容如下。

(1) 分析所选在线购物系统的组合选购功能有哪些输入控制因素。

(2) 以某类典型商品的选购为例，分析可选的组合因素、每个组合因素的可选取值水平，以及组合之间存在的限制约束(对于可选取值过多的组合因素，设计策略选择其中代表性的取值来参与测试)。

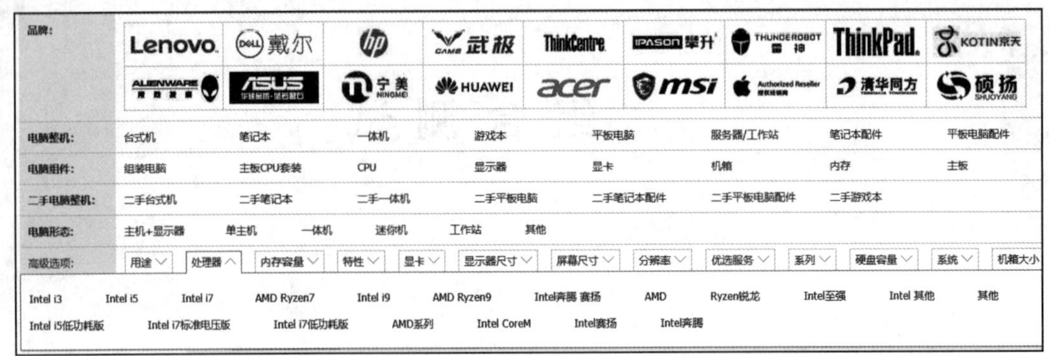

图 3-1 计算机选购组合检索

(3) 基于微软的 PICT 工具生成因素取值水平组合，作为对组合选购功能开展测试的测试输入。

(4) 将 PICT 生成的输入水平组合具体化为可实际执行的测试用例，执行测试，思考正确测试结果的特征，该如何校验测试结果，并在部分测试用例上对该思路加以验证（不要求编程验证，人工实验验证亦可）。

(5) 讨论如果没有 PICT 工具，可以采用哪些算法思路来自动构造组合测试用例。

三、实验环境

(1) Word 与 Excel 办公软件。

(2) 可访问的在线购物系统。

(3) PICT 工具：https://github.com/Microsoft/pict。

四、评价要素

评价要素如表 3-2 所示。

表 3-2 评价要素

要　素	实验要求
组合因素分析	应合理抽取、抽象组合因素；应识别其中的限制约束
组合构造	有效基于 PICT 工具构造组合选项
测试执行与结果分析	实施测试，并给出检验测试结果正确性的思路
算法设计	给出基本有效的组合输入构造算法思路

问题分析

1. 组合测试技术

若一个软件的输入数据或配置可以被抽象为 N 个因素的组合，每个因素的可选取值隶属一个有限的枚举空间，则可以用组合测试方法[1,2,3]加以测试。组合测试构造出一组关于 N 个输入因素的组合实例，能够对输入空间的两因素(Pairwise)或更多因素(N-way, $N>2$)

组合形成覆盖。

在软件测试实践中，许多经验表明，大多数缺陷由少量几个因素的共同作用而引发，例如，未妥善处理某两个输入因素的组合而造成。因此，组合测试实践中一般寻求对两到三个因素的组合形成覆盖。两因素组合测试是目前常用的组合测试方法，这种测试方法在生成的组合规模和检错能力方面取得了相对较好的平衡。

两因素组合测试可以基于正交表实现，正交表具有清晰的数学结构，可以实现两因素组合取值等概率出现的均匀覆盖，对于软件测试教学中理解组合测试较有帮助。但其一方面是不易获取，另一方面是一味追求等概率出现可能要求一个组合取值被测试多次，带来一定冗余，增加了测试代价。

另一种选项是用微软提供的 PICT 组合测试工具来生成取值组合。PICT 不仅支持描述各个因素和候选取值水平，还能够表达多因素取值之间的约束，具有较强的组合生成能力。本实验基于 PICT 来实施组合测试。

2. 实验问题的解决思路与注意事项

1）识别输入因素

Web 系统中的输入主要是本文框、复选框等。

2）组合因素及其取值水平、取值约束获取

并非每一输入都适合直接作为组合因素，真实应用中参与组合的输入项可能很多，每个输入项也可能有不少候选取值。因此，重点是如何对输入项及其取值进行抽象。一种抽象思路是从系统实现和风险角度进行抽象。例如，某些输入项的应用内部处理机制可能相同，测试一个，一般也就排除了同类输入的风险，对于这种情况，多个输入可能测试一个即足够。同样，一个文本框的输入可能有非常多种，甚至近乎无限多种，可以将其抽象为填、不填，或者单个单词、多个单词等多种不同填充状态。在此基础上，可以识别组合因素和水平之间的约束，典型的约束包括取值互斥、取值恒定相同等。

3）基于 PICT 的测试构造

PICT 工具提供了丰富的功能，包括描述组合间的约束，可以查阅官方文档来了解其使用。

4）测试执行与结果确认

关于如何确定测试执行的结果是否符合预期，基本的方法就是由人工分析组合语义，对照软件功能，设定预期结果。预期结果一般不一定是一个固定结果，有可能软件输出符合特定模式即表明其在组合输入下能够正常工作。

另外，一些软件对于同样一个检索提供不同的访问途径，即有多种软件用法都可以实现相同目的的检索任务。在这种情况下，印证同一功能在不同软件使用方式下的结果是否一致，可以帮助确定组合输入是否得到了正确处理。

3. 难点与挑战

(1) 组合因素和水平抽取：该过程需要结合软件实现和相关质量风险对原始输入项及其取值进行抽象。如何合理抽象是一个难点，不当的抽象一方面很可能导致组合爆炸，产生过量测试用例；另一方面，缺乏依据的抽象难以使人对测试结果产生信心。

(2) 测试用例构造与测试结果确认：测试用例构造是一个从组合因素和水平到具体测试用例的过程，但其中因素多、从抽象因素和水平到真实输入项和数据的映射关系复杂，如何理顺关系、高效构造用例是一个难点。真实系统如何确认软件在组合输入下表现正常是另一个难点，是否能找到途径实现某种程度的测试结果自动判定具有相当大的挑战。

(3) 组合生成算法：如何从组合因素、水平、约束构造输入组合，这一问题涉及复杂数据结构和算法，需要具有扎实的基础，且广泛查阅资料才能解决。

◇ 实验方案

本实验以京东商城 Web 版的组合选购功能为测试对象，研究应用组合测试的思想来设计测试用例的方法，尝试对组合因素展开高充分度的测试。

1. 输入控制因素分析

通过关键词搜索或者类别浏览功能，进入一个如图 3-2 所示的商品选购页面。在输入关键词为“测试 Web”时，可以发现有以下输入项可以帮助选择商品。

- 搜索框关键词：可以输入单个或多个关键词。
- “品牌”：多种品牌，可以多选。
- “计算机与互联网”：图书内容类别，单选。
- “其他图书”：多个选项，单选。
- “出版社”：十个以上选项，可以多选。
- “类别”：多选类别选项。
- “高级选项”：包括“包装”“是否套装”等，单选。
- 工具栏选项：“京东物流”“货到付款”“仅显示有货”“新品”“PLUS 专享”等。

在 Web 页面上单击某组合选项(如“中小学教辅”)后可能呈现其他动态输入项，这些输入项在图 3-2 的界面中隐藏，可以在组合选择过程中出现。具体输入项难以全部枚举，但这些输入项基本特征类似。

图 3-2 商品选购页面

以上用于选择商品的输入项基本为互不相干的枚举类型，各个选择因素之间及各个可选条目之间推测不存在直接联系，功能相对独立。即使选择一个输入项后，导致另一个选项不可选，或者从隐藏变成出现，这种联系也是与商品检索结果相关，而不是直接由输入项间的逻辑关联造成的。另外，选项部分单选、部分多选，多个选项共同决定最终的检索结果，因此存在在组合选择下系统出现异常的风险。输入为枚举类型、独立性强、共同发生作用，该实验对象较适合采用组合测试的方法来开展测试。

当然，组合测试仅用于检验组合搜索相关的缺陷，如中文网站无法搜索英文商品之类的缺陷风险暂不在本次测试的考虑范围内。

2. 组合因素和水平分析

本实验对象中，参与组合的因素包括搜索框关键词、“品牌”“计算机与互联网”“其他图书”“出版社”“类别”“高级选项”“京东物流”“货到付款”“仅显示有货”“新品”“PLUS专享”等，总计组合因素超过20个。诸如品牌等组合因素，其可选水平值达10个以上。如果直接对所有输入因素及其原始取值进行组合，则存在组合爆炸的问题，产生的测试用例过多，测试低效而难以开展。

如何精简组合因素和水平？可以尝试对软件的缺陷风险加以分析，识别可能导致缺陷的主要因素和水平，对此加以组合，提高测试效率。对所有输入因素而言，可以将其分为以下几个类别，其取值水平也可加以抽象。

(1) 搜索框关键词：关键词检索和其他勾选等方式的检索输入对应的处理机制不同，缺陷风险有差别，有必要作为独立组合因素来测试。其取值可以抽象为单个关键词、多个关键词两种，而多个关键词中两个、三个关键词，其差别明显小于单个和多个关键词，只需测试一种往往就能对检索机制的执行路径加以有效覆盖。

(2) 单选检索输入：“计算机与互联网”“其他图书”“系列”等组合选项为单选输入项，这些输入项对各类商品不同，是根据内容动态生成的输入因素。对这些因素，测试其中一个往往即能触发背后的程序执行路径。因此，对动态单选输入项，可以先取其中一个加以测试，如果测试资源充足，再考虑进行补充。诸如“计算机与互联网”的输入下设有多个选项，对这些选项，软件的处理逻辑是类似的，没有必要一一加以区分。可以考虑测试“选择”和“不选”两种取值水平，这两种水平检测了明显不同的两个内部程序处理分支。

(3) 多选检索输入：对于如“品牌”“出版社”等动态多选输入因素，测试一个即具有代表性，可统一将这些输入因素抽象为多选检索输入。多选检索输入有“不选”“单选”“多选”三种典型输入。没有必要将每个实际输入情况都当作组合水平来加以测试，因为许多取值水平所能检测的软件内部实现是基本相同的。

(4) 高级选项：高级选项在界面上单独列出，UI风格不同，有理由怀疑其实现与其他输入选项存在差异，因此需要单独作为输入因素加以测试。同时，“包装”“是否套装”等各高级选项推测也是动态生成的，测试一个即具有代表性。选项的取值水平也可抽象为“选择”和“不选”两种触发执行代码不同的情况。

(5) 工具栏选项：“京东物流”“货到付款”“仅显示有货”“新品”“PLUS专享”等，这些选项与商品特征无关，属于偏固定的选项，触发的内在执行代码可能有所不同，因此有必要作为独立输入因素加以测试，其中每个因素有“勾选”和“不勾选”两种取值水平。

在以上输入项组合因素中，通过实际尝试，发现“京东物流”和“货到付款”与“新品”“PLUS专享”存在冲突，前者被勾选时，后者自动消失，无法勾选。“新品”和“PLUS专享”

也存在冲突，勾选一个，则另一个不允许选择。假如以上情况是软件正常功能设置，则存在输入因素之间的互斥约束。

对于单选输入，在Web页面上进行选择后可能引发选项动态变化，隐藏的组合选项被列出，或目前呈现的组合选项被隐藏。例如，单击输入因素“出版社”中的“清华大学出版社”这一取值水平后，会出现“供应链管理类型”选项，而选择另一些输入因素水平，则不会出现。即“出版社”和“供应链管理类型”这两个组合因素存在关联。因素及其取值水平间存在由于各自覆盖图书范围差异而引发的出现约束，一些选项组合下无书可选，因此选项互斥。然而，上述约束动态性强，不易列举；在“单选检索输入”“多选检索输入”“高级选项”这样的因素及其水平抽象下，对于输入生成影响不大，并不会总是导致因素和水平的组合无效；且任意一次组合输入下的测试过程都能够测试到因检索结果图书范围引起的输入项动态变化，因此，也没有必要将相关约束逐一列出。

总体来看，精简后的测试输入组合因素、水平及其约束如表3-3所示。

表3-3 组合因素、水平及其约束

组合因素	取值水平	约束
搜索框关键词	单关键词、多关键词	
单选检索输入	选择、不选	
多选检索输入	不选、单选、多选	
高级选项	选择、不选	
京东物流	勾选、不勾选	勾选后“新品”“PLUS专享”不可选
货到付款	勾选、不勾选	勾选后“新品”“PLUS专享”不可选
仅显示有货	勾选、不勾选	
新品	勾选、不勾选	勾选后“PLUS专享”不可选
PLUS专享	勾选、不勾选	勾选后“新品”不可选

3. 测试生成

借助PICT工具，可以获得商品组合检索功能的测试输入组合，构造组合测试下的测试用例集。

首先，下载PICT工具。从PICT的Github主页可以下载其可执行程序pict.exe，该程序无须安装即可运行。工具文档也可在Github查询。

在测试项目的目录（任一目录）下，新建一个“input_space.txt”文件，将组合因素及其取值水平填入文件中，内容如图3-3所示。注意标点符号要使用英文标点，文件路径尽量为英文，.txt文件编码尽量为ANSI格式，以免出现编码错误。

```
搜索框关键词: 单关键词, 多关键词
单选检索输入: 选择, 不选
多选检索输入: 不选, 单选, 多选
高级选项: 选择, 不选
京东物流: 勾选, 不勾选
货到付款: 勾选, 不勾选
仅显示有货: 勾选, 不勾选
新品: 勾选, 不勾选
PLUS 专享: 勾选, 不勾选
```

图3-3 未考虑因素的组合空间描述文件

在命令行下执行命令“pict.exe input_space.txt”，可以生成测试输入组合，并在屏幕上显示。执行“pict.exe input_space.txt > tests.xls”可以将生成结果重定向到文件，并用 Excel 打开查看。生成的 9 个输入组合如图 3-4 所示。

搜索框关键词	单选检索输入	多选检索输入	高级选项	京东物流	货到付款	仅显示有货	新品	PLUS专享
单关键词	选择	多选	选择	勾选	勾选	勾选	勾选	不勾选
多关键词	不选	单选	不选	不勾选	不勾选	不勾选	勾选	勾选
单关键词	不选	多选	不选	勾选	不勾选	勾选	不勾选	勾选
多关键词	选择	多选	选择	不勾选	勾选	不勾选	不勾选	不勾选
多关键词	选择	不选	不选	勾选	不勾选	勾选	不勾选	不勾选
单关键词	不选	单选	选择	不勾选	勾选	勾选	不勾选	不勾选
单关键词	不选	不选	选择	勾选	勾选	不勾选	勾选	勾选
多关键词	选择	不选	不选	不勾选	勾选	勾选	勾选	勾选
多关键词	选择	单选	选择	勾选	不勾选	勾选	勾选	不勾选

图 3-4　不考虑约束生成的输入组合

然后，在输入空间描述文件“input_space.txt”中加入如图 3-5 所示约束描述语句，表达“京东物流”“货到付款”“新品”“PLUS 专享”之间的限制。为简化约束，这里假定“新品”“PLUS 专享”因冲突而不可选情况即对应其取值水平“不勾选”。若要更准确地建模，可以引入一个取值水平“不可用”，并增加关于该取值的约束，表示该选项对用户不可见，因而不可选。

```
IF [京东物流] = "勾选"    THEN [新品] = "不勾选" AND [PLUS 专享] = "不勾选";
IF [货到付款] = "勾选"   THEN [新品] = "不勾选" AND [PLUS 专享] = "不勾选";
IF [新品] = "勾选"   THEN [PLUS 专享] = "不勾选";
IF [PLUS 专享] = "勾选"   THEN [新品] = "不勾选";
```

图 3-5　组合因素间限制的约束描述

考虑约束后，利用 PICT 工具生成的测试用例如图 3-6 所示，共需测试 11 种组合。该组合数量意外地较之不考虑约束还要多，这是因为考虑约束后，组合限制多，算法求解策略发生变化，优化空间也未必如不考虑约束大。

搜索框关键词	单选检索输入	多选检索输入	高级选项	京东物流	货到付款	仅显示有货	新品	PLUS专享
单关键词	选择	多选	不选	不勾选	勾选	不勾选	不勾选	不勾选
多关键词	不选	不选	选择	不勾选	不勾选	勾选	不勾选	勾选
单关键词	不选	多选	不选	勾选	不勾选	勾选	不勾选	不勾选
单关键词	选择	单选	选择	不勾选	不勾选	不勾选	不勾选	勾选
多关键词	选择	不选	不选	不勾选	不勾选	不勾选	勾选	不勾选
单关键词	不选	不选	选择	不勾选	不勾选	勾选	勾选	不勾选
多关键词	选择	不选	选择	勾选	勾选	勾选	不勾选	不勾选
多关键词	不选	单选	不选	不勾选	不勾选	勾选	勾选	不勾选
多关键词	不选	多选	不选	不勾选	不勾选	不勾选	不勾选	勾选
多关键词	选择	多选	选择	不勾选	不勾选	不勾选	勾选	不勾选
多关键词	不选	单选	不选	勾选	勾选	不勾选	不勾选	不勾选

图 3-6　考虑约束生成的输入组合

4. 测试用例构造和执行

步骤 3 生成的测试输入仍是较为抽象的测试输入，在执行测试用例前，还需要进一步将测试输入组合具体化，并设定待测系统预期输出或行为表现，得到具体待执行的测试用例。

图 3-7 列出了本实验采用的一个测试输入具体化方案，在该方法中将单关键词检索具体化为搜索“测试”，多关键词检索具体化为检索“测试 Web”；将单选检索输入具体化为“计算机与互联网”和“其他图书”等单选检索项的输入，其输入水平选择也具体化为选择“操作

系统”等，其他以此类推。并且，输入构造也考虑了选项单击后引起的组合选择因素变化。如此，测试输入中所有待填入、设定、勾选的内容全部具体化，测试用例可以确定地进行复用，如果发现缺陷，也便于软件调试者复现问题。

京东商城为内容密集型网站，其页面呈现元素和系统上线商品高度相关。图 3-7 中，“五金工具”“测量类”是搜索框中仅检索“测试”单一关键词时出现的组合选项，在检索“测试 Web”时不存在。测试过程中也可以发现很多预期可行的输入组合在实际测试中由于商品内容变化，变得不再可行。为此，图 3-7 中划去了部分不可选择的输入选项。“新品”和“PLUS 专享”选项大部分情况下不可选。实验根据仅有的几组可选择场景，重新设计了勾选选择(加粗未划掉部分为新的输入设定，如“不勾选”划去“不”变为“勾选”)，以确保选项能够被勾选，对这两项输入因素的影响加以检测。

	搜索框关键词	单选检索输入	多选检索输入	高级选项	京东物流	货到付款	仅显示有货	新品	PLUS专享	预期结果
1	测试	“五金工具”选择“测量工具”	“品牌”多选	不选	不勾选	勾选	不勾选			商品列表与检索设定相符
2	测试 Web	不选	不选	“包装”选择	不勾选	不勾选	勾选	**~~不~~勾选**	~~勾选~~	
3	测试	不选	“山版社”多选	不选	勾选	不勾选	勾选			
4	测试	“五金工具”选择“手动工具”	“品牌”单选	“测量类”选择	不勾选	不勾选	不勾选		~~勾选~~	
5	测试 Web	“计算机与互联网“选择”操作系统”	不选	不选	不勾选	不勾选	不勾选	~~勾选~~		
6	测试	不选	不选	“国产/进口”选择	不勾选	不勾选	勾选	~~勾选~~	**~~不~~勾选**	
7	测试 Web	“其他图书”选择“学者”	不选	~~“形式”选择~~	勾选	勾选	勾选			
8	测试 Web	不选	“出版社”单选	不选	不勾选	不勾选	勾选	~~勾选~~		
9	测试 Web	不选	“类别”多选	不选	不勾选	不勾选	不勾选		~~勾选~~	
10	测试 Web	“其他图书”选择“标准与规范”	~~“品牌”多选~~	“客户评分”选择	不勾选	不勾选	不勾选	~~勾选~~		
11	测试 Web	不选	“类别”单选	不选	勾选	~~勾选~~	不勾选			

图 3-7　实际待执行的测试用例

关于测试用例的运行结果，可以通过检索所得商品的标题、商品介绍等信息加以判断。正确的检索结果一方面所得每一商品应与检索设定相符，另一方面不应遗漏匹配的商品。

检索所得是否与设定相符可以通过抽查商品实现，即抽查若干检索所得商品的标题、商品介绍，确认其是否与检索设定相符。检索是否遗漏可以通过逆向分析判断。首先找一个已知商品，如一本测试书籍，已知其出版社、类别等，然后按已知信息检索该书，检查该书是否在所得结果中，若不在，则说明结果可能有问题。

除此以外，还可通过多检索对照分析来评判测试结果。在商品组合搜索中，可以通过多种方式搜索同样的目标内容。例如，在检索输入项“品牌”和“出版社”以及页面顶部的检索输入框中均可以搜索“清华大学出版社”，若结果存在较大差异，则可能预示错误。另外，一般而言，增加更多的检索设定，其结果应该减少，如果更强的条件设定下得到的反而是更多的检索结果，则说明商品检索也可能存在问题。对多选检索选项，例如“出版社”，选择多个出版社的检索结果应该是单选情况下的合集。

本实验按上述思路执行测试，发现京东商城绝大部分情况下的检索结果符合预期。个别情况下检索出现意外，如表 3-4 所示。这些意外未必是系统缺陷，也可能是特殊的功能设置，或者是卖家输入商品信息有误造成的结果。

表3-4 测试结果中的意外情况

序号	意外问题	描述
1	检索结果不一致	在检索输入框中输入"测试 Web",检索图书。执行3次测试,分别在检索输入项"品牌""出版社",以及页面顶部的检索输入框中各自增加"清华大学出版社"限制,商品检索结果存在数量上的较大差异,按"品牌"增加限制后检索所得结果明显过少(仅1页结果,其他为10页)
2	增加输入限制结果变多	测试用例7,在某些检索选项下,勾选"京东物流",此时检索结果为空,但进一步勾选"仅显示有货",商品内容又突然变得非空,显示软件内在逻辑不清晰,可能处理有误
3	检索输入项的动态变化异常	测试用例8实施限制出版社的检索,选择一个检索结果较少的出版社后,"计算机与互联网"这一组合因素候选选项变化,但变化后的选项与限制出版社后所得的图书列表不符,出现了图书列表上不该有的类别"操作系统"。该组合因素是否是动态更新、更新的逻辑是什么,似乎并不很清晰,与预期要么不变、要么根据检索结果变化的设想不相符,也不太符合习惯逻辑

5. 算法构造测试用例

组合测试的生成一方面希望所得测试用例对各种因素及其取值水平的组合形成覆盖;另一方面,希望形成覆盖所需的测试用例数量尽量少,测试代价低;此外,在同等规模、同样覆盖的情况下,也希望各因素和水平的覆盖能够均衡,加强测试抽样的散布性,增加命中缺陷的潜在可能。

最优测试的生成需要较为高深的数学理论。一种相对简单的替代方案是采用演化计算的思路来进行组合生成。大致步骤如下。

(1) 生成初代组合测试集种群。采用随机生成的方法,从 n 个因素的组合空间中选择若干组合配置,构造出一个能够覆盖必要因素水平组合的测试输入集 T。重复该过程 m 次,构造 m 个测试输入集构成的种群 $G_1=\{T_1,T_2,\cdots,T_m\}$。该种群能够保证覆盖,但在测试集规模、均衡性方面未必最优,后续任务即优化测试集,使之更为接近目标结果。

(2) 交叉变异构造子代种群。定义综合评估测试覆盖、组合规模和因素水平均衡度的指标,从父代种群中选择指标高的测试用例集进行交叉,以及变异替换测试用例集中部分输入,得到子代测试输入集种群。这部分测试输入集一部分表现更佳,有一部分引入了新的变异,带来更多的测试用例发展方向。

(3) 从上一代种群和子代种群中选择指标更好的测试输入集,构造一个新的测试种群。重复步骤(2)~步骤(3)若干次,直到有测试输入集的综合指标达到较高的水平,可以作为组合测试的测试用例。

该方法不能保证生成的测试输入集绝对最优,但其所得结果同样可以优化组合空间,降低测试代价。

小　结

本实验展示了在一个真实案例上应用组合测试方法的过程,处理了其中的因素和取值水平抽象等问题,考虑了一些组合约束,初步尝试应对组合因素及其取值水平动态变化等问题，为组合测试应用提供了参考。但实验中仍有许多考虑不全面、测试不深入之处，在组合测试之外，测试实践者往往还需要根据待测软件的需求规格和缺陷风险，增加测试用例，弥补组合测试技术不擅长之处。

附件资源

(1) 组合描述文件。

(2) 测试用例表。

参考文献

[1] 史亮. 软件测试实战：微软技术专家经验总结[M]. 北京：人民邮电出版社，2014.

[2] 聂长海. 组合测试[M]. 北京：科学出版社，2015.

[3] 严俊，张健. 组合测试：原理与方法[J]. 软件学报，2009，20(6)：1393-1405.

实验4

综合黑盒测试

大多数教科书中对于测试方法的介绍往往相互独立,有时可能掌握了各个具体方法,但在面对真实案例时,却感到无从下手,因为现实问题常常很难用单一测试方法解决。本实验通过真实案例上的黑盒测试方法综合应用,来提升解决真实测试问题的能力。

一、实验目标

能够针对具体案例,分析软件的结构和行为特征,选择合适的软件测试方法;能够应用所选测试方法发现软件中存在的缺陷,并记录缺陷、分析缺陷可能成因。目标知识与能力如表4-1所示。

表4-1 目标知识与能力

知识	能力
各类黑盒测试方法,如用例场景法、等价类法、边界值法、决策表法、组合测试法等	(1) 问题分析:分析软件的结构和行为特征,形成测试方法选择的结论 (2) 设计/开发解决方案:黑盒测试用例设计

二、实验内容与要求

采用一种或多种黑盒测试方法的组合为在线小应用设计测试用例。表4-2列出了一些典型的在线小应用示例,如表中网址无法访问,可从搜索引擎检索类似应用。

表4-2 典型在线小应用

应用名称	访问网址
房贷计算器	https://www.fangdaijisuanqi.com/
所得税计算	https://www.gerensuodeshui.cn/
外汇储蓄计算器	http://data.eastmoney.com/money/calc/forexdeposit.html
计算机功耗计算器	http://tools.jb51.net/jisuanqi/computerjsq
瓷砖面积计算器	http://tool.520101.com/changyong/cizhuanmianji/
涂料用量计算	http://www.zx123.cn/zxjsq/tuliao/

具体实验要求如下。

（1）分析待测对象的输入、输出结构和行为特征，探讨其适合采用哪些方法来进行测试，并说明如何将多种测试方法组合使用。

（2）按步骤(1)给出的测试思路开展测试用例设计，并执行测试，获得测试结果。

（3）分析测试结果，列出所发现的软件缺陷，并尝试对缺陷的可能成因进行分析。

三、实验环境

（1）Word 与 Excel 办公软件。

（2）PICT 等工具。

四、评价要素

评价要素如表 4-3 所示。

表 4-3 评价要素

要　素	实验要求
软件特征分析	是否有效总结软件在输入和输出结构、行为等多方面特征
测试方法设计	是否有清晰的测试思路，并合理衔接多种测试方法 有否考虑软件的功能特征和失效风险
测试实施	能否根据被测软件特征，灵活地应用测试技术，将测试思路落实为具体的实施过程，并体现清晰的测试设计
结果分析	能否在测试结果数据的基础上对软件的质量问题进行概括，形成测试结论
缺陷成因推测	能否合理推测缺陷成因，为后续测试和开发吸收经验

问题分析

1. 实验问题的解决思路与注意事项

解决该综合性测试问题的核心出发点是分析被测软件特征。在相关课程中，已经学过用例场景法、等价类与边界值分析、组合测试等功能测试技术，并介绍了不同方法所适用的场景。结合这些内容，从被测软件的输入和行为特征出发，可以确定有哪些方法可以应用在本实验中。例如，如果与角色、流程等相关，那么可以考虑用例场景法；如果有明确的输入/输出，且易于推测这些输入/输出下哪些类别具有揭示错误的等效性，那么可以考虑应用等价类法；如果输入呈现枚举性特征，那么可以采用组合测试；而如果输入/输出间直接或按某种谓词抽象后呈现命题逻辑特征，则可以考虑采用因果图、决策表法。

对一个被测软件，可能同时多种方法都具有适用性。下一步，需要确定不同方法的应用主次顺序。一个重点需要考虑的因素是失效风险和影响，即哪些方面最容易出现错误，带来比较严重的后果。例如，一个软件可能与使用流程相关，但是流程并不复杂，反而在某个数据的读取和处理上比较可能出错，而该数据适合用等价类法分析，那么，应该以等价类法为重点，先针对较大风险的数据处理加以测试，然后再用用例场景法补充测试用例。反之，如果流程相关的风险比较高，则应该先用用例场景法梳理流程，然后再在各个流程下利用其他技术补充用例。

多个方法综合应用的一个问题是如果将各种方法都以笛卡儿积方式叠加，则可能产生过量而不必要的测试用例集规模。在测试过程中，需注意分析每一次测试都检查了哪些问题，避免冗余测试。同时，优先围绕重点怀疑有风险之处深入测试，而对其他情况，则可以通过抽样、抽象等方式适当控制测试规模。在测试资源充足时，再继续补充更多测试，以提高测试效率。

软件测试难以穷尽，测试实施时也不宜一开始即追求详尽细致的测试，关键是要理清测试思路，从粗略的纲要，逐渐过渡到细致的测试。如此，整个测试设计可以较为流畅地开展。

2. 难点与挑战

本实验的核心挑战在于如何合理地组合多种方法开展测试，组合途径可能有许多种。无论如何选择，应有恰当的理由。另一个挑战是发现缺陷。在线小应用许多开发相对随意，也不提供质量保证，因此缺陷比较多。能否在一个比较系统的思路下，以较小代价发现缺陷，可体现出测试设计的优劣。

实验方案

1. 实验对象

本实验选择表 4-2 中的网络小应用“瓷砖面积计算器”作为测试对象。其界面如图 4-1 所示。软件接收房间的长度（界面上的“输入长度”，R_l）和宽度（界面上的“输入宽度”，R_w）、瓷砖的长度（T_l）和宽度（T_w）作为输入，允许扣除因为存在家具等而不用铺设的长和宽（D_l、D_w），输出总计需要的瓷砖块数，以及扣除部分的块数。

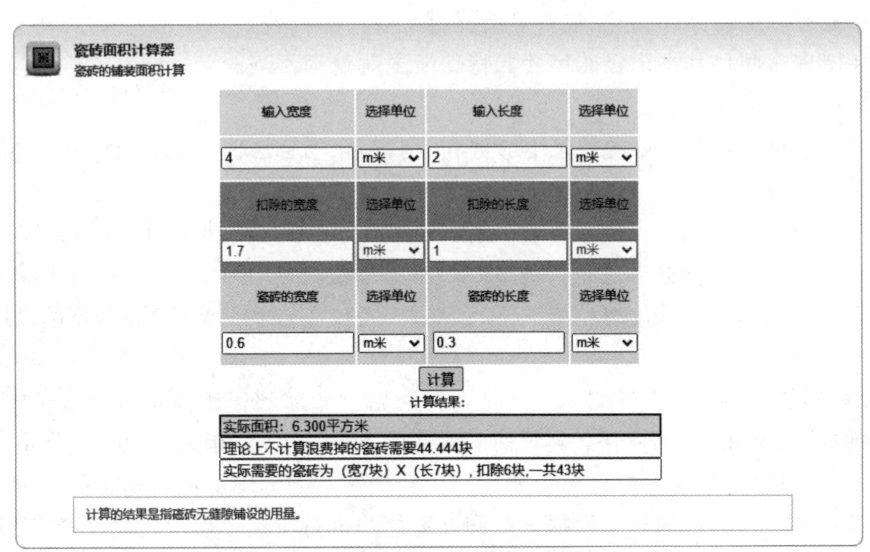

图 4-1　瓷砖面积计算器界面

当扣除不用铺设的部分长宽不是瓷砖尺寸整数倍时，所扣除的不用铺设的瓷砖数量按小于扣除长宽的瓷砖尺寸整数倍计算（kT_l，k 是长度方向倍数且 $kT_l < D_l$）。例如，设扣除宽度为 2m，单块瓷砖宽度为 0.6m，则扣除不用铺设的瓷砖按 1.8m 计算，即宽度方向扣除

3块不用铺设，宽度方向多余的0.2m瓷砖算作浪费。

具体输出结果分3行呈现。第一行为实际房间面积，即房间长宽乘积减去扣除部分长宽乘积的结果；第二行为理论上不计扣除时需要的瓷砖量，是直接用长宽乘积除以瓷砖面积的结果；第三行为考虑扣除部分时实际需要的瓷砖块数。

2. 软件特征分析和测试方法分析

(1) 软件特征分析。

尝试使用该软件，发现软件在输入上具有以下特征。

① 输入允许是空值、数字或者是任意的字符串，空值、整数和浮点数合法，其他不合法，实际有效输入值的个数为0～6。

② 输入单位可以选择"m米"或者"cm厘米"，且不同数据的单位可任意组合。

③ 作为"扣除"这一概念，扣除长宽小于原有房间长宽为合法，否则不合法。

④ 作为房间中的瓷砖，存在长宽小于房间尺寸和大于房间尺寸的情况(在卫生间等处，大块瓷砖可能比房间尺寸还大)。

从软件的功能设计来看，输出预期包含以下情况。

① 正常计算。

② 包含和不包含扣除的情况。

③ 理论上不计算浪费的瓷砖数和实际需要瓷砖数相同和不同的情况(存在浪费和不存在浪费)。

④ 错误输入下应给出提示的情况。

估计软件的开发方式和常见编程习惯等，可以预估软件大约在以下方面容易出现缺陷风险。

① 业务逻辑上在处理扣除、浪费等情况时出现计算偏差。

② 在出现房间尺寸小于瓷砖尺寸的特殊情况时处理不当。

③ 数值单位的转换。

④ 对于边界和异常数据的处理不够健壮，例如，在不合法输入、除0计算等方面。

(2) 测试方法分析。

对于该测试问题，输入值的单位设置是一个"m米"和"cm厘米"枚举类型取值的组合问题，可以考虑用组合测试方法进行测试。不考虑单位，测试用例构造是一个单纯的多元输入下数值计算问题，可以采用等价类法进行测试。考虑到存在的缺陷风险，还可以用边界值法进一步补充用例。

以什么样的策略应用上述测试方法是一个问题。考虑到瓷砖面积计算软件中，相当一部分潜在缺陷主要在数据的读取、健壮性的保障等方面，而单位相关的缺陷风险主要表现在合法输入下的计算过程和少数与单位相关的不合法输入处理中。可以先在单位一致的情况下，采用等价类法对软件的基本数据读取和计算能力进行测试。然后，排除已经较为充分地测试过的等价类，在少量数值取值下，对单位组合进行测试。上述两个步骤中，各自考虑一些边界情况，检测单位一致和不一致场景下的特殊风险。

3. 测试用例设计

1) 等价类与边界值法测试

首先，在单位一致的情况下，应用等价类法实施黑盒测试。等价类从输入和输出(软件行为)的角度进行划分。前者主要出发点是输入自身的特点,包括单个输入项的特点(如输入项是否为正数)和多个输入项之间存在的关联性特点(如房间长宽是否大于瓷砖长宽)。后者主要出发点是软件都进行了哪些有差别的计算。在目标待测软件中,显然有无扣除构成了计算上的一个显著差异。有无浪费的碎片等也构成明显计算差异。此外,还包括软件是否正常输出或预期应给出出错提示的情况。

根据上述分析,可以得到基于输入和输出的有效/无效类,并对等价类进行编号,结果如表 4-4 所示。考虑到软件输出上预期给出出错提示的情况已被从输入特征划分的无效等价类包含(等价类(17)～(25)),等价类(26)在测试设计中可以忽略。

表 4-4　单位一致时的等价类表

划分依据		有效等价类	无效等价类
按输入条件进行划分	按输入值个数	(1) 6 个数(全部输入)	(17) 输入小于 4 个数
		(2) 4 个数(扣除缺省)	(18) 输入 4 个数,其中有相应项是扣除长宽
			(9)输入 5 个数
	按输入值区间	(3) 全为正数	(20) 输入长度含负数
		(4) 扣除为 0,其他为正	(21) 扣除含负数
			(22) 瓷砖含负数
	按数值集合	(5) 全为整数	(23)包含非有效数值,如“abc”
		(6) 全为浮点数	
		(7) 整数和浮点数混合	
	按扣除宽度、长度情况	(8) 扣除的小于输入(房间)长宽	(24) 扣除的宽度大于输入宽度
			(25) 扣除的长度大于输入长度
	按瓷砖的宽度、长度	(9) 输入(房间)宽度和长度都不小于瓷砖宽度和长度	—
		(10) 输入(房间)宽度小于瓷砖的宽度	—
		(11) 输入(房间)长度小于瓷砖的长度	—
按输出条件进行划分	按是否扣除	(12) 扣除	—
		(13) 不扣除	—
	按是否浪费	(14) 浪费(瓷砖总面积大于实际面积)	—
		(15) 不浪费	—
	按出错提示	(16) 正常计算,实际面积＞0	(26) 预期有出错提示

根据等价类划分,生成测试用例。首先,针对每个未被覆盖的有效等价类,设计新的(有效)测试用例,使它能够尽可能多地覆盖尚未覆盖的有效等价类。重复该步,直到所有的有效等价类均被测试用例所覆盖。然后,针对每个未被覆盖的无效等价类,设计新的测试用例,使它尽量仅覆盖一个尚未覆盖的无效等价类。重复该步,直到所有的无效等价类均被测试用例所覆盖。

所得测试用例如表 4-5 所示。

表 4-5　单位一致时的等价类测试用例

序号	目标等价类	测试输入 (R_w R_l D_w D_l T_w T_l)	预期结果 (A_r C_t C_r)	实际覆盖的等价类
1	(1)	2m 2m 1m 1m 1m 1m	3.000 4.000 3	(1)(3)(5)(8)(9)(12)(15)(16)
2	(2)	2.0m 2.0m 空 空 2.5m 0.5m	4.000 3.200 4	(2)(4)(6)(8)(10)(13)(14)(16)
3	(7)	2m 1m 0.5m 0.5m 0.5m 2.5m	1.750 1.600 4	(1)(3)(7)(8)(11)(12)(14)(16)
4	(17)	1m 1m 空 空 空 空	不合法提示	(17)
5	(18)	2m 2m 1m 1m 空空	不合法提示	(18)
6	(19)	2m 2m 1m 1m 1m 空	不合法提示	(19)
7	(20)	2m −2m 1m 1m 1m 1m	不合法提示	(20)
8	(21)	2m 2m 1m −1m 1m 1m	不合法提示	(21)
9	(22)	2m 2m 1m 1m 1m −1m	不合法提示	(22)
10	(23)	abcm 2m 4m 1m 1m 1m	不合法提示	(23)
11	(24)	2m 2m 4m 1m 1m 1m	不合法提示	(24)
12	(25)	2m 2m 1m 4m 1m 1m	不合法提示	(25)

* 表中测试输入为从上至下、从左至右的输入值。预期结果中，A_r 代表实际房间面积、C_t 为理论上不计算浪费掉的瓷砖(不计扣除)需要块数、C_r 为实际需要的瓷砖块数。

在以上划分的等价类中，等价类(3)(8)(9)(12)对应的条件明显存在刚好为零、刚好相等的边界，这些边界存在较高的处理风险，且未被已有测试用例覆盖，因此，下一步对这些条件，应用边界值法生成测试用例。所构造用例如表 4-6 所示。

表 4-6　单位一致时的边界值测试用例

序号	待覆盖边界的等价类	测试输入	预期结果	实际覆盖到边界的等价类
13	(3)	2m 0m 1m 1m 0m 1m	不合法提示	(3)
14	(8)	2m 2m 2m 2m 1m 1m	0.000 4.000 0	(8)
15	(9)	2m 2m 空 空 2m 2m	4.000 1.000 1	(9)
16	(12)	2m 2m 0m 0m 1m 1m	4.000 4.000 4	(12)

2) 单位组合测试

待测程序中，共有 6 个输入项，每个输入项可以有“m 米”和“cm 厘米”两个单位选择，可以考虑采用实验 3 中展示的组合测试方法，借助 PICT 工具进行测试。

首先，构造一个描述候选组合的文件“unit.txt”，文件每行描述一个输入项的可选单位，如图 4-2 所示。

```
输入宽度: m, cm
输入长度: m, cm
扣除宽度: m, cm
扣除长度: m, cm
瓷砖宽度: m, cm
瓷砖长度: m, cm
```

图 4-2　unit.txt 输入项候选单位设置

在命令行下执行“pict unit.txt”命令，可以得到关于单位设置的 6 种测试组合，如图 4-3 所示。这组组合对 6 个因素形成相对两两因素取值的覆盖。

输入宽度	输入长度	扣除宽度	扣除长度	瓷砖宽度	瓷砖长度
m	m	cm	m	m	m
cm	cm	m	cm	cm	cm
m	cm	m	cm	m	m
m	m	m	m	cm	cm
cm	cm	cm	m	m	cm
cm	m	cm	cm	cm	m

图 4-3　PICT 生成的输入项单位组合

单位组合需要在相应的计算场景下测试，计算场景可以用等价类表达。由于数据读取问题已在第一步的等价类和边界值测试中考虑。对于单位组合情况的测试，基本无须考虑数据个数、范围等无效的情况。并且，可以一次性地测试包含扣除和浪费的情况，同时对这些因素相关的单位取值组合进行测试，节省测试代价。由于“扣除的宽度大于输入宽度”等情况与单位一致时计算有所不同，这些无效等价类仍需保留，但只需在单位不一致组合中覆盖该种类别即可，无须每一单位组合都重复对此测试。

在上述思路下，首先，裁减表 4-4 的等价类表，得到单位不一致时应考虑的等价类，如表 4-7 所示。

表 4-7　单位不一致时需测试的等价类

划分依据		有效等价类	无效等价类
按输入条件进行划分	按扣除宽度、长度情况(单位)	(27) 扣除的小于输入(房间)长宽	(31) 扣除的宽度大于输入宽度
			(32) 扣除的长度大于输入长度
	按瓷砖的宽度、长度(单位)	(28) 输入宽度和长度都不小于瓷砖的宽度和长度	—
		(29) 输入宽度小于瓷砖的宽度	—
		(30) 输入长度小于瓷砖的长度	—
输出设定	同时包含扣除和浪费		

然后，选择图 4-3 中的一个单位组合“m　m　cm　m　m　m”，可以在此组合下，按等价类法构造测试用例，实施测试。该组单位组合下，瓷砖和房间长宽单位一致，均为“m 米”，等价类(28)、(29)、(30)和所有单位均一致时类似，无须对其重复测试。房间长度和扣除长度一致，也均为“m 米”，在已测试过单位一致情况下的扣除长大于房间长(等价类

(25))的基础上，测试等价类(32)的必要性较低，也可将其暂且忽略。为该单位组合新设计的测试用例如表 4-8 所示。

表 4-8 单位不一致时的第一组等价类测试用例

序号	目标等价	测 试 输 入	预 期 结 果	实际覆盖的等价类
17	(27)	2m 2m 100cm 1m 1m 1m	3.000 4.000 3	(27)
18	(31)	2m 2m 250cm 1m 1m 1m	不合法提示	(31)

按上述思路，继续测试图 4-3 中其他 5 个单位组合，所得测试用例如表 4-9 所示。

表 4-9 单位不一致时的其他等价类测试用例

序号	组数	目标等价类	测 试 输 入	预 期 结 果	实际覆盖的等价类
19	第二组	(27)	200cm 200cm 0.1m 100cm 100cm 100cm	3.900 4.000 4	(27)
20		(31)	200cm 200cm 2.5m 100cm 100cm 100cm	不合法提示	(31)
21	第三组	(27)	2.5m 200cm 1m 100cm 1m 1m	4.000 5.000 5	(27)(28)
22		(29)	2m 200cm 1m 100cm 2.5m 2.5m	3.000 0.640 1	(29)(30)
23	第四组	(28)	2.5m 2m 1m 1m 100cm 100cm	4.000 5.000 5	(28)
24		(29)	2m 2m 1m 1m 250cm 250cm	3.000 0.640 1	(29)(30)
25	第五组	(27)	250cm 200cm 100cm 1m 1m 100cm	4.000 5.000 5	(27)(28)
26		(29)	200cm 200cm 100cm 1m 2.5m 250cm	3.000 0.640 1	(29)(30)
27		(32)	200cm 200cm 100cm 2.5m 1m 100cm	不合法提示	(32)
28	第六组	(27)	250cm 2m 100cm 100cm 100cm 1m	4.000 5.000 5	(27)(28)
29		(29)	200cm 2m 100cm 100cm 250cm 2.5m	3.000 0.640 1	(29)(30)
30		(32)	200cm 2m 100cm 250cm 100cm 1m	不合法提示	(32)

考虑到单位存在米和厘米差异，且输入长宽分别和扣除与瓷砖长宽一致、扣除和瓷砖长宽一致时容易出现边界异常，故采用边界值法为单位混合情况进一步生成表 4-10 的 2 条测试用例。

表 4-10 单位不一致时的边界测试用例

序号	测 试 输 入	预 期 结 果
31	2m 2m 200cm 200cm 1m 1m	0.000 4.000 0
32	2m 2m 空 空 200cm 200cm	4.000 1.000 1
33	2m 2m 1m 1m 100cm 100cm	3.000 4.000 3

4. 测试结果及其分析

通过等价类法、边界值法和数据单位上的组合测试，可以为瓷砖面积计算器软件设计相对全面的测试用例。执行测试用例，所得结果如表 4-11 所示。

表 4-11 测试用例执行结果

序号	测试输入	预期结果	实际测试结果	测试是否失败
1	2m 2m 1m 1m 1m 1m	3.000 4.000 3	3.000 4.000 3	—
2	2.0m 2.0m 空空 2.5m 0.5m	4.000 3.200 4	4.000 3.200 4	—
3	2m 1m 0.5m 0.5m 0.5m 2.5m	1.750 1.600 4	1.750 1.600 4	—
4	1m 1m 空 空 空 空	不合法提示	1.000 Infinity NaN	是
5	2m 2m 1m 1cm 空 空	不合法提示	3.000 Infinity NaN	是
6	2m 2m 1m 1m 1m 空	不合法提示	3.000 Infinity NaN	是
7	2m −2m 1m 1m 1m 1m	不合法提示	−5.000 −4.000 −5	是
8	2m 2m 1m −1m 1m 1m	不合法提示	5.000 4.000 5	是
9	2m 2m 1m 1m 1m −1m	不合法提示	3.000 −4.000 −3	是
10	abcm 2m 4m 1m 1m 1m	不合法提示	NaN NaN NaN	是
11	2m 2m 4m 1m 1m 1m	不合法提示	0.000 4.000 0	是
12	2m 2m 1m 4m 1m 1m	不合法提示	0.000 4.000 0	是
13	2m 0m 1m 1m 0m 1m	不合法提示	−1.000 NaN NaN	是
14	2m 2m 2m 2m 1m 1m	0.000 4.000 0	0.000 4.000 0	—
15	2m 2m 空 空 2m 2m	4.000 1.000 1	4.000 1.000 1	—
16	2m 2m 0m 0m 1m 1m	4.000 4.000 4	4.000 4.000 4	—
17	2m 2m 100cm 1m 1m 1m	3.000 4.000 3	3.000 4.000 3	—
18	2m 2m 250cm 1m 1m 1m	不合法提示	1.500 4.000 2	是
19	200cm 200cm 0.1m 100cm 100cm 100cm	3.900 4.000 4	3.900 4.000 4	—
20	200cm 200cm 2.5m 100cm 100cm 100cm	不合法提示	1.500 4.000 2	是
21	2.5m 200cm 1m 100cm 1m 1m	4.000 5.000 5	4.000 5.000 5	—
22	2m 200cm 1m 100cm 2.5m 2.5m	3.000 0.640 1	3.000 0.640 1	—
23	2.5m 2m 1m 1m 100cm 100cm	4.000 5.000 5	4.000 5.000 5	—
24	2m 2m 1m 1m 250cm 250cm	3.000 0.640 1	3.000 0.640 1	—
25	250cm 200cm 100cm 1m 1m 100cm	4.000 5.000 5	4.000 5.000 5	—
26	200cm 200cm 100cm 1m 2.5m 250cm	3.000 0.640 1	3.000 0.640 1	—
27	200cm 200cm 100cm 2.5m 1m 100cm	不合法提示	1.500 4.000 2	是
28	250cm 2m 100cm 100cm 100cm 1m	4.000 5.000 5	4.000 5.000 5	—
29	200cm 2m 100cm 100cm 250cm 2.5m	3.000 0.640 1	3.000 0.640 1	—
30	200cm 2m 100cm 250cm 100cm 1m	不合法提示	1.500 4.000 2	是
31	2m 2m 200cm 200cm 1m 1m	0.000 4.000 0	0.000 4.000 0	—
32	2m 2m 空 空 200cm 200cm	4.000 1.000 0	4.000 1.000 1	—
33	2m 2m 1m 1m 100cm 100cm	3.000 4.000 3	3.000 4.000 3	—

测试结果表明，软件在完全合法的输入下，计算基本正确，因为此时瓷砖计算相对简单。但对各种异常的输入条件，软件几乎没有任何检查，这些情况下有时给出 NaN、Infinity 等特殊输出符号，一般用户无法理解；有时也常给出看似正常的输出结果，对使用者造成误导。

由于软件功能相对简单，推测其可能只在 Web 前端就完成了计算。用浏览器查看网页源代码，可以看到该瓷砖面积计算器程序的代码在前端 JavaScript 中实现（https://tool.520101.com/changyong/cizhuanmianji/cizhuan.js）。阅读该代码，可以发现程序确实未做任何输入数据检查，健壮性不佳。

除了功能性问题，还可发现软件界面中“理论上不计算浪费掉的瓷砖需要……”表述不准确，实际对应的是不计算扣除时理论上需要的瓷砖数，该表述问题也可认为是一类缺陷。软件界面中“输入长度”“输入宽度”实际指房间长宽，表述存在模糊，影响软件可用性。

本实验仅考虑了一些风险较高的问题，测试未必全面。例如，实验未测试浮点数精度相关的问题。如果软件极为关键，仍可能需要展开更多测试。另外，实验虽然尝试做了一些测试设计上的优化，但并不能保证测试集无冗余，也存在进一步压缩测试集、降低测试代价的可能性。

附件资源

被测应用网页快照及相关 JavaScript 代码。

实验5

面向逻辑覆盖的白盒测试设计

覆盖率分析是评估测试充分性的重要方法之一，在白盒测试中广泛应用语句覆盖、分支覆盖等逻辑覆盖的覆盖率指标来评估测试过程对程序实体检查的充分性，引导构建更全面的测试集，以全面检查待测软件的质量。本实验尝试为指定程序设计满足覆盖要求的测试输入，通过工具来检查覆盖率，根据检查结果补充测试用例，直至覆盖提升。

一、实验目标

掌握白盒逻辑覆盖的概念，能够根据覆盖要求设计测试用例。体会各种逻辑覆盖准则之间的联系和差异，能够对用以实现某种覆盖的测试集进行优化。了解覆盖率收集工具的使用方法，能够在工具指引下提升测试覆盖。目标知识与能力如表 5-1 所示。

表 5-1　目标知识与能力

知　　识	能　　力
(1) 逻辑覆盖的概念 (2) 面向逻辑覆盖的测试生成方法	(1) 问题分析：能够将白盒测试问题抽象为图论和命题逻辑问题，进而分析覆盖要求，并优化覆盖设计 (2) 设计/开发解决方案：白盒测试用例设计 (3) 使用现代工具：使用覆盖分析工具并分析其局限性

二、实验内容与要求

使用逻辑覆盖测试方法测试如程序 5-1 所示的程序单元。其中，程序段每行开头的数字(1～7) 是对每条语句的编号。

程序 5-1　待测案例程序

```
    void doWork(int x, int y, int z) {
1       int k = 0, j = 0;
2       if((x > 3) && (z < 10)) {
3           k = x * y - 1;
4           j = sqrt(k);
        }
5       if((x == 4) || (y > 5))
6           j = x * y + 10;
7       j = j %3;
    }
```

要求：

(1) 画出待测程序的程序流图。

(2) 编写 Java 主函数，在其中单次或多次调用 doWork()方法，实现对该方法的测试，并尝试使对 doWork()方法的测试满足语句覆盖准则。

(3) 使用覆盖率采集工具(如 Eclipse 自带的 EclEmma)获取测试的实际覆盖情况，并分析语句、分支覆盖(判定覆盖)的不足。

(4) 根据前一步骤测试覆盖的不足，补充测试用例，实现语句和分支覆盖，并在覆盖率分析工具中确认。

(5) 设计测试用例，使测试满足条件覆盖、判定/条件覆盖和 MC/DC 覆盖。

(6) 对于前述针对各个覆盖准则的测试用例，试分析是否有更优化的测试用例组合，能够用更少的测试用例数量，实现同等程度的覆盖。

(7) 思考覆盖采集工具对于白盒覆盖测试有哪些不足，并尝试给出改进建议。

三、实验环境

(1) JDK 11。

(2) Eclipse 2020 开发环境。

(3) Eclipse Java 自带的 EclEmma 覆盖信息收集插件。

四、评价要素

评价要素如表 5-2 所示。

表 5-2 评价要素

要　素	实 验 要 求
程序流程图	在既往教学中，发现许多同学不能针对 if-then、if-else、if-if 等多种情况绘制正确的流程图，因此此处仍需要仔细检查
覆盖提升流程	本实验的待测程序相对简单，重点是体验一个测试覆盖逐步提升的过程，了解在既有基础上，如何分析不足，提升覆盖
复杂覆盖准则	是否能够设计用例，实现 MC/DC 等复杂覆盖准则
测试优化	能够正确评判测试集是否可以优化，在不可优化时给出理由，在可以优化时给出优化方案
分析不足	能够开展批判性分析，认识到测试工具的不足；能够创新性地思考工具有哪些改进方向

问 题 分 析

1. 逻辑覆盖的概念

逻辑覆盖测试要求在测试集的执行过程中能够对程序中的逻辑控制实体及其取值形成某种程度的覆盖。不同覆盖准则对测试集执行的要求如表 5-3 所示。

表 5-3　逻辑覆盖的要求

覆盖准则	对测试用例集的要求
语句覆盖	保证程序中的每条语句都执行一遍
判定覆盖	保证每个判定取 True 和 False 至少一次
条件覆盖	保证每个判定中的每个条件取 True、False 至少一次
判定/条件覆盖	覆盖每个条件和由条件组成的判定的真假取值
条件组合覆盖	保证每个条件的取值组合至少出现一次
修正条件/判定覆盖(MC/DC)	保证每个条件取到其所有可能值各一次,保证每个条件独立影响判定结果至少一次
路径覆盖	覆盖程序中所有可能路径

有几种典型的思路可以用来构造测试用例,以实现某种覆盖。一种思路是试探法,采用随机测试等手段去逐个构造测试用例,执行所构造出的测试用例,考察它能够新覆盖哪些实体或其取值,检查加入该用例后测试集是否能够满足覆盖准则,如此不断尝试直到获得满足要求的测试集。该过程也可以吸收测试人员的经验、执行反馈等以提升实现覆盖的速度。

另一种思路是首先根据当前的测试覆盖情况,推测需要多执行哪一条程序路径,路径上各个条件表达式又需要满足怎样的真假要求,即可使扩增后的测试集满足覆盖准则。然后,将所有该路径上的条件表达式取值要求都逆推追溯到程序入口,将条件表达式叠加,构成"路径条件",也即使得该路径可以得到执行的约束条件。求解路径条件,即可获得一个测试输入,补充该测试输入,可以比较直接地对测试集进行面向覆盖的针对性补充。该种测试生成对应一种经典的测试方法,称为基于符号执行[1]的测试。

2. 实验问题的解决思路与注意事项

本实验可以采用第二种测试构造思路来获得测试用例。也可以采用第一种方法来构造初始测试用例,再用第二种方法进行用例补充。

虽然 if-else 是最基本的程序结构,但是在实验中却发现有许多同学不能正确画出其程序流图。对于判断三角形是一般三角形、等边三角形、等腰三角形这样以 if-else 处理为主的问题,也发现仅有少部分学生能够一次性写对程序。主线路径往往没有问题,但是对于各类意外、边界情况,却总是难以一次性处理妥当。if-else 看似简单,实则极容易引发缺陷,在测试过程中需多加注意。

请在实验中特别注意思考如表 5-4 所示程序结构的不同。

表 5-4　不同的 if-else 语句结构

if 带 else	if 不带 else	双 if 串联	else if 结构	if-return

if(C1) {
　S1;
}
else{
　S2;
}
	if(C1) {
	　S1;
	}
	
	S2;
		if(C1) {
		　S1;
		}
		if(C2) {
		　S2;
		}
			if(C1) {
			　S1;
			}
			else if(C2) {
			　S2;
			}
				if(C1) {
				　S1;
				　return;
				}
				S2;

3. 难点与挑战

(1) 测试用例构造：对于简单程序而言，构造测试用例去实现覆盖不难。但是如何在一个系统性的方法指引下以最高的效率去构造测试用例，是实验中亟待思考的问题。

(2) 最优测试集：如何评判一个测试集是否已经最优，如果不是最优，更优秀的解是什么，这些是需要结合数学原理去探索的问题。

实验方案

1. 绘制程序流图

对于逻辑覆盖问题，在不够熟悉相关分析方法的情况下，可以先绘制代码的程序流图，理清程序的跳转关系。绘制程序流图的过程中，特别需要注意 if、while 等语句的真假分支方向，break、continue、return 语句的跳转目标，甚至 try-catch 语句的执行顺序等。

覆盖分析可以在源代码、字节码、中间代码等层面展开。本实验主要在源代码层实现覆盖，对于实验内容中指定的程序，根据语句间的控制转移关系，画出的程序流图如图 5-1 所示。

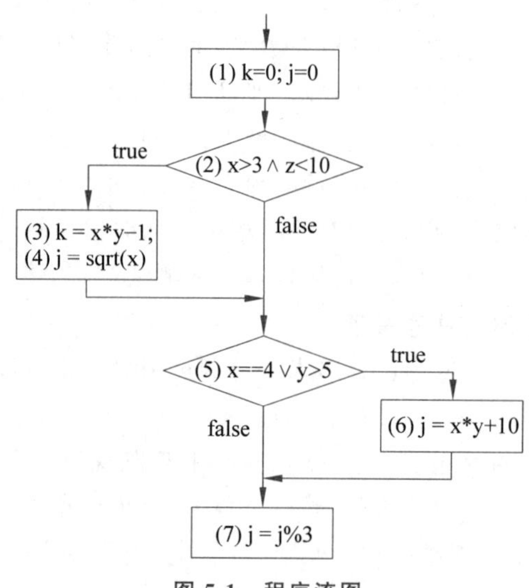

图 5-1 程序流图

2. 测试并实现语句覆盖

若要实现语句覆盖，比较经济的方式是使程序执行路径“1-2-3-4-5-6-7”，如此，只用一次执行，即可实现测试的语句覆盖。找到 if 语句 2 和 5，在该路径下，要求两处的判定 x＞3 && z＜10 和 x==4 || y＞5 取值为真。从这些判定出发，结合 x、y、z 在路径“1-2-3-4-5-6-7”上的计算过程，可以逆推在程序入口处对于变量 x、y、z 取值的要求：(x＞3 && z＜10) && (x==4 || y＞5)，由此可构造一个测试输入(x=4,y=6,z=9)，具体测试输入和各个判定与条件的真假情况如表 5-5 所示。在该输入下，语句 2 和语句 5 处的判定取值均为真，if 语句执行真分支。在语句 5 的判定中，条件 x==4 为真，条件 y＞5 因为短路表达式计算规则，而未得到实际执行，未实现关于该条件的任何覆盖。

表 5-5　实现语句覆盖的测试输入

逻辑覆盖准则	测试输入	执行路径	x>3	z<10	x>3 && z<10	x==4	y>5	x==4 || y>5
语句覆盖	x=4,y=6,z=9	1 2 3 4 5 6 7	T	T	T	T	—	T

程序 5-2 展示了实现语句覆盖的测试程序 Test.java，其中以表 5-5 的输入在程序入口 main()中对被测方法 doWork()进行了调用。

程序 5-2　实现语句覆盖的测试程序 Test.java

```
package test;

public class Test {
    public static void main(String[] args) {
        DoWork d = new DoWork();
        d.doWork(4, 6, 9);
    }
}
```

3. 用 Eclipse 收集测试覆盖信息

在 Eclipse 中选中测试程序 Test.java，以 Coverage As→Java Application 的方式运行，可以收集到被测程序的覆盖率信息。切换到 Coverage 视图，单击视图右上角的“查看方式”按钮，以 Line Counters 方式展示覆盖率数据，可以看到对于 DoWork.java 程序，已经实现了 100%的语句覆盖，如图 5-2 所示。Eclipse 中会以代码高亮方式展示测试结果，有颜色高亮表明语句已经被测试过程全部或部分覆盖，部分覆盖的语句左侧有方块标记，如图 5-2 右侧所示的第 8 和 13 行，将鼠标悬停于部分覆盖的语句所在行，可以看到提示信息，告知尽管语句已被覆盖，但是仍有部分 if 分支未得到执行。

Coverage

Element	Coverage	Covered Lines	Missed Lines	Total Lines
Test	92.3 %	12	1	13
src	92.3 %	12	1	13
test	92.3 %	12	1	13
Test.java	75.0 %	3	1	4
DoWork.java	100.0 %	9	0	9

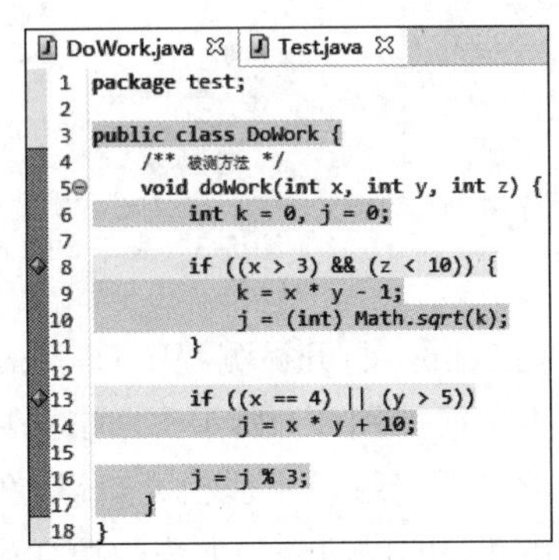

图 5-2　语句覆盖的信息展示

4. 补充测试输入，实现语句和分支的覆盖

在仅执行路径“1-2-3-4-5-6-7”的情况下，测试过程未覆盖到 if 语句的假分支。如果再执行一个路径“1-2-5-7”，从源代码角度来看，可以实现对程序中两个 if 语句假分支的覆盖。在该路径下，要求语句 2、5 两处的判定 x>3 && z<10 和 x==4 || y>5 取值为假。从这些判定取值出发，可以逆推在程序入口处对于变量 x、y、z 取值的要求：!(x>3 && z<10)

&& !(x==4 || y>5)，即(x<=3 || z>=10) && (x!=4 && y<=5)，由此构造一个测试输入(x=2,y=4,z=9)，如表 5-6 所示。

表 5-6 实现分支覆盖的测试输入

逻辑覆盖准则	测试输入	执行路径	x>3	z<10	x>3 && z<10	x==4	y>5	x==4 || y>5
分支覆盖	x=4,y=6,z=9	1 2 3 4 5 6 7	T	T	T	T	—	T
	x=2,y=4,z=9	1 2 5 7	F	—	F	F	F	F

在测试程序中增加形如 d.doWork(2,4,9)的调用，并用 Eclipse 执行程序，收集覆盖信息。切换到 Coverage 视图，以 Branch Counters 方式查看覆盖率数据，如图 5-3 所示。很遗憾，可以看到，Eclipse 中给出的覆盖率数据表明，对于程序 5-1，实际的 Covered Branches 仅达到 75.0%。Eclipse 的 EclEmma 插件认为当前并未实现分支覆盖。

是我们对分支覆盖的概念理解有误？还是 EclEmma 插件的覆盖率收集功能有缺陷？对于该问题进一步分析，可以发现，EclEmma 插件认为 doWork()方法中有 8 个跳转方向，而查看图 5-1 中的程序流图，发现源代码中仅有两个 if 语句，4 个跳转分支。是何种原因造成了这种差异？查阅 EclEmma 插件官方文档，可以发现，该工具基于 JaCoCo 工具来收集测试覆盖。再进一步查阅 JaCoCo 工具的官方文档，发现在其文档的 Coverage Counters 一节中有"All these counters are derived from information contained in Java class files which basically are Java byte code instructions…"。也就是说，JaCoCo 本质上是在 Java 字节码层面收集测试覆盖信息。

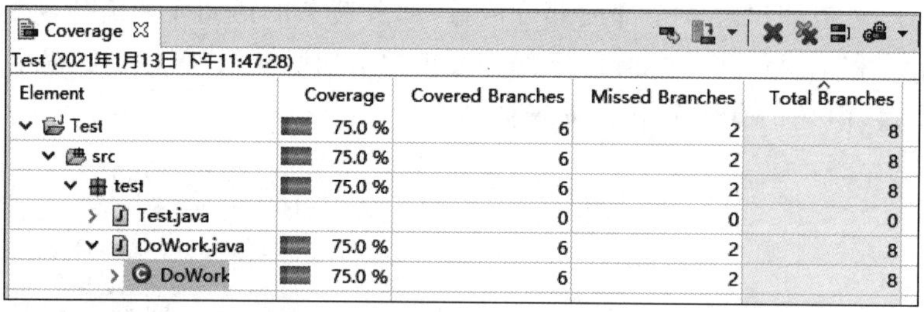

Coverage
Test (2021年1月13日 下午11:47:28)

Element	Coverage	Covered Branches	Missed Branches	Total Branches
Test	75.0 %	6	2	8
src	75.0 %	6	2	8
test	75.0 %	6	2	8
Test.java		0	0	0
DoWork.java	75.0 %	6	2	8
DoWork	75.0 %	6	2	8

图 5-3 表 5-6 输入下 EclEmma 插件收集的分支覆盖率信息

用 Eclipse 打开被测程序 DoWork 的字节码文件 DoWork.class，可以看到其中 doWork()方法的字节码如图 5-4 所示。字节码中确实存在 4 个 if 指令，表明 EclEmma 插件的判定并没有问题。根据编译原理相关知识，在编译后的指令中，每个 if 跳转一般最多只检查一个条件。由此，从 doWork()方法的源代码看，大约每个条件检查会编译为一个 if 跳转。如表 5-6 所示，共有 4 个条件，对应 8 个字节码层面的跳转方向，测试用例覆盖了其中 6 个，z<10 的假和 y>5 的真未覆盖到，字节码层的覆盖率确实是 75.0%。

以上分析表明，表 5-6 中的测试输入，在源代码层可以实现 100%分支覆盖，而在字节码层可以实现 75%覆盖，两个结论均正确。

5. 设计测试用例，使测试满足条件覆盖、判定/条件覆盖和 MC/DC 覆盖

由上述分析可见，字节码层的分支覆盖基本对应源代码层的条件覆盖。表 5-6 中的测

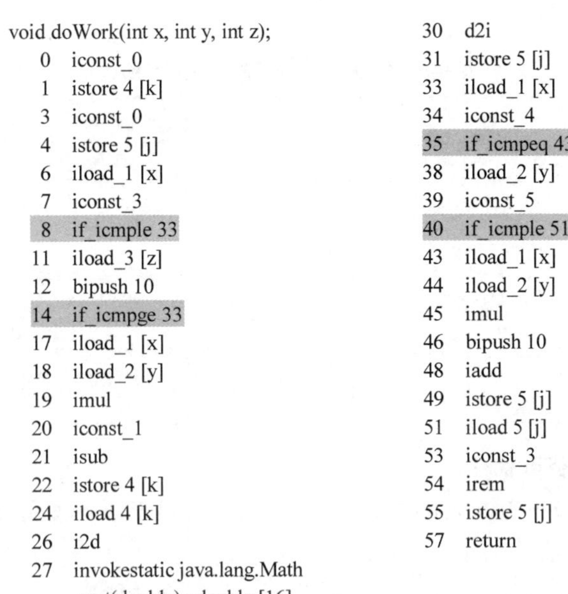

```
void doWork(int x, int y, int z);
 0  iconst_0
 1  istore 4 [k]
 3  iconst_0
 4  istore 5 [j]
 6  iload_1 [x]
 7  iconst_3
 8  if_icmple 33
11  iload_3 [z]
12  bipush 10
14  if_icmpge 33
17  iload_1 [x]
18  iload_2 [y]
19  imul
20  iconst_1
21  isub
22  istore 4 [k]
24  iload 4 [k]
26  i2d
27  invokestatic java.lang.Math
    .sqrt(double) : double [16]
30  d2i
31  istore 5 [j]
33  iload_1 [x]
34  iconst_4
35  if_icmpeq 43
38  iload_2 [y]
39  iconst_5
40  if_icmple 51
43  iload_1 [x]
44  iload_2 [y]
45  imul
46  bipush 10
48  iadd
49  istore 5 [j]
51  iload 5 [j]
53  iconst_3
54  irem
55  istore 5 [j]
57  return
```

图 5-4　doWork()方法的 Java 字节码

试输入显然并未实现源代码层的条件覆盖。

为实现条件覆盖，需要构造测试输入，使得 z<10 的假和 y>5 的真得到覆盖。在短路机制下，欲使条件 z<10、y>5 得到检查，x>3 必须为真，x==4 必须为假，可以据此构造一个测试输入(x=5，y=6，z=10)，结合输入(x=4，y=6，z=9)和(x=2，y=4，z=9)，可以实现源代码层的条件覆盖。具体测试输入组合如表 5-7 所示，该输入组合从表 5-6 扩增而来，显然同时也满足判定/条件覆盖准则。

表 5-7　实现条件覆盖的测试输入

逻辑覆盖准则	测试输入	执行路径	x>3	z<10	x>3 && z<10	x==4	y>5	x==4 || y>5
条件覆盖	x=4，y=6，z=9	1 2 3 4 5 6 7	T	T	T	T	—	T
	x=2，y=4，z=11	1 2 5 7	F	—	F	F	F	F
	x=5，y=6，z=10	1 2 5 6 7	T	F	F	F	T	T

MC/DC 覆盖准则要求覆盖程序的入口和出口，并且每个条件的取值可以单独影响判定的结果，使其发生真假变化。对于表 5-7 的测试输入，显然已经覆盖了被测方法 doWork()的唯一入口和出口(语句 1 前是入口、语句 7 后是出口)。但条件 x>3 未在条件 z<10 取稳定值的情况下，通过自身变化影响判定 x>3 && z<10 的结果。条件 x==4 未在条件 y>5取稳定值的情况下，通过自身变化影响判定 x==4 || y>5 的结果。为此，需要补充 z<10为真情况下，x>3 为假的测试输入，并补充 y>5 为假的情况下，x==4 为真的测试输入。以上两个补充，一个要求!(x>3)，也即 x<=3，一个要求 x==4，两者不可能同时满足，因此需要补充两个新测试输入。具体补充结果如表 5-8 所示，由于补充的输入下 z<10 和 y>5 并未实际执行，因此表中用标记“—”表示，这里用形式“(F)”表示假如被执行情况

下条件的真假。

表 5-8 实现 MC/DC 覆盖的测试输入

逻辑覆盖准则	测试输入	执行路径	x>3	z<10	x>3 && z<10	x==4	y>5	x==4 || y>5
MC/DC 覆盖	x=4,y=6,z=9	1 2 3 4 5 6 7	T	T	T	T	—(T)	T
	x=2,y=4,z=11	1 2 5 7	F	—(F)	F	F	F	F
	x=5,y=6,z=10	1 2 5 6 7	T	F	F	F	T	T
	x=3,y=6,z=9	1 2 5 6 7	F	—(T)	F	F	T	T
	x=4,y=4,z=9	1 2 3 4 5 6 7	T	T	T	T	—(F)	T

6. 分析测试集是否可优化

分析前述满足相应覆盖准则的测试输入组合，发现对于语句覆盖，表 5-5 中一个输入组合已经是最少，故而无法再优化。

即使只有一个分支语句，无论如何也要两个输入组合才能实现分支覆盖，故而表 5-6 的测试输入数量也无法减少。

对于条件覆盖，在存在短路机制的情况下，对于类似 A && B 的运算，至少要 3 个真假组合才能覆盖到其真假情况，并确保条件得到实际的检查。因此表 5-7 中条件覆盖和判定/条件覆盖的测试输入数量已经达到最少。

MC/DC 覆盖相对判定/条件覆盖增加了一个条件独立影响判定结果的要求，尽管如此，对于两个判定中的 4 个条件而言，覆盖条件取值的真假组合有很多种，同一变量上的条件还有所关联，不能保证表 5-8 面向 MC/DC 覆盖的 5 个测试输入组合已经达到最优。先考虑单独的判定 x>3 && z<10，只需 3 个输入组合即可实现其 MC/DC 覆盖，如表 5-9 所示。同样，对于判定 x==4 || y>5，最少也只需 3 个输入组合即可实现其 MC/DC 覆盖。将这两个判定的相关条件取值恰当地组合在一起，可以降低实现整个 doWork() 方法 MC/DC覆盖所需的测试输入数量。表 5-9 给出了优化后的、能够满足 MC/DC 覆盖准则的测试输入组合。该表仅用 3 个输入组合即实现了 MC/DC 覆盖。

表 5-9 实现 MC/DC 覆盖的优化测试输入组合

逻辑覆盖准则	测试输入	执行路径	x>3	z<10	x>3 && z<10	x==4	y>5	x==4 || y>5
MC/DC 覆盖	x=5,y=6,z=9	1 2 3 4 5 6 7	T	T	T	F	T	T
	x=2,y=4,z=9	1 2 5 7	F	—(T)	F	F	F	F
	x=4,y=4,z=10	1 2 5 6 7	T	F	F	T	—(F)	T

当然，本实验并未证明目前所给出的方案已经是最优测试输入组合，最优测试输入组合也可能存在很多组。未来可以考虑对此开展更细致的研究。

7. 局限分析

在使用白盒覆盖工具辅助开展测试设计的过程中，发现存在以下一些不足，给测试设计带来一些困扰，未能进一步提高测试效率。

(1) 未能在源代码层面收集测试覆盖，很多收集到的测试覆盖信息与直观理解不是太吻合，给测试设计带来困扰。测试者不清楚是不是确实如工具所汇报的存在测试不充分问题。

(2) 覆盖信息是在静态的代码层展示，有些语句会执行多次，从多个途径经多个程序路径被执行到。当程序比较复杂时，测试者难以理清为什么一个语句被覆盖到，另一个语句又没有被覆盖。在补充生成测试输入的过程中，需要花费比较大的精力来理清程序执行，针对性地设计新输入。

(3) 覆盖信息展示时，没有能够展示相关数据取值，不便于带入取值来分析条件、判定的执行情况。

(4) 不支持分析测试是不是存在冗余，例如，对于 doWork()方法，其入口参数的取值组合数量对于实现某种覆盖准则是不是过多?

(5) 无法针对代码自动构造实现某种覆盖的输入数据组合，而从实验中人工设计测试输入的经验来看，一些输入的构造似乎可以通过算法推理实现。

若要改进覆盖分析工具，一个建议是调研广大用户最迫切的功能需求是什么，分析哪些是相对容易实现的，如此可能以较小代价迅速改善工具的使用体验。

附件资源

(1) 被测程序代码。

(2) 测试用例代码。

参考文献

[1] Baldoni R, Coppa E, D'elia D C, et al. A Survey of Symbolic Execution Techniques [J]. ACM Computing Surveys, 2018, 51(3), Article No. 50: 1-39.

第二部分

开发者测试

单元和集成测试是开发者常需要承担的责任。尤其是单元测试，它不仅是一种对单元质量的确认，也是一种设计和文档行为。通过编写单元测试，可以了解所做的接口设计是否合理，其调用协议、接口参数等是否清晰、易用。单元测试还可以作为一种文档，使开源软件的使用者以最直观的方式了解软件用法。

第二部分围绕单元和集成测试，组织三个实验。实验6“单元测试”旨在以真实开源软件为对象，探索和比较不同的单元测试实施方式，由此深入理解单元测试的相关问题，掌握单元测试核心能力，不仅能够基于流行的 JUnit 工具开展单元测试，也能够举一反三，将来在不同背景下开展单元测试。

实验 7“集成测试”将集成测试问题具体到某一特定集成的测试上，借助集成实例，帮助从比较抽象的集成测试概念，形成对集成测试方法应用的基本认知。

在课程学习中，提及的单元测试一般体现为对函数、方法的测试，而实践中的单元往往更为复杂。实验 8“服务与微服务单元测试”以更大粒度的服务、微服务为单元，来探索单元测试方法。一方面，通过该实验可以感受大粒度单元测试与函数、方法级单元测试的异同；另一方面，也可以开阔视野，增加对新型架构下软件测试的了解。

单元测试

单元测试是开发者保证其所研发代码质量的一种重要手段，也是敏捷软件开发的基础。无论是对于测试从业者还是对于一般软件开发者，都具有重要意义。通过编写单元测试，还能加强编码能力。

一、实验目标

掌握基于 JUnit 和 TestNG 框架对类中方法单元开展单元测试的方法，能够对单一的类方法编写测试用例，能够将多个单元测试组装为测试集来运行。体会应用 JUnit 单元测试框架的必要性，理解 JUnit 框架的不足，以及在一些场景下使用 TestNG 等更复杂工具的必要性，目标知识与能力如表 6-1 所示。

表 6-1　目标知识与能力

知　　识	能　　力
(1) 软件缺陷及其常见类别 (2) 单元测试的设计方法 (3) 测试用例与测试集	(1) 问题分析：通过文献研究，了解有哪些缺陷类型 (2) 设计/开发解决方案：开发单元测试 (3) 使用现代工具：使用单元测试框架并分析其局限性 (4) 终身学习：自主学习开源软件、测试工具，阅读他人高质量代码

二、实验内容与要求

使用 JUnit 和 TestNG 工具编写单元测试代码和配置，对 Apache Commons 库中的某一工具类进行测试，具体实验要求如下。

(1) 查阅 Apache Common 库中的类，选择一个感兴趣的类作为待测对象，查阅该类的接口说明，了解类的功能；下载待测类的代码，将其复制到一个新建的项目工程中，放置在与 Apache Common 库中同名的包下，使得该代码可以覆盖 Apache Common 库 jar 包中的原有代码。

(2) 查阅文献，了解软件缺陷的常见类型；在待测类代码中注入一个不影响编译的缺陷，作为待检测的问题。

(3) 实现不依赖于工具的单元测试：编写 main()方法驱动待测类中至少 3 个关键方法(覆盖注入错误的方法)，实现对模块单元质量的检查。

（4）使用JUnit构造测试单元测试用例，并运行测试，获得测试结果；将多个JUnit单元测试打包为一个测试集，实现单元测试的批量运行。

（5）对比第（3）步和第（4）步的方法，分析其各自有哪些优缺点，讨论为什么一般建议基于JUnit等工具开展单元测试，而不是采用步骤（3）中的方法。

（6）基于TestNG工具将其中一个单元测试改造为输入数据参数化的单元测试，并运行测试。

三、实验环境

（1）Eclipse或IntelliJ IDEA开发环境。

（2）Apache Commons库程序包。

（3）TestNG工具包。

四、评价要素

评价要素如表6-2所示。

表6-2　评价要素

要　素	实验要求
缺陷注入	了解常见缺陷类型，注入符合常规的缺陷
测试代码编写	测试用例包含输入数据和预期结果校验，能够识别失效
方法比较	能够体会不同方法的差别，了解为什么要使用单元测试框架

问题分析

1. 单元测试

单元测试，顾名思义是对模块单元的检查。基于JUnit等框架可以编写单元测试，但单元测试不仅要应用框架实现对目标模块的调用，而且要完成其“测试”这一核心使命。在单元测试中，需要依托测试设计，即在什么背景下、提供何种输入数据、检查何种测试结果来确认模块正确性，来实例化被测试对象、提供测试数据、调用被测试的方法、验证测试结果。每一环节均应考虑对确认模块质量这一目标是否有益。

使用JUnit、TestNG等多种框架都可以开展单元测试，不同工具在测试流程组织、测试数据提供、测试执行、测试结果校验等方面有所差异。开展单元测试也未必需要借助额外工具，其核心是完成对单元的质量检查，使用程序语言的基本功能也可以开展单元测试。

2. 实验问题的解决思路与注意事项

Eclipse、IntelliJ IDEA等开发环境都提供了较为直接的单元测试支持，可以从搜索引擎检索资料了解如何借助这些工具开展单元测试。Apache Commons库提供了API文档和用户指南（User Guide），可以从官方网站了解如何使用这些程序库。

实验过程中需注意以下几点。

（1）Apache Commons有丰富的功能，建议不要专注于字符串和数学处理模块，多看有哪些模块在未来的软件开发中可能有用；建议仔细阅读所测试模块的代码，了解高质量代码的样式，以及和自己过去编写的代码有哪些差别。

（2）在注入错误的过程中，尽量注入符合常规、正常开发者可能会犯的错误，而不是随意改代码。

（3）单元测试的目标是确认软件质量，要提供有效的预期结果检查方法。

3. 难点与挑战

（1）学习开源软件与测试工具用法：需要查阅中英文资料来了解被测软件和测试工具如何使用，建议多注意官方文档，而不仅是博客、论坛等。

（2）跑通测试代码：单元测试理论并不复杂，但在编写和运行测试代码的过程中可能会遇到各种编译和配置问题，解决各种零星问题，跑通代码是一个难点。建议多注意运行过程中的异常等提示，结合搜索引擎，寻找问题应对方法。

（3）合理组织测试：如何设计优雅的结构以组织测试代码、如何完成对注入错误的有效检查是另一个难点。

实验方案

1. 实验环境与实验对象

本实验在 IntelliJ IDEA 2020 开发环境下开展测试，所用单元测试工具为开发环境自带 JUnit 版本和 TestNG 4.12。

实验以 Apache Commons 库中某一公共基础程序库作为单元测试的对象。Apache Commons 库包含如表 6-3 所示的众多功能实现。这些程序库大多专注于某一基础领域，对外依赖少，使用相对简单，适合作为单元测试的研究对象。

表 6-3　Apache Commons 程序库

组　件	官方描述	说　明
BCEL	Byte Code Engineering Library - analyze, create, and manipulate Java class files	Java 字节码处理库
BeanUtils	Easy-to-use wrappers around the Java reflection and introspection APIs	对 Java 反射等的封装
BSF	Bean Scripting Framework - interface to scripting languages, including JSR-223	脚本运行框架，可用于运行 JSP
Chain	Chain of Responsibility pattern implementation	“责任链”设计模式的实现框架
CLI	Command Line arguments parser	命令行解析器
Codec	General encoding/decoding algorithms (for example phonetic, base64, URL)	常用编解码算法
Collections	Extends or augments the Java Collections Framework	Java Collections 容器库的扩展
Compress	Defines an API for working with tar, zip and bzip2 files	tar、zip 和 bzip2 压缩包的处理 API

续表

组　件	官方描述	说　明
Configuration	Reading of configuration/preferences files in various formats	从多种文件格式读取配置的库
Crypto	A cryptographic library optimized with AES-NI wrapping Openssl or JCE algorithm implementations	加密算法库
CSV	Component for reading and writing comma separated value files	CSV 文件读写库
Daemon	Alternative invocation mechanism for unix-daemon-like java code	后台服务程序调用机制
DBCP	Database connection pooling services	数据库连接池服务
DbUtils	JDBC helper library	JDBC 数据库辅助工具
Digester	XML-to-Java-object mapping utility	XML 到 Java 对象的映射工具
Email	Library for sending e-mail from Java	E-mail 发送库
Exec	API for dealing with external process execution and environment management in Java	进程调用相关库
FileUpload	File upload capability for your servlets and web applications	文件上传工具
Functor	A functor is a function that can be manipulated as an object, or an object representing a single, generic function	"函子"这一程序语言机制的编程框架
Geometry	Space and coordinates	几何学工具集
Imaging	A pure-Java image library	图像处理库
IO	Collection of I/O utilities	IO 输入/输出工具库
JCI	Java Compiler Interface	Java 编译器访问接口
JCS	Java Caching System	Java 缓存系统
Jelly	XML based scripting and processing engine	可执行 XML 脚本处理引擎
Jexl	Expression language which extends the Expression Language of the JSTL	JEXL 表达式语言支撑实现
JXPath	Utilities for manipulating Java Beans using the XPath syntax	以 XPath 语法处理 Java Beans 的库
Lang	Provides extra functionality for classes in java.lang	java.lang 包的扩展
Logging	Wrapper around a variety of logging API implementations	日志库
Math	Lightweight, self-contained mathematics and statistics components	数学和统计库
Net	Collection of network utilities and protocol implementations	网络和协议工具

续表

组　件	官方描述	说　明
Numbers	Number types (complex, quaternion, fraction) and utilities (arrays, combinatorics)	数值处理工具
OGNL	An Object-Graph Navigation Language	以表达式语言访问对象属性的库
Pool	Generic object pooling component	对象池支撑库
Proxy	Library for creating dynamic proxies	支持"代理"设计模式的库
RDF	Common implementation of RDF 1.1 that could be implemented by systems on the JVM	RDF 实现
RNG	Implementations of random numbers generators	随机数生成器
SCXML	An implementation of the State Chart XML specification aimed at creating and maintaining a Java SCXML engine	State Chart XML 实现
Statistics	Statistics	统计相关工具
Text	Apache Commons Text is a library focused on algorithms working on strings	字符串算法库
Validator	Framework to define validators and validation rules in an xml file	XML 文件验证工具
VFS	Virtual File System component for treating files, FTP, SMB, ZIP and such like as a single logical file system	虚拟文件系统实现
Weaver	Provides an easy way to enhance (weave) compiled bytecode	字节码编织相关工具

实验选择 Apache Commons 程序库中的 CSV 库作为具体的测试目标。CSV 库用于读写 CSV 文件(以.csv 为文件名后缀)。CSV 文件是一种以逗号作为列分隔的数据表文件，可以被 Excel 读取，也可以用纯文本方式打开，是数据分析领域常用的一种文件格式。

为便于分析和测试，本实验将 CSV 程序库的源代码导入到本地项目来使用。导入过程首先新建一个 Maven 配置的 Java 项目，在 Java 项目中添加对 CSV 程序库的依赖。具体为在 pom.xml 中加入如下依赖描述。

```
<dependency>
    <groupId>org.apache.commons</groupId>
    <artifactId>commons-csv</artifactId>
    <version>1.8</version>
</dependency>
```

然后，在项目源码中添加名为 org.apache.commons.csv 的 package，把 Apache Common 库中的 CSVParser 类源代码复制并放入该包中，将该类也命名为 CSVParser，作为本实验的实际测试对象。添加类后的项目结构如图 6-1 所示。

上述方式下，根据 Java 类的查找和加载顺序规则，源代码中的 org.apache.csv.

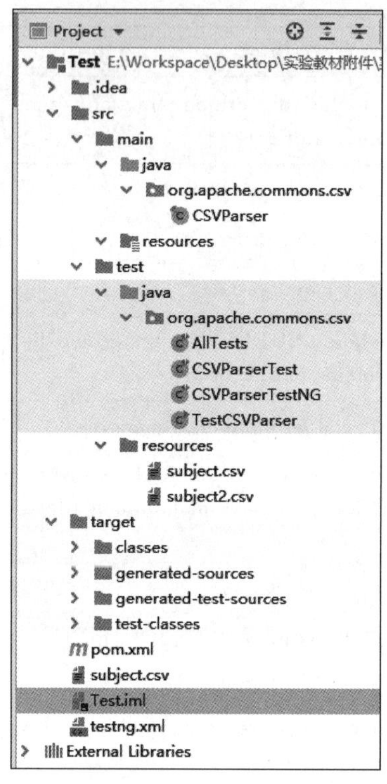

图 6-1 Java 项目结构

CSVParser 类优先于依赖库中的同名类被加载，可起到顶替依赖库中相关类的作用。（一般项目配置下，源代码编译结果目录在 ClassPath 中先于依赖库，其中的类优先被加载。）

2. 注入不影响编译的错误

实验在一个正常实现的 CSVParser 类中注入错误来检验单元测试的效果。软件中的错误可能有多种类型，如参考文献[1]中所述，常见的错误类型包括算术错误、逻辑错误、语法错误、资源错误等。本实验尝试注入一个逻辑错误，即一处 if、while 等语句中逻辑判断相关的错误。

具体错误位于 CSVParser 类的 nextRecord()方法中。注入过程对 CSVParser 中的 nextRecord()方法进行修改，使该函数中的一个判断语句真假反转。该错误不影响编译，但出现这种错误后，CSV 文件无法正常读写。具体错误代码如图 6-2 所示。

```
CSVRecord nextRecord() throws IOException {
    ...
    if (this.recordList.isEmpty())    //去掉了this前的！
    ...
}
```

图 6-2 在 CSVParser 类中注入的错误

3. 在不使用 JUnit 工具的情况下进行单元测试

单元测试的核心目标是实现对单元编写质量的检查，可以依托 JUnit 这样的单元测试框架实现,也可以不依赖于任何框架。本实验首先在不使用 JUnit 的情况下来编写单元测试。

如程序 6-1 所示,单元测试代码中编写了一个名为 TestCSVParser 的测试类,同样放入包 org.apache.commons.csv 中,但位于 test 源代码文件夹下,以独立于工作代码。与被测类的包同名,使得测试代码能够少受类的成员访问保护限制,尽可能多地访问被测类的属性。放在独立文件夹下使得发布"干净"的代码变得更为容易。

测试类中设计 main()方法来驱动待测 CSVParser 类。main()方法中读取了名为 subject.csv、内容为"id,name,credit\1,math,3\2,English,2"的一个三行 CSV 文件。测试类检查读取到的记录数,并抽查记录内容,以判断 CSV 文件的读取功能是否正常。如果发现错误,程序会利用 System.err 错误输出流(即 stderr 标准错误输出)输出详细错误信息。查看 System.err 流是否有内容即可对测试是否通过加以判断。

程序 6-1　不使用 JUnit 的 CSVParser 单元测试代码

```
public class TestCSVParser {
    public static void main(String[] args) throws IOException {
        String[] headers=new String[]{"id","name","credit"};
        String filePath="subject.csv";
        //创建 CSVParser 对象
        CSVFormat formator = CSVFormat.DEFAULT.withHeader(headers);
        FileReader fileReader=new FileReader(filePath);
        Charset charset = Charset.forName("GBK");
        CSVParser parser=CSVParser.parse(new File(filePath),charset,formator);
        //检查读取到的记录数
        if(parser.getRecordNumber()!=3){
            System.err.println("Error: incorrect record number");
        }
        //检查记录内容
        List<CSVRecord> records=parser.getRecords();
        if(records.isEmpty()){
            System.err.println("Error: empty records");
        }
        else{
            if(!"id".equals(parser.nextRecord().get(0))){
                System.err.println("Error: incorrect record number");
            }
        }

        parser.close();
        fileReader.close();
    }
}
```

4. 使用 JUnit 实施单元测试

使用 JUnit 进行单元测试时,测试代码可以手工编写,也可以借助开发环境辅助生成。在 IntelliJ IDEA 下,从 CSVParser.java 文件中选中其类名 CSVParser,然后按快捷键 Ctrl+Shift+T,将打开"新建单元测试"对话框。在"新建单元测试"对话框中,可勾选决定是否生成初始化和清理动作 setUp()与 tearDown()，如图 6-3 所示。前者是每个测试用例执行之前都会执行的代码，用来进行必要的初始化；后者用来在测试结束后释放分配的资源、清理测试环境等。勾选希望测试的类成员方法，完成选择后，单击 OK 按钮，将自动生成单元测试代码框架。对框架代码进行补充完善，可以得到具体的单元测试用例。

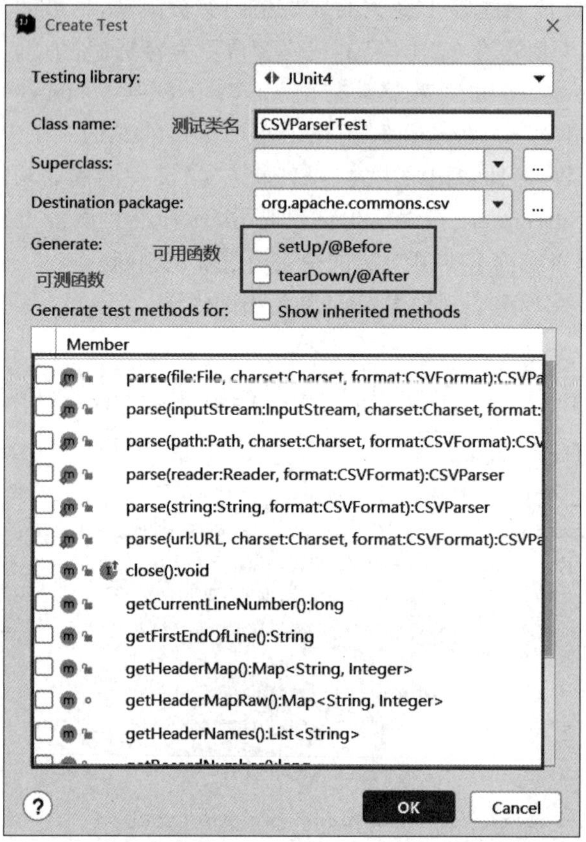

图 6-3　借助开发环境新建 JUnit 单元测试用例

程序 6-2 展示了补充完整的 JUnit 单元测试用例(JUnit 4.0 风格)，这组用例测试了 CSVParser 中的 getRecordNumber()、getRecords()和 nextRecord()方法，分别检查读取的记录数量、记录内容及遍历的下一个记录。这些方法均和注入错误的 nextRecord()方法相关，很容易从测试执行结果了解程序功能是否发生问题。

程序 6-2　JUnit 单元测试代码

```
public class CSVParserTest {
  private CSVParser csvParser;
  private FileReader fileReader;

  @Before
  public void setUp() throws Exception {
    String[] headers=new String[]{"id","name","credit"};
    String filePath="subject.csv";
```

```
        fileReader=new FileReader(filePath);
        Charset charset = Charset.forName("GBK");
        CSVFormat format = CSVFormat.DEFAULT.withHeader(headers);
        csvParser = CSVParser.parse(
          new File(filePath),charset,format);
      }

      @After
      public void tearDown() throws Exception{
        csvParser.close();
        fileReader.close();
      }

      @Test
      public void testGetRecordNumber() throws IOException {
        List<CSVRecord> records = csvParser.getRecords();
       assertEquals(csvParser.getRecordNumber(),3);
      }

      @Test
      public void testGetRecords() throws IOException {
        assertEquals(csvParser.getRecords().isEmpty(),false);
      }

      @Test
      public void testNextRecord() throws IOException {
        assertEquals(csvParser.nextRecord().get(0),"id");
      }
    }
```

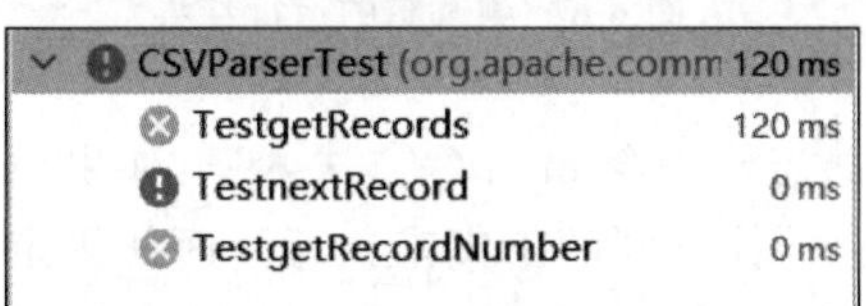

图 6-4　测试执行结果

JUnit 单元测试无须入口方法 main()即可运行。在代码编辑器中的测试类 CSVParserTest、单元测试方法 testGetRecords 等旁边会显示相应的“测试运行”按钮。在测试类上单击该按钮，可以运行类中的所有单元测试。测试结果会在 IDE 下方的 Run 视图中显示，如图 6-4 所示。

该测试结果表明，CSV 解析无法获得正确的记录数和记录内容，与注入错误时将记录不空时登记记录“258 if (!this.recordList.isEmpty())”变为记录为空时登记“258　if (this.recordList.isEmpty())”所做的修改相对应。

在 JUnit 框架下，除了单独执行某个测试用例、执行一个测试类中的所有用例，还可以自定义测试集来批量运行测试用例。定义过程在项目中新建 AllTests.java 文件用于构建测试集，如图 6-5 所示。

在 JUnit 框架下，构造测试集只需以单元测试类的名称为参数，声明一个形如“@SuiteClasses({ CSVParserTest.class })”的注解即可。创建测试集的具体代码如程序 6-3

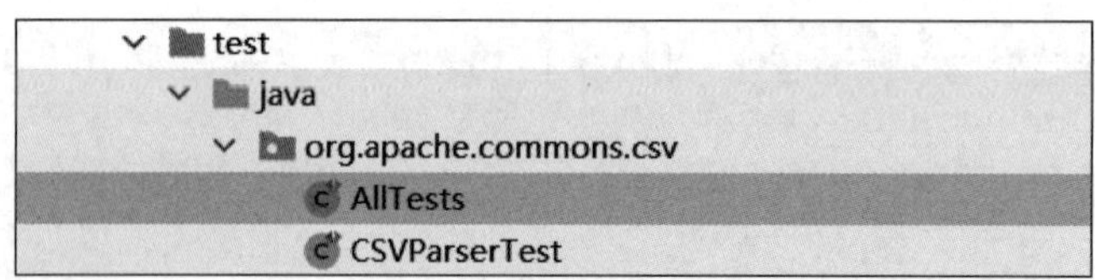

图 6-5　测试集定义类

所示，每个测试集是一个 TestSuite 对象。单击本实验 AllTests 测试集旁的绿色小三角图标，可以运行测试代码，测试集的运行结果见图 6-6。

程序 6-3　测试集创建代码

```
package org.apache.commons.csv;

import junit.framework.JUnit4TestAdapter;
import junit.framework.Test;
import junit.framework.TestSuite;
import org.junit.runner.RunWith;
import org.junit.runners.Suite;
import org.junit.runners.Suite.SuiteClasses;

@RunWith(Suite.class)
@SuiteClasses({ CSVParserTest.class })
public class AllTests {
}
```

定义测试集的意义在于可以一次选择多个测试类中的用例来运行，不同测试类可以定义多种不同的组合方式，为测试实施提供更多灵活选择。

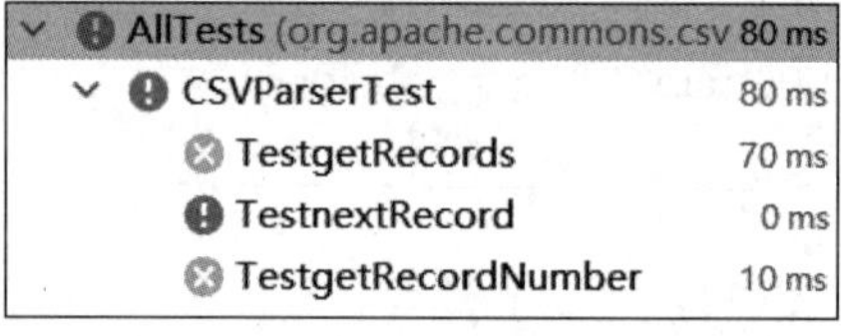

图 6-6　测试集的运行结果

5. 使用与不使用 JUnit 框架的比较

不使用 JUnit 框架的优点在于无任何对外依赖，所有执行机制清晰可见，对于一些需要特殊测试执行控制的场合较为方便。缺点是每个测试用例都需要一个 main()方法入口，如果所有测试用例都放在一个 main()入口下，测试用例不便于选择不同的子集来执行。而如果定义多组 main()入口，容易导致程序的入口不够清晰，组装测试用例集需要创建类、定义执行逻辑来串联多个 main()入口，较为烦琐。

使用 JUnit 的一个优点是梳理清楚了测试的核心逻辑，能够清晰地识别哪些是测试环境构建和拆除相关工作，哪些是对不同方法的测试，为测试代码自身的维护、演化等奠定了较好的基础。测试用例不需要定义 main()入口方法就能执行，使得整个项目可以只保留极少的 main()入口，程序的主体较为清楚。多个测试用例可以方便地单独或组合执行。在测试结果校验方面，不需要编写烦琐的 if 判断和提示信息输出，assertEquals 等机制使得代码更加简洁优雅，也便于记录和统计测试执行情况。

引入 JUnit 4 支持后，只需掌握极少几个关键的类、方法和注解(Annotation)即可建立单元测试框架，编写单元测试较之基于较早版本的 JUnit 更加方便。对于一般性的测试场景而言，依托 JUnit 这样的测试框架来编写单元测试更有利于组织和执行测试代码。

6. 使用 TestNG 构造并执行测试

JUnit 并不是 Java 平台上单元测试的唯一选择，其自身在简单易用的同时，也存在一些局限，例如，不便于实现测试数据和步骤的分离，测试步骤重用不够便捷。本实验同时也使用另一知名测试框架 TestNG 来开展单元测试。TestNG 提供方便的测试代码参数化支持，为一些测试场合提供了新的选择。

为使用 TestNG 框架开展测试，首先需要在项目的配置文件 pom.xml 中引入 TestNG 库，如图 6-7 所示。

```
<dependency>
    <groupId>org.testng</groupId>
    <artifactId>testng</artifactId>
    <version>RELEASE</version>
    <scope>test</scope>
</dependency>
```

图 6-7　依赖引入代码

然后，在 IntelliJ IDEA 中单击菜单栏中的 File→Settings，在 Plugins 中查找并下载 Create TestNG XML 插件到开发环境，可以导入 TestNG 测试用例的创建向导、辅助代码生成等功能支持。

同样是对于 CSVParser 类的测试，可以用 TestNG 来创建一个将 CSV 文件的路径和字符集参数化的测试用例。该测试用例可以从配置文件中读取多组不同的 CSV 文件作为输入，执行同样的测试步骤，以增强对相关代码的检测力度。

具体创建过程：首先在 CSVParser.java 文件中选中其类名 CSVParser，然后按快捷键 Ctrl+Shift+T，打开包含如图 6-8 所示内容的“测试用例创建”对话框，选择 TestNG 作为测试方式，单击 OK 按钮生成测试用例框架。

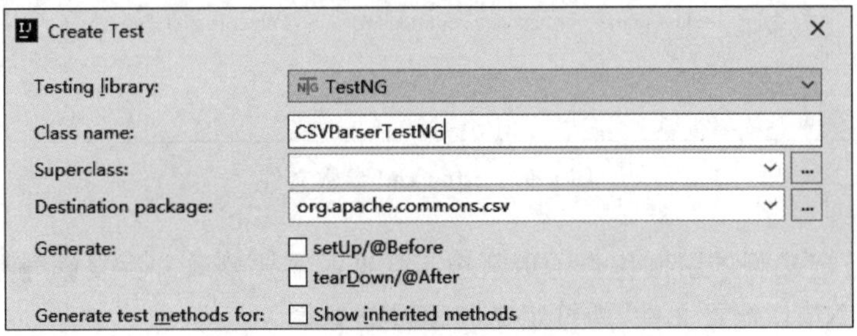

Create Test

Testing library:	TestNG
Class name:	CSVParserTestNG
Superclass:	
Destination package:	org.apache.commons.csv
Generate:	☐ setUp/@Before ☐ tearDown/@After
Generate test methods for:	☐ Show inherited methods

图 6-8　新建 TestNG 测试用例框架

在生成的测试用例框架中输入如程序 6-4 所示的代码，可以构造一个 TestNG 测试用例。注解“@Parameters({"file","charset"})”表明该测试用例从参数文件读取 file 和 charset 两个数据，基于此数据尝试打开文件，并检查打开过程有无异常、读取到的记录是否为空。

程序 6-4　TestNG 测试代码

```java
import java.io.*;
import java.nio.charset.Charset;
```

```
import static org.junit.Assert.assertEquals;
public class CSVParserTestNG {
    @Parameters({"file","charset"})
    @Test
    public void testGetRecords(String file,String charset) throws IOException {
        String[] headers=new String[]{"id","name","credit"};
        Charset charsetType = Charset.forName(charsettype);
        CSVFormat format = CSVFormat.DEFAULT.withHeader(headers);
        CSVParser csvParser = CSVParser.parse(new File(file),charsetType,format);
        assertEquals(csvParser.getRecords().isEmpty(), false);
    }
}
```

创建用例后，在项目中右击选择 Create TestNG XML 菜单项，可自动生成 XML 格式的模板参数文件 testng.xml。将生成的 XML 文件修改成如图 6-9 所示，可以定义包含两个 CSV 文件作为输入的测试集。在项目结构树的 testng.xml 文件上右击选择“run ..\testng.xml”，即可成功运行测试，检查两个文件的读取是否成功。

```
<?xml version="1.0" encoding="UTF-8"?>
<suite name="All Test Suite">
    <test name="test1">
        <parameter name="file" value="src/test/resources/subject.csv"></parameter>
        <parameter name="charset" value="GBK"></parameter>
        <classes>
            <class name="org.apache.commons.csv.CSVParserTestNG" />
        </classes>
    </test>

    <test name="test2">
        <parameter name="file" value="src/test/resources/subject2.csv"></parameter>
        <parameter name="charset" value="GBK"></parameter>
        <classes>
            <class name="org.apache.commons.csv.CSVParserTestNG" />
        </classes>
    </test>
</suite>
```

图 6-9　testng.xml 参数文件

上述方式下定义测试用例免去了更新输入数据时需要修改并反复编译单元测试代码的麻烦，只需修改 XML 配置文件，即可定义和编辑测试集。

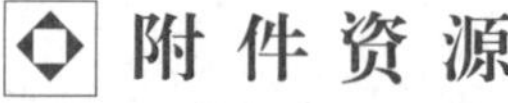

附件资源

单元测试代码。

参考文献

[1] Software_bug [Z/OL]. [2022-02-20]. https://en.wikipedia.org/wiki/Software_bug.

实验7

集成测试

软件测试中,时常需要测试模块间的交互,即检查不同模块集成在一起之后是否能够正常工作,称为集成测试。对于复杂模块间的集成,为准确了解集成后的故障究竟源于何处,常需要采用桩模块和驱动模块来代替未集成的内容,先单独对参与集成的各模块进行测试,而后再测试真实模块的集成效果。如此,一旦出现异常,则故障一般位于模块间的交互中(如参数格式不正确、顺序错误等),而不是源于某一模块本身。本实验探寻上述集成测试的具体实施方法,以加深对相关问题的理解。

一、实验目标

理解集成测试的内涵,掌握集成测试中驱动模块和桩模块的编写方法,既能够不借助 JUnit 之外的工具开展基本的集成测试,也能够使用 Mockito 等专用工具开展集成测试,如表 7-1 所示。

表 7-1　目标知识与能力

知　识	能　力
(1) 模块集成与测试 (2) 驱动模块与桩模块	(1) 设计/开发解决方案：能够编写集成测试代码 (2) 使用现代工具：使用单元与集成测试工具

二、实验内容与要求

设有一模块,在 java.util.LinkedList 类的基础上,借助 java.util.Collections 类中的 swap()方法,实现了数据元素的交换功能。假设 swap()和 LinkedList 模块的功能均未经检测,试对 swap()和 LinkedList 的集成加以测试。

swap()方法的接口如图 7-1 所示。该方法传入任意一个实现 List 接口的对象,依靠 List 接口下的 get()和 set()方法实现数据交换。

具体而言,本实验的要求如下。

(1) 对 LinkedList 类中的 get()和 set()方法展开测试,检查其功能是否正确。

(2) 编写测试驱动,调用 Collections 类中的 swap()方法,对其自身展开测试。为避免错误的 List 实现对 swap()本身缺陷检测和排查的影响,首先编写一个简化的 List 接口的桩模块实现,确保其自身功能正确;在此基础上,检验 swap()是否正常调用 List 的相关功能完成其自身的实现。

(3) 换一种步骤(2)的实现方式，借助集成测试辅助工具 Mockito，创建一个 List 接口的桩模块实现，对 swap()模块本身进行测试。

(4) 对步骤(2)中创建的桩模块类，用 Mockito 替换其 get()和 set()方法的行为，尝试通过替换一个已经存在的类的行为，来对 swap()模块的异常处理进行测试。

(5) 将 swap()和 LinkedList 模块进行集成，测试集成后的交换功能是否正常。

(6) 比较步骤(2)、(3)、(4)的桩模块创建方法的差异，尝试分析其优缺点或者适用的场合。

```
/**
 * Swaps the elements at the specified positions in the specified list. (If the specified
 * positions are equal, invoking this method leaves the list unchanged.)
 *
 * @param list The list in which to swap elements.
 * @param i the index of one element to be swapped.
 * @param j the index of the other element to be swapped.
 * @throws IndexOutOfBoundsException if either i or j is out of range
*/
public static void swap(List<?> list, int i, int j)
```

图 7-1　swap()模块接口

三、实验环境

(1) Eclipse 或 IntelliJ IDEA 开发环境。

(2) Mockito 工具包：https://site.mockito.org/。

四、评价要素

评价要素如表 7-2 所示。

表 7-2　评价要素

要　　素	实验要求
桩模块需求分析	能够根据被测模块的测试需要，推测对桩模块开发的要求
测试用例设计	测试过程中能够设计具有缺陷揭示能力的测试用例
集成测试代码编写	成功完成任务要求的集成测试代码编写，且代码规范
桩模块开发比较	能够有理有据地比较几种桩模块开发方法

问题分析

1. 集成测试

集成测试一般包括集成测试计划、集成测试分析与设计、集成测试实现、集成测试执行、集成测试评估等阶段。计划阶段分析待测软件体系结构、识别关键模块，概要性地确定集成测试的对象和测试范围。例如，在方法、类、构件、子系统等哪一层次开展集成测试，界面、数据库、业务逻辑模块是否都要参与集成测试,函数调用、网络通信、文件传递等哪些集成交互应重点测试等。

分析与设计阶段对测试任务进行细化,进一步明确测试对象,确定哪些模块要参加集成测试,按照何种策略进行集成(自顶向下、自底向上等),以及具体的测试需求有哪些(例如,最终需要测试 A、B、C、D 模块间的哪几个接口交互)。明确待测试的集成对象和集成接口后,需要进一步设计集成测试用例,确定测试的环境、输入、预期结果等。还需定义测试架构,构建代码层的集成测试用例组织框架。

再然后是集成测试的实现,将集成测试从设计转换为具体的可执行代码,并通过集成测试执行,获得相关测试结果。最后是集成测试评估,从测试活动形成关于被测软件质量、集成测试过程开展效率等方面的结论。

2. 实验问题的解决思路与注意事项

本实验中集成测试的对象和范围已经指定,即 swap()和 LinkedList 类以及由此构成的一个整体,在类方法层面进行集成和测试。

集成测试有大棒集成、自顶向下、自底向上等多种策略,各自适用不同场景。本案例中,模块较为简单,出现异常后定位错误的难度不高,因此,可以选择较为高效的大棒集成方法。先对 LinkedList 中参与集成的 get()和 set()方法进行测试,然后测试 swap()方法本身,最后测试集成后的整体。

在对 LinkedList 的 get()和 set()方法测试的过程中,测试用例设计应考虑访问下标为 0、下标溢出等边界情况的处理,较全面地检测模块质量。

在对 swap()测试的过程中,需要为其调用的 get()、set()方法创建桩模块,以隔离参数 List 实现错误对 swap()的影响,专注于检测在 List 正确实现的情况下,swap()的表现是否正常。swap()模块在正常交换、同下标交换、交换宿和源下标溢出的情况下,都存在质量风险,应在测试用例设计中充分考虑这些风险。

最终的整体集成测试专注于 swap()和 LinkedList 的交互。swap()自身的测试用例中与 List 相关的部分可以继续沿用到最终的集成测试中,只是此时作为其参数的链表不再是桩模块,而是 LinkedList。swap()的测试用例中如果有和 List 不相关的部分,则无须重复测试,因为整体集成关注的是 swap()和 LinkedList 的交互,而不是 swap()本身的行为。

3. 难点与挑战

(1) 测试用例设计:测试用例设计能够覆盖被测模块的主要风险,测试代码简洁优雅,充分利用好 JUnit、Mockito 工具提供的功能。

(2) 桩模块开发:明确桩模块开发需求,学习 Mockito 等工具用法,实现桩模块代码并调试通过。(Mockito 工具展现了许多程序设计语言的高级概念和用法,建议深入研究。)

◇ 实验方案

1. 编写 LinkedList 的测试用例

首先测试参与集成的 LinkedList 模块。LinkedList 中 get()和 set()方法的主要风险在于:①读写链表中间节点;②读写链表首尾节点;③访问下标溢出情况的处理。针对这些风险,创建的单元测试如程序 7-1 所示。

程序 7-1 针对 LinkedList 中 get()和 set()方法的测试用例

```
@Before
public void setUp()  {
this.list = new LinkedList<>(Arrays.asList(1,2,3));
}

@Test
public void testGet(){
  assertEquals(1, list.get(0));
  assertEquals(2, list.get(1));
  assertEquals(3, list.get(2));

  try{
    list.get(-1);
    fail("没有如预期抛出异常");
  }
  catch(IndexOutOfBoundsException e){  }
  catch(Exception e){ fail("异常类型错误"); }

  try{
    list.get(3);
    fail("没有如预期抛出异常");
  }
  catch(IndexOutOfBoundsException e){  }
  catch(Exception e){ fail("异常类型错误"); }
}

@Test
public void testSet(){
  list.set(0, 4);
  assertEquals(4, list.get(0));
  list.set(1, 5);
  assertEquals(5, list.get(1));
  list.set(2, 6);
  assertEquals(6, list.get(2));

  try{
    list.set(-1, -1);
    fail("没有如预期抛出异常");
  }
  catch(IndexOutOfBoundsException e){  }
  catch(Exception e){ fail("异常类型错误"); }

  try{
    list.set(3, 7);
    fail("没有如预期抛出异常");
  }
  catch(IndexOutOfBoundsException e){  }
  catch(Exception e){ fail("异常类型错误"); }
}
```

2. 手工编写桩模块来测试 swap()方法

接下来测试 swap()模块自身。swap()模块的第一个参数是 List 接口的对象，在对 swap()自身进行测试的过程中希望隔离 LinkedList 类的影响，专注于 swap()本身，而如果没有 List 接口的具体实现，则 swap()模块又无法实际运行，也就无法对其实施测试。因此，第一步需要创建一个 List 接口的桩模块实现。

1）创建桩模块 MyList

桩模块实现不需要完善 List 的全部功能，只需要确保 swap()依赖的 get()和 set()两个主要方法可以运行。同时，桩模块不需要考虑所有复杂场景，只需要保证在测试用例相关的场景下，其行为正确。因此桩模块并不需要系统地实现链表机制，只需要模拟一部分输入下的 List 行为。

为支持结果校验，桩模块中 get()和 set()方法应能够记录和返回适当的值。swap()模块的文档描述中称其应能够在链表下标溢出时抛出 IndexOutOfBoundsException 异常。该异常实际上是在 get()和 set()方法中产生，由 swap()承接并继续抛出。正确实现应能保证 get()和 set()方法抛出异常时，swap()模块也可以向上继续抛出异常，而不应无异常表现。因此，在桩模块中，get()和 set()方法应能够模拟下标溢出时的异常抛出。

根据上述对桩模块需求的分析，可以建立一个 List 接口的桩模块 MyList。新建一个 Java 项目，在 main\java 目录下新建 MyList 类，MyList 中用固定三个元素的数组存放链表内容，不考虑链表添加、删除元素的情况。默认链表内容为[1; 2; 3]，当数组下标小于 0 或大于 2 时下标溢出。该类的 get()和 set()方法实现如程序 7-2 所示。其中，get()方法获取数组元素的数据，set()方法设置数组数据，两个方法在访问数组元素前均会进行越界检查。

程序 7-2　桩模块 MyList 类代码

```
public class MyList implements List {
    Object array[] = {1, 2, 3};        //用于模拟链表行为的小数组

    @Override
    public Object get(int index){
        if(index>2 || index<0)
            throw new IndexOutOfBoundsException("get 下标越界");
        return array[index];
    }

    @Override
    public Object set(int index, Object element) {
        if(index>2 || index<0) {
            throw new IndexOutOfBoundsException("set 下标越界");
        }
        else{
            Object o = array[index];
            array[index]= element;
            return o;
        }
    }
}
```

2）对 swap()模块进行测试

Collections.swap()模块用于交换链表两个访问下标下的内容。结合对交换功能的理解和模块自身的接口说明，可发现其主要风险在于：①正常 i、j 下标下的交换有无问题；②i、j下标相同时如何处理；③下标溢出时是否正常抛出异常。测试过程将针对这些风险编写用例。为确认模块是否正常工作，可以在交换过程中监听异常抛出，检查交换后的列表中各下标的内容等，来确定模块实现的正确性。

在项目的测试代码目录 test\java 下创建 TestSwap 类，用于测试 swap()模块。根据 swap()模块的风险分析，共编写 4 个单元测试，分别测试正常交换、同下标交换、交换宿和源的下标溢出的情况，如程序 7-3 所示。

程序 7-3　TestSwap 类的代码

```
import org.hamcrest.core.StringContains;
import org.junit.After;
import org.junit.Before;
import org.junit.Test;
import java.util.Collections;
import static org.junit.Assert.*;

public class TestSwap {
  List list;

  @Before
  public void setUp()  {
    this.list = new MyList();
  }

  @Test
  public void test1(){
    Collections.swap(list,0,1);
    assertEquals(2, list.get(0));
    assertEquals(1, list.get(1));
  }

  @Test
  public void test2(){
    Collections.swap(list,0,0);
    assertEquals(1, list.get(0));
  }
  @Test
  public void test3(){
    try {
      Collections.swap(list,0,3);
      fail("没有如预期抛出异常");
    }catch(IndexOutOfBoundsException e){
      assertThat(e.getMessage(),
        StringContains.containsString("下标越界"));
    }
```

```
    }
    @Test(expected = IndexOutOfBoundsException.class)
    public void test4(){
      Collections.swap(list,3,1);
  }
}
```

单元测试中,对于正常交换行为,通过判断交换后数组元素的内容来校验测试结果。对于同下标交换,通过检查交换后数组元素内容是否变化确定 swap()工作是否正常。对于下标溢出,一种测试方法是如 test3()用例,建立 try-catch 封装,检测是否实际捕获到 IndexOutOfBoundsException 异常来查看 swap()模块的异常处理机制是否正常运转。如果没有抛出异常,则执行 fail()方法,通知测试结果为失败;否则,检查异常是否符合预期,可通过 assertThat 语句和 StringContains.containsString()方法检查异常消息是否包含"下标越界"关键字。另一种方法是如 test4()用例,应用较新版本 JUnit 包含的异常捕获标注"@Test(expected = IndexOutOfBoundsException.class)"来检查抛出的异常是否符合预期。

运行后的结果如图 7-2 所示,所有单元测试全部通过,由此可以看出,swap()能够正常调用 MyList 中的桩模块完成数组元素交换,其功能实现暂未发现错误。

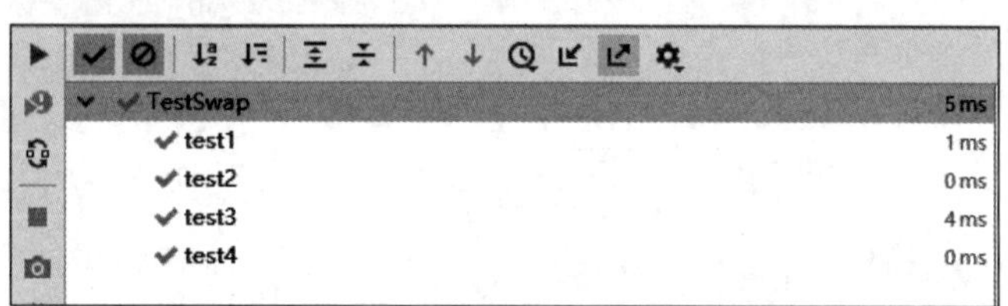

图 7-2　TestSwap 类的运行结果

3. 通过 Mockito 创建 List 接口的桩模块以实施测试

可以借助 Mockito 工具直接创建接口类 List 的一个桩模块实现,而不用编写 List 的具体实现类。通过 Mockito 工具创建桩模块的过程与上一步 TestSwap 类的创建类似,只需将测试类 setUp()方法中的 list 对象创建过程替换为通过 Mockito 创建模拟类的过程,而从 test1()到 test4()的 4 个单元测试用例无须做任何修改。具体创建桩模块模拟类的过程如程序 7-4 所示。

程序 7-4　TestByMockList 类代码

```
public class TestByMockList {
    private List list;

    @Before
    public void setUp() throws Exception {
      list = mock(List.class);
      //假设链表元素为 1, 2, 3
       Object array[] = {1, 2, 3};

       doAnswer(new Answer<Object>() {
```

```
            @Override
            public Object answer(InvocationOnMock invocationOnMock) throws
            Throwable {
                final Object[] args = invocationOnMock.getArguments();
                Integer index = (Integer)args[0];

                if(index>2 || index<0)
                    throw new IndexOutOfBoundsException("get 下标越界");
                return array[index];
                }
        }).when(list).get(Mockito.anyInt());

        doAnswer(new Answer<Object>() {
            @Override
            public Object answer(InvocationOnMock invocationOnMock) throws
            Throwable {
                final Object[] args = invocationOnMock.getArguments();
                Integer index = (Integer)args[0];
                Object element = args[1];

                if(index>2 || index<0) {
                    throw new IndexOutOfBoundsException("set 下标越界");
                }
                else {
                    Object o = array[index];
                    array[index]= element;
                    return o;
                }
            }
        }).when(list).set(Mockito.anyInt(), Mockito.anyInt());
    }    …
}
```

上述模拟类的创建过程中，通过语句“list=mock(List.class)”模拟出一个 List 类型的对象，利用形如“when(list).get(…)”的语句拦截对 List 中 get()方法的调用，并用桩模块替换原有调用。Mockito.anyInt()用以匹配任意一个整数参数。“doAnswer(…)”中实现了 get()、set()方法的桩模块行为。除了 doAnswer()外，还可以通过 doReturn()、doThrow()等语句实现方法的行为。相对这些，doAnswer()提供了较大的灵活性，不仅可以用来返回常数，还可以根据 get()、set()方法实际传入的参数决定其行为。answer()方法的参数对象 InvocationOnMock 中保存了 get()、set()方法实际传入的参数信息，可以通过 getArguments()调用来获得参数列表。

如程序 7-4 所示的模拟类创建中，并不需要用户在源代码中直接定义 List 接口的实现类，对于接口类有大量方法待实现，而测试只用到接口类中少部分方法的情况，可以降低桩模块的编写代价。

4. 用 Mockito 替换 get()和 set()方法部分行为来创建桩模块

对于步骤 2 和步骤 3 中创建的桩模块，在下标溢出时，get()和 set()方法抛出的是

IndexOutOfBoundsException 异常。对于被测方法 Collections.swap()来说，尚有一个疑问：假设底层模块抛出了其他异常，那么 swap()的处理是否正确？有没有将异常继续抛出？还是错误地吞噬掉了异常？为测试该问题，如果重新对 get()或 set()方法实现桩模块，则代价较高。一种简便的方法是用 Mockito 工具部分替换其行为，人为构造一个异常抛出，以检查 swap()方法的处理。这样无须实现全部桩模块行为，测试代价可有效降低。程序 7-5 中给出了按上述思路实现的 TestBySpy 测试代码。

TestBySpy 测试类在构建测试环境的 setUp()方法中，通过"list＝spy(MyList.class)"构建了一个模拟类作为桩模块。该桩模块相对于通过"list＝mock(MyList.class)"创建的模拟类，其特点是在未特别指定调用桩模块中的特化代码时，默认会调用 MyList 中提供的原有代码。如此，实现了在原有桩模块 MyList 上的增量式测试代码扩展。也即，如果 get()方法的参数不是程序 7-5 中的 3，set()方法的参数不是 3 和 1，则 get()和 set()方法继续调用 MyList 中的实现，而如果参数与"when(list).get(3)"这样的语句匹配，则调用"doThrow(new RuntimeException("更多异常"))"，抛出类继承树上更高层的 RuntimeException 运行时异常。RuntimeException 是无须显式声明的最高层次异常，如果通过 test1()用例中的标注"@ Test (expected ＝ RuntimeException. class)"发现 swap()确实能够正确继续抛出 RuntimeException 异常，则表明被测方法 swap()对符合方法接口声明的更广泛类型异常都能够有效处理，其功能质量可得到进一步确认。

程序 7-5　TestBySpy 测试类

```
public class TestBySpy {
    private MyList list;

    @Before
    public void setUp() throws Exception {
        list = spy(MyList.class);

        doThrow(new RuntimeException("更多异常")).when(list).get(3);
        doThrow(new RuntimeException("更多异常")).when(list).set(3, 1);
    }

    @Test(expected = RuntimeException.class)
    public void test1(){
        Collections.swap(list,0,3);
    }
}
```

5. swap()和 LinkedList 集成整体的测试

swap()模块自身的测试用例基本都与 List 接口的交互相关，而测试 swap()与 LinkedList 的集成其重点也是检查与链表的交互，因此在整体集成测试时，可以继续沿用针对 swap()的测试用例，采用和程序 7-3 中一样的代码来进行测试，只需将 setUp()测试环境构建方法中的 list 创建语句替换为"this.list＝new LinkedList()"。

6. 桩模块创建方法比较

本实验包含三种创建桩模块来开展集成测试的方法，从实验过程中的体会来看，其各自的特点分析如下。

(1) 通过实现子类创建桩模块(实验步骤2)。

优点：可以灵活定义桩模块行为，方便完整地模拟或替换一个类。

缺点：如果一个接口类有非常多的方法，则创建桩模块至少需要提供每个方法能够通过编译的基本实现，需要编写的代码较多；不便替换一些已有模块的行为。

(2) 通过 Mockito 工具创建桩模块(实验步骤3)。

优点：如果测试过程中模块的实际调用参数组合规模较小，则为其创建桩模块相对容易，例如，可以通过形如“when(list.get(0)). then Return(1)”的语句快速构造一个只能处理实参0的桩模块；能够自动为接口类的方法提供通过编译的基本实现，如果待创建桩模块的接口类方法较多，则桩模块创建所需编写的代码相对较少。

缺点：如果测试过程中模块的实际调用参数组合规模较大，则创建桩模块需要定义方法体等来较多地模拟模块行为，其工作量与第(1)种方法接近，例如，本实验的步骤3中通过 doAnswer()结构来模拟 List 行为；Mockito 工具有一定学习成本，其内部不完全清楚的工作机制可能为测试过程中相关异常现象的识别带来困扰。

(3) 在已有类上通过基于 Mockito 的部分行为替换创建桩模块(实验步骤4)。

优点：如果能够找到合适的子类作为 Mockito 工具创建桩模块的基础，则测试代码的编写工作量能够得到有效降低；能够比较方便地替换特定输入参数下的方法行为。

缺点：桩模块工作机制较为复杂，学习成本和发现问题的处理成本较高。

附件资源

集成测试代码。

实验8

服务与微服务单元测试

现代软件常将功能模块组织为服务的形式，通过网络提供给客户端调用，以提升软件架构的灵活性、为软件的维护和演进等带来方便。对服务单元进行测试也是开发者经常面对的单元测试问题之一，本实验尝试开展一些初步的服务单元测试，以拓宽读者对于单元测试的见闻，深化单元测试实践能力。

一、实验目标

掌握应用单元测试技术对相对复杂的服务和微服务单元开展测试的方法，能够针对复杂的网络接口单元构造测试输入、执行测试动作并验证测试结果。目标知识与能力如表 8-1 所示。

表 8-1 目标知识与能力

知　识	能　力
(1) 服务的概念与 SOAP 接口协议 (2) 微服务的概念与 HTTP 动作 (3) XML、JSON、HTML 等数据格式及其解析方法	(1) 设计/开发解决方案：能够面向服务实施单元测试 (2) 终身学习：自主学习服务、微服务相关技术

二、实验内容与要求

在公开网络中(如 webxml.com.cn、百度开放平台等)寻找可在线访问的服务和微服务，并为其实施以下测试。

(1) 寻找一组按 SOAP 接口协议进行通信的公开服务，例如天气预报服务，查阅这些服务的接口格式，为其中的服务操作构造单元测试，执行测试，并验证测试结果是否正确，要求至少测试两个接口存在差异的服务操作。

(2) 寻找一组公开的 RESTful 微服务，例如百度地图 API 服务，查阅这些服务的接口格式，为其构造单元测试、执行测试并验证结果，要求至少测试两个接口存在差异的微服务。

(3) 试比较说明服务接口单元测试与类方法级单元测试的共性与差别。

三、实验环境

(1) Java 11。

(2) IntelliJ IDEA。

四、评价要素

评价要素如表 8-2 所示。

表 8-2 评价要素

要素	实验要求
SOAP 服务测试编写	能够理解并说明服务的接口格式;能够编写有效测试用例
RESTful 微服务测试编写	能够理解并说明微服务的接口格式;能够编写有效测试用例
与类的单元测试比较	能够有理有据地比较不同测试的共性与差别

问题分析

1. Web 服务及其测试

服务和微服务是软件架构的理念,其基本思路是将功能单元部署在云端,可通过 HTTP 等协议去直接访问,而无须考虑如何安装部署软件的问题,如图 8-1 所示。服务一般提供一个 URL 地址,按相应参数请求该地址,可以获得功能的计算反馈。从设计理念角度看,服务粒度更粗,而微服务则是将小的功能单元服务化。

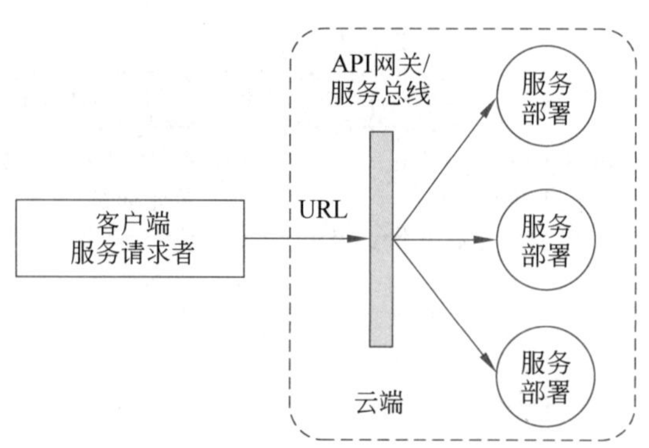

图 8-1 服务的部署与调用

通过服务总线、API 网关等方式,可以实现从服务 URL 地址到其实际部署地址(例如 IP 地址)的动态映射,在此基础上能够灵活地将服务功能切换到不同的实现上。也就是说,服务的请求者实际只掌握一个服务的身份标识,而不是与某个具体的服务部署硬绑定。服务请求者和服务提供者之间呈现松耦合关系,这给服务的升级、维护等带来极大方便。以服务升级为例,并不需要关停服务,而只需要重新在另一地址实现一个新版服务,待新版服务准备就绪,将服务的 URL 地址映射切换到新版服务地址即可,其间用户常常无法感觉到升级停顿。

服务一般遵循相对标准的接口和通信模式。传统概念的 SOA 框架(Service-Oriented Architecture)服务基于 WSDL 规范来描述服务接口,包括接口提供哪些功能、其地址在哪儿、请求参数有哪些等,基于 SOAP 等协议用 XML 装载数据来具体调用服务。微服务框架下，接口更为灵活，一般通过 HTTP 的 GET、POST、PUT、DELETE 等请求，配合 JSON 报文等去访问服务。微服务也有类似 WSDL 的 WADL 接口描述规范，但尚未得到广泛应用。服务和微服务，其使用特点与两者主要采用的数据包装格式 XML、JSON 非常接近。XML 严谨、强大，数据格式便于校验，但偏于复杂、啰嗦，特别是名空间(namespace)机制，给服务使用者带来许多困惑，稍有错误，则服务可能就无法连通。JSON 简洁易读，但表达能力弱(例如不支持属性、注释等)、格式不易校验，处理特殊字符的能力也不够强，一旦数据中带有双引号等特殊字符，可能使得报文结构非常复杂，容易出错。服务和微服务，从客户端使用的角度看，在严谨性和易用性等角度进行了不同权衡。

无论是服务还是微服务，都可以理解为一个可以网络访问的功能单元，其测试与一般类方法的单元测试非常接近。云端服务通常无须实例化被测对象，但同样需要构造测试数据、访问目标服务、获取反馈结果并加以校验。

需要注意的是，服务和微服务的接口比类方法接口更为复杂，服务请求参数在提供的内容、提供顺序、是否默认等方面都更为灵活。测试者需要根据计算机网络等方面的知识，理解服务部署的特点，通过阅读服务的文档和 WSDL 等描述文件掌握其接口细节，还需要熟悉常用的网络通信程序库，才能顺利发起服务调用，获得其结果。而服务的请求响应也比类方法返回值复杂，需要加以解析，才能获取其内容，了解服务功能是否正常。总体而言，服务的单元测试在对知识和能力的综合性要求方面，高于一般的类方法级单元测试。

2. 实验问题的解决思路与注意事项

解决本实验的问题有以下几个参考步骤。

(1) 查阅服务文档，包括自然语言文档，以及 WSDL 等标准化的接口文档。学习文档不仅是完成实验任务的一个必要步骤，对将来从事软件开发测试也有帮助。文档中相关概念可以用于许多不同领域，仔细理解，有助于加深对软件工程问题的认知。官方文档的撰写方式也可以作为将来编写文档的借鉴。

(2) 学习用于实现网络通信、报文解析的程序库。现代软件开发依赖大量基础程序库，不同程序语言中，程序库的语法等也许不同，但其核心功能和组织方式基本是类似的，学习一个便可举一反三。本实验中需要学习 HTTP 通信相关 Java 程序库、XML 和 JSON 解析库。建议从搜索引擎查询热点的程序库有哪些，尝试确定一些原则来进行选择，参照相关案例编写代码。

(3) 编写测试代码。建议将通信相关的代码封装到单独的模块中，将测试关注的输入和结果校验封装为一个模块，如此程序有比较清晰的逻辑。

3. 难点与挑战

(1) 服务调用：如何成功调用服务是一个难点，对服务接口规范和通信协议理解错误、不正确的参数格式等都可能导致调用失败。调用服务还需要掌握常用网络通信程序库，需要自主学习相关技术。服务调用原理并不复杂，但要能快速实现服务调用，需要累积扎实的软件开发经验，学会排除各种现场错误。

(2) 服务调用结果判定：如何判定测试执行是否成功是一个问题，有时用 assertEquals 并不足以完成判定，需要配合 fail()等一些其他判定方法。

实验方案

1. 实验环境与实验对象

本实验在 Eclipse 环境下开展测试，所用单元测试工具为 JUnit，在 WebXml 网站(webxml.com.cn)和百度地图分别查找在线服务和微服务并为其实施测试。

1) 被测服务

进入 WebXml 网站，单击“WEB 服务”标签，可以看到许多公开的 Web 服务，如图 8-2 所示，这些服务大部分以 SOAP 提供接口。

图 8-2 WebXml 服务查询

SOAP(Simple Object Access Protocol)是一种用于数据交换的简单对象访问协议，通过 XML 来实现客户端和服务端之间的数据交换。SOAP 数据报文的框架如下。

```
<SOAP-ENV:Envelope >
    <SOAP:HEADER> </SOAP:HEADER>
    <SOAP:Body> </SOAP:Body>
</SOAP-ENV:Envelope>
```

其中，SOAP-ENV、SOAP 是名空间设定，SOAP 支持在 XML 中设定名空间来标识所采用的协议版本，隔离不同名空间下的实体等。Envelope 是必需的报文，用以从 XML 中标识 SOAP 报文的边界。Header 为可选报文头元素，可设置一些报文的可选属性。Body 元素是必需的消息体，包含通信过程中发出和获得的业务数据。除此以外，SOAP 报文中还可能包含可选的 Fault 元素，承载一些必要的错误信息。具体 SOAP 报文应该如何构造，可以参考 Web 服务的非格式化文档或 WSDL 格式化文档来确定。

以天气预报服务为例，该服务为 2400 多个城市提供天气预报，服务地址为 http://ws.webxml.com.cn/WebServices/WeatherWS.asmx。访问服务地址，可以查阅服务部署容器提供的非格式化文档。表 8-3 列出了服务支持的操作，及其接口格式。

表 8-3　天气预报接口格式

操作名	描述	输入参数	返回数据
getRegionCountry	获得国外国家名称和与之对应的 ID	无	一维字符串数组
getRegionDataset	获得中国省份、直辖市、地区；国家名称（国外）和与之对应的 ID	无	DataSet
getRegionProvince	获得中国省份、直辖市、地区和与之对应的 ID	无	一维字符串数组
getSupportCityDataset	获得支持的城市/地区名称和与之对应的 ID	theRegionCode＝省市、国家 ID 或名称	DataSet
getSupportCityString	获得支持的城市/地区名称和与之对应的 ID	theRegionCode＝省市、国家 ID 或名称	一维字符串数组
getWeather	获得天气预报数据	城市/地区 ID 或名称	一维字符串数组

除了非格式化文档，从 http://ws.webxml.com.cn/WebServices/WeatherWS.asmx?wsdl 还可以查阅服务的格式化 WSDL 接口描述，如图 8-3 所示。WSDL（Web Services Description Language）是为描述 Web 服务发布的 XML 格式标准，支持定义一系列元素来描述 Web 服务。其 Type 元素描述消息的类型，按 XML Schema 的规范来表达数据的构成，比如是由字符串还是整数成员构成等。Message 元素定义消息，用来描述服务的输入/输出参数。在 Type 和 Message 的基础上可以定义端口类型 Port Type 和操作 Operation，其角色类似于面向对象编程中的类和方法。例如，图 8-3 中 Port Type 为 WeatherWSSoap，其一个支持的成员操作为 getRegionDataset，操作的输入为消息 getRegionDatasetSoapIn，输出为消息 getRegionDatasetSoapOut。

通过定义 Binding，可以为端口类型绑定具体协议和数据格式规范，比如是采用 SOAP 1.1 还是 SOAP 1.2 通信规范。在此之上，定义 Port 来将服务操作绑定到具体 URL 地址上，定义由 Port 构成的 Service 来描述实际可调用的服务。

2）被测微服务

服务相对重量级，而微服务的功能粒度更小。尽管理念和架构才是服务与微服务的根本区别，但服务一般采用较为复杂的 XML 结构来承载输入/输出报文，微服务则更多基于

```
<?xml version="1.0" encoding="utf-8"?>
<wsdl:definitions ... >
  <wsdl:documentation>...</wsdl:documentation>
  <wsdl:types>
    <s:schema elementFormDefault="qualified" targetNamespace="http://WebXml.com.cn/">
      <s:element name="getRegionDataset">
        <s:complexType />
      </s:element>
      ...
  </wsdl:types>
  <wsdl:message name="getRegionDatasetSoapIn">
    <wsdl:part name="parameters" element="tns:getRegionDataset" />
  </wsdl:message>
  ...
  <wsdl:portType name="WeatherWSSoap">
    <wsdl:operation name="getRegionDataset">
      <wsdl:documentation xmlns:wsdl="http://schemas.xmlsoap.org/wsdl/">
        获得中国省份、直辖市、地区；国家名称（国外）和与之对应的 ID
        输入参数：无，返回数据：DataSet。
      </wsdl:documentation>
      <wsdl:input message="tns:getRegionDatasetSoapIn" />
      <wsdl:output message="tns:getRegionDatasetSoapOut" />
    </wsdl:operation>
    ...
  </wsdl:portType>
  <wsdl:binding name="WeatherWSSoap" type="tns:WeatherWSSoap">
    <soap:binding transport="http://schemas.xmlsoap.org/soap/http" />
    <wsdl:operation name="getRegionDataset">
      <soap:operation  soapAction="http://WebXml.com.cn/getRegionDataset"  style="document" />
      <wsdl:input>
        <soap:body use="literal" />
      </wsdl:input>
      <wsdl:output>
        <soap:body use="literal" />
      </wsdl:output>
    </wsdl:operation>
    ...
  </wsdl:binding>
  ...
  <wsdl:service name="WeatherWS">
    <wsdl:port name="WeatherWSSoap" binding="tns:WeatherWSSoap">
      <soap:address location="http://ws.webxml.com.cn/WebServices/WeatherWS.asmx" />
    </wsdl:port>
    ...
  </wsdl:service>
</wsdl:definitions>
```

图 8-3　天气预报服务的 WSDL 文档

HTTP 参数和 JSON 实现通信。本实验尝试测试一个真实的微服务来了解微服务的具体使用，掌握在微服务层面开展单元测试的方法。

实验中的被测对象为百度地图 API 服务，通过网络提供定位、地点检索等功能。打开百度地图开放平台网站(https://lbsyun.baidu.com/index.php?title=webapi)，可以看到核心服务的简介。以“地点检索服务”为例，单击“服务文档”按钮，可以查阅到如表 8-4 所示的各类接口以及参数格式(此处仅展示必填参数，详情可自行查阅)。向服务地址发送包含参数的 HTTP 报文，可以获得服务的返回结果。

表 8-4　地点检索接口格式

功　能	服务地址	参　数
行政区划区域检索	http://api. map. baidu. com/place/v2/search	query＝检索关键字 tregion＝检索行政区划区域 output＝输出格式(json 或 xml) ak＝用户密钥
圆形区域检索	http://api. map. baidu. com/place/v2/search	query＝检索关键字 location＝圆形区域检索中心点 radius＝圆形区域检索半径 output＝输出格式(json 或 xml) ak＝用户密钥
地点详情检索服务	http://api. map. baidu. com/place/v2/detail	uid＝poi 的 uid output＝输出格式(json 或 xml) scope＝检索结果详细程度。取值为 1 或空,则返回基本信息;取值为 2,返回检索 POI 详细信息 ak＝用户密钥

2. 服务测试

实验测试 getSupportCityString 和 getWeather 两个服务操作,基于这些操作可获得城市天气。先调用 getSupportCityString,根据城市名称查询其编号;然后调用 getWeather 操作,查询城市具体天气。

1）调用天气预报服务

为方便测试,首先新建一个 Java 项目,创建名为 SoapClient 的类来封装对远程服务操作的调用,使得测试代码可以更多关注输入构造和输出检查,而不是底层通信。本实验将基于该类来编写测试用例,请求服务并检查服务的返回值来确认测试结果。

SoapClient 类中调用 getSupportCityString 服务操作来查询城市的整数编码。打开服务地址 http://ws. webxml. com. cn/WebServices/WeatherWS. asmx 的 Web 页面,单击 getSupportCityString,可以看到该服务操作可以通过四种不同接口来进行调用,分别是 SOAP 1.1、SOAP 1.2、HTTP GET 和 HTTP POST。虽然服务有时也可通过 HTTP GET/POST 方式调用,但 SOAP 是服务调用的一般性方式。本实验选择 SOAP 1.2 接口来调用 getSupportCityString 服务操作。

从服务文档可以看到,SOAP 1.2 下,SOAP 请求的报文和对应的 HTTP 参数如图 8-4 所示。需注意 SOAP 报文对 XML 的名空间设定较为敏感,报文中的名空间设置应与服务的 WSDL 接口文档描述完全一致,比如图 8-4 中 SOAP 报文的节点 Envelope 等设定有 soap12 标识的名空间 http://www.w3.org/2003/05/soap-envelope,而节点 getSupportCityString 的名空间为 http://WebXml.com.cn/。如果设置错误,可能导致服务调用失败。在 HTTP 参数的设定中,也需注意 Content-Type 的设置。

根据该接口描述,可以通过如程序 8-1 所示的代码实现对 getSupportCityString 服务操作的调用。该代码中 SERVICE_HOST 和 SERVICE_URL 分别保存服务的主机和 URL 地址,SOAP12_CITY_CODE 是查询一个省份下城市编码的 SOAP 请求模板,其中,“%s”部分对应待填入的省份名称参数,将从请求回应中查询省份内城市的编码。

```
# HTTP 参数
POST /WebServices/WeatherWS.asmx HTTP/1.1
Host: ws.webxml.com.cn
Content-Type: application/soap+xml; charset=utf-8
Content-Length: length

# SOAP 1.2 报文模板
<?xml version="1.0" encoding="utf-8"?>
<soap12:Envelope xmlns:xsi="http://www.w3.org/2001/XMLSchema-instance"
xmlns:xsd="http://www.w3.org/2001/XMLSchema"
xmlns:soap12="http://www.w3.org/2003/05/soap-envelope">
  <soap12:Body>
    <getSupportCityString xmlns="http://WebXml.com.cn/">
      <theRegionCode>string</theRegionCode>
    </getSupportCityString>
  </soap12:Body>
</soap12:Envelope>
```

图 8-4 服务操作 getSupportCityString 的 SOAP 1.2 接口

程序 8-1 调用 getSupportCityString 服务操作

```
public class SoapClient {
  //服务器地址
  private static String SERVICE_HOST = "www.webxml.com.cn";
  //Web 服务网址
  private static String SERVICE_URL = "http://ws.webxml.com.cn/WebServices/
WeatherWS.asmx";
  //SOAP 报文模板
  private static final String SOAP12_CITY_CODE =
        "<?xml version=\"1.0\" encoding=\"utf-8\"?>\n" +
        "<soap12:Envelope xmlns:xsi=\"http://www.w3.org/2001/XMLSchema-
         instance\" " +
        "xmlns:xsd=\"http://www.w3.org/2001/XMLSchema\" " +
        "xmlns:soap12=\"http://www.w3.org/2003/05/soap-envelope\">\n" +
        "  <soap12:Body>\n" +
        "    <getSupportCityString xmlns=\"http://WebXml.com.cn/\">\n" +
        "      <theRegionCode>%s</theRegionCode>\n" +
        "    </getSupportCityString>\n" +
        "  </soap12:Body>\n" +
        "</soap12:Envelope>";

  public int getCityCode(String provinceName,String cityName) throws Exception{
    //从 SOAP 1.2 版本模板构建请求报文
    String sendMsg = String.format(SOAP12_CITY_CODE, provinceName);

    //开启 HTTP 连接,设置 HTTP 请求相关信息
    URL url = new URL(SERVICE_URL);
    HttpURLConnection http = (HttpURLConnection) url.openConnection();
```

```
http.setRequestMethod("POST");
http.setRequestProperty("Host", SERVICE_HOST);
http.setRequestProperty("Content-Type", "application/soap+xml;
charset=utf-8");
http.setRequestProperty("Content-Length", ""+sendMsg.getBytes().length);
http.setDoOutput(true);
http.setDoInput(true);

//发送 HTTP 请求
OutputStream os = http.getOutputStream();
os.write(sendMsg.getBytes());

if(200 != (http.getResponseCode())) {
  throw new Exception("HTTP connection failed: " + http.getResponseCode());
}

//获取 HTTP 响应数据
InputStream is = http.getInputStream();
byte[] bytes = new byte[is.available()];
is.read(bytes);
String soapResponse = new String(bytes);
System.out.println("SOAP response:" + soapResponse);

DocumentBuilderFactory documentBF = DocumentBuilderFactory.newInstance();
documentBF.setNamespaceAware(true);
DocumentBuilder documentB = documentBF.newDocumentBuilder();
Document document = documentB.parse(new ByteArrayInputStream(bytes));

XPath xPath = XPathFactory.newInstance().newXPath();
NodeList nodeList = (NodeList) xPath.evaluate("//*[local-name()=
    'Envelope']" + "//*[local-name()='Body']//*[local-name()=
    'getSupportCityStringResponse']" + "//*[local-name()=
    'getSupportCityStringResult']//*[local-name()='string']",document,
    XPathConstants.NODESET);

int cityCode = 0;
int len = nodeList.getLength();
for(int i = 0; i < len; i++){   //遍历数组进行比较找到参数输入的省份
  Node n = nodeList.item(i);
  String result = n.getFirstChild().getNodeValue();
  //数组的每个元素形如"江苏,31111",根据","将名称和代码进行分隔
  String[] address = result.split(",");
  String pName = address[0];
  String pCode = address[1];
  //判断名称是否和输入参数相同,相同则将代码返回
  if(pName.equalsIgnoreCase(cityName)) {
```

```
            cityCode = Integer.parseInt(pCode);
          }
        }

        //关闭输入/输出流
        if(is != null) {
          is.close();
        }
        if(os != null) {
          os.close();
        }
        return cityCode;
      }
    }
```

服务调用时,先从 SOAP 报文模板通过 String.format()方法构造出一个请求字符串的实例。然后打开 URL,创建 HTTP 连接,设置 HTTP 的相关参数,并通过从 getOutputStream()获得的输出流,向目标服务发出 SOAP 请求。服务器端将在参数合法时,回应一个 SOAP 报文,其中提供指定省份下各个城市的编码列表,报文格式如图 8-5 所示。

```
<?xml version="1.0" encoding="utf-8"?>
<soap:Envelope xmlns:soap="http://www.w3.org/2003/05/soap-envelope"
xmlns:xsi="http://www.w3.org/2001/XMLSchema-instance"
xmlns:xsd="http://www.w3.org/2001/XMLSchema">
  <soap:Body>
    <getSupportCityStringResponse xmlns="http://WebXml.com.cn/">
      <getSupportCityStringResult>
        <string>宝应,1919</string>
        <string>滨海,1886</string>
        <string>常熟,2000</string>
        <string>常州,1994</string>
        …
        <string>南京,1944</string>
        …
        <string>镇江,1954</string>
        <string>铜山,3548</string>
        <string>吴中,3549</string>
      </getSupportCityStringResult>
    </getSupportCityStringResponse>
  </soap:Body>
</soap:Envelope>
```

图 8-5　getSupportCityString 的返回 SOAP 报文

所回应的 SOAP 报文本质上是一个 XML 文档。因此,可以用 Java 的 XML 库来对其进行解析,从返回的数据解析出一个表达 XML 内容的 Document 对象。城市及其编码保存在 SOAP 报文路径"/Envelope/Body/getSupportCityStringResponse/getSupportCityStringResult/string"对应的子节点下,可以通过 XPATH 表达式加以提取(程序 8-1 的 XPath 查询中还考虑了名空间)。最终从所得结果中可以获取到城市"南京"对应的编码 1944。

SoapClient 类调用 getWeather 服务操作来查询城市天气。该服务操作同样支持四种不同的调用接口。本步骤中，换用 HTTP GET 接口来对服务发起调用。根据文档描述，在 HTTP GET 调用方式下，可以通过在 URL 中增加 theCityCode 和 theUserID 两个 query 参数来传入 getWeather 所需的城市编码和用户 ID 信息。其中，用户 ID 可以为空，只需构造如下形式的 URL 即可查询南京市（编码 1944）的天气：http://ws.webxml.com.cn//WebServices/WeatherWS.asmx/getWeather?theUserID=&theCityCode=1944。

本例中，通过 HTTP GET 方式发起服务调用，除了 URL 外，无须向服务器发送其他数据，只须打开 URL，即可读取服务端提供的城市数据，其代码如程序 8-2 所示。相比于 SOAP 方式的服务调用，HTTP GET 方式使用更简单，但支持的参数传递相对局限，参数结构也不如 SOAP 报文清晰规范。

程序 8-2　访问 getWeather 服务操作，获取天气

```
public class SoapClient {
   //Web 服务网址
   private static String SERVICE_URL =
         "http://ws.webxml.com.cn/WebServices/WeatherWS.asmx";
   //天气查询操作 URL
   private static String WEATHER_QUERY_URL =
         SERVICE_URL + "/getWeather?theUserID=&theCityCode=";

   public String getWeather(String cityCode) throws Exception{
      //获得完整的 URL,以 URL 参数方式填入 cityCode
      String requestUrl =  WEATHER_QUERY_URL + cityCode;
      URL url= new URL(requestUrl);

      //读取服务响应,返回一个 XML,其中封装一维字符串数组
      BufferedReader in = new BufferedReader(
            new InputStreamReader(url.openStream()));
      String result = "";
      String line;
      while((line = in.readLine()) != null) {
         result += line.trim();
      }
      in.close();

      return result;
   }
}
```

调用 getWeather 服务操作所获得的天气信息封装在一个 XML 文档中，其结构如图 8-6 所示。

2）使用 JUnit 实施服务单元测试

本实验编写 JUnit 单元测试来检验 Web 服务提供的功能是否正常。测试代码包含在类 ServiceTest 中，其代码如程序 8-3 所示。

```xml
<?xml version="1.0" encoding="utf-8"?>
<ArrayOfString xmlns="http://WebXml.com.cn/" xmlns:xsi="http://www.w3.org/2001/
XMLSchema-instance" xmlns:xsd="http://www.w3.org/2001/XMLSchema">
  <string>江苏 南京</string>
  <string>南京</string>
  <string>1944</string>
  <string>2021/06/13 10:02:03</string>
  <string>今日天气实况：气温：24℃；风向/风力：南风 2 级；湿度：95%</string>
  <string>紫外线强度：最弱。</string>
  <string>...感冒指数：少发，感冒机率较低，避免长期处于空调屋中。……</string>
  <string>6 月 12 日 小雨</string>
  …
  <string>6 月 13 日 小雨转中雨</string>
  <string>24℃/29℃</string>
  <string>东南风小于 3 级</string>
  <string>7.gif</string>
  <string>8.gif</string>
  <string>6 月 14 日 中雨转大雨</string>
  …
  <string>6 月 16 日 小雨转中雨</string>
  …
</ArrayOfString>
```


图 8-6 getWeather 服务操作返回的天气信息报文

程序 8-3 ServiceTest 测试类

```java
import static org.junit.Assert.*;
import org.junit.Test;

public class ServiceTest {
  @Test
  public void testGetCityCode() throws Exception {
     SoapClient test = new SoapClient();
     assertEquals(1944, test.getCityCode("江苏","南京"));
  }

  @Test
  public void testGetWeather() throws Exception {
     SoapClient test = new SoapClient();
     String response = test.getWeather("1944");
     if(!(response.contains("南京") && response.contains("今日天气实况"))){
        fail();
     }
   }
}
```

在对服务操作 getSupportCityString 的测试中，实验查询江苏省南京市的代码，如果所得代码为 1944，则与预期相符，表明服务功能正常。在对服务操作 getWeather 的测试中，实验获得该服务操作的返回报文，检查其中是否包含“南京”和“今日天气实况”两个关键词，来判断是否正常给出了指定城市的天气信息，如果不包含，则执行 fail()操作，表明测试失败。

实验中并未系统地考虑异常的处理,因为异常可能是网络不通造成的,未必是被测服务功能失效。若要考虑异常,需要进一步增加相应的检测逻辑。

3. RESTful 微服务测试

1）调用地点检索服务

实验首先以地点检索服务中的“行政区划区域检索”为例,开展微服务的测试。该服务可查询某区域符合某查询请求的地址,如在“南京”地域查询“美食”。

为使用该服务,首先需要登录网站 https://lbsyun.baidu.com/apiconsole/key? application=key#/home,申请免费 ak 密钥,用于开展日志、计费等管理。

行政区划区域检索的服务地址为 http://api.map.baidu.com/place/v2/search,根据官方文档,进行地点查询至少需要提供查询内容 query(如“美食”)、查询区域 region(如“南京”)、输出结果格式 output(如“json”)、密钥 ak 四个参数。参数可以通过 URL 给出。例如,如下 URL 给出了在南京查询美食相关地址的服务请求: http://api.map.baidu.com/place/v2/search? query=%E7%BE%8E%E9%A3%9F®ion=%E5%8D%97%E4%BA%AC&output=json&ak=你的 ak。其中,“query=”后给出的参数是“美食”对应的编码,“region=”后给出的参数是“南京”对应的编码。在该请求下,百度云服务给出的服务响应如图 8-7 所示,以 JSON 报文方式列出了南京区域对应美食的一些地点。


```
{
  "status": 0,
  "message": "ok",
  "result_type": "poi_type",
  "results": [
    {
      "name": "老盛庆(夫子庙店)",
      "location": {
        "lat": 32.025467,
        "lng": 118.796734
      },
      "address": "江苏省南京市秦淮区大石坝街 73 号",
      "province": "江苏省",
      "city": "南京市",
      "area": "秦淮区",
      "street_id": "66ea7a815785a6150af5ebbe",
      "telephone": "13901596943",
      "detail": 1,
      "uid": "66ea7a815785a6150af5ebbe"
    }, …
  ]
}
```


图 8-7　百度地点检索的服务响应

类似 SOAP 服务的测试,实验中首先创建一个 RESTfulClient 类来封装对微服务的调用,然后创建类 RESTfulTest 来编写单元测试代码,校验测试结果,确定云服务功能的有效性。调用行政区划区域检索服务的具体代码如程序 8-4 所示。该代码中,首先对 query 和 region 参数进行编码,进而构造用于请求服务的 URL。进行编码的原因是参数可能是中文等语言、带空格等字符，需要将其标准化，以便被服务端有效处理。打开 URL 即可直接以默认的 HTTP GET 方式发送请求，并获得服务响应。服务响应通过 url.openStream()对应的输入流读取。读取到的输入流可以用 Gson 库进行解析。Gson 是一个轻量级的 JSON 读写库，提供简单易用的 JSON 报文读取接口。该服务调用程序会以格式化方式打印 JSON 报文，并直接将解析后的 JSON 对象返回，以供测试代码根据返回报文确定服务功能是否正常。

程序 8-4 调用行政区划区域检索服务的代码

```
public class RESTfulClient {
    private static final String BAIDU_APP_KEY = "<注册所得百度 APP Key>";

    public JsonObject searchMap(String query, String region) throws IOException {
        //对查询参数进行编码,如空格替换为特殊字符
        query = URLEncoder.encode(query, "UTF-8");
        region = URLEncoder.encode(region, "UTF-8");

        URL url = new URL("http://api.map.baidu.com/place/v2/search?query="
            + query + "&region=" + region + "&output=json&ak=" + BAIDU_APP_KEY);

        InputStream is = url.openStream();
        byte[] bytes = new byte[is.available()];
        is.read(bytes);
        String response = new String(bytes);
        is.close();

        //使用 Gson 解析 JSON 数据
        JsonObject json = new Gson().fromJson(response, JsonObject.class);

        Gson gson = new GsonBuilder().setPrettyPrinting().create();
        String prettyJsonString = gson.toJson(json);
        System.out.println(url);
        System.out.println(prettyJsonString);
        return json;
    }
}
```

2）调用普通 IP 定位服务

如果服务的请求参数相对复杂，也可能需要以 HTTP POST 方式来发送服务请求，即在打开 URL 的同时，还要向服务器端写入数据。为展示该种服务调用方式，本实验以百度 IP 定位服务为例，来实施服务功能单元的测试。

普通 IP 定位服务的地址为 http://api.map.baidu.com/location/ip，用户可以通过该服务，根据 IP 地址来获取大致位置。服务的请求参数为 IP 地址以及 ak 密钥，可以通过 POST 方式提交。以查询北京市某 IP 为例，服务器端给出的响应如图 8-8 所示，以 JSON 报文方式返回了该 IP 地址所对应的详细地点信息。

实验通过如程序 8-5 所示的代码封装对 IP 定位服务的调用。与程序 8-4 的代码相比，此处不是直接打开 URL 以默认方式获得输入流，而是先创建 HTTP 连接，设置 HTTP

```
{
  "address": "CN|北京|北京|None|UNICOM|0|0",
  "content": {
    "address_detail": {
      "province": "北京市",
      "city": "北京市",
      "district": "",
      "street": "",
      "street_number": "",
      "city_code": 131
    },
    "address": "北京市",
    "point": {
      "y": "4825907.72",
      "x": "12958160.97"
    }
  },
  "status": 0
}
```


图 8-8　普通 IP 定位服务的服务响应

POST 请求的各种参数，并通过 HTTP 连接对应的输出流(http.getOutputStream())向服务器端发送 ip 和 ak 两个参数，进而从 HTTP 连接的输入流读取服务器端给出的服务响应。本实验直接用 Java 自带的 HttpURLConnection 类实现了 HTTP POST 数据收发，免去了不必要的库依赖，但该类功能相对简单。若报文参数较复杂，也可以考虑使用 Apache Commons 组件集中功能更丰富的 http 相关库。

程序 8-5　IP 定位服务的调用

```java
public class RESTfulClient {
    private static final String BAIDU_APP_KEY = "<注册所得百度 APP Key>";

    public JsonObject searchIP(String ip) throws IOException {
        //发送 POST 请求
        URL url = new URL("http://api.map.baidu.com/location/ip");
        HttpURLConnection http = (HttpURLConnection) url.openConnection();
        http.setRequestMethod("POST");
        http.setDoOutput(true);
        http.setDoInput(true);
        http.setUseCaches(false);
        http.setInstanceFollowRedirects(true);
        http.setRequestProperty("accept", "*/*");
        http.setRequestProperty("http", "Keep-Alive");
        http.setRequestProperty("user-agent",
                "Mozilla/4.0 (compatible; MSIE 6.0; Windows NT 5.1;SV1)");

        //获取输出流并发送参数
        OutputStreamWriter os = new OutputStreamWriter(http.getOutputStream(),
        "UTF-8");
```

```
        String params = "ip=" + URLEncoder.encode(ip, "UTF-8") + "&ak=" +
        BAIDU_APP_KEY;
        os.write(params);
        os.flush();

        InputStream is = http.getInputStream();
        byte[] bytes = new byte[is.available()];
        is.read(bytes);
        String response = new String(bytes, "UTF-8");
        is.close();

        //使用 Gson 解析 JSON 数据
        JsonObject json = new Gson().fromJson(response, JsonObject.class );
        Gson gson = new GsonBuilder().setPrettyPrinting().create();
        String prettyJsonString = gson.toJson(json);
        System.out.println(url);
        System.out.println(prettyJsonString);
        return json;
    }
}
```

3）使用 JUnit 实施微服务单元测试

实验在如程序 8-6 所示的类 RESTfulTest 中编写 JUnit 单元测试来检验地点查询和 IP 定位服务。两个服务的测试代码均调用目标服务并获得 JSON 返回报文，检查 JSON 报文的内容来确认服务是否工作正常。

程序 8-6　RESTfulTest 测试类

```
public class RESTfulTest {
    @Test
    public void testSearchMap() throws Exception {
        RESTfulClient test = new RESTfulClient();
        JsonObject result = test.searchMap("美食","南京");
        if(result.getAsJsonPrimitive("status").getAsInt()==0
            && result.getAsJsonArray("results").size()>0
            && result.toString().contains("南京")){
            System.out.println("passed.");
        }
        else{
            fail();
        }
    }
    @Test
    public void testSearchIp() throws Exception {
        RESTfulClient test = new RESTfulClient();
        JsonObject result = test.searchIP("202.108.22.5");
```

```
        String city = result.getAsJsonObject("content")
                        .getAsJsonObject("address_detail")
                        .getAsJsonPrimitive("city").getAsString();

        assertEquals("北京市", city);
    }
}
```

对于地点查询服务，检查 JSON 包中的 status 数据成员是否为对应正常返回值的 0、result 数据成员中携带的所检索到的地点列表是否为空、检索到的结果是否对应南京市来判断服务是否工作正常。如果服务工作不符合预期，则调用 fail()方法提示单元测试结果为失败。

对于 IP 定位服务，读取 JSON 报文中的成员“content/address_detail/city”，检查其取值是否为“北京市”来判断测试执行是否成功。

通过这两个单元测试，可以形成服务是否正常工作的一个初步评判。

4. 与类方法级单元测试的比较

服务级单元测试是类方法级单元测试的延伸，进一步拓宽了单元测试中“单元”的概念。应该认识到对程序中的所有方法单元都编写单元测试并不现实，代价往往极高，许多时候人们在更大粒度的单元上开展单元测试，而服务则是一种典型的单元粒度。

服务级单元测试和类方法级单元测试的核心思想、基本框架都非常类似，都可以用 JUnit 框架实现测试。其区别在于，服务级单元测试中单元模块的调用更为复杂，参数传递、返回结果的检查都需要编写大量辅助代码，测试不仅是“测试”，而是“测试开发”。服务粒度上的单元测试要求测试者熟悉服务化的软件架构，熟悉计算机网络、通信协议、报文格式标准甚至常用工具库等，对测试者的综合素养提出了更高的要求。测试学习者可以通过开展服务级单元测试的实验提升自身综合运用计算机领域多方面知识解决软件工程问题的能力。

附件资源

(1) 测试代码。

(2) WSDL 描述与报文文档。

参考文献

[1] W3C. Web Services Description Language (WSDL) Version 2.0 [S/OL]. 2007-06-26 [2022-02-20]. https://www.w3.org/TR/wsdl20/.

第三部分

自动化功能测试

自动化测试通过编写测试脚本来驱动软件按预定目标工作，进而检验软件行为是否符合预期。在合适的条件下，自动化测试能够提高测试的效率。此外，自动驱动软件工作除了可以用于测试，也可以服务于其他任务，例如工作流自动化。

在桌面 GUI 软件、移动应用、Web 软件的测试领域，由于被测目标具有相对统一的访问机制，因此已经存在许多较为成熟的自动化测试框架。本部分尝试在这些软件上开展自动化测试，一方面，了解如何依托相关框架编写脚本代码，开展测试；另一方面，通过比较不同目标软件和框架下的自动化测试实施，也可以更深入地理解自动化测试的相关核心问题，把握其关键。

具体而言，本部分包含三个实验。其一是开展桌面应用的自动化功能测试，分别依托 UFT 和 Sikuli 两种风格截然不同的工具，驱动桌面应用的自动运转，检验软件功能输出。特别是在 Sikuli 工具下，所开展的是一种基于视觉图像的智能测试自动化，代表测试的一个新方向，可用于游戏等软件的测试。

其二是开展移动平台上应用程序的测试自动化。移动应用的自动化测试是当前自动化功能测试应用的一个主要领域。而目前比较流行的移动应用自动化测试框架 Appium 具有跨平台能力，基于该框架编写的脚本屏蔽了许多底层细节，更多关注于测试问题本身。研究该框架下的脚本，可以更深入地理解驱动图形界面应用程序工作的关键，了解界面软件背后的一些工作机制。

其三是 Web 应用的功能测试。本书开展的 Web 应用测试并不复杂，但 Web 应用比桌面应用、移动应用在界面结构方面更为灵活，HTML、CSS、JavaScript 动态页面等，给测试带来很大挑战。如果能对真实的复杂 Web 应用开展自动化测试，不仅测试技能提升，在对软件实现机制的理解方面，相信也会有较大提高。

实验9

桌面应用功能测试

桌面应用是一类典型的应用程序，运行在 Windows、Linux 等桌面操作系统上，依托操作系统或第三方提供的界面框架呈现界面，并通过界面的流转组织业务流程。手工方式的桌面应用功能测试要求测试者人工完成软件界面交互。如果仅需要展开一次手工测试，那么其代价尚可接受，但若要求测试者反复人工操作某一应用流程，则烦琐费力，且很难保持各次反复测试的一致性。利用工具来开展自动测试，可以降低对人的依赖，提高测试效率。本实验依托 UFT 和 Sikuli 两种工具，实施桌面应用自动功能测试，培养依托现代工具开展自动测试的能力。

一、实验目标

熟悉桌面应用界面自动化测试的一般方法；了解测试脚本的多种形式，掌握脚本的基本使用方法；能够使用主流桌面应用测试工具实施自动化测试，如表 9-1 所示。

表 9-1　目标知识与能力

知　　识	能　　力
(1) 自动化测试、测试脚本 (2) 自动化测试工具 UFT 用法 (3) 桌面 GUI 软件的界面结构 (4) 可视化测试	(1) 问题分析：结合文献研究，形成关于测试工具的相关结论 (2) 设计/开发解决方案：编写自动化测试脚本 (3) 使用现代工具：使用测试工具并分析其局限性

二、实验内容与要求

选择一个典型的带 GUI 界面的应用软件，如 Windows 下的计算器程序，作为待测软件，对其进行自动化界面功能测试。主要要求如下。

(1) 选择一个包含两种以上界面控件的交互场景，为其设计至少一个测试用例(包含测试输入和预期输出)，并手工操作测试过程，获得测试结果。

(2) 使用 UFT 工具录制初始测试脚本，并实现脚本回放，观察测试效果。

(3) 在录制的一个测试脚本中加入对预期结果的检查。

(4) 对测试过程中涉及的部分数据进行参数化，使得一套脚本可以运行不同的测试数据。

(5) 执行测试,获得测试报告。

(6) 使用可视化测试工具 Sikuli 实现上述测试过程(不要求脚本参数化)。

(7) 比较使用 UFT 和 Sikuli 工具开展测试的差异,查阅关于这两种工具的文献资料,结合个人使用经验和文献阅读,尝试归纳使用这两种工具开展测试的优缺点。

三、实验环境

(1) Unified Functional Testing (UFT)测试工具：Quick Test Professional 工具的后续版本,可在线下载试用版本。

(2) Sikuli 测试工具：由 MIT 研发的一款基于视觉图像的测试自动化工具。

四、评价要素

评价要素如表 9-2 所示。

表 9-2 评价要素

要素	实验要求
驱动软件工作	按所要求的两种方式驱动被测软件自动运转,并实现测试步骤参数化
测试结果判别	围绕测试的目标开展工作,最终能够判别测试结果,而不仅是实现流程的自动化
方法比较	能够相对准确地阐述基于 UFT 和 Sikuli 开展测试的差异

问题分析

1. 自动化功能测试

自动化功能测试的核心是编写测试脚本。在用户界面相关的自动化功能测试中,脚本编写的一个重要任务是定位界面上的某一控件,然后对其触发单击、文本输入等动作。例如,要用计算器完成“1+2=”运算,需要先定位按钮“1”“+”“2”“=”四个按键的位置,然后才能对其施加单击动作。定位界面控件的位置有多种方法,形成多种类型的自动化测试脚本。

(1) 按坐标定位。给定按键“1”的屏幕坐标,如(100,200),按该坐标可以重新找到按键。Android 平台下的 MonkeyRunner 工具支持用坐标去标识控件。此种方式有一个缺点,即鲁棒性不佳。一旦出现界面大小改变、按钮移动位置等情况(如屏幕滚动后按钮移动位置),则下次未必还能通过同样的坐标定位到按键“1”。

(2) 按属性定位。属性可以是按键上的文本标识,如“1”,也可以是资源 ID、网页 CSS 中的 class 名称等。移动平台的 Appium 工具、Web 测试的 Selenium 工具支持用属性去标识界面控件。这种方式的鲁棒性更好,但找到合适的属性有时比较困难。例如,如果按资源 ID 去定位,测试者需要能够找到相关控件的 ID,有时较为烦琐,并且某些时候 ID 并非固定。例如,在 JavaScript 渲染的动态页面中,页面控件的 ID 就经常发生变化。

(3) 按索引定位。假设界面上一共有 5 个控件,那么,可以按 1～5 的序号去定位控件,表示第 x 个控件。这种方式对于动态界面有较好的处理能力,但往往不直接用于全界面大量元素情况的控件查找。

(4) 按图像定位。在 Sikuli 工具中，用控件的视觉图像去定位其出现位置。这种方式的一大优点是简单易用，测试者几乎不需要了解资源 ID、属性这些专业性知识，脚本编写难度大为降低。当然，如果控件图像不固定，则此种方式的适用性有所欠缺，需要配合使用其他技术。

(5) 间接方式定位。如在 UFT 测试工具中，首先将界面控件存储到一个对象库中，并对控件加以适当命名。在测试脚本中，用对象库提供的名称去标识控件。脚本执行时，按名称查找对象库，找到控件的相关属性，进而在界面中定位控件。这种方式的优点是脚本中的控件标识名称较为灵活，可以用富含语义的名称去标识控件，而不是用资源 ID 这类难以理解的属性。其缺点是脚本必须配合对象库才能执行；如果控件名称起得不恰当，脚本也可能难以理解。

在本实验中，基于 UFT 工具和 Sikuli 工具开展的测试，一个重要的区别即在于脚本中的界面控件定位方式。

2. 实验问题的解决思路与注意事项

按预设的步骤逐步开展实验，查阅软件使用说明或检索搜索引擎排除使用过程中遇到的问题。

3. 难点与挑战

主要难点是学习测试工具用法。需要查阅中英文资料来了解测试工具如何使用，建议多注意官方文档，特别是当搜索引擎查找的资料与当前软件版本并不一致时。

实验方案

本实验以 Windows 下的计算器程序为实验对象，具体实验步骤如下。

1. 设计测试用例并人工实施测试

对计算器程序，分别在标准型、科学型工作模式下人工进行测试，实施完整的计算过程。将获得检测这些模式下计算器是否能够工作的测试输入和预期输出，其中的两个测试用例如表 9-3 所示。

表 9-3　测试用例

测试用例	工作模式	测试输入	预期输出
Test1	标准型	4＋6	10
Test2	科学型	sin(30)	0.5

2. 使用 UFT 工具录制初始测试脚本，回放并观察测试效果

实验使用 Unified Functional Testing (UFT)12.0 试用版进行测试。首先，打开 UFT，单击“文件”→“新建”→“测试”菜单项，选择测试类型“GUI 测试”，输入待创建测试项目的名称及保存位置，创建一个测试项目，如图 9-1 所示。

然后，单击菜单栏的“录制”→“录制和运行设置”菜单项(见图 9-2)，在弹出的对话框里切换到 Windows Applications 选项卡，进行 Windows 桌面应用的录制设置，如图 9-3 所示。

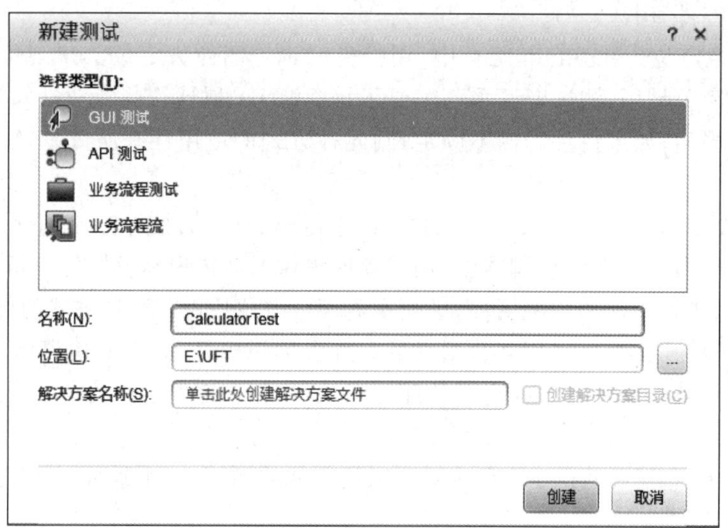

图 9-1 新建测试

主要设置内容是指定待测试的目标程序 calc.exe。设置好后，单击主页面工具栏上的“录制”按钮即可进行录制。

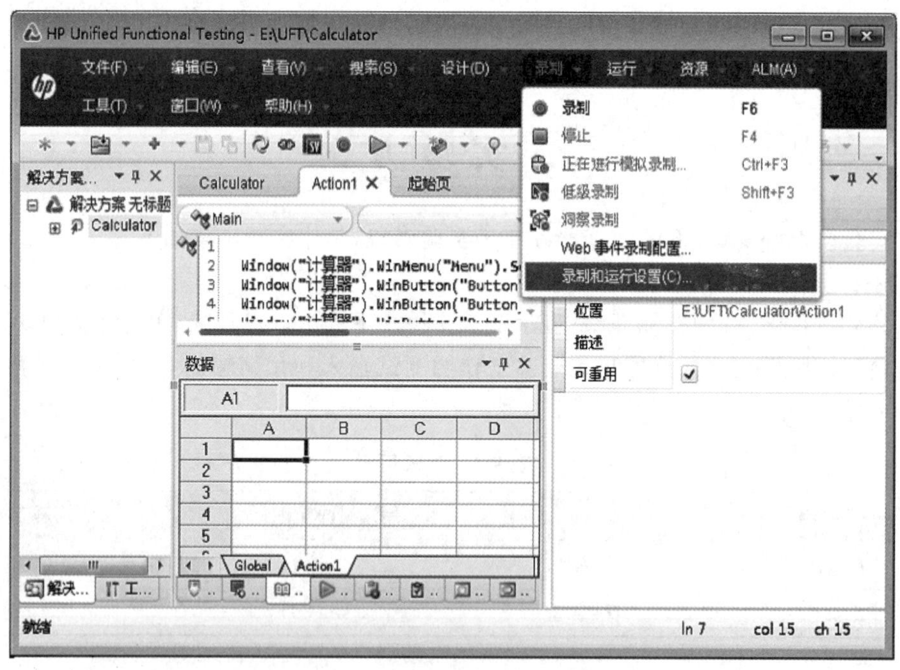

图 9-2 “录制和运行设置”菜单项

对表 9-3 中的测试用例，将在启动录制后手工进行界面操作。UFT 会自动将手工动作转换为测试脚本中的函数调用。录制所得的脚本如程序 9-1 和程序 9-2 所示。其中界面按钮被保存入 UFT 的对象存储库，并用“Button_2”等名称标识，界面动作用对 Select、Click 等函数的调用表达。单引号开头的语句为注释。

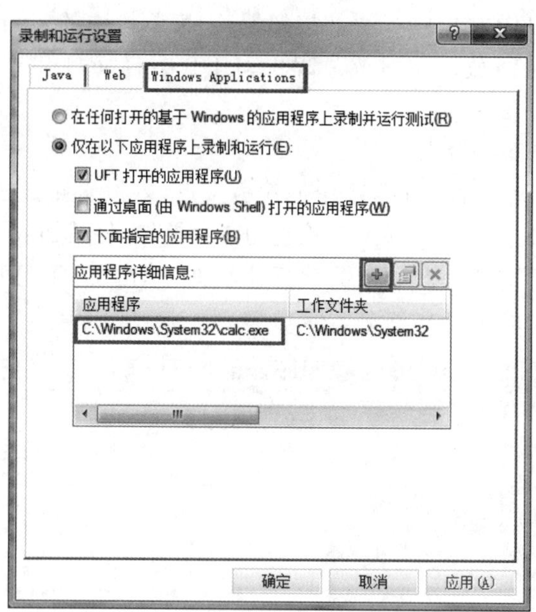

图 9-3　Windows Applications 录制设置

程序 9-1　测试用例 Test1 的测试脚本

```
Window("计算器").WinMenu("Menu")
      .Select "查看(V);标准型(T)   Alt+ 1"
'按键 4
Window("计算器").WinButton("Button").Click
'按键+
Window("计算器").WinButton("Button_2").Click
'按键 6
Window("计算器").WinButton("Button_3").Click
'按键=
Window("计算器").WinButton("Button_4").Click
'清除按键
Window("计算器").WinButton("Button_5").Click
```

程序 9-2　测试用例 Test2 的测试脚本

```
Window("计算器").WinMenu("Menu")
      .Select "查看(V);科学型(S)   Alt+ 2"
'按键 3
Window("计算器").WinButton("Button_8").Click
'按键 0
Window("计算器").WinButton("Button_9").Click
'按键 sin
Window("计算器").WinButton("Button_10").Click
'清除按键
Window("计算器").WinButton("Button_5").Click
```

完成录制后，单击工具栏中的“运行”按钮 ▶ 或菜单栏中的“运行”下的 ▶ 运行(N)... 选项，即可对录制的脚本进行回放。在回放过程中，UFT 会自动打开计算器程序按预设步骤执行。

3. 在测试脚本中创建检查点

下一步将在 Test1 对应的测试脚本中创建检查点，以检验测试执行的结果是否符合预期。为创建检查点，首先需要拾取希望被检查的界面控件，将其加入到对象存储库中。拾取过程通过“对象侦测器”实现。启动被测计算器软件，单击 UFT 菜单栏中的“工具”，选择“对象侦测器”，弹出如图 9-4 所示的对话框。

图 9-4 “对象侦测器”对话框

在“对象侦测器”对话框中，首先单击图 9-4 中 1 处的手形图标，从计算器的界面中拾取一个界面控件，本实验中即计算器输出结果区域的文本框。然后，单击图 9-4 中 2 处的图标将文本框对应的对象添加到存储库。可单击菜单栏“资源”下的“对象存储库”查看对象信息。图 9-5 下部方框中的“… T 0”即添加的计算器输出结果文本框对象。

设置好待检查界面控件后，单击菜单栏中的“查看”→“关键字视图”菜单项，进入如图 9-6 所示的关键字视图进行检查点的添加。该视图以列表方式列出了测试脚本中的动作。

在关键字视图中，选中 Button_4，即计算器界面上的“=”按钮，从右键菜单中选择“插入新步骤”命令，添加一个新的测试步骤。然后，从新步骤位置的复选框中选择“对象来自存储库”，在弹出的“选择测试对象”对话框中选中先前加入的输出结果文本框对象… T 0（见图 9-7），即可设定新步骤所针对的界面对象。

加入新步骤后，在关键字视图中的新对象“0”上，从右键菜单“插入标准检查点”开始插入一个标准型的检查点。在弹出的“检查点属性”对话框中，选中检查点的 text 属性，配置其预期值为 10，选择插入位置为“当前步骤之后”，单击“确定”按钮即可完成检查点添加，如

图 9-5　添加对象到存储库

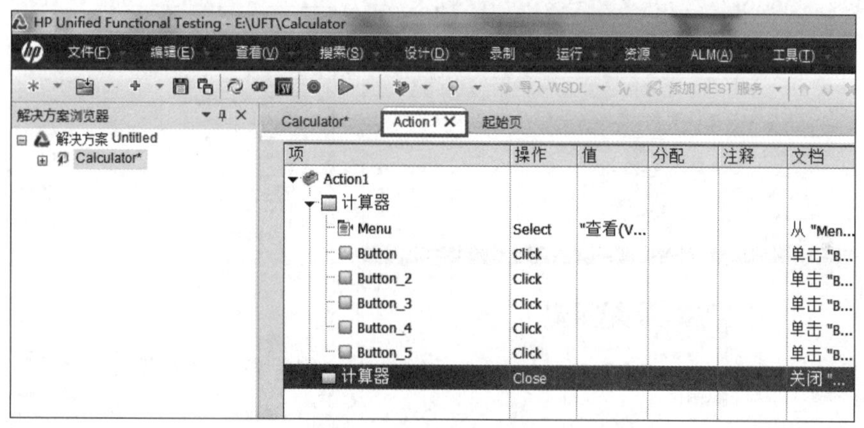

图 9-6　关键字视图

图 9-8 所示。该检查点检测在“=”按键之后,界面上的输出结果区域内容是否为“10”。

插入检查点后的测试脚本如程序 9-3 所示。

程序 9-3　插入检查点后的测试脚本

```
Window("计算器").WinMenu("Menu").Select "查看(V);标准型(T)      Alt+1"
Window("计算器").WinButton("Button").Click
Window("计算器").WinButton("Button_2").Click
Window("计算器").WinButton("Button_3").Click
Window("计算器").WinButton("Button_4").Click
Window("计算器").Static("0").Click
Window("计算器").Static("0").Check CheckPoint("0")
Window("计算器").WinButton("Button_5").Click
Window("计算器").Close
```

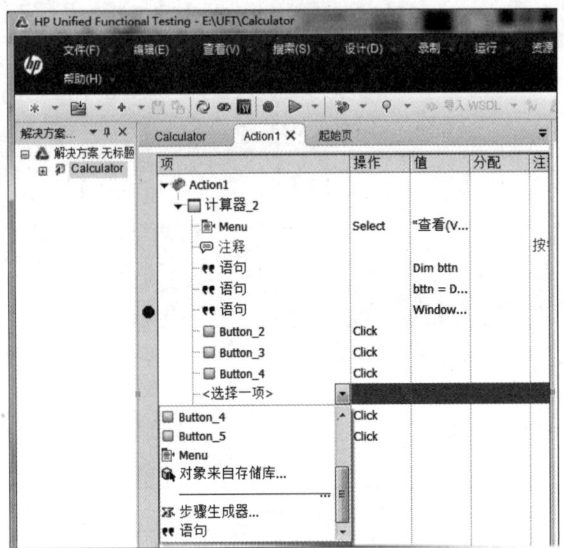
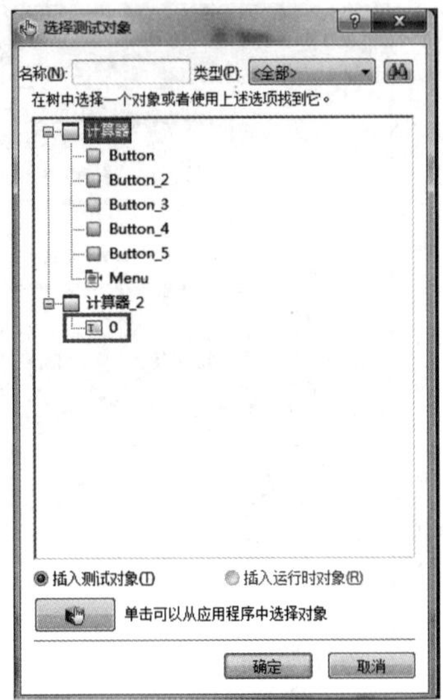

图 9-7　设置新测试步骤针对的界面对象

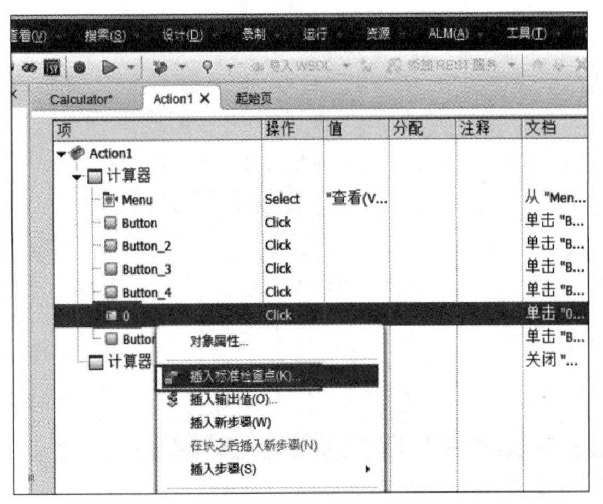

图 9-8　从关键字视图插入检查点

脚本中的倒数第 3、4 行即检查点，检查运算结果是否和预期一致。其中倒数第 3 行完成结果检查。脚本回放时，若输出结果区域内容不是“10”，UFT 会汇报一个测试错误。为展示错误汇报情况，本实验中将 4+6 的预期结果故意设为 11，可以看到如图 9-9 所示的错误提示，表明实际结果与预期不符。

4. 参数化测试脚本

本实验将尝试对界面按钮进行参数化。如此，测试脚本可在运行时根据配置文件动态决定操作哪个按钮，从而使脚本变得更加灵活。

一般来说，脚本参数化同样可在关键字视图下进行。切换到关键字视图，单击需要参数化的按键 Button 的“值”一列单元格中的控件“<＃>”，弹出“值配制选项”对话框，如图 9-10 所示。

在图 9-10 的“参数”选项中选择 DataTable，“名称”任取，该设定表明参数从数据表中指

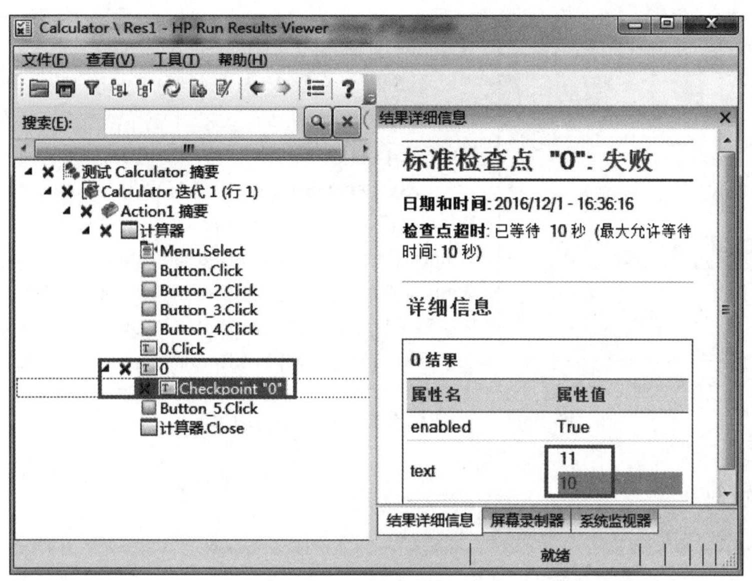

图 9-9　脚本运行结果

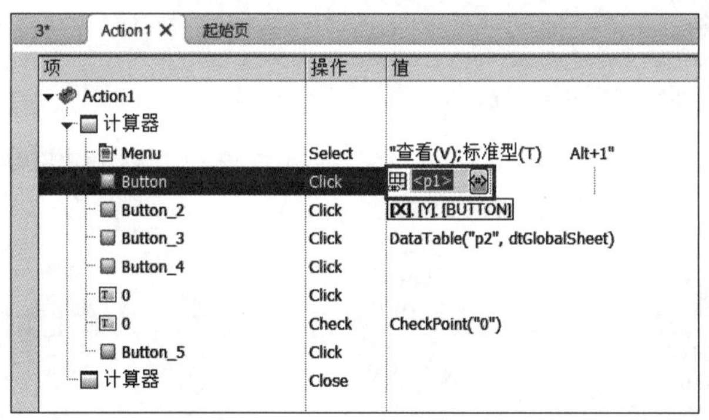

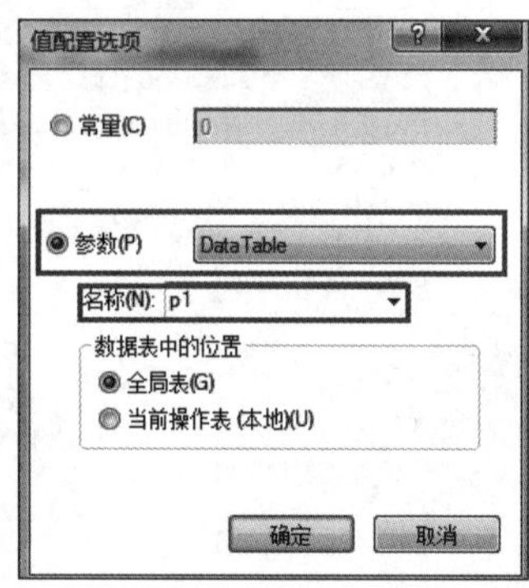

图 9-10　启动参数化设定

定名称的列获取。参数化后，在 UFT 下方 Data Table 页面的表格中可输入相应的实际参数值。

以上为一般数据的参数化流程。在对界面控件本身进行参数化时，UFT 有时会提示不允许参数化，因为该工具不支持在关键字视图下对按钮进行参数化选择。对于这种情况，可直接通过脚本编程进行参数化。以单击名为 Button 的按键为例，实验首先声明一个变量 bttn，表示动态选择的按钮对象。然后用该变量接受全局数据表 Data Table 中参数 p_BUTTON 的第一行数据。如此，可以编程获得待操作的按键，实现按键的动态选择。

参数化后的脚本如图 9-11 所示。

5. 执行测试脚本，获得测试报告

单击工具栏中的“运行”按钮，可以运行添加检查点并参数化后的脚本。运行结束后，UFT 会自动弹出测试报告，如图 9-12 所示。该报告展示了执行测试的时间、测试的执行环境、测试用例的执行成功与失败情况等。从图 9-12 中的✓标记可以知道，检查点已通过考

DataTable参数数据表

数据

F6		
	p_BUTTON	B
1	Button	
2		

```
Window("计算器_2").WinMenu("Menu")
        .Select "查看(V);标准型(T)    Alt+1"
Dim bttn
bttn= DataTable.GetSheet("Global")
        .GetParameter("p_BUTTON").ValueByRow(1)
Window("计算器_2").WinButton(bttn).Click
Window("计算器_2").WinButton("Button_2").Click
Window("计算器_2").WinButton("Button_3").Click
Window("计算器_2").WinButton("Button_4").Click
Window("计算器_2").WinButton("Button_5").Click
```

图 9-11　参数数据表及参数化后的脚本

察，测试成功通过。

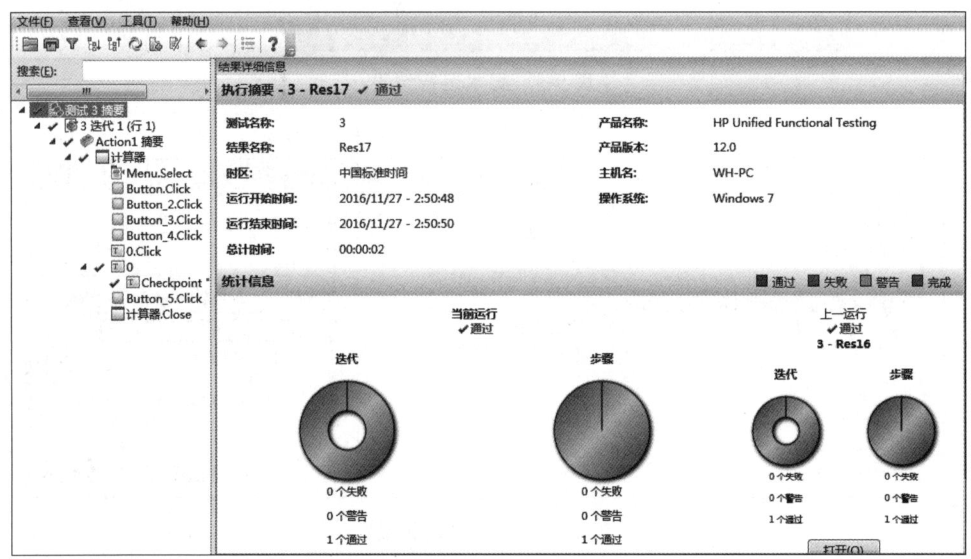

图 9-12　测试报告

6. 应用可视化测试工具 Sikuli 进行测试

Sikuli 是最早研发的一批可视化测试工具之一，由 MIT 提供，为开源免费工具。可视化测试采用图标来表达界面控件，通过计算机视觉技术实现测试自动化，提供了另外一种测试方式。本实验同时也使用 Sikuli 来开展计算器程序的测试，比较传统测试自动化方式和可视化测试的差异，来更深入地理解测试自动化技术。

首先，下载并安装 Sikuli 工具。运行工具安装路径下的 runsikulix.cmd 文件启动 Sikuli IDE 界面。界面主窗口展示待编写的测试脚本，左侧包含测试脚本编写过程中的常用指令，例如，单击操作 click()、双击操作 doubleClick()等，组合这些操作指令构成了相应的测试脚本。

然后，对计算器程序编写 Sikuli 测试脚本。Sikuli 主要以截图的方式编写测试脚本。脚本编写前先启动待测计算器程序。接着，通过 Sikuli IDE 的 click 按钮，录制用户单击计算器按键“4”的操作。按下 click 按钮后，屏幕进入待截屏状态，用户只需要截取计算器程序按键“4”的图像，即可完成单击按键“4”操作的编写，截图过程如图 9-13 所示。依次编写余下的测试操作脚本，最终编写的测试用例 Test1（测试输入是“4+6”）的脚本如图 9-14 所示。

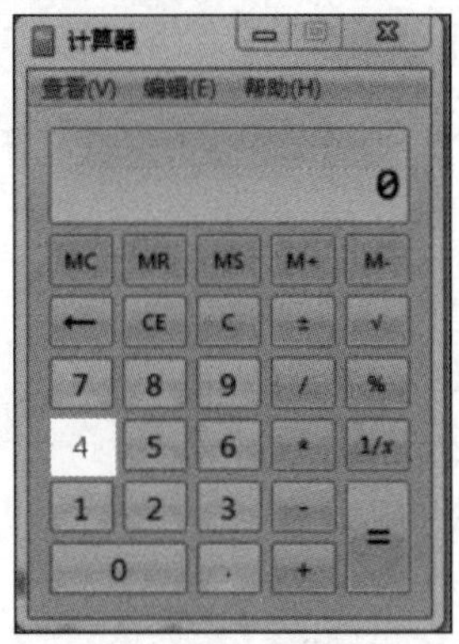

图 9-13　截图编写计算器程序的测试脚本

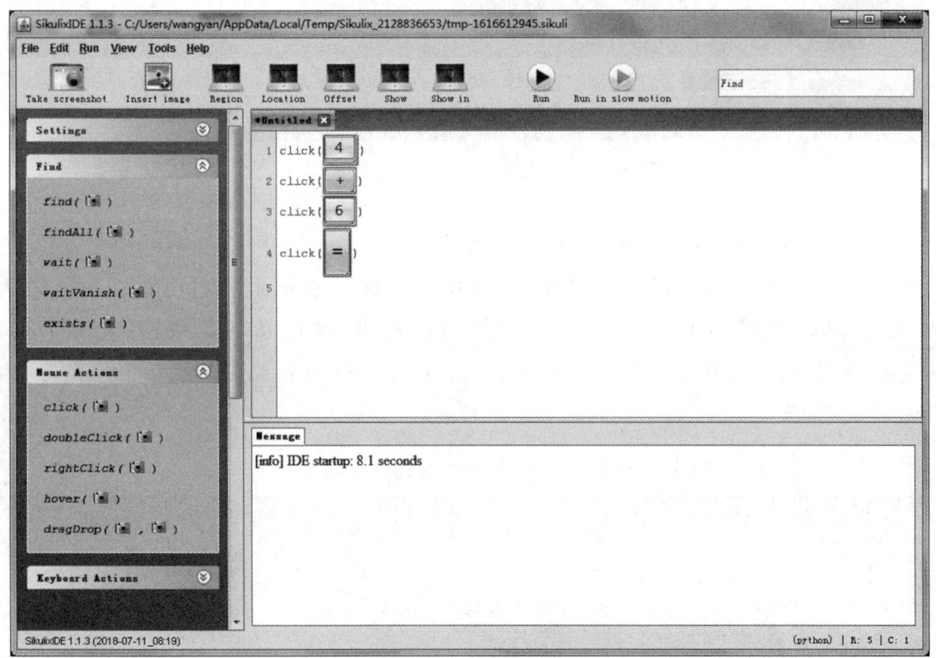

图 9-14　测试用例 Test1 的测试脚本

单击图 9-14 界面工具栏上的 Run 按钮，可以对已经编写好的测试脚本进行回放，重现计算器程序上的界面操作过程。

在 Sikuli 脚本中，可以使用 exists()函数进行断言检查，比较实际输出结果和预期的界面图像，从而判断测试是否成功。对于本实验“4+6”的计算，预期结果为 10，可以添加断言检查“exist(10)”，考察结果中是否有数字 10 对应的图像，来判断测试执行是否成功。添加断言后的测试脚本如图 9-15 所示。执行测试脚本，可以发现输出结果是 10，和预期一致，表明测试通过。测试脚本执行完毕之后，Sikuli 底部会出现运行的结果信息。执行日志信息显示绿色，表明所涉及的操作全部正常执行。日志中同时还包括界面动作触发坐标、屏幕分辨率、后台运算时间等信息。

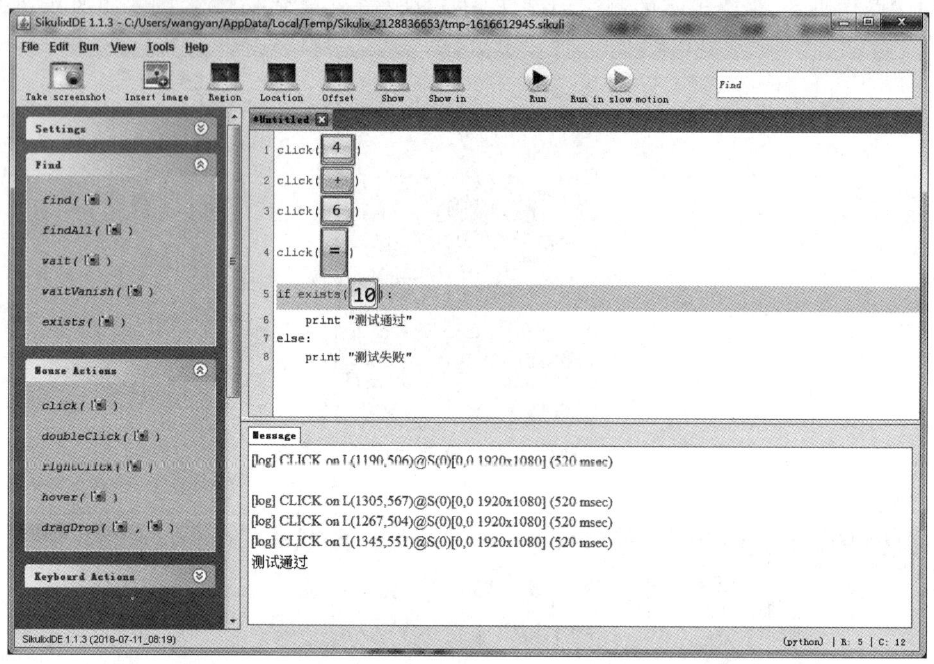

图 9-15 添加断言检查后的测试脚本

7. 基于 UFT 和 Sikuli 工具开展测试的比较

表 9-4 列出了 UFT 和 Sikuli 工具的一些特点对比。总体上看，UFT 是功能较为完善的商业工具，可以录制测试脚本、导出丰富的测试报告，缺点是不免费，且无跨平台支持。Sikuli 是免费工具，提供跨平台支持，相对小巧，使用也较为简单，但功能不够完善，生成测试报告的能力偏弱。

表 9-4 UFT 和 Sikuli 的特点对比

比较内容	UFT	Sikuli
是否有 IDE	是	是
测试脚本是否可视化	否，但可用关键字视图补充	是
是否支持脚本录制	是	否
脚本主要编程语言	VBScript	Python
是否开源	否	是
价格	较贵	免费
支持平台	Windows	Windows、Linux、macOS
第三方扩展	提供第三方附加组件	可基于 Python 扩展
测试报告导出	强支持	弱支持
测试执行准确性	准确	较准确
测试脚本可理解性	一般	较好

从可视化测试和传统非可视化测试的使用体验来看，可视化测试在构造脚本的过程中，并不需要界面实现方面的知识，无须查询界面控件的类型、索引号等信息，编写测试脚本非常容易，所得脚本也非常直观，一眼即可看出脚本所检测的软件行为。但对界面控件图像经常变化的情况，基于 Sikuli 的可视化测试可能不易开展。从后台实现算法来看，传统测试方式基于界面结构信息，严格地根据脚本提供的控件文本、ID 等描述去查询定位界面控件、判定测试结果，测试执行有极高的准确度，在软件正常工作的情况下，一般不会出现定位不到界面控件，或者测试结果判定出现偏差的情况。而可视化测试后台基于智能视觉算法来定位界面控件、判定测试结果，此类算法尽管目前已经能够实现非常高的准确性，但仍有可能出现计算误差，导致测试执行结果并不总是可信。虽然理论上存在准确性方面的些许不足，但从本实验实际使用来看，可视化测试的控件定位和结果判定都准确无误，测试脚本多次执行也未出现偏差，说明在一般性的使用中，可视化测试技术在测试执行准确性方面完全能够满足需要。

附件资源

测试工程。

实验10

移动应用功能测试

运行在 Android、iOS 等移动平台的应用软件在日常生活中扮演着重要角色。这些移动应用离用户更近，质量影响更为直接，因此妥善测试对其尤为重要。与桌面应用一样，移动应用的测试也常常需要自动化。关于移动应用自动化测试，尽管在核心原理方面与桌面应用测试基本一致，但移动平台和桌面平台的差异，也为该测试引入了些许不同。本实验实践一个移动应用自动化测试过程，一方面，读者可深入掌握移动应用自动测试方法；另一方面，也可体验移动平台和桌面平台测试的不同。

一、实验目标

熟悉移动应用的自动化测试流程、测试脚本的形式和执行方法等；能够使用主流测试工具对 Android 移动应用进行自动化测试，如表 10-1 所示。

表 10-1　目标知识与能力

知　识	能　力
(1) 自动化测试、测试脚本 (2) Android 移动应用界面结构	(1) 问题分析：结合文献研究，形成关于测试工具的相关结论 (2) 设计/开发解决方案：测试脚本编写 (3) 使用现代工具：使用测试工具并分析其局限性

二、实验内容与要求

选择一个日常 Android 应用软件，使用 Appium 工具对其进行自动化测试。具体实验内容如下。

(1) 使用 Appium 配套工具录制针对移动应用某项功能的一个测试脚本，解释脚本结构，并运行脚本。

(2) 在录制的测试脚本中加入对预期结果的检查，从而可以获得测试通过与否的结论。

(3) 对测试过程中涉及的部分数据进行参数化，使得一套脚本可以运行不同的测试数据。

(4) 编写批处理命令(.bat/.sh 等)执行测试脚本，取得测试结果。

(5) 查阅资料，了解其他可用于 Android 应用测试自动化的工具，列表比较这些工具各自的特点。

三、实验环境

(1) Java。
(2) Android SDK。
(3) Android 模拟器或真实手机。
(4) Appium 测试自动化工具：http://appium.io/。
(5) Python。
(6) Appium 的 Python 测试自动化库 Appium-Python-Client。

四、评价要素

评价要素如表 10-2 所示。

表 10-2 评价要素

要素	实验要求
解释脚本结构	解读脚本、理解脚本，而不是不知其所以然地使用脚本
预期结果校验	测试的目标是发现问题，脚本要有结果校验
参数化	应能够通过参数化扩展脚本的测试能力
批处理执行	掌握通过批处理程序实现测试自动化的方法
工具比较	了解主要移动平台测试工具及其差异

问题分析

1. 基于 Appium 的自动化测试

关于自动化测试的主要问题已在实验 9 中做了介绍。本实验依托 Appium 框架开展测试自动化。在 Appium 自动录制的脚本中，采用资源 ID 来定位界面控件。Appium 脚本在执行时向处于脚本和移动应用中间的 Appium Server 发起移动设备访问请求，Server 解析请求并调用 Android 平台上的 UI Automator 框架实现界面控件的定位和测试动作的触发，如图 10-1 所示。通过中间的 Appium Server，脚本不用直接访问设备，Appium 由此屏蔽 Android、iOS 等平台的差异，实现通用性的测试自动化支持。

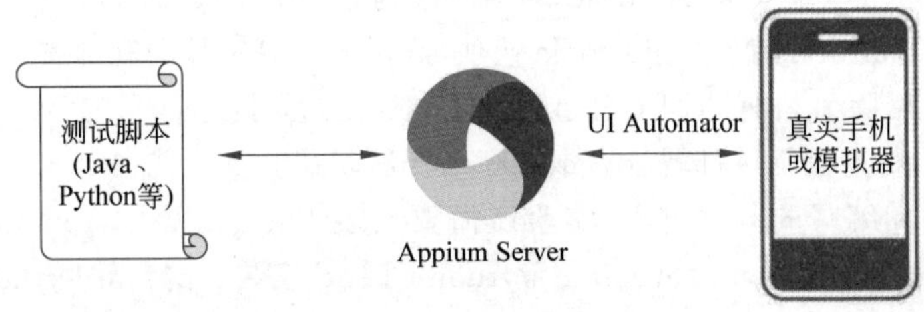

图 10-1 Appium 测试执行机制

2. 实验问题的解决思路与注意事项

实验按预设步骤开展即可。需要注意的是，Appium 本身主要是一个测试自动化框架，专注于核心的脚本引擎。脚本参数化需要测试者自行编写代码实现。可以使用 Appium 支持的 Python 语言编写脚本，将参数保存到纯文本的 CSV 文件或 Excel 文件中，然后使用 Python 丰富的程序库来读取参数文件。读取到参数后，将其传递给测试代码，测试代码解读参数，决定要执行哪一动作。如此，可以使得测试流程中执行的动作不再是硬编码，而是由外部文件决定的灵活配置。

本实验中编写批处理脚本的主要原因是即使是 Python 脚本，也需要 Python 环境来运行，往往需要输入一个命令行才能执行脚本。当本机部署多个 Python 版本时，情况将变得更为复杂，需要的操作步骤更多。在自动化测试中，往往希望能够实现一键测试。一种简单的处理方法就是在 Python 测试脚本之外，再套一个批处理程序，在批处理程序中完成环境变量、命令行参数的设定。由此，只要双击批处理脚本就能执行测试，测试将更加便捷。

本实验可以基于真实移动设备开展，也可以基于 Android 模拟器创建的虚拟机。目前除了 Android Studio 提供的模拟器外，也有 MuMu、BlueStack 等其他模拟器可用。一些模拟器能够在某些方面提供更便捷的功能，开展实验时可查阅资料，决定在哪一模拟器上进行实验。

3. 难点与挑战

(1) 测试环境搭建：环境搭建需要一系列计算机系统基础，如此才能顺利解决搭建过程中可能遇到的各种问题。

(2) 脚本编写：本实验需要在录制的脚本基础上进行大量修改，以完成实验的预定目标。如何编写 Python 等语言的测试脚本、编写批处理命令，并使脚本具有较好的灵活性，是测试代码开发的难点。

实验方案

1. 实验环境与实验对象

1) 实验环境

本实验基于 Appium 工具实施移动应用测试自动化。首先，从官网下载安装 Appium 的 Windows 版本，如 Appium-windows-1.19.1.exe。

Appium 使用前需安装 Java 和 Android SDK。可从 https://www.androiddevtools.cn/ 下载工具 installer_r24.4.1-windows.exe 以安装 Android SDK，也可先安装 Android Studio，然后基于此安装 SDK。安装 Android SDK 时，勾选 Android SDK Tools、Android SDK Platform-tools、Android SDK Build-tools 选项，确保 adb 等工具顺利部署，如图 10-2 所示。

许多移动应用除真机外也可在虚拟机中测试。本实验通过网易 MuMu 模拟器创建 Android 虚拟机，将待测软件部署于虚拟机中来开展测试。

为运行录制和编写的测试脚本，实验还需要安装 Python 以及 Appium-Python-Client 程序库，可通过命令“pip install Appium-Python-Client”安装 Appium-Python-Client。

2) 实验对象

实验中的测试对象是一个计算器程序，从 APK 文件安装，软件界面如图 10-3 所示。APK 文件可以从网络上下载，也可以从真实手机中利用工具提取。本实验主要是对该软件的二元运算功能实施测试自动化。

Android SDK Manager

Packages　Tools

SDK Path: E:\Workspace\Desktop\Env\android-sdk-windows_r24.4.1

Packages

Name	API	Rev.	Status
Tools			
☑ Android SDK Tools		24.4.1	Update available: rev. 25.2.5
☑ Android SDK Platform-tools		29.0.6	Not installed
☑ Android SDK Build-tools		29.0.3	Not installed
☐ Android SDK Build-tools		29.0.2	Not installed
☐ Android SDK Build-tools		29.0.1	Not installed
☐ Android SDK Build-tools		29	Not installed
☐ Android SDK Build-tools		28.0.3	Not installed
☐ Android SDK Build-tools		28.0.2	Not installed
☐ Android SDK Build-tools		28.0.1	Not installed
☐ Android SDK Build-tools		28	Not installed
☐ Android SDK Build-tools		27.0.3	Not installed

Show: ☑ Updates/New ☑ Installed　Select New or Updates　Install 17 packages...

☐ Obsolete　Deselect All　Delete 1 package...

Downloading SDK Platform Android 10, API 29, revision 4 (64%, 5488 KiB/s, 4 seconds left)

图 10-2　Android SDK 工具及其安装

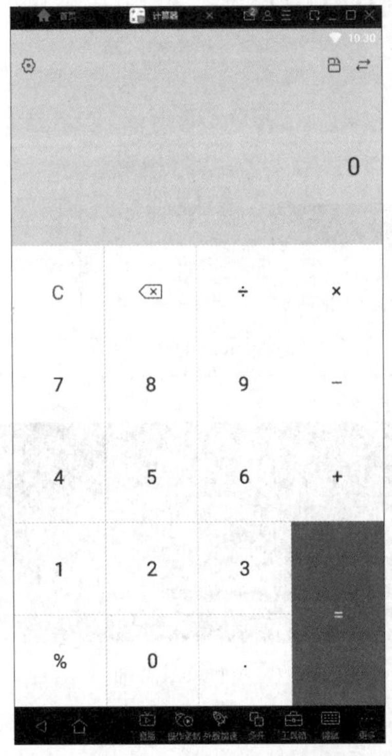

图 10-3　部署在虚拟机中的计算器程序

为获取被测对象相关信息，测试前需在虚拟机中打开待测应用的工作界面，然后启动一个命令行，执行形如“adb connect 127.0.0.1:7555”的命令连接到虚拟系统（不同实验环境下的虚拟机访问地址可能不同，对于 MuMu 模拟器，可查阅软件“功能教程”中的“连接 adb”一节了解）。

在控制台执行命令：

```
adb shell dumpsys window windows | findstr "Current"
```

可以查看到被测应用的包名称和应用工作界面的 Activity 信息：“mCurrentFocus = Window{c2f097 u0 com. ddnapalon. calculator. gp/com. ddnapalon. calculator. gp. Science Fragment}”。其中，应用的包名称为“com. ddnapalon. calculator. gp”，Activity 的简称为“.ScienceFragment”，这些信息将在后续测试过程中使用。

2. 录制测试脚本并解释脚本结构

实验先尝试录制一个测试脚本，来了解脚本的基本结构。录制前启动 Android 虚拟机并建立 adb 连接。录制过程中首先打开 Appium 入口界面，单击 Edit Configuration 按钮，配置 ANDROID_HOME 和 JAVA_HOME，填入 Android SDK 和 JDK 的地址，然后单击 Start Server 按钮，启动 Appium 主界面，如图 10-4 所示。

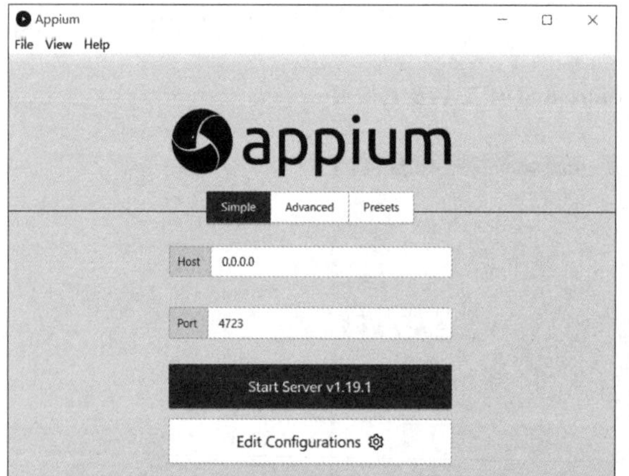

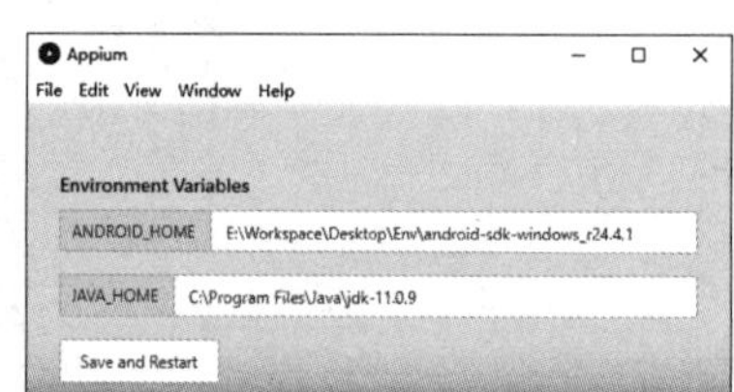

(a) Appium 配置和启动

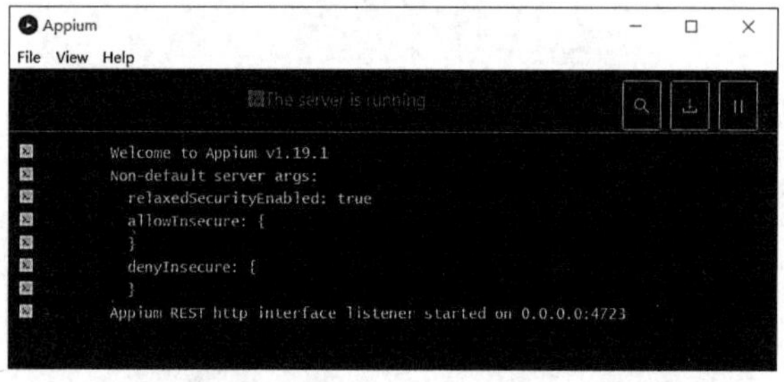

(b) Appium 主界面

图 10-4 启动 Appium

在 Appium 主界面中单击 start inspector session 按钮，启动录制入口界面。在入口界面中填入如图 10-5 所示的参数(注意检查所用模拟器的访问端口，本实验是 7555)，然后，单击 Start Session 按钮启动录制界面。

在录制界面中，Appium 会自动打开虚拟机中的计算器应用，如图 10-6(a)所示。单击录制界面中的眼睛图标，将进入录制中界面(见图 10-6(b))，开始脚本录制。在图 10-6(b)界面左

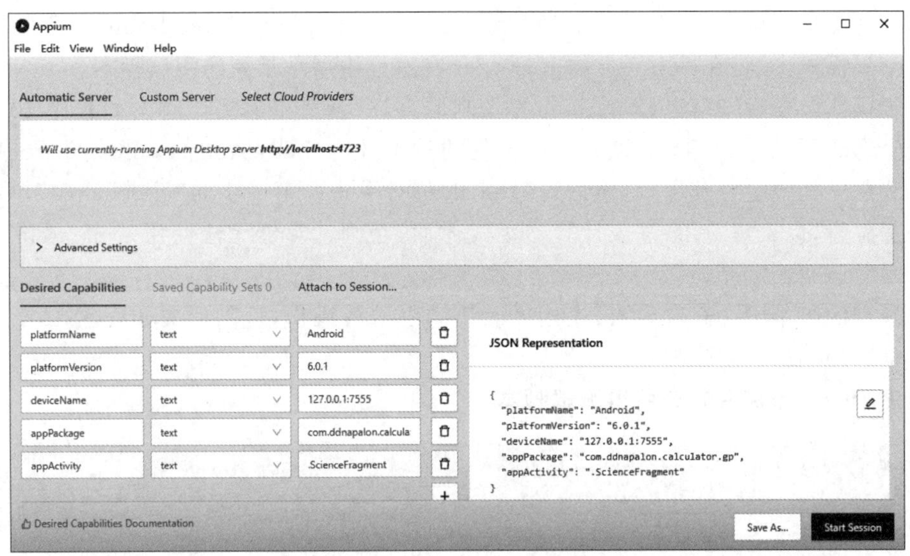

图 10-5　启动 Appium 脚本录制

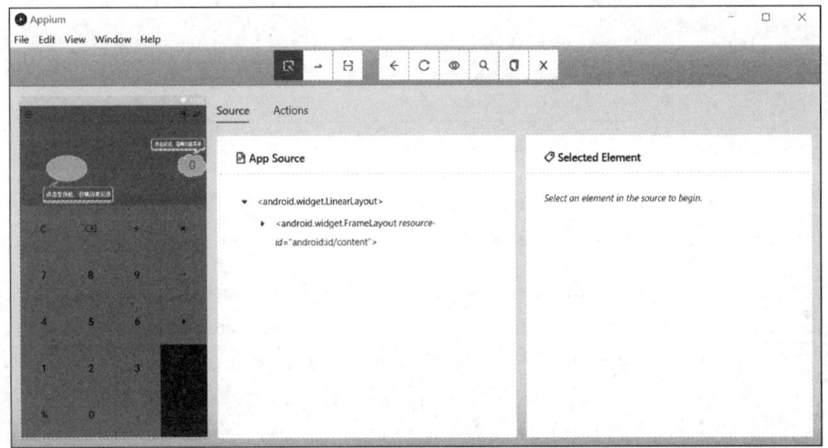

(a) 录制准备

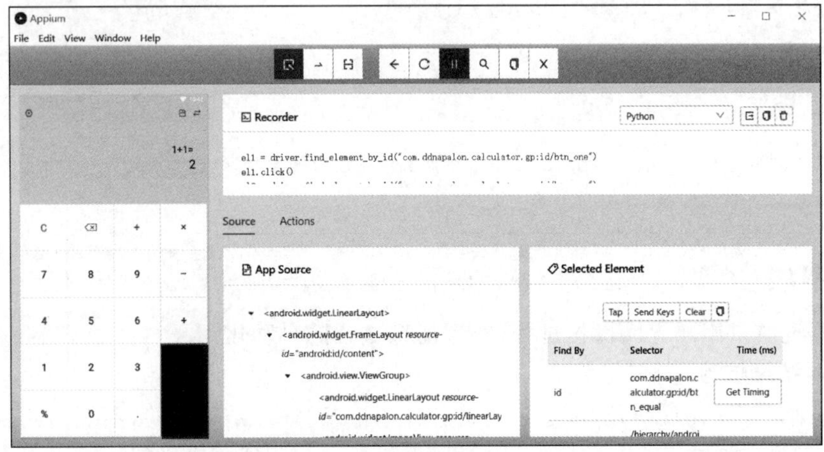

(b) 脚本录制中

图 10-6　待测软件脚本录制界面

侧展示的待测应用屏幕中，选择一个界面元素，利用界面右侧 Selected Element 下的 Tap 键触发一个界面单击，将在界面上方的 Recorder 文本框中展示录制的测试脚本。

对于操作"1+1=2"，选择 Python 为录制语言，录制所得的测试脚本如程序 10-1 中矩形框圈定部分所示。该脚本先通过界面控件的索引号，如 com.ddnapalon.calculator.gp:id/btn_one，在屏幕中定位其出现，然后通过 click 进行单击。第一步的"el1.click()"单击计算器中任意位置，以聚焦应用，进入计算器正式界面，否则计算器无法使用。el2～el5 分别对应按钮"1""+""1""="。

在录制的脚本中补充包导入、连接界面访问引擎等操作，可以形成如程序 10-1 所示的完整移动应用测试自动化脚本。

程序 10-1　录制并补充所得测试脚本

```
from appium import webdriver

desired_caps = dict()
desired_caps['platformName'] = 'Android'
desired_caps['platformVersion'] = '6.0.1'
desired_caps['deviceName'] = '127.0.0.1:7555'
desired_caps['appPackage'] = 'com.ddnapalon.calculator.gp'
desired_caps['appActivity'] = '.ScienceFragment'

driver = webdriver.Remote('http://localhost:4723/wd/hub',desired_caps)
el1 = driver.find_element_by_id("com.ddnapalon.calculator.gp:id/btn_one")
el1.click()  #单击任意界面才可以使用
el2 = driver.find_element_by_id("com.ddnapalon.calculator.gp:id/btn_one")
el2.click()  #单击 1
el3 = driver.find_element_by_id("com.ddnapalon.calculator.gp:id/btn_add")
el3.click()  #单击+
el4 = driver.find_element_by_id("com.ddnapalon.calculator.gp:id/btn_one")
el4.click()  #单击 1
el5 = driver.find_element_by_id("com.ddnapalon.calculator.gp:id/btn_equal")
el5.click()  #单击=
result=driver.find_element_by_id("com.ddnapalon.calculator.gp:id/equation_
TextVeiw2")
#保存最终结果并且输出
print(result.text)
```

设脚本名称为 one_plus_one.py，在启动 Appium 并已安装 Appium-Python-Client 的情况下，运行：

```
python one_plus_one.py
```

可以重现所录制的界面操作过程，实现测试过程的自动化。

3. 插入结果校验

自动录制所得的测试脚本只是对测试过程的记录，缺乏结果校验，不能判断测试执行成功与否，并不能直接应用。为获得测试结果，需要对录制所得脚本进行改造。本实验首先将录制所得的脚本纳入 unittest 单元测试框架，以方便校验和获取测试结果。对于用户界面测试，在测试执行的同时，常常还希望获得结果界面视图。为此，可以在校验结果的同时，加入一个界面截图操作。

包含结果校验的测试自动化代码如程序 10-2 所示。该代码中创建了一个测试用例类 CalcTestCase，测试前的准备和清理工作分别放在 setUpClass()和 tearDownClass()方法中，测试代码主体置于方法 test_calc()下。在 test_calc()的末尾通过 assertEquals()操作进行了结果校验，通过 get_screenshot_as_file()方法进行了屏幕截图。

程序 10-2 含结果校验的测试自动化代码

```
# -*- coding: utf-8 -*-
from appium import webdriver
import unittest

#将界面操作封装为单元测试
class CalcTestCase(unittest.TestCase):
    @classmethod
    def setUpClass(self):
        desired_caps = dict()
        desired_caps['platformName'] = 'Android'
        desired_caps['platformVersion'] = '6.0.1'
        desired_caps['deviceName'] = '127.0.0.1:7555'
        desired_caps['appPackage'] = 'com.ddnapalon.calculator.gp'
        desired_caps['appActivity'] = '.ScienceFragment'

        self.driver = webdriver.Remote('http://127.0.0.1:4723/wd/hub',
        desired_caps)
        self.driver.find_element_by_id("com.ddnapalon.calculator.gp:id/btn_
        one").click()

        self.screen_index = 0

    @classmethod
    def tearDownClass(self):
        self.driver.quit()

    def test_calc(self):
        button1 = self.driver.find_element_by_id("com.ddnapalon.calculator.
        gp:id/btn_one")
        button1.click()

        button2 = self.driver.find_element_by_id("com.ddnapalon.calculator.
        gp:id/btn_add")
        button2.click()

        button3 = self.driver.find_element_by_id("com.ddnapalon.calculator.
        gp:id/btn_one")
```

```
        button3.click()

        button4 = self.driver.find_element_by_id("com.ddnapalon.calculator.
        gp:id/btn_equal")
        button4.click()

        #校验测试结果
        text = self.driver.find_element_by_id('com.ddnapalon.calculator.gp:id/
        equation_TextVeiw2').text
        self.assertEqual(text, "2")

        #界面截图
        self.screen_index = self.screen_index + 1
        filename = 'test_calc_' + str(self.screen_index) + '.png'
        self.driver.get_screenshot_as_file(filename)

#主入口:执行单元测试
if __name__ == '__main__':
    unittest.main()
```

直接执行该 Python 代码，将按脚本的描述驱动被测软件工作，并最终在控制台输出"OK"提示，表明加法计算的结果正确。生成的截图文件 test_calc_1.png 中也显示加运算的结果为 2。

4. 脚本参数化

上一步所得的测试脚本仅支持测试"1＋1＝2"，测试的内容比较单一。事实上，计算器中大量运算的形式非常接近，可以通过参数化对脚本进行改造，使得其可以支持任意二元运算的测试。

在本实验中，将二元运算的测试数据从测试流程代码中抽取出来，放置于一个独立的.csv 文件中。参数化的目标是编写一个测试脚本，逐条执行.csv 文件中的二元运算，校验结果，批量检查各种情况下的二元运算是否能正确工作。

具体.csv 文件的内容如图 10-7 所示，其中，第 A、C 列是操作数，B 列是操作符，E 列是操作结果。相较于单一的"1＋1＝2"测试，这里测试代码中需要增加几个功能。其一是读取.csv 文件，得到要测试的数据。其二，输入"98"这样的操作数与输入操作数"1"不同，需要单击多个计算器界面按钮。其三，结果校验中，计算器程序可能输出"1,024"这样的结果，并不一定是"1024"，多出的逗号在校验测试结果时需要加以处理。为运行参数化的测试脚本，还需要对测试框架加以改造，将原先的单一单元测试运行，改造为测试集运行。

	A	B	C	D	E
1	1	+	23	=	24
2	98	-	45	=	53
3	11	x	34	=	374
4	125	/	5	=	25
5	133	+	1000	=	1133
6	10	x	100	=	1000
7	2048	/	2	=	1024

图 10-7　测试数据文件

具体改造后的测试脚本代码如程序 10-3 所示。其中,read_test_data()方法读取测试数据文件,将每一个测试都封装为一个对象。input_sequence()实施一个字符串的输入,在软件界面上逐一单击字符串中的字符。校验结果前通过操作“text.replace(',','')”,将结果“1,024”处理成“1024”来进行校验。在程序入口中,通过“suite=unittest.TestSuite()”定义了一个测试集,并通过“suite.addTest(CalcTestCase('test_calc',test))”向测试集中添加测试,每一个测试的流程代码一样,测试数据 test 不一样,执行的界面动作和校验的输出结果也有所不同。

程序 10-3　参数化的测试脚本

```
#-*- coding: utf-8 -*-
from appium import webdriver
import unittest
import sys
import csv
idmap = {"0":"zero", "1":"one", "2":"two", "3":"three", "4":"four",
         "5":"five", "6":"six", "7":"seven", "8":"eight", "9":"nine",
         "+":"add", "-":"sub", "x":"mul", "/":"div", "=":"equal"}
#从 CSV 文件读取测试数据
def read_test_data(file):
    testdata = []
    with open(file,'r') as datafile:
        reader = csv.reader(datafile)
        for row in reader:
            test = {'v1':row[0], 'op':row[1], 'v2':row[2], 'expected':row[4]}
            testdata.append(test)
    return testdata
#单击符号序列
def input_sequence(driver, seq):
    for ch in seq:
        id = idmap[ch]
        print("  click " + ch)
        button = driver.find_element_by_id("com.ddnapalon.calculator.gp:id/btn_
        {}".format(id))
        button.click()
#将界面操作封装为单元测试
class CalcTestCase(unittest.TestCase):
    def __init__(self, methodName, test):
        super(CalcTestCase, self).__init__(methodName)
        self.v1 = test['v1']
        self.op = test['op']
        self.v2 = test['v2']
        self.expected = test['expected']

    @classmethod
    def setUpClass(self):
        desired_caps = dict()
```

```
        desired_caps['platformName'] = 'Android'
        desired_caps['platformVersion'] = '6.0.1'
        desired_caps['deviceName'] = '127.0.0.1:7555'
        desired_caps['appPackage'] = 'com.ddnapalon.calculator.gp'
        desired_caps['appActivity'] = '.ScienceFragment'
        self.driver = webdriver.Remote('http://127.0.0.1:4723/wd/hub', desired_
        caps)
        self.driver.find_element_by_id("com.ddnapalon.calculator.gp:id/btn_
        one").click()

    @classmethod
    def tearDownClass(self):
        self.driver.quit()

    def test_calc(self):
        print("Test " + self.v1 + self.op + self.v2 + "=" + self.expected)
        input_sequence(self.driver, self.v1)
        input_sequence(self.driver, self.op)
        input_sequence(self.driver, self.v2)

        button = self.driver.find_element_by_id("com.ddnapalon.calculator.gp:
        id/btn_equal")
        button.click()

        #校验测试结果
        text = self.driver.find_element_by_id('com.ddnapalon.calculator.gp:id/
        equation_TextVeiw2').text
        text = text.replace(',','')
        self.assertEqual(text, self.expected)

        #界面截图
        filename = self.v1 + "_" + idmap[self.op] + "_" + self.v2 + ".png"
        self.driver.get_screenshot_as_file(filename)

#主入口：执行单元测试
if __name__ == '__main__':
    #读取 CSV 中的测试数据
    testdata = read_test_data(sys.argv[1])

    #定义一个测试集，每个测试的数据不同
    suite = unittest.TestSuite()
    for test in testdata:
        suite.addTest(CalcTestCase('test_calc', test))

    #运行测试集
    runner = unittest.TextTestRunner()
    runner.run(suite)
```

直接用 Python 运行该测试脚本，可以看到虚拟机中针对每一个测试操作都进行了计算器程序的界面单击，在 1min 的时间里即完成了所有测试。自动化的测试方式避免了烦琐的人工测试操作，减少了测试执行的人工开销。

5. 批处理执行测试脚本

测试脚本的开发往往在 PyCharm、Spyder 等 IDE 环境下进行，但当脚本开发完成后，如果每次还需要打开 IDE 来执行自动化测试，则较为麻烦，不便于批量在后台执行测试。针对这种情况，本实验将测试操作封装到 BAT 批处理脚本中来运行。

执行测试的批处理脚本如图 10-8 所示。该脚本中，通过“cd /d %～dp0”切换到测试脚本所在目录，然后设置三个 Python 运行相关的关键环境变量 PYTHONHOME、PYTHONPATH 和 PATH，进而以带参数的命令行运行 binary_op_test.py 测试代码。该批处理脚本不仅可以单独运行，还可以集成到其他测试管理工具中来实现测试过程自动运行。脚本即使在有多个 Python 安装的计算机环境下也可以工作。

```
cd /d %~dp0

set ENV=..\..\Env
set PYTHONHOME=%ENV%\python-3.8.7
set PYTHONPATH=%PYTHONHOME%\lib
set PATH=%PATH%;%ENV%

%PYTHONHOME%\python.exe binary_op_test.py test.csv
```

图 10-8　批处理脚本 run_binary_op_test.bat

6. Android 测试自动化工具分析

本实验基于 Appium 框架来开展 Android 应用功能测试的自动化。事实上，除了该工具，还有多种工具同样可用于 Android 应用的测试自动化。其中，最典型的工具是 UI Automator、Robotium 和 Appium。这些工具各具特色，其核心特点的比较如表 10-3 所示。

表 10-3　Android 测试自动化工具比较

	UI Automator	Robotium	Appium
是否需要应用源码	否	否	否
是否支持跨应用测试	是	否	是
是否是谷歌原生	是	否	否
支持编程语言	Java	Java	绝大多数语言
是否有签名一致的问题	否	是	否
是否支持 WebView	否	是	是
支持跨平台	否	否	是

UI Automator 是谷歌原生提供的测试框架，也是许多其他测试自动化框架的实现基础，表达了操作系统提供的基础测试能力，具有较高的灵活性。它独立于被测应用，支持跨应用的界面操作自动化。Robotium 是基于插桩技术实现的测试自动化框架，其核心特点是测试代码工作在和被测应用相同的进程中，能够访问被测应用的各种信息。而其他框架的测试代码和被测应用工作在不同进程中，只能有限度访问被测应用信息。Robotium 的缺点是插桩涉及应用程序的重签名问题，如果不能对应用进行重新数字签名，则无法测试。

Robotium 更适合研发单位对自己的代码进行测试，用于第三方测试相对困难。Appium 的最大特点是提供跨平台支持，允许采用同一套框架对 Android、iOS 等不同平台下的应用实施测试，使得测试代码在不同平台间的复用成为可能。

除此以外，网易公司研制的 AirTest[1]、南京航空航天大学研制的 RoScript[2] 基于机器人的触屏应用测试自动化工具等采用计算机视觉、机器人等技术辅助测试开展，也为当前移动应用的测试自动化提供了新的选择。

附件资源

实验所用测试脚本。

参考文献

[1] NetEase.AirTest [CP/OL]. [2022-02-20]. https://airtest.netease.com.

[2] Qian J, Shang Z Y, Yan S Y, et al. RoScript: A Visual Script Driven Truly Non-Intrusive Robotic Testing System for Touch Screen Applications [C]. Proceedings of the International Conference on Software Engineering (ICSE), June 2020, pp.297-308.

实验 11

Web应用功能测试

Web应用是除桌面和移动应用外的另一类常见软件形态,其自动化测试也是测试者经常面对的问题。本实验针对 Web 应用,开展自动化功能测试,通过实施一个相对完整的自动化测试过程,了解 Web 应用中的相关概念,掌握其自动化测试技术。

一、实验目标

掌握应用测试自动化框架对 Web 应用实施自动化测试的方法,了解测试自动化过程中存在的脚本维护等问题,如表 11-1 所示。

表 11-1　目标知识与能力

知　识	能　力
(1) 自动化测试、测试脚本 (2) 自动化测试工具用法 (3) Web 应用的结构	(1) 问题分析:结合文献研究,形成关于脚本维护的相关结论 (2) 设计/开发解决方案:测试脚本编写 (3) 使用现代工具:使用测试工具并分析其局限性

二、实验内容与要求

选择一个 Web 应用程序,基于 Selenium 测试自动化框架,采用先录制后修改的方法为其构造功能测试脚本,实现测试自动执行。具体实验要求如下。

(1) 采用脚本录制的方法将 Web 应用上的一个复杂应用流程录制为测试脚本,要求测试流程至少覆盖 3 个不同类型的界面控件。

(2) 解释脚本结构,回放脚本,确保脚本可以运行。

(3) 增加结果校验:为脚本增加判定执行是否发生异常的判定动作,能够形成测试成功与失败的结论。

(4) 对脚本进行增强,为脚本增加灵活性,使得账户、输入值、选择的列表项等内容可以动态填入(也称参数化)。

(5) 查阅资料,尝试分析应用界面变更对测试脚本有效性的影响,推测哪些改动可能导致脚本无法执行,并思考如何修复脚本,使其持续可用。

三、实验环境

(1) Selenium IDE。

(2) Firefox 或 Chrome 等浏览器。

四、评价要素

评价要素如表 11-2 所示。

表 11-2　评价要素

要　　素	实验要求
解释脚本结构	解读脚本、理解脚本，而不是不知其所以然地使用脚本
预期结果校验	测试的目标是发现问题，脚本要有结果校验
参数化	能够通过参数化扩展脚本的测试能力
变更影响分析	深入理解脚本工作机制，了解软件变更对测试脚本的影响

问题分析

1. Web 应用自动化测试

Web 应用自动化测试有两种典型思路：一种是忽略前端页面，直接发送 HTTP 等报文与服务器沟通，来模拟用户的软件操作步骤；另一种是在受控的前端浏览器上模拟用户的 Web 页面操作行为，由浏览器去实现和服务器的沟通。前者的特点是相对轻量级，运行所需的资源少，但其本质上测试的是服务器后端，而不是前端页面。在有动态页面时，与服务器端交互的数据中常带有页面上的动态标识，此时此种方式相对复杂。后者的特点是模拟的真实程度高，与人工在浏览器上操作无异，但执行开销大，测试脚本运行速度相对缓慢。

Selenium 框架采用模拟浏览器上页面操作的方法来实现 Web 应用的测试自动化，支持多种浏览器和程序语言类型。Web 应用通过 HTML 和 CSS 来渲染页面，HTML 决定页面逻辑结构，CSS 可控制页面呈现效果。在 Selenium 中也支持从 HTML 的元素 tag、id、显示文字以及 CSS 的 class 名称等多种方式来定位 Web 页面上的控件。完成控件定位后，其测试操作与 Appium 等框架非常接近。

2. 实验问题的解决思路与注意事项

本实验结果校验、脚本参数化等过程中，可能需要人工选取一些页面控件，以获取软件运行反馈或触发参数化的动作。此时，如何标识页面控件是一个难题。一个解决方法是在 Web 页面上选中一个界面控件后，用 Chrome 等浏览器的页面“检查”功能来查看页面元素的 HTML 和 CSS 相关属性，如图 11-1 所示。然后，分析哪些属性能够代表该页面控件，在 Selenium 脚本中添加相应的查找语句来定位到控件。

新版 Selenium 采用 pytest 测试框架来驱动脚本执行。pytest 有些类似于 Java 中的 JUnit 单元测试框架，提供组织和运行测试代码的方法。该框架包含对参数化测试用例的支持，可以依托相关功能，实现本实验中的脚本增强目标。

3. 难点与挑战

(1) 结果校验的实现：对于复杂 Web 应用，如何校验测试结果是个难题，因为测试结果往往呈现在动态页面中，需要找到页面上合适的动态数据，准确提取其控件标识，作为添加

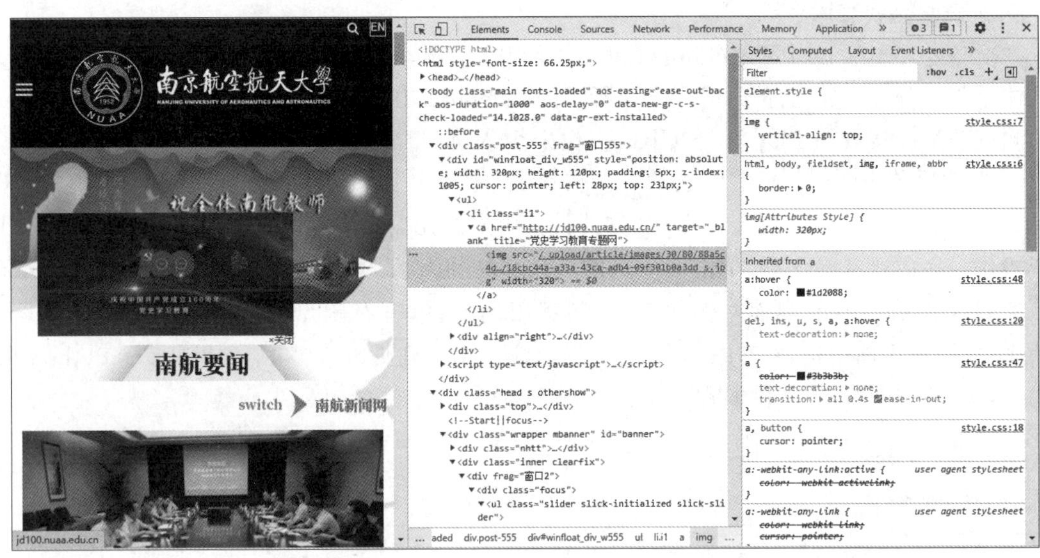

图 11-1　用浏览器查看页面元素属性

结果检查断言的基础。

(2) 脚本编写：本实验需要依托 Selenium 程序库和 pytest 框架开展测试代码编程。如何用好现有程序库，编写优雅、灵活、可维护的测试代码是个难题。

实验方案

1. 实验环境与实验对象

本实验在 Chrome 浏览器上开展 Web 应用测试自动化实验。实验对象为腾讯微云(https://www.weiyun.com/)。实验目标是录制和编写自动化测试脚本，通过运行脚本来检测腾讯微云系统的登录和搜索功能，检查登录和搜索能否正常运行。

脚本录制需要安装 Selenium IDE。在 Selenium 官网下载对应安装包，并在 Chrome 上完成插件的安装，安装后可以看到 Chrome 中有如图 11-2 所示的插件信息。

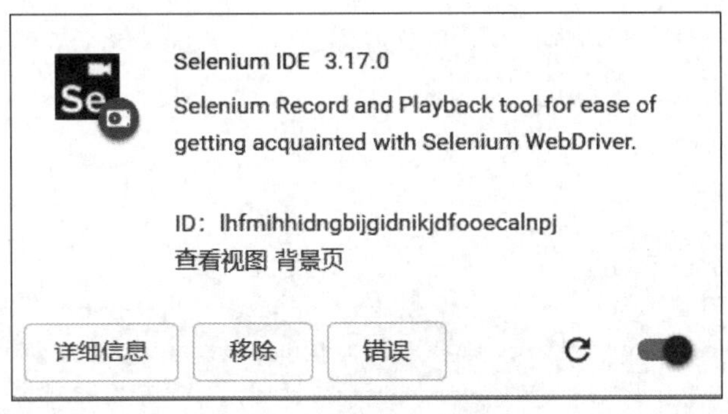

图 11-2　Selenium IDE 插件

2. 录制测试脚本

准备好环境后，使用 Selenium IDE 进行脚本录制，录制腾讯微云的登录和搜索行为。具体录制过程为：首先打开如图 11-3 所示的 Selenium IDE，在其中创建一个名为 webTest 的测试项目。接着在 Play base URL 一栏中填入腾讯微云的地址"https://www.weiyun.com/"，然后单击 Tests 标签旁边的"+"按钮，创建名为 Test 的测试。接着单击 REC 按钮 开始录制。启动录制后会弹出对应的网站，用户按先登录再搜索文件的流程在网站上进行操作。完成所有操作后，单击右上角的"停止"按钮，即可停止录制。录制结束后，鼠标悬浮到 Selenium IDE 界面左侧的 Test 测试用例上，单击右侧弹出的 按钮，选择 export 动作，在弹出界面中选择 Python pytest，导出测试用例到脚本文件中。录制所得 Python 格式、pytest 框架的脚本文件如程序 11-1 所示。

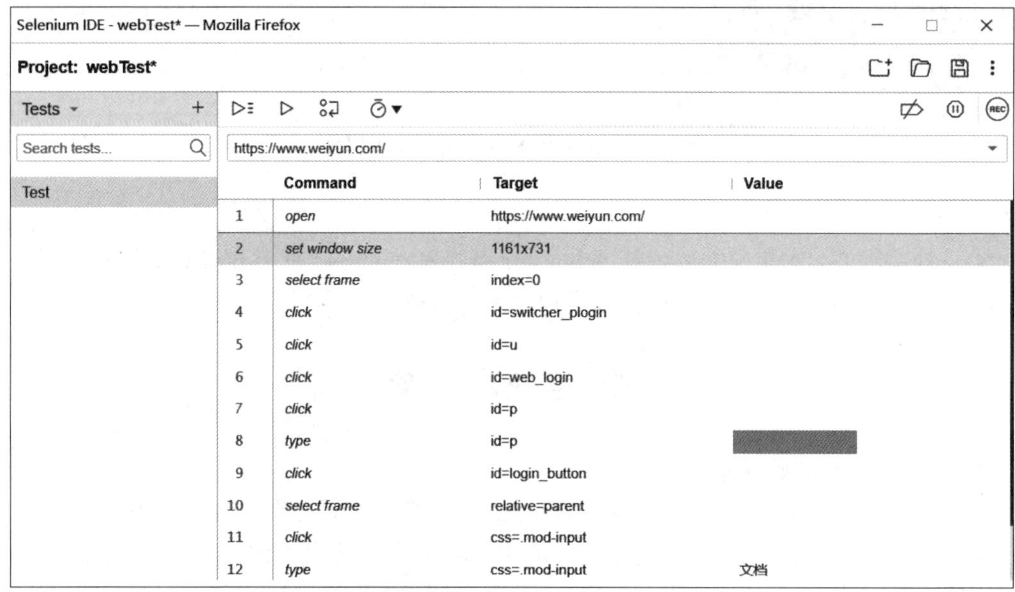

图 11-3 Selenium IDE 界面

程序 11-1 录制所得测试脚本

```
    import pytest
    import time
    import json
    from selenium import webdriver
    from selenium.webdriver.common.by import By
(1) from selenium.webdriver.common.action_chains import ActionChains
    from selenium.webdriver.support import expected_conditions
    from selenium.webdriver.support.wait import WebDriverWait
    from selenium.webdriver.common.keys import Keys
    from selenium.webdriver.common.desired_capabilities import
    DesiredCapabilities
```

(2)

```
class TestTest():
  def setup_method(self, method):
    self.driver = webdriver.Chrome()
    self.vars = {}

  def teardown_method(self, method):
    self.driver.quit()

  def test_test(self):
```

(3)

```
    self.driver.get("https://www.weiyun.com/")
    self.driver.set_window_size(1161, 731)
    self.driver.switch_to.frame(0)
```

(4)

```
    #登录
    self.driver.find_element(By.ID, "switcher_plogin").click()
    self.driver.find_element(By.ID, "u").click()
    self.driver.find_element(By.ID, "u").send_keys("xxx@qq.com")
    self.driver.find_element(By.ID, "p").click()
    self.driver.find_element(By.ID, "p").send_keys("xxx")
    self.driver.find_element(By.ID, "login_button").click()
```

(5)

```
    sleep(2)
    #搜索
    self.driver.switch_to.default_content()
    self.driver.find_element(By.CSS_SELECTOR, ".mod-input").click()
    self.driver.find_element(By.CSS_SELECTOR, ".mod-input").send_keys
    ("文档")
    self.driver.find_element(By.CSS_SELECTOR, ".mod-input").send_keys
    (Keys.ENTER)
    sleep(2)
```

3. 解释脚本结构，回放脚本，确保脚本可以运行

实验步骤 1 中录制的脚本分为以下几块内容。

1）包导入

Selenium 框架下的测试脚本，依托其 webdriver 来运行，因此主要的包依赖是 selenium.webdriver 及其子包。测试脚本基于 pytest 框架，因此也依赖 pytest 包。此外，还依赖 time 和 json 包以完成一些时间相关的操作和数据处理。具体依赖的包如程序 11-1 左侧列标示的第(1)部分所示。

2）测试框架

如程序 11-1 第(2)部分所示，测试脚本在 pytest 测试框架下定义 setup_method()、teardown_method()方法来在测试用例运行前建立测试环境并在运行后拆除环境。主要测试业务代码写在方法 test_test()中。环境建立的关键是通过调用 webdriver.Chrome()创建一个受控的浏览器对象，用于模拟人工在浏览器上的操作，获取网页的 DOM 信息等。环境拆除时，通过调用 self.driver.quit()释放浏览器对象。

3）打开网站

获得浏览器 webdriver 对象后，通过调用其 get()方法，可以驱动浏览器打开指定网站。调用 set_window_size()方法可以设置浏览器窗口大小，而 switch_to.frame(0)调用可以确保主体页面框架能够得到正确展示。打开网站步骤见程序 11-1 第(3)部分，打开网站后展示的腾讯微云入口页面如图 11-4(a)所示。

4）账户登录

打开腾讯微云的入口页面后，测试脚本通过如程序 11-1 第(4)部分所示的语句执行账户登录操作。方法调用“find_element(By.ID,"switcher_plogin").click()”首先根据页面元素的 DOM 节点 ID 属性查找“switcher_plogin”对应的“账号密码登录”按钮。单击该按钮，进入如图 11-4 (b)所示的账号密码登录界面。然后，调用“find_element(By.ID,"u").click()”查找 ID 属性为“u”的用户名输入框，单击以使当前页面焦点聚焦到该输入框上，准备输入。接着通过调用“send_keys("xxx@qq.com")”完成用户名的输入。以此类推，可以输入密码，并单击“登录”按钮，完成用户登录。

(a) 腾讯微云入口页面

(b) 账号密码登录页面

图 11-4 打开腾讯微云入口页面并登录账户

5）搜索文档

测试脚本的最后部分执行文件搜索动作(即程序 11-1 的第(5)部分)。该步骤前，语句“sleep(2)”暂停 2s，以等待前置动作的响应，只有动作完成，才能有效执行后续动作。

文件搜索中，通过调用“find_element(By.CSS_SELECTOR,".mod-input")”按页面元素的 CSS 描述查找网页上的搜索框，然后单击搜索框将输入焦点聚焦到该位置。下一步，通过 send_keys()方法输入搜索内容“文档”，并模拟按回车键 Keys.ENTER 触发腾讯微云的搜索行为。其结果如图 11-5 所示。到此为止，完成用户登录和搜索的全过程。

可以用 PyCharm 打开录制的测试脚本，在代码编辑器中单击右键选择 Run xxx.py 命令即可执行脚本，回放测试步骤。回放过程将重复之前人工在 Web 页面上执行的操作。

Selenium IDE 录制生成的 Python 脚本有时会回放失败，原因主要有以下几点。①运行测试时，网页可能会出现加载延迟，导致脚本无法找到相应的页面标签。针对该问题，可以添加 sleep()调用，增加等待加以解决。②Selenium IDE 录制的一些页面控件标识不匹配

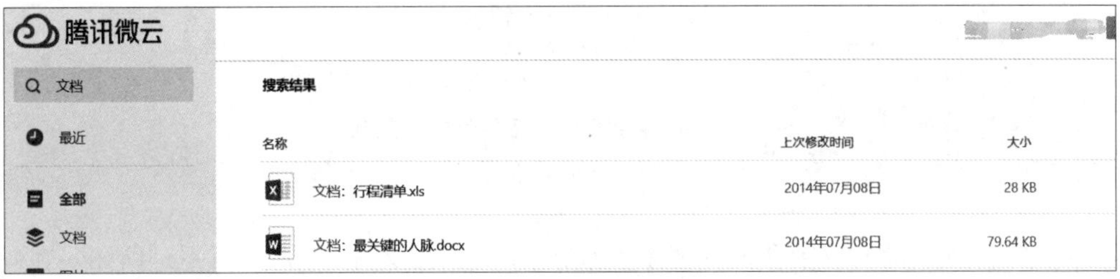

图 11-5 文件搜索页面

新轮次的测试执行。例如,如果 Web 页面为服务器端生成的动态页面,其中的 div 标签、CSS 标记等每次刷新页面可能有所不同,导致无法匹配。针对该问题,需要寻找控件相对稳定的定位方式。假设之前用 CSS 定位控件,而 CSS 标记变化,可以考虑查看 DOM 路径、控件文字标题等,修改 find_element()的方式,使得脚本语句可以成功定位到目标控件。

一些 Web 应用在用户登录时,可能要求输入安全校验码。对于一些相对简单的校验码,如随机数字,可以通过 OCR 文字识别来获取其内容,填入到 Web 界面的相应表单中,以驱动测试过程的有效执行。当前存在许多可公开访问的在线 OCR 文字识别服务(搜索引擎检索"OCR 文字识别服务"),可以编程发送请求进行访问,获取识别结果。如果是较为复杂的校验码,通过登录的一种途径是请求被测应用提供方针对测试者暂时关闭安全码校验,另一种部分适用的途径是获取 Cookie 登录信息,直接用其登录,绕开账户输入环节。

4. 在测试脚本中加入结果效验

对于在腾讯微云中展开搜索,何种结果为正确可以通过得到的搜索结果数量加以判断,即图 11-5 中右侧展示的搜索结果条数。如果结果条数和微云中的实际内容相符,则表明搜索正常工作,否则说明搜索失败。

本实验在搜索后增加一个关于搜索结果条数的断言来对测试结果加以判断。可以用页面元素的 class 属性"item-inner"定位到搜索结果列表,将该列表记录到 items 变量中,用 len(items)获得搜索结果的条数。简单起见,可以用搜索结果是否为空,即"len(items)>0"判断搜索功能是否正常。具体结果校验代码如下。

```
items = self.driver.find_elements(By.CLASS_NAME, "item-inner")
assert len(items)>0
```

运行带结果校验的测试脚本,可以得到如图 11-6 所示的测试结果。如果将搜索的内容从"文档"改为"xxx",搜索结果将为空,和脚本中所预期的结果条目数量大于 0 不符,这时,执行测试脚本将展示如图 11-7 所示的出错信息。

```
collecting ... collected 1 item

test.py::TestTest::test_test

============================== 1 passed in 9.98s ==============================

Process finished with exit code 0
PASSED                                          [100%]
```

图 11-6 符合预期的测试结果

```
>       assert len(t)>0
E       assert 0 > 0
E        +  where 0 = len([])
```

图 11-7 替换搜索内容后展示的出错信息

5. 脚本增强

本步骤将腾讯微云登录和文件搜索参数在 CSV 数据文件中给出，而不是硬编码在脚本中。通过参数化，可以增强测试脚本的灵活性，使得一份测试代码可以应用不同的测试数据。

参数设定文件如表 11-3 所示。表格首行为需要输入的变量名称，后续行为输入的参数。username、password 和 search_key 分别为腾讯微云登录账号、密码，以及搜索框输入的搜索关键字。data.csv 文件放置在执行测试脚本时所在的当前目录下，以免出现找不到文件错误。

表 11-3 参数设定文件 data.csv

username	password	search_key
xxx	******	doc
yyy	******	xls

参数化后的测试脚本 test_test_parameterized.py 如程序 11-2 所示。脚本通过 test_csv()方法从 CSV 文件读取参数数据，利用 pytest 注解“@pytest.mark.parametrize ('case_info', test_csv())”将参数文件作用到测试用例代码上，参数数据保存在名为 case_info 的 dictionary 变量中，以供在测试代码中访问。测试代码中通过形如“case_info['username']”的变量读取代替原先的硬编码常量，使得输入的内容动态化。每次执行测试，都在运行时按指定 CSV 数据表加载不同的内容来测试，降低了对于多个测试用例而言的总体测试代码编写工作量。

程序 11-2 测试脚本 test_test_parameterized.py

```
import csv
import pytest
import time
import json
from selenium import webdriver
...
from time import sleep

class TestTest():
  def test_csv():
    with open("data.csv", "r") as f:
      reader = csv.DictReader(f)
      data = []
      for row in reader:
        data.append(row)
```

```
        return data

    def setup_method(self, method):
        self.driver = webdriver.Chrome()
        self.vars = {}

    def teardown_method(self, method):
        self.driver.quit()

    @pytest.mark.parametrize('case_info', test_csv())
    def test_test(self,case_info):
        self.driver.get("https://www.weiyun.com/")
        self.driver.set_window_size(1161, 731)
        self.driver.switch_to.frame(0)

        #登录
        self.driver.find_element(By.ID, "switcher_plogin").click()
        self.driver.find_element(By.ID, "u").click()
        self.driver.find_element(By.ID, "u").send_keys(case_info['username'])
        self.driver.find_element(By.ID, "p").click()
        self.driver.find_element(By.ID, "p").send_keys(case_info['password'])
        self.driver.find_element(By.ID, "login_button").click()
        sleep(2)

        #搜索
        self.driver.switch_to.default_content()
        self.driver.find_element(By.CSS_SELECTOR, ".mod-input").click()
        self.driver.find_element(By.CSS_SELECTOR, ".mod-input").send_keys(case_
        info['search_key'])
        self.driver.find_element(By.CSS_SELECTOR, ".mod-input").send_keys(Keys.
        ENTER)
        sleep(2)
        #测试结果校验
        items=self.driver.find_elements(By.CLASS_NAME, "item-inner")
        assert len(items)>0
```

6. 应用变更的影响分析

当一个 Web 应用发生变更后，页面中的控件元素、元素的各种属性、元素之间的拓扑结构都可能发生变化，页面之间的跳转关系也可能改变。而测试脚本需要通过页面元素的相关信息，基于 find_element()方法来定位其出现，需要按页面的跳转流程来组织测试代码。这就导致 Web 应用变更后，测试脚本可能失效。

一般来说，如果 Web 应用的结构和行为发生大规模变化，则测试脚本往往要重新编写。如果 Web 应用仅在页面呈现上发生小规模变化，则可以考虑对其进行适当修改，来继续保证其可用性。Selenium 的 find_element()方法主要通过如表 11-4 所示的方式来定位页面元素。脚本修改可以重点查看页面的元素 id、tag、class、xpath 等是否发生变化。如有变化，则修改 find_element()调用上用来查找页面元素的参数，使得脚本可以正确找到页面元素，完成 Web 的相关操作。

表 11-4 find_element()方法的页面元素定位方式

By 参数	页面元素定位方式	By 参数	页面元素定位方式
By.ID	id 属性	By.LINK_TEXT	链接文字
By.NAME	name 属性	By.PARTIAL_LINK_TEXT	部分链接文字
By.CLASS_NAME	class 名称	By.CSS_SELECTOR	CSS 标记
By.TAG_NAME	tag 名称	By.XPATH	xpath 标识

在测试脚本编写时，也应考虑一个页面元素的哪些属性是不易变的，哪些相对易变，尽量用不易变的属性来定位其出现，由此可以增加脚本的执行鲁棒性。

附件资源

实验所用测试脚本。

第四部分

性能测试

性能是软件的一个重要非功能属性。糟糕的性能直接影响软件的使用体验，并可能带来潜在用户的流失。当前软件呈现服务化的趋势，以同一套软件部署向为数众多的使用者同时提供服务成为常态，进一步加大了性能问题的出现风险。为保证软件性能，开发者和测试者常常需要开展性能的分析和测试，以尽早确定并排除问题。

本部分开展两个方面的实验：一是性能剖析，在检测软件性能的同时，获取软件各层面的性能指标，以确定性能瓶颈所在，引导性能问题的排除；二是并发性能测试，从外部用户的角度，采集软件在大量并发访问下的响应时间、吞吐量等指标，以确定软件性能表现是否达到预期。

具体而言，实验 12“本地应用性能剖析”，剖析一个本地运行的 Java 应用在 CPU、内存等方面的性能表现，通过跟踪 CPU、内存的占用数据，比较各个时刻的性能指标数据变化，来尝试推测造成不良性能表现的根源所在，并讨论如何修改程序，以优化性能表现。

实验 13“Web 应用并发性能测试”依托主流性能测试工具 JMeter 测试一个 Web 应用程序的性能表现。本实验从性能需求的分析开始，通过一个测试过程，实现对性能需求满足性的论证。

实验 14“基于云的并发性能测试”在云端开展并发性能测试。云平台提供的测试服务能够屏蔽部分测试实现细节，使测试者更多地关注于测试设计和测试结果的分析。通过该实验，可使实验完成者对云测试，或者说“测试即服务”这一理念，形成一个初步认识。

实验 12

本地应用性能剖析

一类基本的性能测试是分析待测程序的运行时间、内存占用等性能表现，识别瓶颈，从而评估并帮助优化程序性能。站在开发者这一角度，可以通过性能剖析(Performance Profiling)来实现上述测试。性能剖析跟踪软件执行，采集性能指标，来为性能瓶颈识别和排除提供数据支撑。本实验以 Java 程序为对象，开展多维度的性能剖析，以掌握通过剖析评估性能表现的方法，并了解如何利用剖析所得信息优化程序、改进性能。

一、实验目标

掌握测试和分析本地应用时间和空间性能的方法；能够使用主流性能剖析工具分析 Java 应用的性能，如表 12-1 所示。

表 12-1 目标知识与能力

知　　识	能　　力
(1) 性能剖析的概念和方法 (2) CPU 性能指标 (3) 内存快照、内存性能指标	(1) 设计/开发解决方案：能够对本地应用的性能进行剖析 (2) 研究：结合性能指标结果数据，分析软件性能表现，推测性能改进途径 (3) 使用现代工具：选择和使用性能剖析工具

二、实验内容与要求

选择一个疑似存在性能问题的 Java 应用作为测试对象，对待测应用进行 CPU 和内存性能分析，了解程序中的 CPU 瓶颈和内存瓶颈，从而帮助判定程序是否存在性能问题。

(1) 了解有哪些针对 Java 或其他语言程序的性能剖析工具，都支持何种功能，列表比较其特性。

(2) 运行待测 Java 软件，了解其入口类位置、classpath 配置和虚拟机参数。

(3) 应用性能剖析工具(如 VisualVM)跟踪 Java 程序的执行，获得被测程序的 CPU 性能指标，依托数据，分析、评价程序性能表现，定位性能瓶颈。

(4) 获得被测软件内存性能指标，依托数据，分析、评价其内存消耗表现，定位内存瓶颈。

(5) 总结并形成关于被测软件性能表现的参考结论，如有条件，尝试改进 CPU 和内存性能表现。

三、实验环境

(1) Eclipse 和待测 Java 软件一套。

(2) VisualVM 工具：http://visualvm.github.io/。

四、评价要素

评价要素如表 12-2 所示。

表 12-2 评价要素

要　素	实验要求
调研性能剖析工具	了解性能剖析工具，及其主要支持何种性能分析；通过调研，对性能剖析问题形成清晰的概念认知
CPU 性能剖析	能够剖析被测应用的 CPU 性能，通过观察性能指标数据，推测软件可能的性能瓶颈
内存性能剖析	能够剖析被测应用的内存性能，通过观察单一瞬间和多瞬间的内存占用数据，推测软件可能的性能瓶颈
总结与改进	能够基于数据，概括被测软件的性能表现，并结合自身编程经验或文献研究，推测潜在的性能改进途径

问题分析

1. 性能剖析

性能剖析的常见对象包括 CPU 性能、内存性能、网络性能等。通过 CPU 性能的剖析，可以了解软件代码中模块执行的总时间、哪些模块执行频次更高等。通过内存性能的剖析，可以了解哪些对象类型，甚至哪些代码中分配的对象类型消耗的内存更多、增长更快。而网络、磁盘等性能的剖析则可以使用户了解更多资源相关的性能表现。所得性能数据是问题评判的依据，也是其诊断的线索。

性能剖析一般通过启动或挂接(Attach)方式注入被测软件的运行中。前者在软件启动时开始剖析；后者软件一开始正常启动，但执行过程中进程在某一时刻被挂接入剖析引擎，并进行性能分析。性能剖析本身会占用一定的计算资源，因此，对于软件的正常运行会产生一些影响。许多剖析工具提供完全跟踪和采样分析两种剖析方式。前者通过代码插桩(instrumentation)等方式，将剖析算法注入每一所关注模块、对象等的相关活动周围，每一次函数调用、对象分配等都会引发剖析引擎的统计数据更新。其结果相对准确，但代价也较高。后者借助 CPU 特殊指令、程序语言虚拟机等来在抽样时刻抓取性能数据，获得基于采样的性能指标。采样方式下剖析计算本身的开销更少，对被测软件自身执行的影响更小。无论哪种方式，通常后台处理对用户都是透明的。

在 CPU 性能的剖析中，一般需要关注的性能指标包括 CPU 占用率、上下文切换率、模块在整个软件执行过程中 CPU 计算时间的占比等。需要注意的是,对于多核系统,高 CPU 占用未必表现为总体 CPU 占用率 100%。有时单个 CPU 核心的高占用也表明较大计算压力。例如,笔者的便携式笔记本曾经因为一个后台程序异常,CPU 一核长期满负荷运行,从总体 CPU 占用来看,占用率仅 10%左右,问题很容易被忽视,但长期单核满负荷运行最终导致主板过热烧毁。上下文切换也是一个重要指标,特别是对于并发程序,有时 CPU 总体占用率并不高,但并发进程、线程过多、上下文切换过于频繁,系统实际上有可能已经进入颠簸状态。模块的计算时间占比能够反映哪些函数等占据的计算时间最多,对总体执行时间影响最大,这些计算时间占比高的模块常常对应系统性能瓶颈。

在内存性能的剖析中,有两个分析的维度,一个维度是单一时刻的性能指标,如某类型对象的分配数量、内存占用大小等,通过这些指标,可以了解该时刻哪些对象是导致高内存消耗的主要原因。另一个维度是不同时刻的内存使用变化,例如,某一类型对象在 t_1 和 t_2 两个时刻间的内存消耗增长等,这些指标反映内存使用趋势。通过单一瞬间和前后变化的分析,可以更准确地观察软件在内存使用方面的行为表现。

性能剖析通常包括在线和离线两种方式。在线方式下,用户在软件执行时实时跟踪性能指标数据,来分析软件性能瓶颈。离线方式下,先抓取软件在单个或一组时刻的快照,然后,脱离软件的运行,单独对快照进行分析。对于复杂性能问题,抓取快照常常是一种必要手段,以便于后续对软件的瞬时状态进行深入研究,并在不同快照间进行广泛对比。尤其在内存性能的分析中,快照使用相当广泛,Eclipse MAT 等工具提供了丰富的快照分析能力。

2. 实验问题的解决思路与注意事项

本实验建议选择自己编写的 Java 程序作为分析对象,也可以考虑从搜索引擎或者 Github 查找有哪些小型 Java 工具,作为实验对象。

在被测软件的应用过程中,一般会有一些关于性能的使用感受,比如觉得哪一功能响应较慢、哪些活动带来较大内存开销等,可以以此为性能剖析的目标。针对使用感受,可以阅读被测软件代码,形成一些对于性能问题成因的猜测,以和性能分析的结果相互印证。

在性能剖析过程中,应围绕实际或假想存在的问题进行分析。围绕问题思考可以从哪些角度、采集哪些指标来考察性能。先有对问题的分析需求,再有测试工具提供的支撑,而不是被动地学习工具的用法。对于测试工具形成的分析数据,应尝试进行解读,特别是一些初始来看不太符合个人预期的数据,应分析其成因。通过一个有目标的分析和探究过程,深入理解性能剖析,也对被测软件工作原理形成更清晰的认知。

3. 难点与挑战

(1) 学习性能剖析工具相关概念和用法:性能剖析对于许多学生而言是一个陌生的领域,其中的一些名词可能不易理解,数据的含义可能不易解读,了解性能剖析工具所做的事,理解所得的各个数据,是开展性能剖析的一个挑战。对于国际化工具,建议安装英文原版来开展分析,避免错误的翻译给分析理解带来的障碍。

(2) 识别性能瓶颈并寻找改进方法:如果被分析的软件真实存在性能问题,则如何在错综复杂的软件实现中准确定位到性能瓶颈所在,并提出有效的性能优化方法,是性能分析优化的关键挑战。

实验方案

1. 实验对象

本实验以附件中的JGet程序为对象进行性能剖析研究。JGet是类似wget，用于下载文件的简单Java程序，在界面输入网址，可从指定网址下载文件并保存到本地。

JGet程序执行下载任务时，程序界面出现卡顿，按钮无法单击、界面无法关闭，同时有内存使用过多的现象。怀疑其有CPU和内存方面的性能缺陷，希望通过本次实验对该项目进行性能分析，并尝试解决这两个问题。

2. 性能剖析工具分析

在实验首先通过搜索引擎检索等途径调查了当前与Java相关的主流性能剖析工具，分析了其典型特点，如表12-3所示。

表12-3 常用的性能剖析工具

名 称	供 应 商	使用条件	特 点
VisualVM	Oracle	免费	Java官方提供的可视化性能诊断工具，支持CPU和内存性能分析等
JProfiler	ej-Technologies	需授权	功能强大的商业性能分析工具，在分析内存泄漏、线程死锁等方面较为完善
YourKit	YourKit GmbH	需授权	商业性能分析工具，同样具有完善的功能，除CPU和内存分析，还支持数据库操作等的跟踪
Eclipse MAT	Eclipse	免费	一个基于Eclipse框架的开源离线内存分析工具，具有较为全面的堆快照分析能力

3. 被测应用运行配置分析

一个Java程序的运行往往涉及工作目录、classpath类查找路径、JVM虚拟机参数、程序入口类名称、程序命令行参数等多个方面的配置。这些参数是开始性能剖析的基础，一些软件的性能和运行参数紧密相关。JGet软件运行配置如表12-4所示。

表12-4 JGet软件运行配置

配 置 项	内 容
工作目录	JGet文件夹位置
classpath	./classes
虚拟机参数	无
程序入口类	JGet
程序命令行参数	无
完整运行命令行	java.exe -classpath ./classes JGet

在该配置下启动待测软件，界面如图12-1所示。在“请输入URL”文本框中输入下载网址，单击“点击下载”按钮，即可下载指定网址到本地文件。在“下载进度”文本框中会实时

显示文件本地保存位置和下载进展，默认下载到当前工作目录。

JGet 软件在开始下载后，界面将卡死，图 12-1 中的“点击下载”、对话框关闭等按钮均无响应，程序进入疑似 CPU 耗尽的异常状态，其内存占用也不断提高。

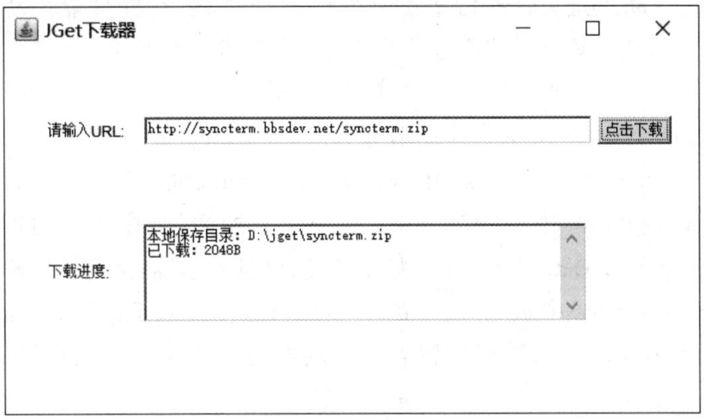

JGet下载器

请输入URL: http://syncterm.bbsdev.net/syncterm.zip 点击下载

下载进度: 本地保存目录: D:\jget\syncterm.zip
已下载: 2048B

图 12-1　JGet 程序下载文件界面

4. 实施 CPU 性能分析

本实验用 Java 官方提供的 VisualVM 工具对 JGet 软件实施 CPU 和内存性能分析。

1）安装 VisualVM

从官网下载 VisualVM(VisualVM 2.1)，将其安装包解压到本地，运行解压目录下 bin 文件夹里的 visualvm.exe 文件，即可启动 VisualVM。启动后，将打开 VisualVM 主窗口，如图 12-2 所示。主窗口左侧的应用程序(Applications)视图显示待分析的本地(Local)和远程(Remote)运行 Java 应用程序或其虚拟机内核转储、运行快照等。本地 Java 程序是指在本机运行的程序。Java 虚拟机提供远程调试功能，也可以用 VisualVM 连接和分析其他主机上运行的远程 Java 程序。

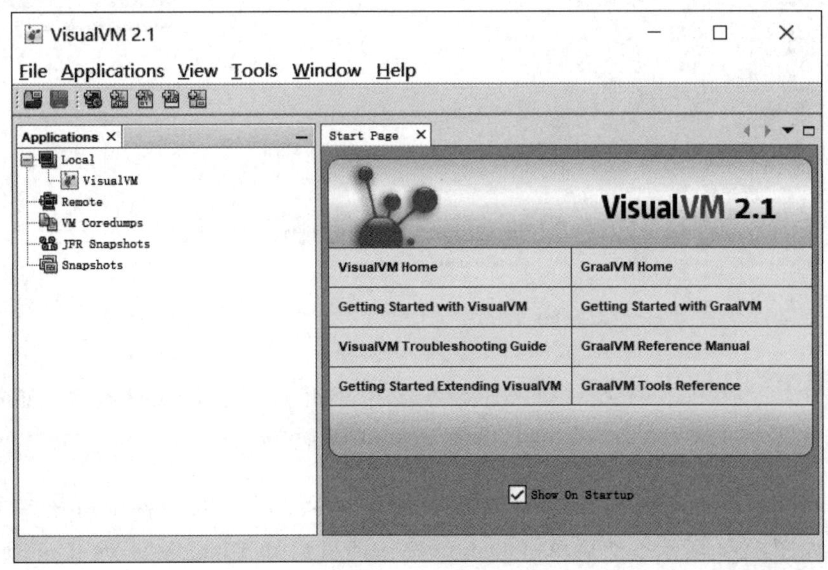

图 12-2　VisualVM 主界面

2）在 VisualVM 下启动被测软件分析

VisualVM 下可以通过两种方式启动对待测软件的分析。一种是先自行以任意方式启动 Java 程序，然后在 VisualVM 中会监控已启动的活跃 Java 进程，可以开始以挂接方式对其分析。这种方式的缺点是无法跟踪被测软件的启动过程，有些性能问题处于软件启动过程中，等启动完成后再由 VisualVM 进行分析已无法捕获到性能瓶颈。另一种方式是在 VisualVM 监控下启动被测程序，从程序运行开始就进行性能分析，如通过 Eclipse VisualVM Launcher 启动对 Java 程序的分析。

第二种方式下，首先下载 Eclipse 中 VisualVM Launcher 插件。然后，进入 Eclipse 的 Help→Install new software 主菜单，单击 Add 按钮添加插件，在弹出的界面中单击 Local，找到解压后的 VisualVM Launcher 插件文件夹，启动插件安装。安装完毕后，在 Eclipse 的菜单 Window→Preferences 中进行 VisualVM 的配置，在目录 Run→Debug→Launching 下找到 VisualVM Configuration，需要配置它的启动器路径（visualvm 目录下的 bin\visualvm.exe）和 JDK 位置。

安装好 VisualVM 之后，为在监控模式下运行 JGet 软件，需要配置 JGet 启动方式。具体做法为：在 Eclipse 的项目浏览器中选中 JGet 类，从右键菜单中选择 Debug As→Debug Configurations 命令（见图 12-3），进入软件的启动配置界面（见图 12-4）。

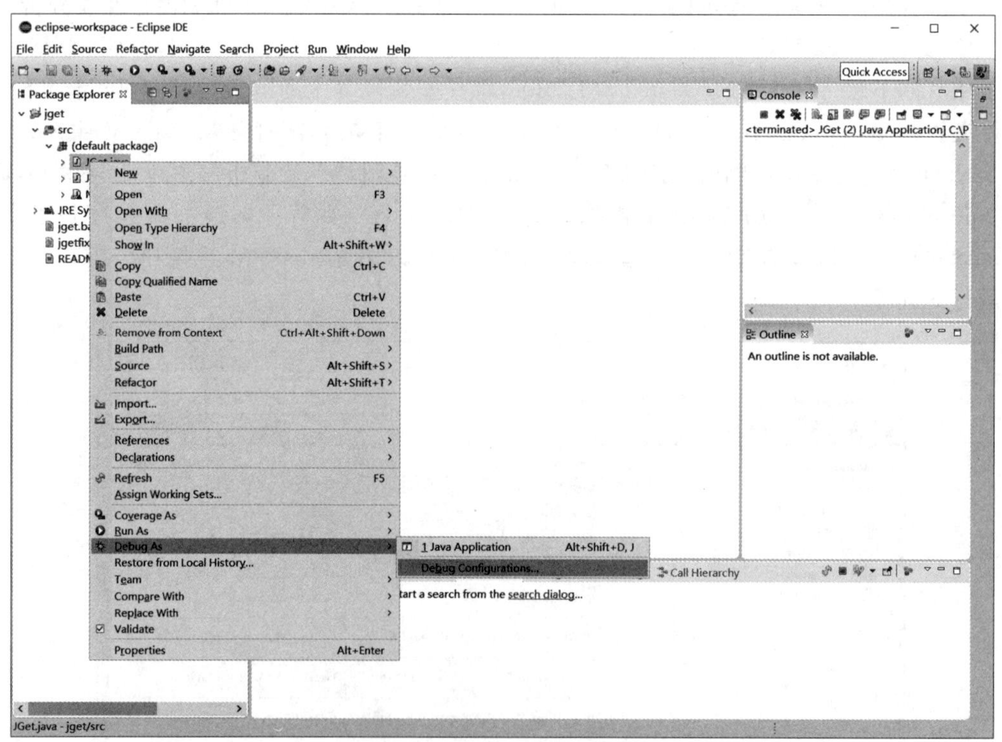

图 12-3 配置 JGet 软件启动方式

在 JGet 的启动配置界面，单击下方的链接文字 Select Other，选中启动器 VisualVM Launcher，如图 12-4 所示。然后单击 Debug 按钮即可启动 VisualVM 对 JGet 项目进行实时监测。

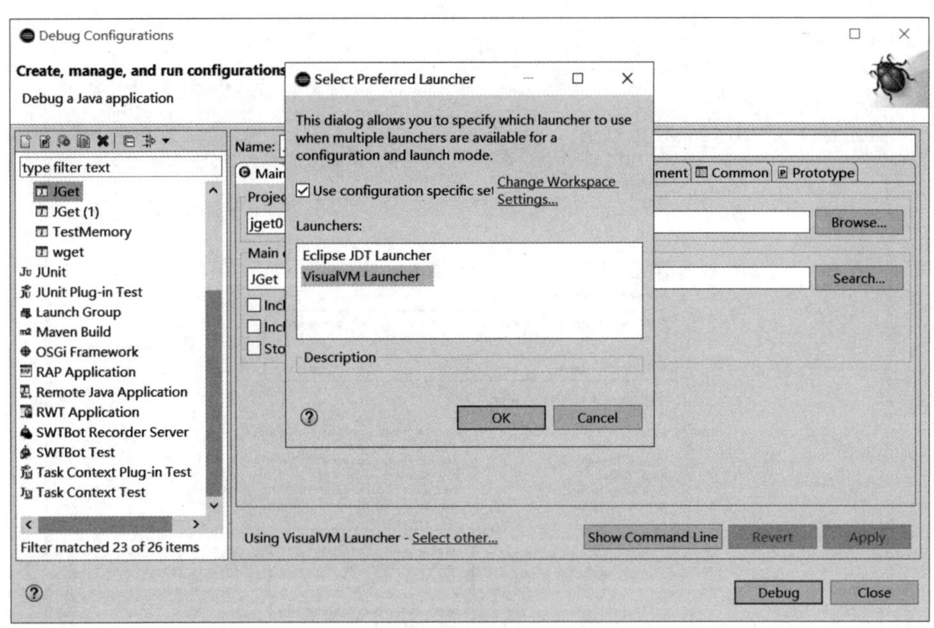

图 12-4　通过 VisualVM Launcher 启动 Java 程序监测

本实验已知性能问题并不处在 JGet 的启动过程中，为方便处理，采用第一种方式分析 JGet。以任意方式启动 JGet 后，在 VisualVM 的 Applications 视图 Local 节点下会监测到被启动的 JGet 进程，如图 12-5 所示。

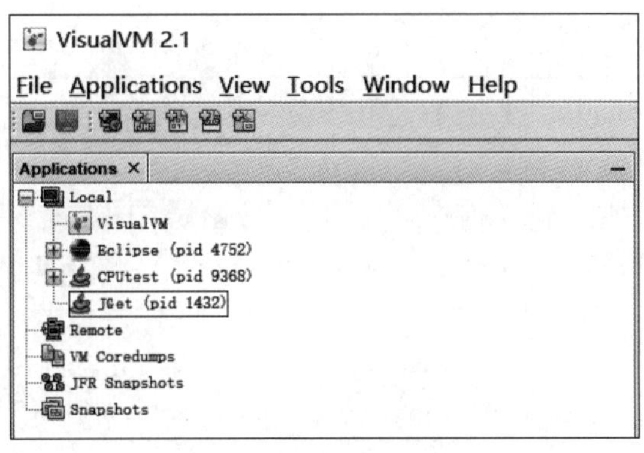

图 12-5　VisualVM 监测活跃 Java 进程

许多 Java 进程标题名相同，为避免分析目标识别错误，双击节点 JGet，打开该程序的监控界面，如图 12-6 所示。查看主入口类 Main class、工作目录 user.dir 等，确定该监控目标即为想要分析的程序，可以对其实施分析。

3）分析待测软件 CPU 性能，定位性能瓶颈

JGet 软件疑似有 CPU 性能问题，为确定问题，本实验首先跟踪 JGet 下载文件过程中的 CPU 占用率，检查是否有 CPU 占用过高的情况。单击 JGet 监控界面上的 Monitor 标签并勾选 CPU 复选框，打开 CPU 监视界面，在该界面可跟踪 CPU 的占用率以及垃圾回收活动(见图 12-7)。

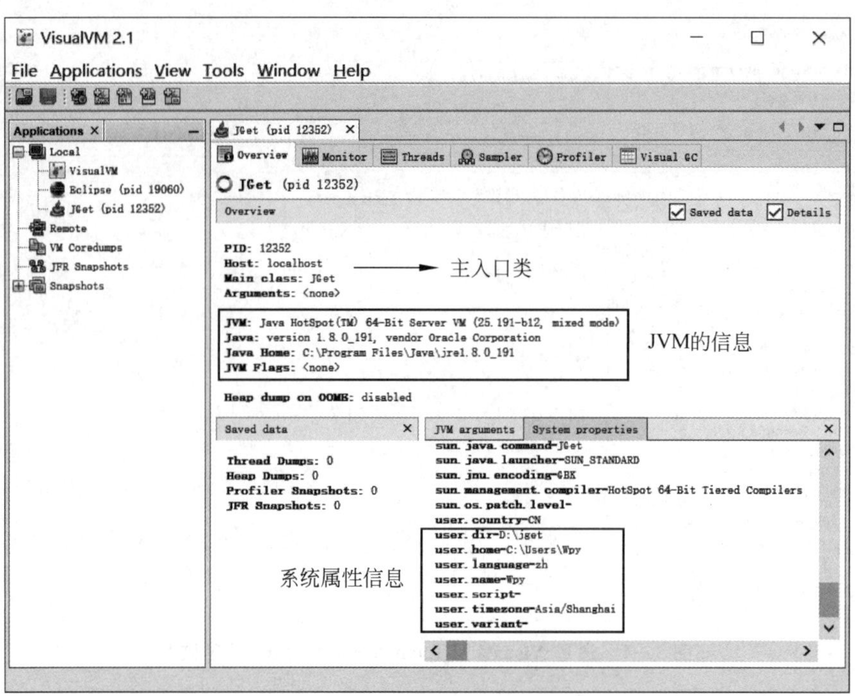

图 12-6　VisualVM 的监控界面

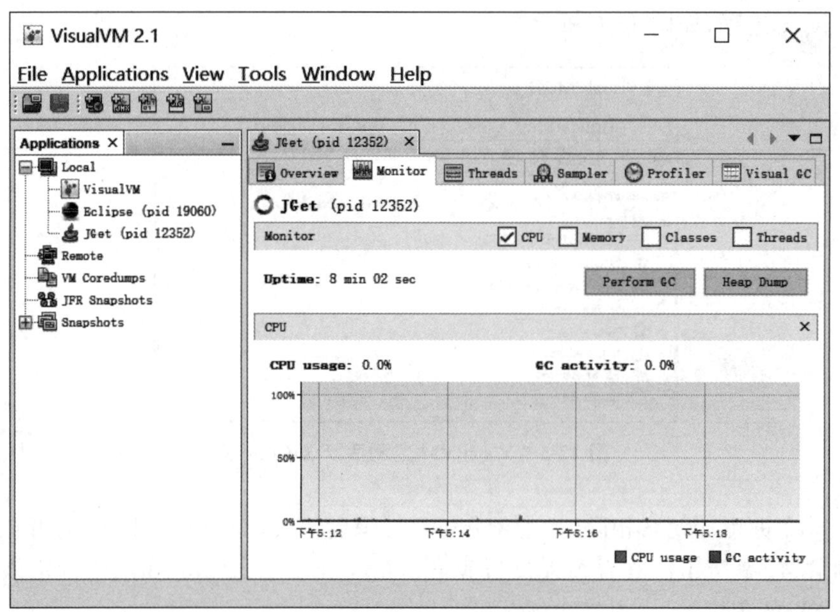

图 12-7　JGet 的 CPU 监视界面

对比 JGet 在执行下载任务前后的总体 CPU 占用(见图 12-8)，可以发现即使在执行下载任务时，其总体 CPU 占用也未超过 25.8%，并未消耗过多 CPU。由此可以看出，JGet 出现卡顿的原因可能不是总体计算资源不足，而是某些线程卡死，影响软件的运行表现。

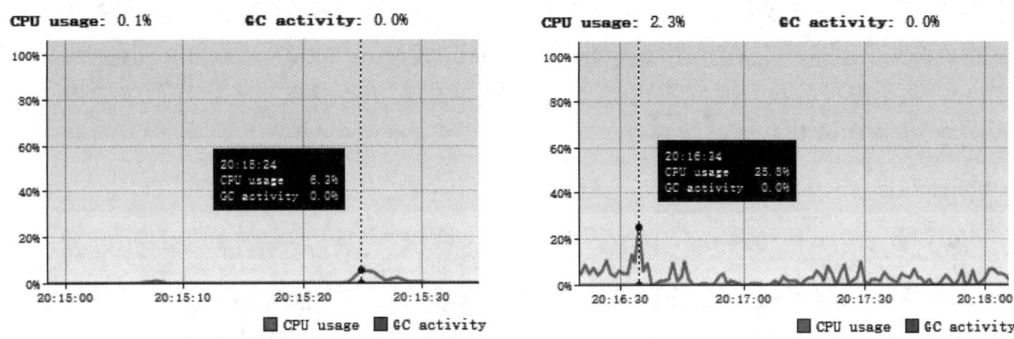

图 12-8　JGet 执行下载任务前后的 CPU 占用情况

然后,检查各个线程的 CPU 占用情况,分析是否存在某一线程阻塞的问题。CPU 占用可以用取样方式(VisualVM 的 Sampler 选项卡)或者跟踪方式(VisualVM 的 Profiler 选项卡)查看。前者通过粗粒度采样,推测各计算单元的 CPU 占用比率;后者则通过程序插桩,完整跟踪程序执行,搜集 CPU 占用数据。取样方式准确度不如跟踪方式,但更轻量级,对被测程序执行的影响较小。本实验采用取样方式分析 CPU 占用。打开主界面的 Sampler 选项卡,以抽样方式查看各个计算单元在抽样中的 CPU 使用占比。单击 CPU 按钮,切换到 Thread CPU Time 选项卡下,可发现 JGet 的 AWT-Windows 和 AWT-EventQueue-0 这两个界面相关线程占用 CPU 时间最多,达 65.8%,如图 12-9 所示。

JGet (pid 9404)

Overview | Monitor | Threads | Sampler | Profiler | Visual GC

JGet (pid 9404)

Sampler　Settings

Sample: CPU　Memory　Stop

Status: CPU sampling in progress

CPU samples | Thread CPU time

Results: Statistics: Threads Count: 14　Total Time (CPU): 9,031 ms　Thread Dump

Name	Thread Time (CPU)		Thread Time (CPU) / sec	
AWT-Windows	4,765 ms	(52.8%)	0.0 ms	(0%)
AWT-EventQueue-0	1,171 ms	(13%)	0.0 ms	(0%)
RMI TCP Connection(1)-192.168.64.2	875 ms	(9.7%)	15.4 ms	(1.5%)
RMI TCP Connection(2)-192.168.64.2	765 ms	(8.5%)	0.0 ms	(0%)
RMI TCP Accept-0	656 ms	(7.3%)	0.0 ms	(0%)
Attach Listener	546 ms	(6.1%)	0.0 ms	(0%)
DestroyJavaVM	250 ms	(2.8%)	0.0 ms	(0%)
JMX server connection timeout 22	0.0 ms	(0%)	0.0 ms	(0%)
RMI Scheduler(0)	0.0 ms	(0%)	0.0 ms	(0%)
AWT-Shutdown	0.0 ms	(0%)	0.0 ms	(0%)
Java2D Disposer	0.0 ms	(0%)	0.0 ms	(0%)
Signal Dispatcher	0.0 ms	(0%)	0.0 ms	(0%)
Finalizer	0.0 ms	(0%)	0.0 ms	(0%)
Reference Handler	0.0 ms	(0%)	0.0 ms	(0%)

图 12-9　JGet 各线程占用 CPU 时间情况

接下来,分析具体哪些方法占用 CPU 较多。打开 Sampler 选项卡中的 CPU samples 选项卡,启动 CPU 性能分析,VisualVM 会展示应用程序各方法的执行时间的占比。展开一个方法，又可进一步展示被该方法所调用的子方法的各自时间占用情况，如图 12-10 所示。由该图可见，JGet 中从事界面事件处理的 actionPerformed()→download()→get()→getByte()调用路径的执行时间占比最多，几乎达 100%，执行时间也长。疑似该调用链造成线程阻塞，进而影响其他界面线程。

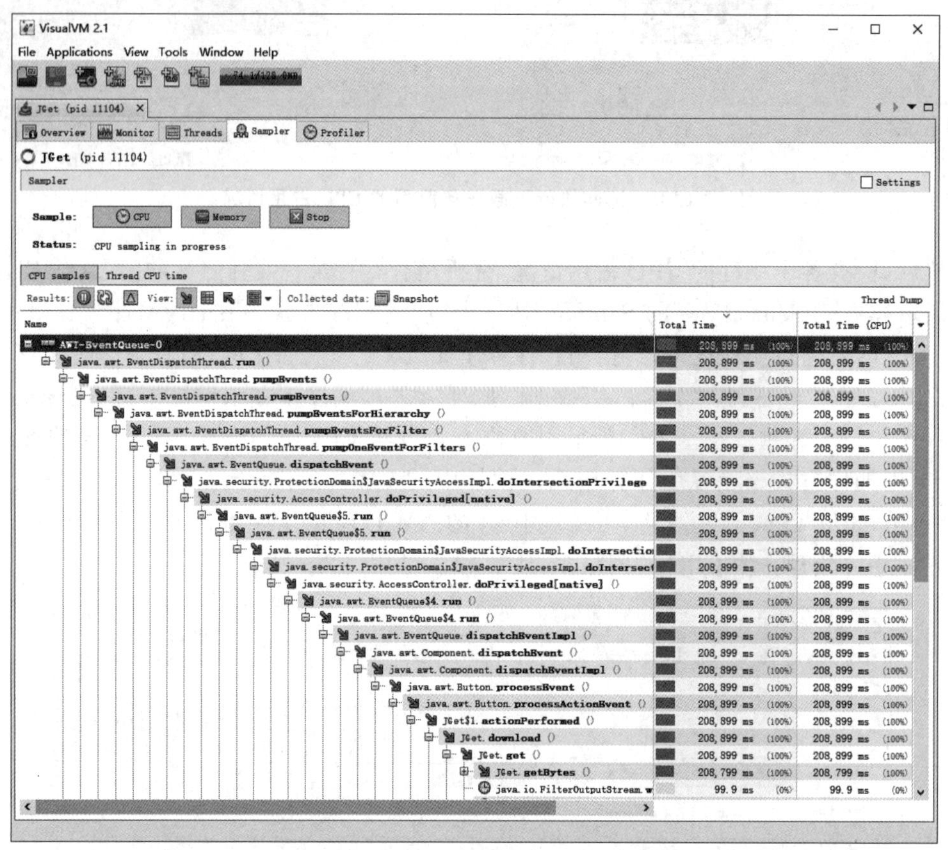

图 12-10　AWT-EventQueue-0 线程中各方法占用 CPU 时间情况

结合对 JGet 执行下载任务过程的事件响应代码结构分析，可以发现，这是一种将长计算放在 GUI 事件响应中的不良设计。对应这种不良设计，常见的设计模式是将长计算放入后台线程中来进行处理。在 GUI 事件响应方法中完成到后台线程的任务转发后立即结束方法执行。而当后台线程完成长计算后，异步更新 GUI 界面状态。如此，则 GUI 界面在程序执行长计算任务时，也不会出现卡死等现象。

JGet 程序解决卡死现象前后的核心代码结构框架如图 12-11 所示。在修改后的代码中，下载操作放在线程中进行，线程完成下载后更新界面。

5. 实施内存性能分析

本实验首先通过对总体内存占用的跟踪，确定 JGet 是否真有内存的异常增长。然后，在下载过程中的某一时刻，查看哪些类对象占用内存比较多，这些类有可能和内存问题相关。占用内存多的类对象也可能是在执行下载任务前就存在的，未必是内存增长原因。为进一步确定问题，实验抓取下载执行前后的堆快照，比较快照来更准确地锁定造成内存异常增长的根源。

```java
// 界面下载按钮的响应方法
button.addActionListener(new ActionListener (){
  public void actionPerformed(ActionEvent e) {
    // 下载文件
    download();
    // 更新界面状态
    status.setText("下载完成");
  }
});
```

(a) 解决界面卡死前

```java
button.addActionListener(new ActionListener (){
  public void actionPerformed(ActionEvent e) {
    //创建线程
    Thread t = new Thread() {
      public void run() {
        download();
        status.setText("下载完成");
      }
    };
    t.start();
  }
});
```

(b) 解决界面卡死后

图 12-11　解决界面卡死现象前后的代码框架示意

1）实时内存使用跟踪

打开 JGet 监控界面的 Monitor 选项卡并勾选 Memory 复选框，可以跟踪堆内存占用的变化趋势，如图 12-12 所示。该趋势图表明，随着反复下载文件，JGet 的内存占用持续增长。而预期来看，JGet 的内存占用总体应该是稳定的，不应存在下载越多、消耗内存越大的异常趋势。

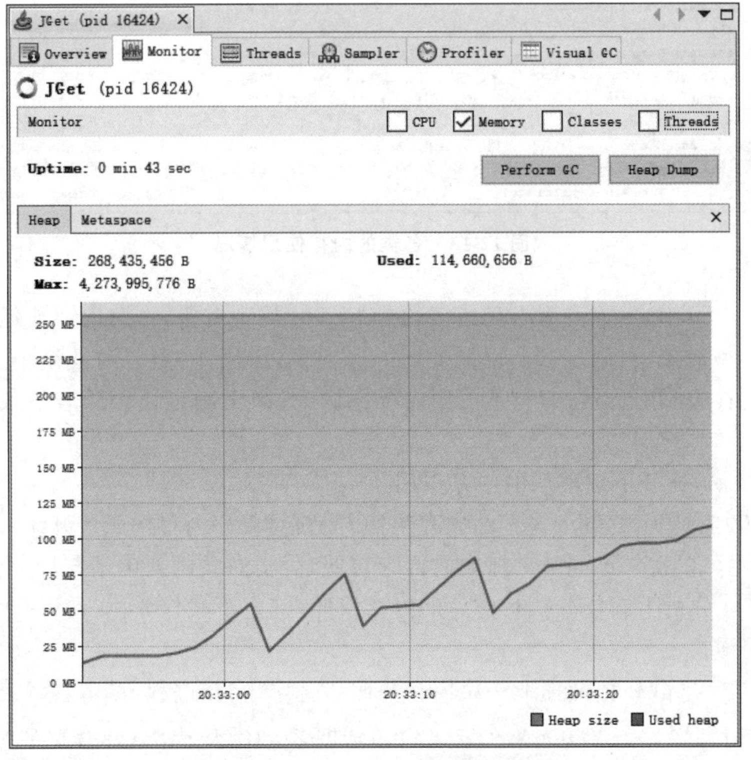

图 12-12　JGet 内存占用变化趋势

2）类对象内存消耗分析

为分析内存占用不断增长的原因，接下来，查看在下载过程中的某一时刻哪些类对象占用内存比较多。内存占用同样也可以用取样或者跟踪方式查看。本实验采用取样方式进行分析。打开 JGet 监控视图 Sampler 选项卡，单击其中的 Memory 按钮，将显示各类对象运行时的内存占用情况，如图 12-13 所示。

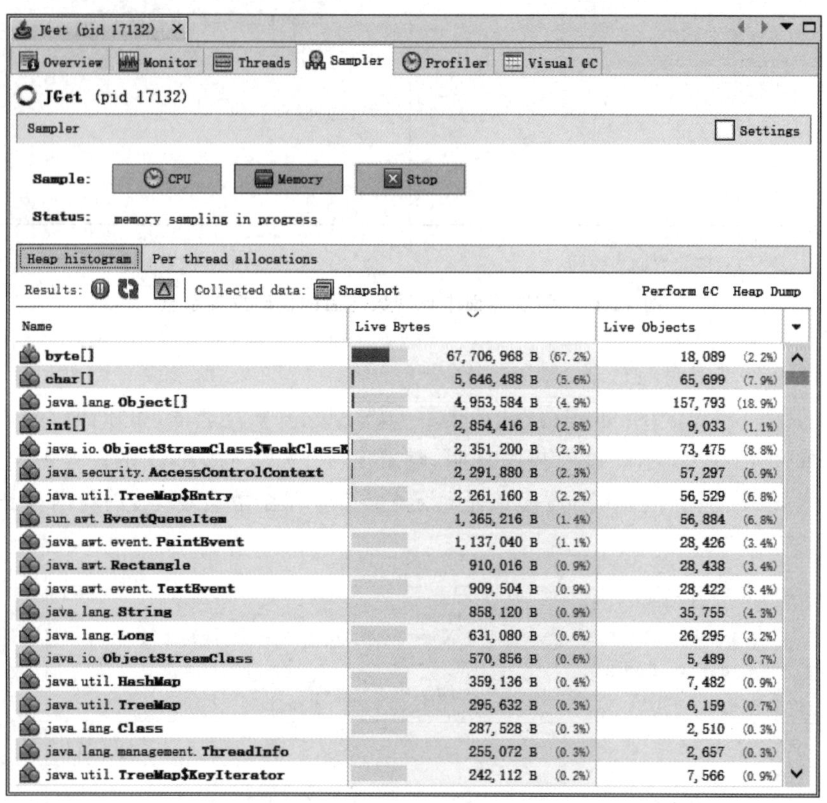

图 12-13 各类的内存使用情况

图 12-13 显示，JGet 中占用内存最多的是 byte[]类型对象，占总内存消耗的 67.2%，其次是 char[]类型对象，占用 5.6%，以及 Object[]对象，占用 4.9%。这几个类型都可能是造成内存异常增长的原因，但它们只是占用内存比例大，尚不确定是否随着下载任务执行，增长也比较大。

3）抓取快照，比较下载前后的内存占用

VisualVM 支持抓取 Java 进程的内存快照，能够对单一内存快照展开统计分析、对象引用链追溯等，也可以比较不同时刻抓取的内存快照，分析对象的新申请与释放情况。本实验利用 VisualVM 分析下载任务执行前后的内存快照，确定下载任务执行过程中，哪些类型的对象内存占用增长也比较多。

首先，在执行下载任务前抓取一次内存快照。选中 JGet 进程，单击右键菜单中的 Heap Dump 命令（见图 12-14），VisualVM 会保存当前时刻的内存快照，并在快照摘要视图中展示快照抓取时的内存占用、各类型实例的数量、类占用内存规模和比例等信息，如图 12-15 所示（[heapdump] 19:51:55）。

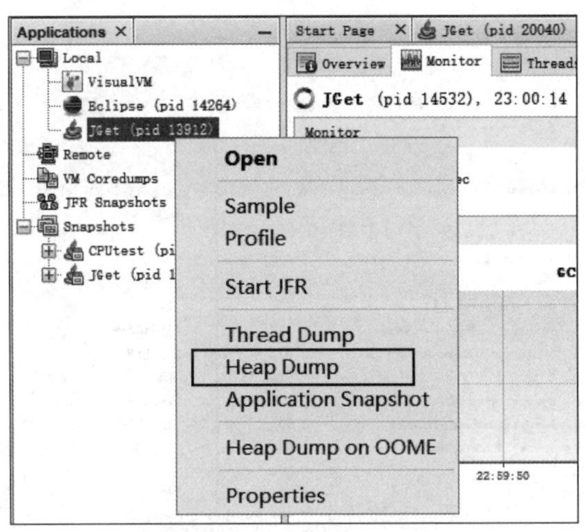

图 12-14　抓取 Heap Dump

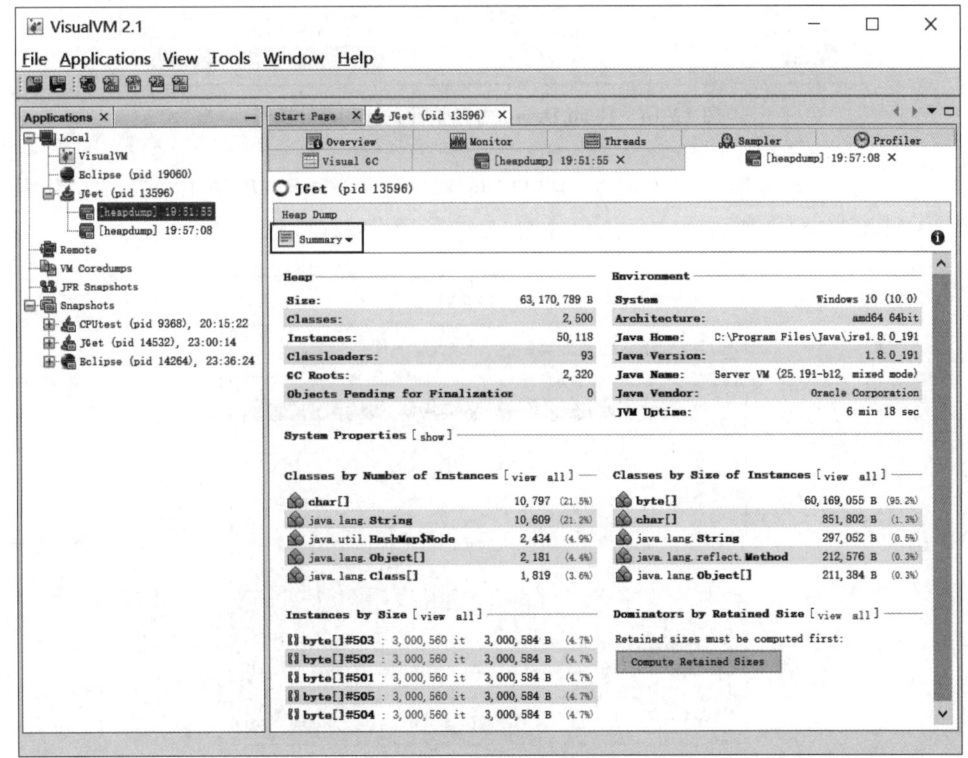

图 12-15　内存快照 Summary 视图

执行下载任务后，以同样的方式再进行一次抓取快照([heapdump] 19:57:08)。接下来比较执行前后快照中各个类对象的内存占用变化，来更准确地锁定造成内存异常增长的根源。

在下载执行后快照的摘要视图中，从 Summary 下拉菜单中选中 Objects(见图 12-15)，查看快照中的对象统计视图，如图 12-16 所示。

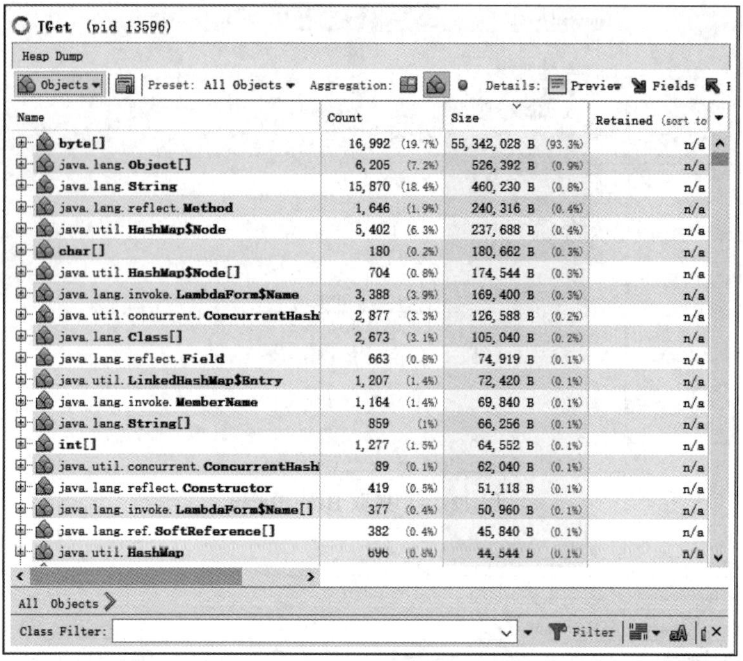

图 12-16　Heap Dump 内存快照的 Objects 视图

单击 Objects 右方第一个图标，弹出快照比较源选择界面(见图 12-17)。在其中选择所要对比的内存快照，然后将开启比较视图，如图 12-18 所示。

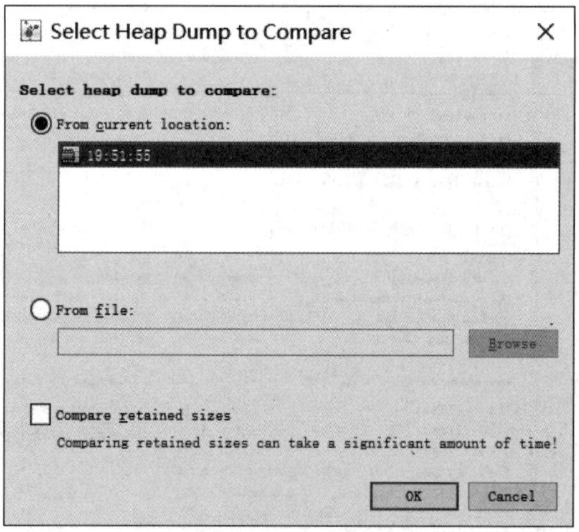

图 12-17　选择内存快照比较源

从比较视图可以发现，执行下载任务后的 byte[]类型对象明显比执行下载前的占用更多的内存空间，而步骤(2)中发现 byte[]类型的对象在单个时刻中占比最大。因此，该类型的对象最可能是造成 JGet 内存占用异常增长的原因。

检查 JGet 程序源代码，发现 byte[]对象主要用于缓存网络文件，其内存占用过多的一个主要原因是有大量网络文件的内容被放入缓存中(即图 12-19(a)中的 cache 对象)，且缺

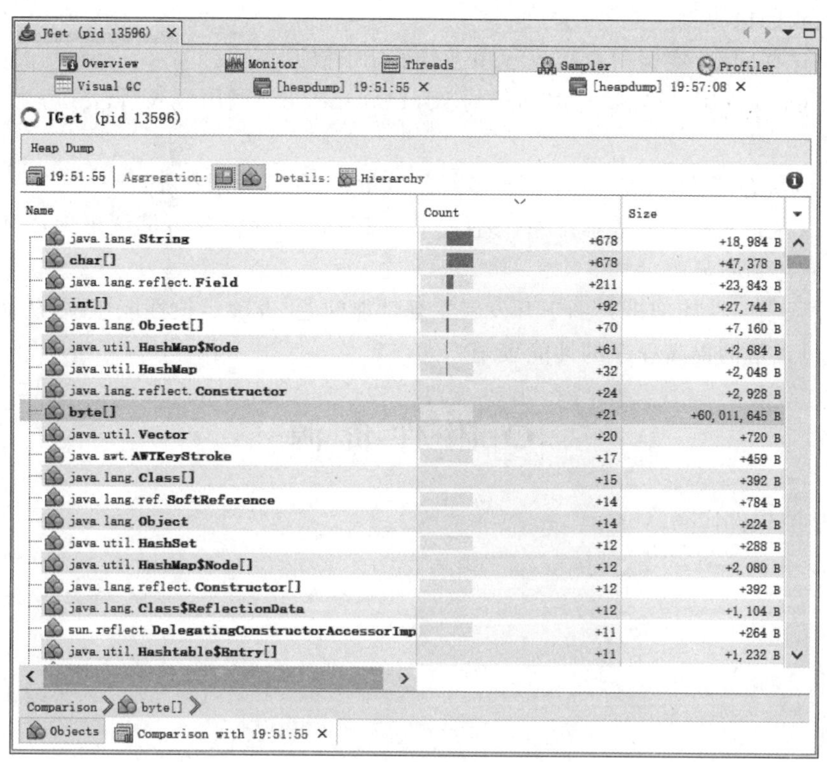

Name	Count	Size
java.lang.String	+678	+18,984 B
char[]	+678	+47,378 B
java.lang.reflect.Field	+211	+23,843 B
int[]	+92	+27,744 B
java.lang.Object[]	+70	+7,160 B
java.util.HashMap$Node	+61	+2,684 B
java.util.HashMap	+32	+2,048 B
java.lang.reflect.Constructor	+24	+2,928 B
byte[]	+21	+60,011,645 B
java.util.Vector	+20	+720 B
java.awt.AWTKeyStroke	+17	+459 B
java.lang.Class[]	+15	+392 B
java.lang.ref.SoftReference	+14	+784 B
java.lang.Object	+14	+224 B
java.util.HashSet	+12	+288 B
java.util.HashMap$Node[]	+12	+2,080 B
java.lang.reflect.Constructor[]	+12	+392 B
java.lang.Class$ReflectionData	+12	+1,104 B
sun.reflect.DelegatingConstructorAccessorImp	+11	+264 B
java.util.Hashtable$Entry[]	+11	+1,232 B

图 12-18　JGet 执行下载任务前后 Heap Dump 对比

乏控制缓存大小的机制。随着下载任务的增多，其内存开销逐渐增大。解决该问题的一个办法是限制缓存规模，例如，限制最多只有一个缓存（见图 12-19(b)）。另一个办法是将 cache 替换成基于 WeakReference、SoftReference 等弱引用机制的映射。如此，也可自动回收内存，避免内存占用发展到无法接受的程度。

(a) 修复缓存膨胀前	(b) 修复缓存膨胀后

`Map<String, byte[]> cache = new HashMap<>();`
`// 对URL进行内容缓存`
`cache.put(url, content);`
	`// 限制cache规模`
	`if(cache.size()>=1) {    cache.clear();    }`
	`cache.put(url, content);`

图 12-19　解决内存占用过度增长问题

6. 应用性能问题总结与改进

通过性能剖析可以发现，被测应用 JGet 由于要从 URL 读取网络数据，读取过程速度慢、占用 CPU 高，造成 GUI 界面的事件响应太慢，界面事件处理队列卡死，从外部观察来看，界面出现卡顿现象。根据基于 VisualVM 的分析，造成程序性能不理想的主要原因是 JGet 界面事件响应中所调用的方法 JGet.download()反应慢、运行时占据近 100%的 CPU 执行时间。

同时，被测应用在多次 URL 数据读取后，出现内存过度增长趋势，所占据的内存从程序启动时的 10MB 增长到 110MB。根据基于 VisualVM 的分析，过多的 byte[]类型对象是内存异常增长的根源。

为解决这些问题，实验中对被测程序进行了如下修改。

(1) 将 CPU 占用最高、执行时间长的 JGet.download()调用放入后台线程中，使之不影响界面本身的运转。

(2) 限制缓存规模，控制 byte[ ]类型对象数量，避免其无限扩张。

修改后，界面卡顿现象基本排除，多次读取 URL 后内存没有再继续出现持续增长的情况，程序性能得到明显改善。

以上过程表明性能剖析有助于开发者发现性能问题、准确定位性能瓶颈，从而针对性地加以解决，可以帮助提高程序的性能表现。

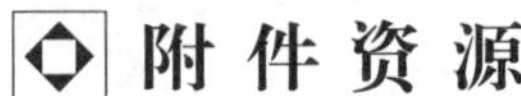

附件资源

JGet 被测软件代码。

实验13

Web 应用并发性能测试

对于允许多客户端同时访问的 Web 应用，除了单一客户端访问下的运行速度等表现，应用能够容纳的并发负载量、处理并发业务的吞吐量等也是性能的重要方面，体现了应用的对外总体服务能力。并发性能测试是检测这种客户端总体服务能力的一种重要手段。本实验应用 JMeter 工具对 Web 应用开展并发性能测试，通过实验了解并发性能测试中的相关概念和处理流程，培养并发性能测试实施能力。

一、实验目标

熟悉 Web 应用并发性能测试的主要流程、测试脚本的形式和执行方法等；掌握 Web 应用并发性能测试中的几个重要概念：参数化、检查点、集合点、事务和关联；能够识别被测应用的性能需求，并使用主流测试工具进行性能测试，获得性能测试结论，如表 13-1 所示。

表 13-1　目标知识与能力

知　识	能　力
(1) 功能与性能需求 (2) 并发性能测试的基本方法 (3) 性能测试脚本，以及脚本的参数化、检查点、集合点、事务等 (4) 并发性能指标	(1) 设计/开发解决方案：能够识别系统性能需求，能够对 Web 应用实施并发性能测试 (2) 研究：在多种环境下开展性能测试实验，获得性能表现数据，综合数据，形成关于应用性能表现的结论 (3) 使用现代工具：使用并发性能测试工具

二、实验内容与要求

选择一个典型的 Web 应用作为实验对象(推荐选用在其他课程中自行研发的原型系统)，利用 JMeter 对其开展性能测试。具体步骤要求如下。

(1) 分析待测应用的主要功能场景和性能需求。

(2) 针对至少三个典型功能场景，手工操作测试过程，获得测试结果；将上述功能场景分别录制为初始测试脚本，并解读脚本结构。

(3) 在脚本中关联 Session、Cookie 等登录信息，并回放执行测试脚本，确保需要用户登录的测试脚本也能顺利执行。

(4) 在脚本中增加检查点，利用检查点判断测试结果是成功还是失败。

（5）在脚本中创建事务，将多个动作标识为一个整体化步骤，即事务，以便对事务整体开展性能分析。

（6）为测试脚本添加集合点，使得并发脚本执行可以在集合点会合。

（7）对脚本中的用户名、密码等信息进行参数化，使得脚本能够模拟不同虚拟用户同时登录的情况。

（8）在以上脚本设定的基础上，定义多种负载规模和变化策略，以模拟不同的软件工作场景。

（9）执行性能测试，分别获得响应时间、吞吐量等性能指标，解读这些性能指标，对照步骤（1）中的性能需求，形成关于应用性能的评价。

三、实验环境

（1）JMeter 软件：https://jmeter.apache.org/。

（2）Badboy 脚本录制软件：http://www.badboy.com.au/。

四、评价要素

评价要素如表 13-2 所示。

表 13-2　评价要素

要　　素	实验要求
性能需求分析	能够分析被测应用的性能需求，并围绕该需求开展整个性能测试活动
性能测试设计	能够围绕性能需求开展测试设计，包括确定测试中采用的负载规模、负载变化策略等
性能测试实施	掌握实施性能测试的方法，包括录制脚本、设置检查点、开展测试过程参数化等 能够解读性能测试脚本，并由此形成对性能测试工具运行原理的初步认识
性能数据分析	能够基于多种指标数据，分析和概括被测软件的性能表现，形成对软件性能的评价

问题分析

1. Web 应用并发性能测试

Web 应用并发性能测试，顾名思义，就是通过发起大量的并发负载，来测试 Web 应用及其整体部署的性能表现。其测试可以回答几个问题：①在一般性的工作负载下，被测系统性能表现如何；②在需求规定的大负载下性能表现如何；③极端工作负载下，系统有何性能表现。对于第一个问题，可以通过一个逐步增加负载规模的测试过程加以分析。对于第二个问题，可以在需求规定的大负载规模下开展测试，以评估需求是否能够得到满足。这两种测试常称为负载测试。对于第三个问题，一般在一个接近迫使系统无法工作的极端负载规模下开展测试，也常称为压力测试。对于这些测试，其实施方式较为接近，主要区别在于需要设定多大的负载规模，以及负载规模如何随时间变化。

1）并发负载的配置与发起

并发负载的发起可以借助 JMeter 等性能测试工具实现。这些工具按照规定的剧情脚本,模拟人工 Web 访问行为。每一路访问,称为一个虚拟用户。剧情脚本可以通过脚本录制或者脚本编写、配置实现。脚本录制要求人工先在工具监控下完成一遍 Web 应用上的操作,然后由工具将该过程记录为某种脚本配置。一般而言,录制所得的脚本缺少完善的运行正确性检查,其中的数据均为常量,也缺少许多必要的性能测试配置信息,很难直接应用,只宜作为后续脚本编写和配置的基础。需要通过增加断言检查、关联 Session、数据参数化、设置同步集合点等,才能得到较为完善的性能测试剧情脚本。

将表达 Web 应用访问过程的剧情脚本和并发负载规模及其变化设置组合在一起,就构成了性能测试的测试场景,如图 13-1 所示。

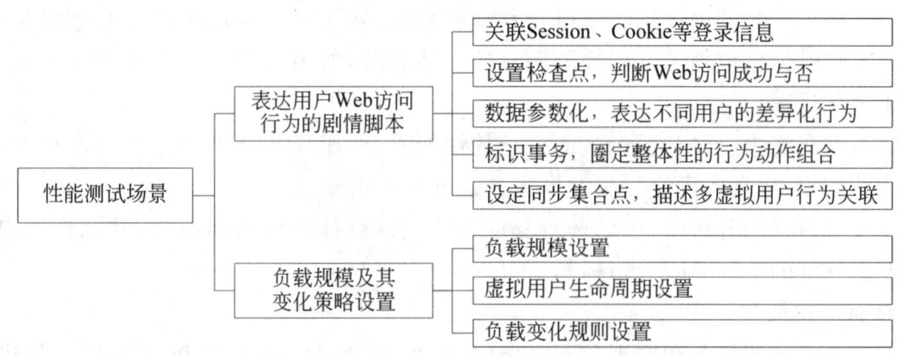

图 13-1　性能测试场景的构成

在负载规模相对较小时,可以用单一主机来发起性能测试。例如,数百规模的负载,一般利用单台便携式笔记本就能发起。而如果负载规模达到数千、数万的程度,则往往需要借助一个测试集群,才能够发起负载,模拟大量用户同时访问的情形。

2) 性能表现的评估

在并发负载的驱使下,可以观察多个层面的指标数据来评估被测系统的性能。典型的性能指标数据来自三个层面:客户端、网络端和服务器端,如图 13-2 所示。

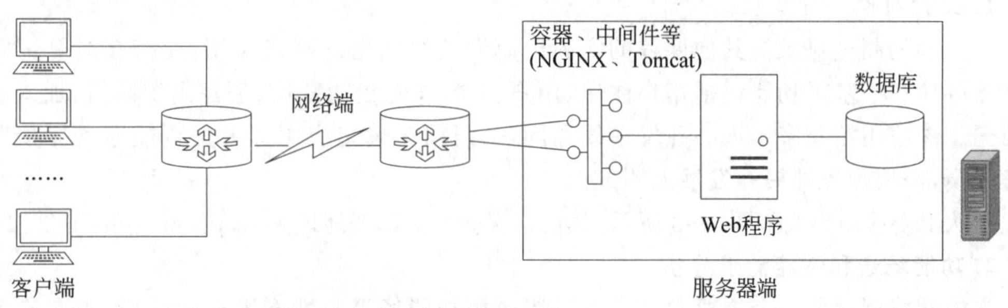

图 13-2　性能评估的角度

客户端指标从最终用户的视角来评估被测应用性能,包括系统实际处理的最大瞬时并发负载规模、事务吞吐量(单位时间内完成多少单业务)、请求响应时间等。

网络端指标监控网络链路的数据传输情况来评估被测系统的业务处理能力。简单指标包括网络通信流量、带宽占用等,复杂指标还包括网络冲突、丢包等的出现情况。

服务器端指标首先包括服务器硬件资源,如 CPU、内存、磁盘等的占用情况。此外,Web 软件一般部署在 Tomcat 等容器中,依托许多常见中间件、后台数据库等进行工作。可以通过采集相关容器、中间件、数据库等的数据来全方位了解被测系统在不同负载压力下的表现。

性能测试的根本目的是评价被测系统的性能表现是否符合当前甚至将来的需要。采集到性能指标数据后，一般需要和系统的性能需求进行对照分析。首先就是要确定客户端的性能表现，如吞吐量、响应时间等是否符合预期。其次，如果采集有网络端、服务器端的指标数据，也需要检查网络端和服务器端是否已经达到瓶颈，以确定系统是仍有余力，还是已经达到极限服务能力。

2. 实验问题的解决思路与注意事项

本实验侧重于性能测试的场景设计和结果分析，暂不涉及利用集群发起并发负载的问题。实验步骤设计已梳理了开展性能测试的大体路线，按该步骤开展实验即可完成一个基本的性能测试过程。

性能测试实施中应注意明确被测系统的性能需求，理清 Web 系统应用过程中并发压力的构成及其规模，按真实可能发生的场景去设计并发负载。

性能表现数据的分析中，可以调研其他性能较好软件的各指标数据，并综合用户反馈，来评价被测软件的响应时间等指标是否可以接受。

3. 难点与挑战

并发性能测试的概念和原理并不复杂，但在实际测试中需要对 Web 应用工作机理、计算机网络、操作系统等有深入理解，具有较强的知识综合性。真实 Web 系统的测试中也常面对许多意外问题，例如，网站无法登录、性能表现数据异常（过好或访问全部失败）等，如何解决这些问题，实现一个真实、复杂的 Web 系统的有效测试，得到具有切实参考价值的性能数据，仍颇具挑战。

实验方案

1. 实验对象

本实验的测试对象为其他课程的实验中研发的组队出游网络应用，支持在线登记管理组队旅游信息。基本功能包括用户注册、用户登录、浏览出游队伍、创建出游队伍、加入出游队伍等。该应用涉及多用户的并发在线访问，上线前为确定应用部署是否能够支撑预期的服务规模，需要预先开展并发性能测试。

组队出游应用界面如图 13-3 所示，其在本实验中的部署地址为 http://localhost/8081/。

2. 功能场景和性能需求分析

实施性能测试的一个重要起点是对被测应用功能场景和性能需求的分析，由此确定需要测试哪些方面的业务，要开展何种规模的测试，也可以根据功能和性能需求去解读响应时间、吞吐量等具体性能指标是否满足预期。否则，所得的性能指标只是一组空有形式的数据，无法帮助形成有价值的结论。例如，某网络请求的响应时间为 1s，该时间到底是快还是慢和具体业务极为相关。如果此请求对应文件上传，则一般而言，1s 的上传速度非常理想；而如果为获取静态页面，则该速度颇有些令人失望。

对于本实验所针对的组队出游应用，其主要功能场景如表 13-3 左侧所示。用户在应用上的活动大体可归为表中类别。对性能需求的分析主要是确定目标系统希望能同时支持多

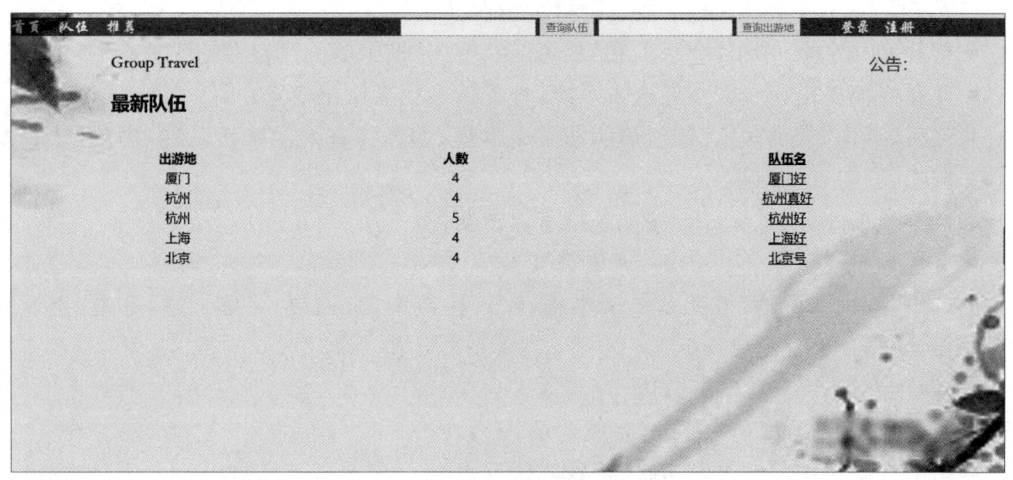

图 13-3　组队出游应用界面

少在线访问的用户，不仅包括总体上的并发用户规模，也包括大致的每一功能场景用户规模。本实验假定被测系统总体期望支持的并发用户规模在数百左右，各场景用户规模分配如表 13-3 最右列所示。

表 13-3　应用功能场景与期望支持的用户规模

功能场景	描　述	活动规模
用户注册	游客输入邮箱、密码、姓名等信息，注册账号	5
用户登录	用户输入账号和密码，登录组队出游网站。登录之后可以直接查看最近更新的出游队伍，也可继续进行其他操作	20
修改个人信息	用户登录后，修改个人信息	5
按名称搜索出游队伍	根据队伍名，搜索出游队伍	50
按地址搜索出游队伍	根据出游地，搜索出游队伍	50
查看出游队伍	游客和已登录用户都可查看。首页上仅显示最新创建的几个队伍。单击导航栏中的“队伍”，可以查看完整队伍列表。选中队伍，可查看队伍详情，如队伍中已有人数	100
加入队伍	已登录用户单击队伍名之后，可以加入队伍	20
创建队伍	已登录用户可以创建出游队伍，等待他人加入	20

3. 录制初始测试脚本

被测应用场景较多，为简化实验任务，将关注重点，选择按名称搜索出游队伍、按地址搜索出游队伍、查看出游队伍三个并发活动较多的典型场景实施性能测试。性能测试过程中将同时为所选功能场景创建一定数量的虚拟用户，以模拟不同真实用户并发使用组队出游应用的情景，检测其性能表现。

首先，人工执行一遍测试过程，确定软件基本功能是否正常。如不正常，应先修复重要功能缺陷。人工执行的具体测试步骤如下。

(1) 场景 search_by_name：按名称搜索出游队伍。

- 打开网站主页，单击“登录”，在“邮箱”和“密码”框中输入已存在的账户。
- 在新界面单击“登录”按钮进入系统，查看最近更新队伍信息。
- 然后，选中“查询队伍”按钮前的输入文本框，输入待查询的队伍名称，再单击“查询”按钮，获得查询结果。

(2) 场景 search_by_addr：按地址搜索出游队伍。

- 类似场景 search_by_name，完成登录。
- 选中“查询出游地”按钮前的文本框，输入待查询的出游地名称，然后单击“查询”按钮，获得出游地队伍。

(3) 场景 view：查看出游队伍。

- 类似场景 search_by_name，完成登录。
- 单击导航栏中的“队伍”链接，进入队伍列表。
- 单击队伍名称，查看队伍信息

下一步，将各个场景的测试过程分别录制为脚本。本实验依托 JMeter 开展性能测试。JMeter 测试脚本可以通过其自带的 HTTP 代理或 Badboy 等第三方工具录制。Badboy 是一款带图形界面的测试脚本录制回放工具，能够可视化地录制、调试脚本，对于简单的网站，使用相对便捷。实验利用该工具完成脚本录制。如该工具无法官网下载，或者无法在目标网站上正常使用，可用 JMeter 代理实现录制。

首先，打开 Badboy 工具，进入起始页(见图 13-4)。启用工具栏中的红色按钮●，开始录制。在起始页面，选中地址栏，输入待录制的组队出游网站地址。然后，单击右侧➔按钮，可跳转到待测目标页面，并在 Badboy 界面主窗口呈现页面内容。录制过程只需正常在 Badboy 呈现的页面中进行 Web 操作即可。

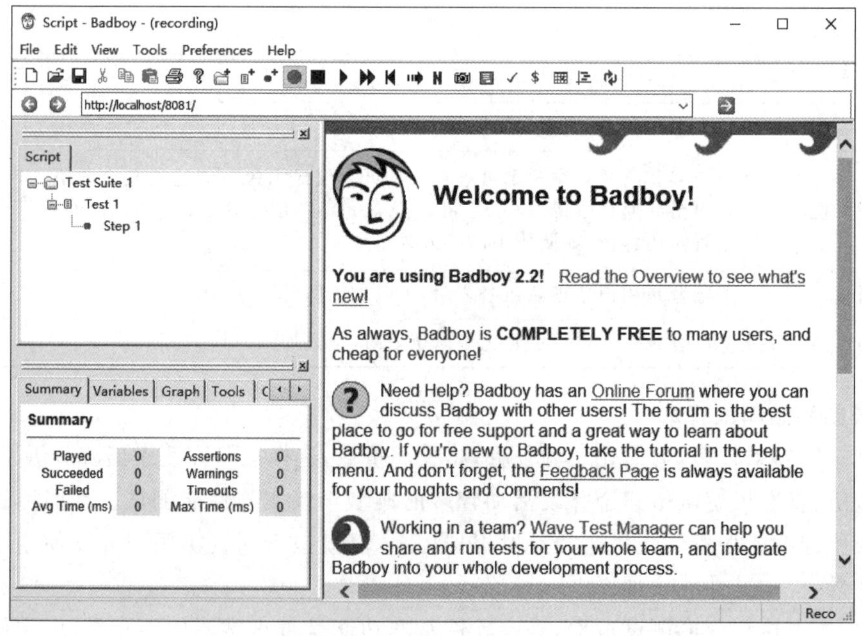

图 13-4 Badboy 起始页面

录制状态下单击工具栏中的红色按钮●可以结束录制。从主菜单 File→Export to JMeter 可以将录制的 Web 操作导出成 JMeter 可识别的 jmx 脚本文件。本实验针对三个场景录制的测试脚本分别是 search_by_name.jmx、search_by_addr.jmx 和 view.jmx。可用 JMeter 打开这些脚本，并对脚本进行进一步设置。

jmx 脚本文件本质上是一个可以文本方式打开的 XML 文件。文件中以节点和属性方式描述用户在页面上的活动对应的网络通信过程及其配套设置，其主体结构如图 13-5 所示（场景 2 对应的 search_by_addr.jmx），包括整个测试的总体描述 TestPlan、活动线程描述 ThreadGroup、报文相关配置描述 CookieManager 与 HeaderManager、HTTPSampler、HTTPSamplerProxy 或其他通信报文组等。

```xml
<?xml version="1.0" encoding="UTF-8"?>
<jmeterTestPlan version="1.2" properties="5.0" jmeter="5.4.1">
  <hashTree>
    <TestPlan guiclass="TestPlanGui" testclass="TestPlan" testname="Test Plan" enabled="true">
    <hashTree>
      <ThreadGroup guiclass="ThreadGroupGui" testclass="ThreadGroup" testname="search_by_addr" enabled="true">
      <hashTree>
        <CookieManager guiclass="CookiePanel" testclass="CookieManager" testname="HTTP Cookie Manager" enabled="true">
        <hashTree/>
        <Arguments guiclass="ArgumentsPanel" testclass="Arguments" testname="User Defined Variables" enabled="true">
        <hashTree/>
        <HeaderManager guiclass="HeaderPanel" testclass="HeaderManager" testname="HTTP Header Manager" enabled="true">
        <hashTree/>
        <LoopController guiclass="LoopControlPanel" testclass="LoopController" testname="Step 1" enabled="true">
        <hashTree>
          <HTTPSamplerProxy guiclass="HttpTestSampleGui" testclass="HTTPSamplerProxy" testname="http://localhost/login" enabled="true">
          <hashTree/>
          <HTTPSamplerProxy guiclass="HttpTestSampleGui" testclass="HTTPSamplerProxy" testname="http://localhost/user/login" enabled="true">
          <hashTree/>
          <HTTPSamplerProxy guiclass="HttpTestSampleGui" testclass="HTTPSamplerProxy" testname="http://localhost/search" enabled="true">
          <hashTree/>
        </hashTree>
      </hashTree>
    </hashTree>
  </hashTree>
</jmeterTestPlan>
```

图 13-5　jmx 脚本文件主体结构

以场景 2 的队伍搜索为例，其按照出游地址搜索队伍信息，网络通信对应的 jmx 文件中 HTTPSamplerProxy 结构如图 13-6 所示。该结构给出了 HTTP 请求的地址（http://localhost/search）、请求方法（POST）、请求参数（search-group 和 search-destination）以及 HTTP 端口和头的设置。利用这些描述可以重现网络请求，虚拟化真实用户的 Web 网站访问行为。

在实验 11 的自动化功能测试中，曾以 Selenium 脚本来驱动 Web 页面上的动作，与 JMeter 脚本相比，Selenium 脚本记录的是浏览器中的按钮单击、表单填写等用户操作行为，而不是网络层的通信。记录用户层的操作能够更真实地模拟人工测试动作，也可以比较好地适应包含大量 JavaScript 行为的动态页面，但其模拟过程所消耗的计算资源更多，在单一主机上很难同时仿真数百个用户的页面访问行为，较少用在并发性能测试中。与 Selenium 脚本相比，JMeter 脚本的优势是用户行为仿真代价低，易于从脚本仿真大量虚拟用户，但对于涉及动态 JavaScript 加载内容的页面，例如，界面列表内容是在 Web 首次呈现后通过 Ajax 异步获取的页面，需要特别注意测试过程是否真正准确地模拟了录制过程所希望记录的网站访问行为。必要时，需通过动态数据提取和关联等手段来修正录制所得脚本。

4. 关联登录信息

需要用户登录的网站常常会在页面浏览时保存 Cookie 或 Session ID 等记录，避免在后续操作中需要反复输入账号、密码信息。在自动化的性能测试中，往往也需要考虑 Cookie 或 Session ID 的管理问题，使得虚拟用户可以按预定的角色访问被测系统。否则，可能只对

```
<HTTPSamplerProxy guiclass="HttpTestSampleGui" testclass="HTTPSamplerProxy"
testname="http://localhost/search" enabled="true">
        <elementProp name="HTTPsampler.Arguments" elementType="Arguments"
            guiclass="HTTPArgumentsPanel" testclass="Arguments"
            testname="User Defined Variables" enabled="true">
              <collectionProp name="Arguments.arguments">
                    <elementProp name="search-group" elementType="HTTPArgument">
                          <boolProp name="HTTPArgument.always_encode">true</boolProp>
                          <stringProp name="Argument.value"></stringProp>
                          <stringProp name="Argument.metadata">=</stringProp>
                          <boolProp name="HTTPArgument.use_equals">true</boolProp>
                          <stringProp name="Argument.name">search-group</stringProp>
                    </elementProp>
                    <elementProp name="search-destination" elementType="HTTPArgument">
                          <boolProp name="HTTPArgument.always_encode">true</boolProp>
                          <stringProp name="Argument.value">杭州</stringProp>
                          <stringProp name="Argument.metadata">=</stringProp>
                          <boolProp name="HTTPArgument.use_equals">true</boolProp>
                          <stringProp name="Argument.name">search-destination</stringProp>
                    </elementProp>
              </collectionProp>
        </elementProp>
           <stringProp name="HTTPSampler.domain">localhost</stringProp>
           <stringProp name="HTTPSampler.port">8080</stringProp>
           <stringProp name="HTTPSampler.protocol">http</stringProp>
           <stringProp name="HTTPSampler.contentEncoding"></stringProp>
           <stringProp name="HTTPSampler.path">/search</stringProp>
           <stringProp name="HTTPSampler.method">POST</stringProp>
           <boolProp name="HTTPSampler.follow_redirects">false</boolProp>
           <boolProp name="HTTPSampler.auto_redirects">true</boolProp>
           <boolProp name="HTTPSampler.use_keepalive">true</boolProp>
           <boolProp name="HTTPSampler.DO_MULTIPART_POST">false</boolProp>
           <stringProp name="HTTPSampler.embedded_url_re"></stringProp>
           <stringProp name="HTTPSampler.implementation">Java</stringProp>
           <stringProp name="HTTPSampler.connect_timeout"></stringProp>
           <stringProp name="HTTPSampler.response_timeout"></stringProp>
</HTTPSamplerProxy>
```

图 13-6　网络通信的 jmx 文件描述

免登录的网站进行测试。

较新的 JMeter 版本加入了自动 Cookie 管理功能，使得登录信息的管理更为容易。只需在线程组中添加 Cookie 管理器，即可以像一般浏览器一样自动保存 Cookie，无须手工配置特殊登录信息。如果自动管理不符合需要，也可以借助 JMeter 提供的功能手工提取登录信息并关联到网络请求中。其基本原理是从有效身份的网络访问中提取登录数据，然后再附加到测试通信中恰当的位置。

本实验打开测试脚本，添加 Cookie 管理器后即可正常以登录账户访问被测网站，无须进行其他特殊设置。添加的 Cookie 管理器如图 13-7 所示。

需要说明的是，登录和身份管理是性能测试中较为复杂的一环，和被测目标的身份识别机制关系较大。必要时，应先详细了解被测系统登录和身份管理机制，再针对性地检索相关解决方案。

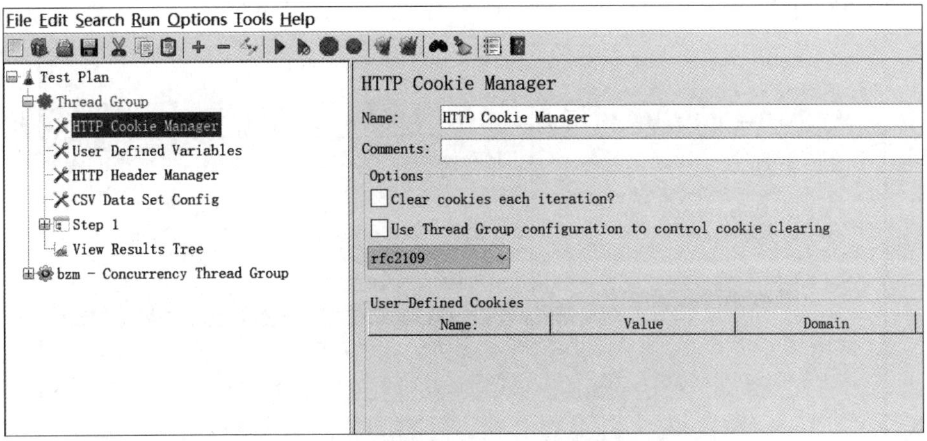

图 13-7　带 Cookie 管理器的 JMeter 测试任务配置

5. 添加检查点判断测试执行是否成功

当一个网站面临过大的访问压力时，可能无法正常处理用户请求。但不能正常处理请求并不意味着网站不给出任何反馈。有时目标网站会给出一个带系统崩溃、系统无响应等提示的静态页面，告知当前请求失败的原因。如果将这些错误提示等非正常响应当作正常反馈，则即使当前真实测试压力已经过大，也可能会判断目前被测系统还有接待更多请求的能力，造成不正确的性能测试结果。

为识别请求是否得到了正常的响应，可以在测试任务中添加检查点。对于 Web 应用，比较常用的方式是根据应用程序界面是否出现某些特定的字符串来检查请求响应是否正常。

对于组队出游应用，当用户成功登录后，可以看到导航栏出现了“个人中心”标签，如图 13-8 所示。根据页面是否出现“个人中心”字符串，可添加检查点，判断有效账户下用户登录请求是否得到了正常响应。

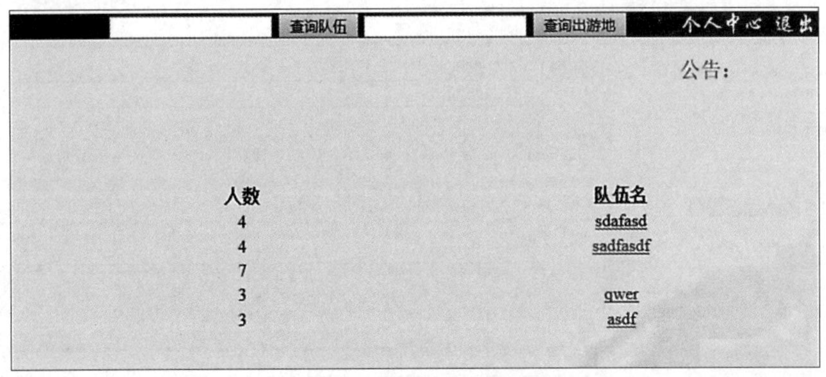

图 13-8　登录成功页面

添加检查点的步骤如下。首先，打开 JMeter，导入测试脚本，即 jmx 文件。然后，在左侧的网络请求列表中，右击要检查的请求，从菜单 Add→Assertions 为其添加检查点，如图 13-9 所示。检查点有多种类型，如果是直接对网络请求的响应进行检查，可以选择

Response Assertion 类型的检查点。

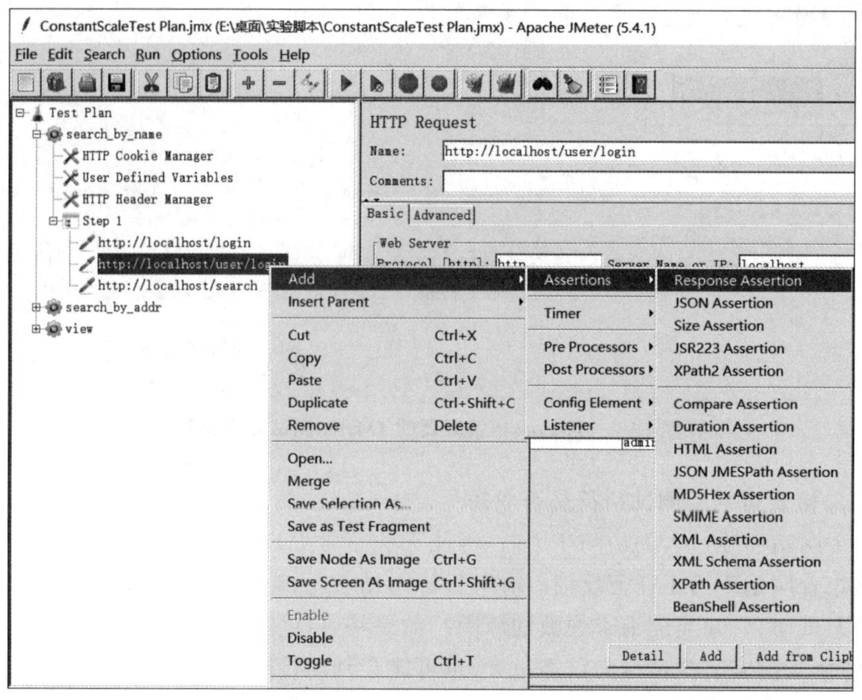

图 13-9 添加检查点

下一步需要进一步添加检查信息。对于请求响应检查，检查的内容可以是响应文本、HTTP 响应码等。对于文本，可用包含、匹配、相等、子串等关系进行检查。本实验针对响应文本，检查其中是否包含“个人中心”子串来判断网络请求是否得到了正常处理，检查点配置如图 13-10 所示。

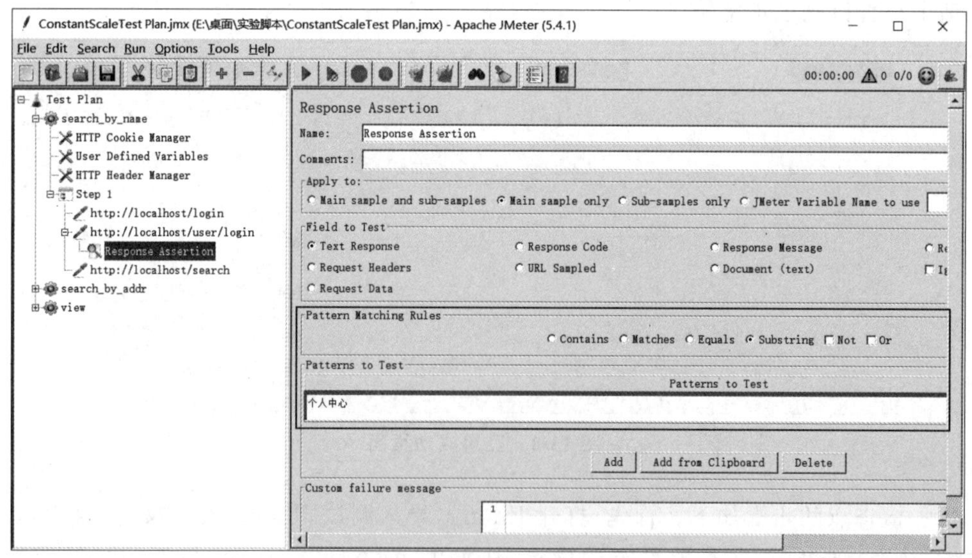

图 13-10 检查点配置

在添加完检查点之后，还要选中设定了检查点的网络请求，为其添加监听器 Listener，监听检查结果。添加可通过右键菜单实现，如图 13-11 所示。

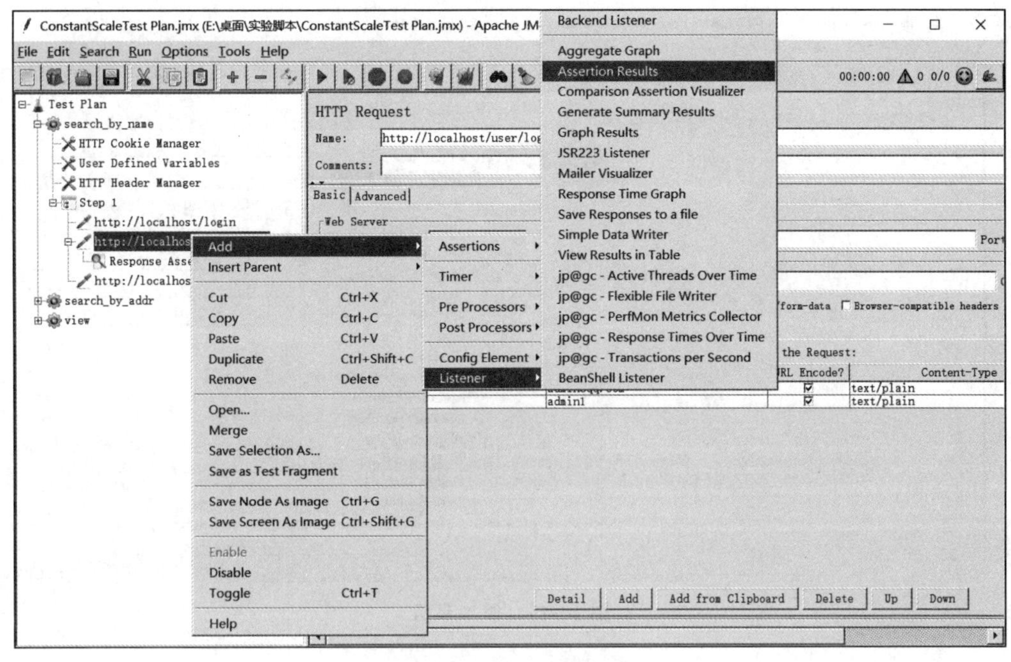

图 13-11　添加监听器

完成检查点和监听器的添加后，单击工具栏中的“启动”(Start)按钮▶，即可开始对脚本进行测试。如果 Assertion Results 中出现一行结果，则代表通过检查点(见图 13-12)；而如果出现报错，则代表没有通过检查点。

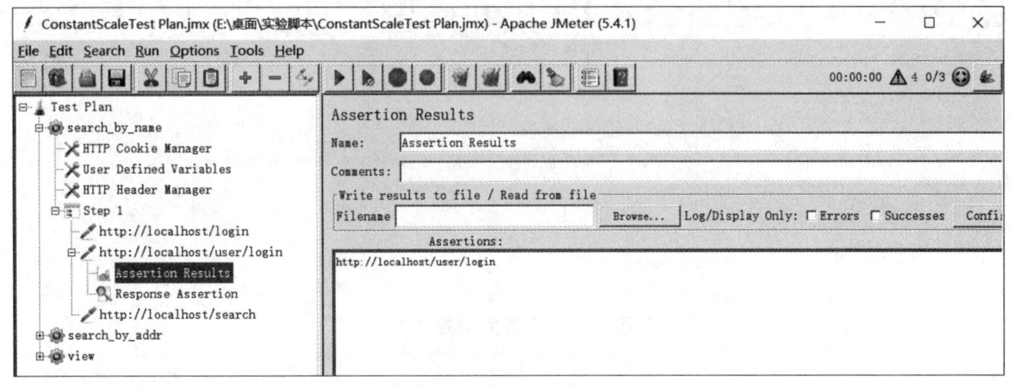

图 13-12　检查点的运行

6. 标识事务

通过标识事务(transaction)可以将一部分网络请求对应的行为标识为一个命名的功能业务，进而可以以该业务为单位收集响应时间等指标数据，以考察应用性能。基于业务整体来分析性能，比分析单独的网络请求可以更清晰地展示 Web 应用的对外性能表现。

JMeter 支持通过如图 13-13 所示的线程组右键菜单 Add→Logic Controller→

Transaction Controller 来创建事务。将 Test Plan 中的网络通信步骤拖曳入新建的事务，可实现对事务的配置。

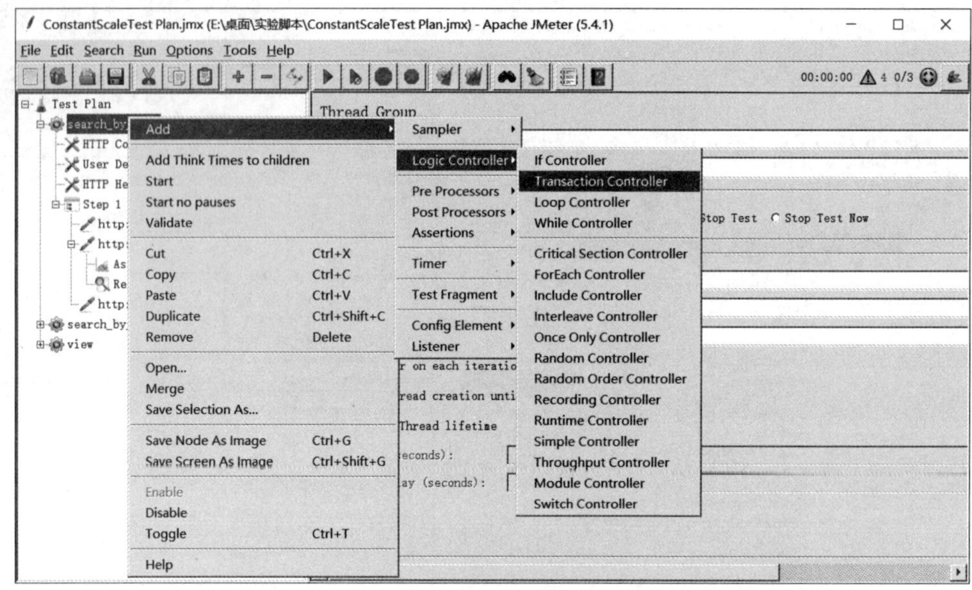

图 13-13 添加事务

在按名称搜索出游队伍的场景中，可以将登录过程和搜索过程分别配置为 login 和 name_search 两个事务，配置好的性能测试如图 13-14 所示，login 事务下包含两个网络报文通信。

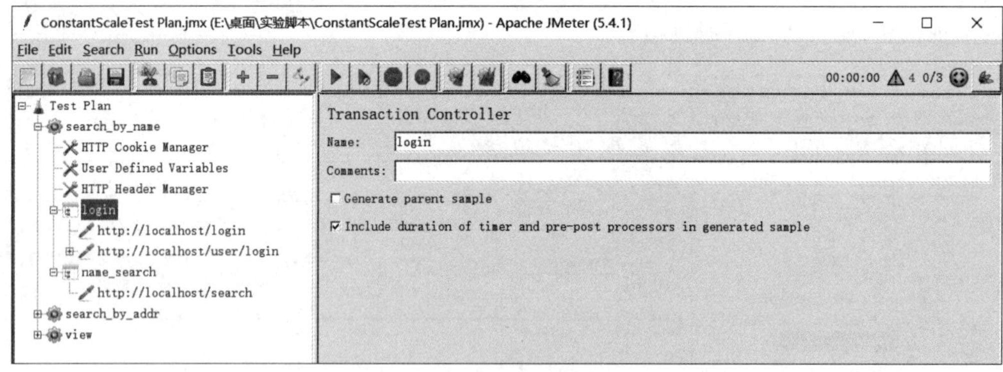

图 13-14 事务配置结果

7. 设置登录集合点

虽然 JMeter 在生成指定规模的负载时，多个虚拟用户线程一起启动，但是由于计算机的线程调度机制，不同虚拟用户的运行节奏并不完全同步，有些虚拟用户线程执行某一操作的时间早，有些则晚。如若不同虚拟用户执行某一操作的时间相差较大，则从服务器端来看，这些操作可能并不构成预定的并发压力。

为使不同虚拟用户的活动同步性更强，发起并发访问的压力更集中，以真正模拟预设的并发负载，常常需要设定同步集合点，让不同虚拟用户尽量在同一时间节奏上进行操作。在

JMeter 中，可以通过添加 Synchronizing Timer 实现上述目标。

选中一个网络请求，通过 JMeter 右键菜单，可以添加 Synchronizing Timer，如图 13-15 所示。添加后，选中的这个网络请求成为一个同步集合点。在该点上可以约定汇集多少个虚拟用户就同时发起网络请求，制造密集压力，即设置图 13-16 中的 Number of Simulated Users to Group by。还可以设置 Timeout in milliseconds，约定多长时间内凑不齐所需虚拟用户数，就放弃集中式的网络请求发起，以适应网络请求节奏分散、难以在某时段凑齐并发虚拟用户的情况，避免无限等待。

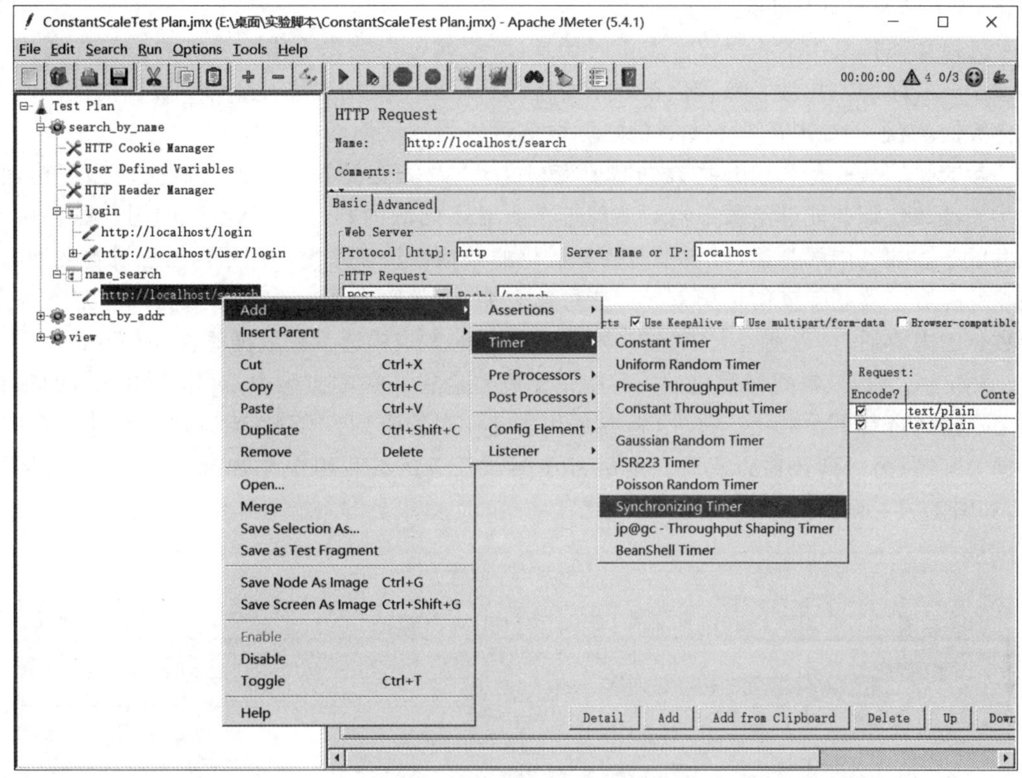

图 13-15　添加同步集合点

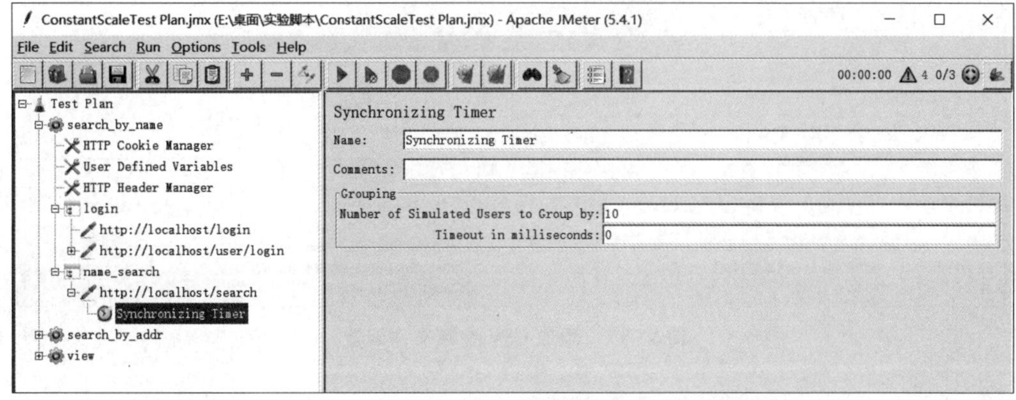

图 13-16　设置同步集合点

8. 虚拟用户参数化

真实条件下的并发压力中，通常参与并发访问的用户各不相同，每一个都能给被测目标带来不同的工作负载。而如果在测试时，构造的多个虚拟用户其账户、访问请求内容等都完全相同，则被测软件非常有可能对这些虚拟用户的活动进行优化，这些虚拟用户的活动可能并不能造成服务程序的计算压力。例如，如果所有虚拟用户都是同一个用户名，则服务器端可能只需一个响应线程就能处理，大量针对多用户的分散数据查询、任务调度等开销可以避免；如果所有访问都读取的是相同文件，则服务器端完全可以将该文件缓存，免除打开、读取、释放不同文件的代价。

为逼真模拟真实的多用户并发访问场景，需要通过参数化手段来增加测试软件所构造虚拟用户之间的差异性。参数化将原先固化的测试脚本活动数据转变为从数据池读取的变量化数据，而不同虚拟用户下变量的实际取值可以由测试调度器控制。

参数化的核心是决定哪些数据需要变量化，以及为变量提供数据的数据池如何构建。应优先参数化那些能够给服务器端处理带来明显不同的内容。例如，不同的用户账户可能触发服务器端不同的会话，常常是需要参数化的数据。许多系统允许用户随意设置昵称，这些昵称在服务器端带来的计算差异可能可以忽略，则该部分不宜作为参数化的重点。决定参数化的内容后，可以通过人工提供、随机生成等的方式构造参数数据池。

JMeter 为用户需要参数化的内容提供了配置途径。在本实验中，对作为用户名的邮箱和用户密码进行了参数化。首先，将参数用 Excel 表编辑到一个 CSV 格式的文件中，一列数据为邮箱，另一列数据为密码。然后可在测试任务的线程组中添加基于 CSV 的数据配置，如图 13-17 所示。

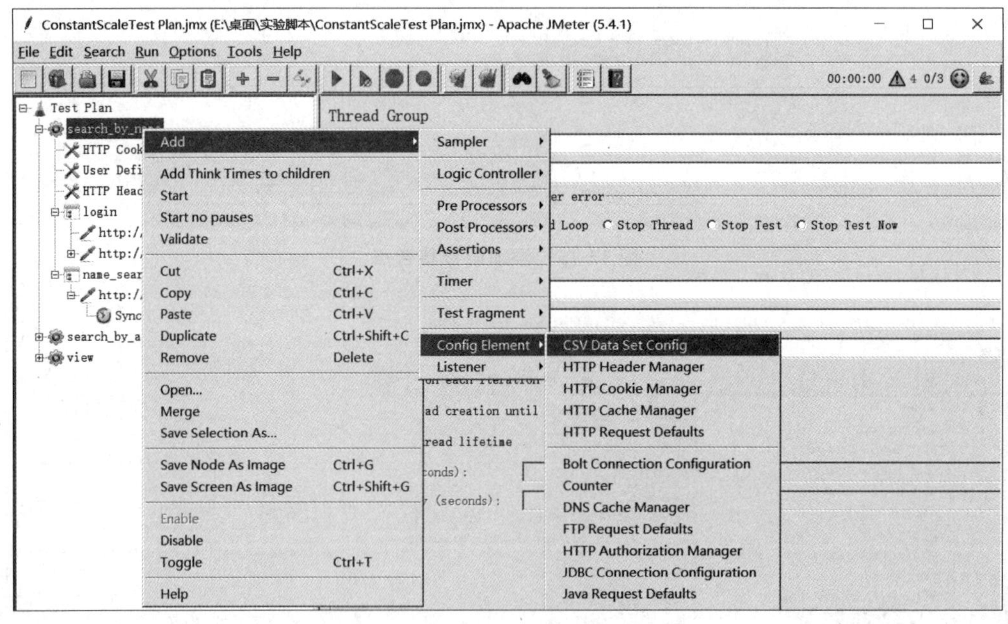

图 13-17　添加 CSV 参数文件配置

单击菜单项 CSV Data Set Config，打开参数文件配置界面（见图 13-18）。其中，Filename 和 File encoding 按照需求填写，Variable Names 一栏中，用变量名表示 CSV 数据

表的每一列，各个变量名之间用逗号隔开。

CSV Data Set Config

Name: CSV Data Set Config

Comments:

Configure the CSV Data Source

Filename: E:/git_contents/courses/junior_first/software_test_vacation/修订1/4 性能测试/set.csv

File encoding: UTF-8

Variable Names (comma-delimited): email,password

Ignore first line (only used if Variable Names is not empty): False

Delimiter (use '\t' for tab): ,

Allow quoted data?: False

Recycle on EOF ?: True

Stop thread on EOF ?: False

Sharing mode: All threads

图 13-18　配置参数文件信息

定义了 CSV 参数数据表后可以选择具体的网络请求来进行参数化。选中本实验中的用户账户登录网络请求，打开其编辑界面，如图 13-19 所示，在其中可以设定网络请求的 URL 参数等内容。实验将 email 和 password 两个 URL 参数的取值用形如“{Variable Name}”的形式来代替，引用参数文件中的数据来填充其内容。其中，Variable Name 为定义参数表时设置的 CSV 文件表列所对应变量。

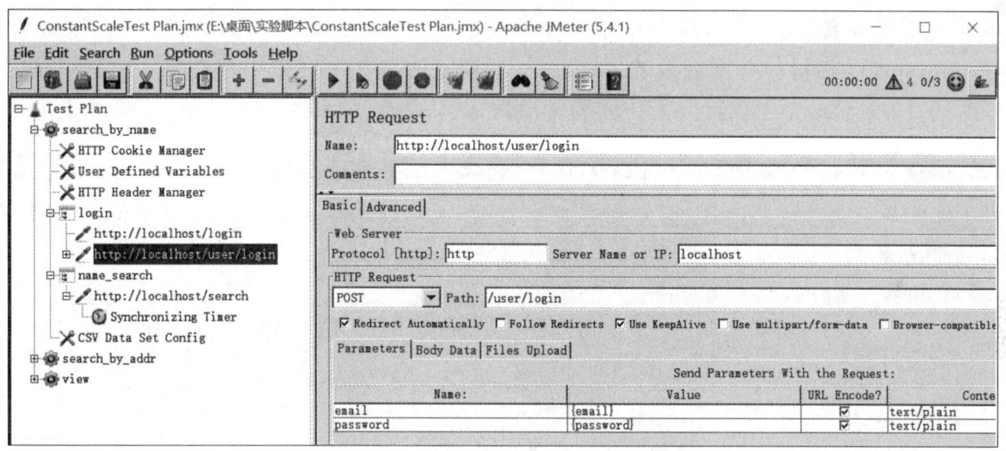

图 13-19　编辑网络请求，实施参数化

实施参数化之后再进行测试，可以从执行记录中看到发起的网络请求携带的账户和密码信息将各不相同(在参数表中数据足够多的情况下)。对被测系统的并发访问行为较之参数化之前更加真实。

9. 创建性能测试场景

软件性能需要在一定的用法下检测，脱离用法去谈性能并无太大意义。在并发性能测试中，将作为性能检测基本背景的软件用法称为性能测试场景。性能测试场景一般包含两个部分，一是参与测试的软件功能业务有哪些，可称为功能场景；二是这些业务的工作负载有多大，负载又按什么样的规则变化。

在实验步骤 2 中，录制了 3 个测试脚本，后续步骤对脚本进行了进一步设置，本实验将这些脚本对应的业务作为性能测试的功能场景，据此创建一个 Test Plan。具体做法为：首先，在 JMeter 中新建一个 Test Plan。然后，通过 Test Plan 的右键菜单项 Merge 等途径，导入按名称搜索出游队伍、按地址搜索出游队伍和查看出游队伍场景对应的 search_by_name.jmx 和 search_by_addr.jmx、view.jmx 三个 jmx 文件，如此即可添加三个 Thread Group。该 Test Plan 可以同时激活多个场景的并发活动，可将其导出为新的 jmx 文件，设为 test.jmx。如果要生成测试报告，可以以 test.jmx 文件为基础来运行性能测试。

接下来为每个 Thread Group 设置并发负载压力。根据表 13-3 所列的性能需求，每个场景在 JMeter 中设置的并发负载规模如表 13-4 所示。

表 13-4　性能测试中的并发负载规模

功能场景	Thread Group	并发负载规模
按名称搜索出游队伍	search_by_name	50
按地址搜索出游队伍	search_by_addr	50
查看出游队伍	view	100

1）恒定规模负载的性能测试

建立三个对应功能场景的线程组后，选中一个线程组，可以设置其负载变化规则，如图 13-20 所示。JMeter 默认支持恒定负载压力的测试，即忽略启动过程，虚拟用户规模在测试周期中总体稳定。设置界面中，Number of Threads 指最终的目标并发虚拟用户数；Ramp-up period 指目标并发规模的启动时长，即拟定的从 0 个虚拟用户逐步加压到目标并发数的时间；Loop Count 为执行并发访问的轮次数，默认情况下，线程组的 Loop Count 设为 1。

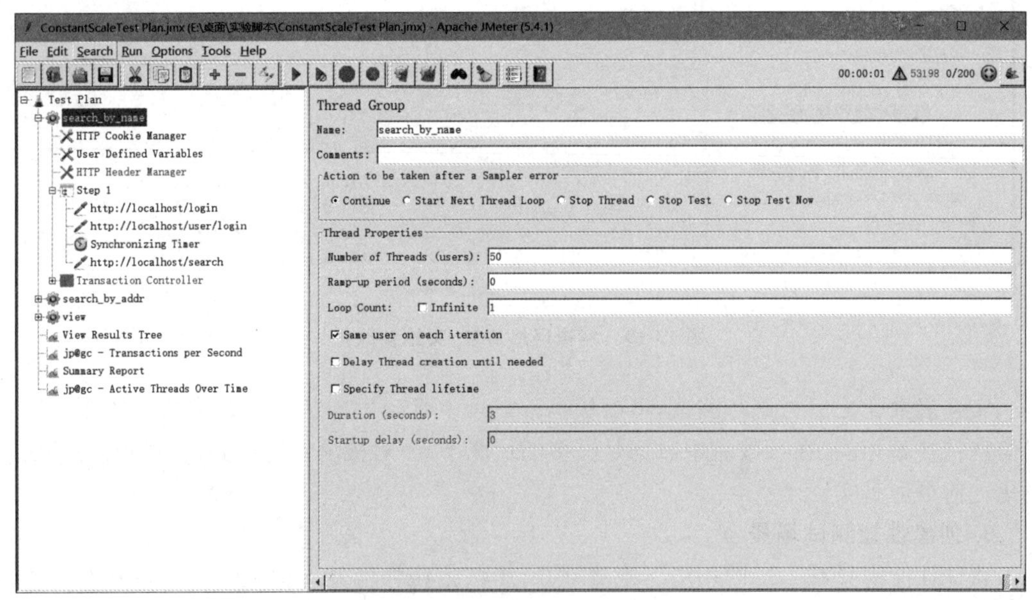

图 13-20　配置负载变化规则

Thread Group 还提供了线程生命周期的设置。在 Thread Group 设置面板底部，勾选 Specify Thread lifetime 复选框之后，可以设定 Duration（持续时间）和 Startup delay（启动延迟）。Duration 控制每个 Thread Group 的持续时间，也就是加压到目标并发用户数之后，线程持续运行多长时间。Startup delay 控制 Thread Group 多少秒后开始。测试执行时，

JMeter 在等待 Startup delay 指定的时间后才启动 Thread Group,并持续运行线程组 Duration 指定的时间。只有 Duration 时间用完,才会开始下一轮的并发负载创建。

2) 阶梯变化负载性能测试

JMeter 可以通过安装插件支持负载压力阶梯变化的测试。为安装必要插件,首先从 jmeter-plugins.org 官网下载插件管理器 plugins-manager.jar,将其放入 JMeter 安装目录的 lib/ext 子目录下,重启 JMeter 后菜单栏将显示 Plugins Manager 按钮。单击该按钮,在 Avaliable Plugins 界面中选中 custom thread groups 和 jpgc-Standard Set 两个插件,再单击底部的 Apply Changes and Restart JMeter 按钮,即可自动安装插件,并在 JMeter 重启后激活。其中,custom thread groups 插件用于生成递增式并发,并可设置递增次数、递增时长、到达目标递增数量后的保持时长等,安装 custom thread groups 插件后,将提供 bzm - Concurrency Thread Group 等更多线程组设置;jpgc-Standard Set 插件用于添加事务和线程监控等。

为实施负载压力阶梯变化的测试,在 Test Plan 内创建三个 bzm - Concurrency Thread Group 线程组,对应两种队伍搜索和一种队伍查看场景。接着导入场景对应的 search_by_name.jmx 和 search_by_addr.jmx、view.jmx 三个 jmx 文件,并将场景下的活动、设定等通过拖曳等途径加入三个线程组。

对于按名称搜索出游队伍对应的 search_by_name 并发线程组,实验设置目标并发用户数(Target Concurrency)为 50;启动时间(Ramp Up Time)为 5s;分为 10 个加压步骤(Ramp-Up Steps Count);保持目标压力时间(Hold Target Rate Time)为 0s,即线程启动并完成访问请求后持续运行 0s(见图 13-21)。其他两个场景的线程组 search_by_addr 与 view 的配置与线程组 search_by_name 类似。

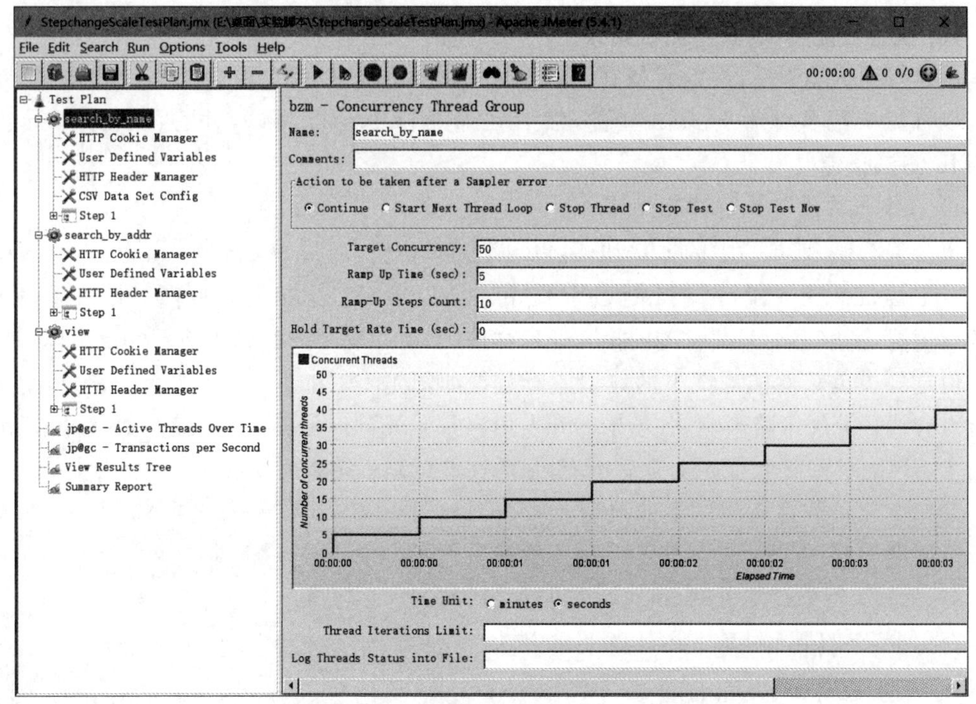

图 13-21　阶梯变化并发线程组配置

完成线程组基本设定后，从线程组右键菜单添加监听器 jp@gc - Active Threads Over Time 和 jp@gc - Transactions per Second，可以在测试执行时直观查看对应时间止在运行线程数和当前系统的事务吞吐量(每秒成功的事务数)；添加监听器 View Results Tree，可以查看每个请求的详细信息(见图 13-22)。

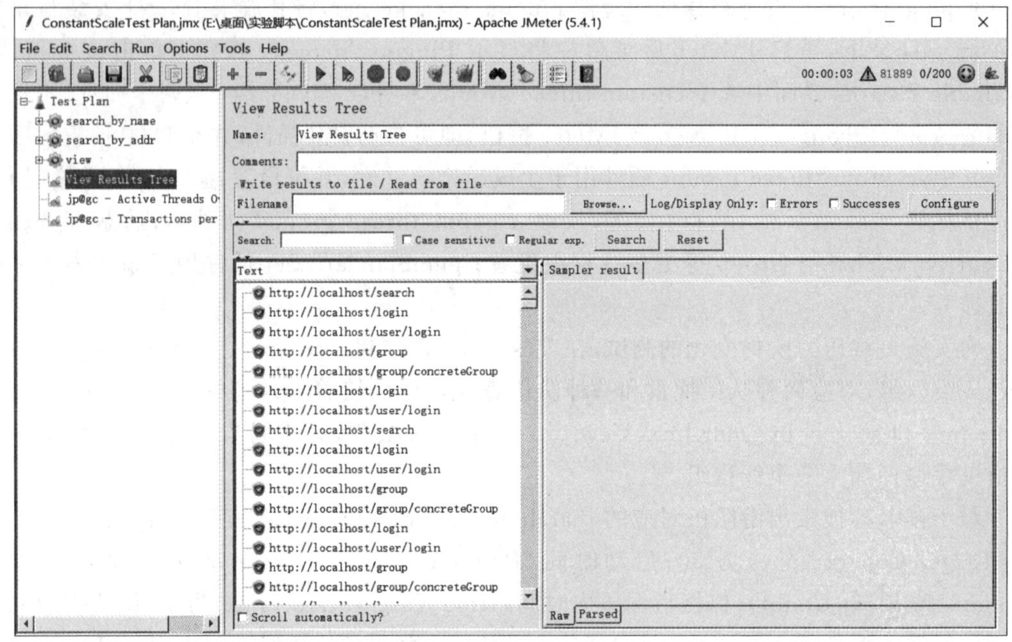

图 13-22 查看请求结果树

10. 执行性能测试，获得测试结果

创建好测试场景后，可以直接在 JMeter 的图形界面中运行性能测试，获得测试结果。也可以将测试配置保存为 jmx 文件，然后在命令行中运行测试，并将测试结果导出为 HTML 测试报告。

1) 在图形界面中执行性能测试

单击 JMeter 工具栏中的▶按钮，可以启动测试执行，通过 View Results Tree、jp@gc - Active Threads Over Time 和 jp@gc - Transactions per Second 等监听器可以查看线程组的执行情况，了解每一测试时刻的报文通信详情、当前并发用户数和当前吞吐量指标。

恒定规模负载性能测试下的典型监听数据如图 13-23 和图 13-24 所示。其中，受同步集合点和线程分配策略影响，各场景的并发用户都是先同时激活，达到最高数量，再逐渐完成请求，开始下降；吞吐量先上升后不变，最后在测试趋近结束时下降。

阶梯变化负载性能测试下的典型监听数据如图 13-25 和图 13-26 所示。其中，并发用户数量逐渐上升；吞吐量曲线先上升后不变最后下降。

2) 在命令行中按配置的 jmx 文件执行性能测试

在 JMeter 的 bin 目录下运行以下命令行：

```
jmeter -n -t [jmx file] -l [results file] -e -o [Path to web report folder]
```

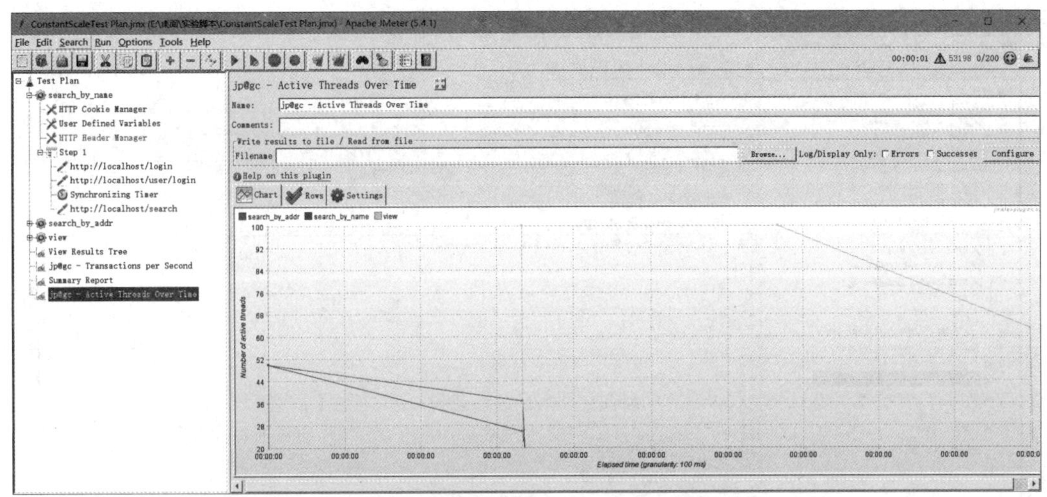

图 13-23 恒定规模负载下的并发用户数量变化

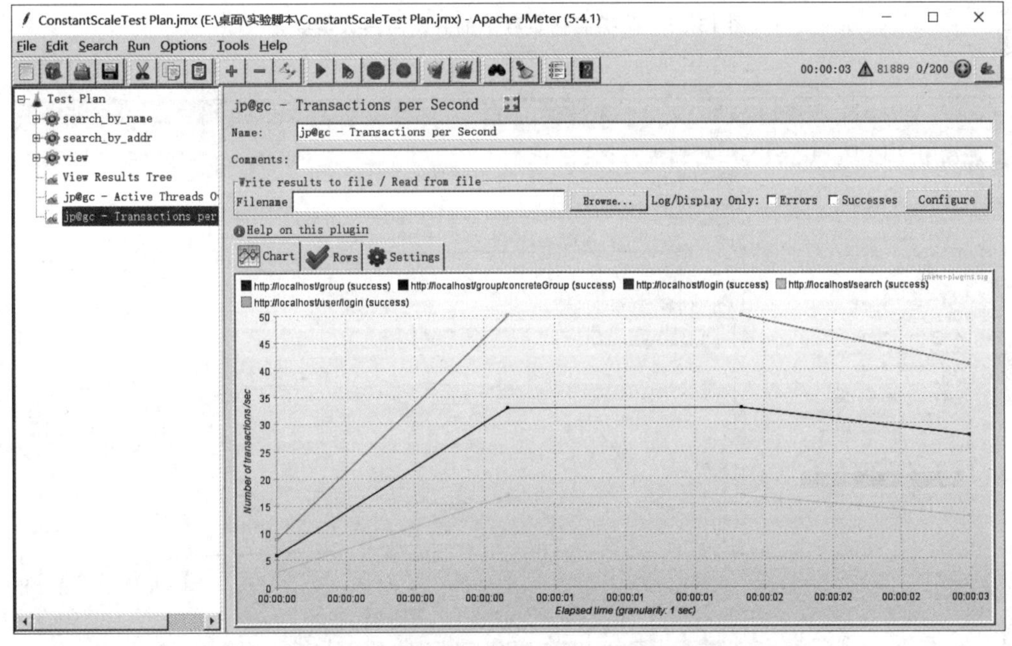

图 13-24 恒定规模负载下的吞吐量变化

可以执行测试，并生成 HTML 格式的测试报告。例如，运行“jmeter -n -t E:\test.jmx -l E:\results.jtl -e -o E:\report”，可以生成测试报告到 E:\report 文件夹。进入文件夹（见图 13-27），打开其中的 index.html 文件，可以查看结果图表。

测试报告首页是关于测试结果的看板（Dashboard）。其中有被测目标的各项性能指标数据，包括测试执行成功与失败情况、响应时间、吞吐量等，如图 13-28 所示。单击页面左边导航栏的 Charts 链接，在 Charts 中，可以看到吞吐量、响应时间等随时间变化的详细过程（见图 13-29）。

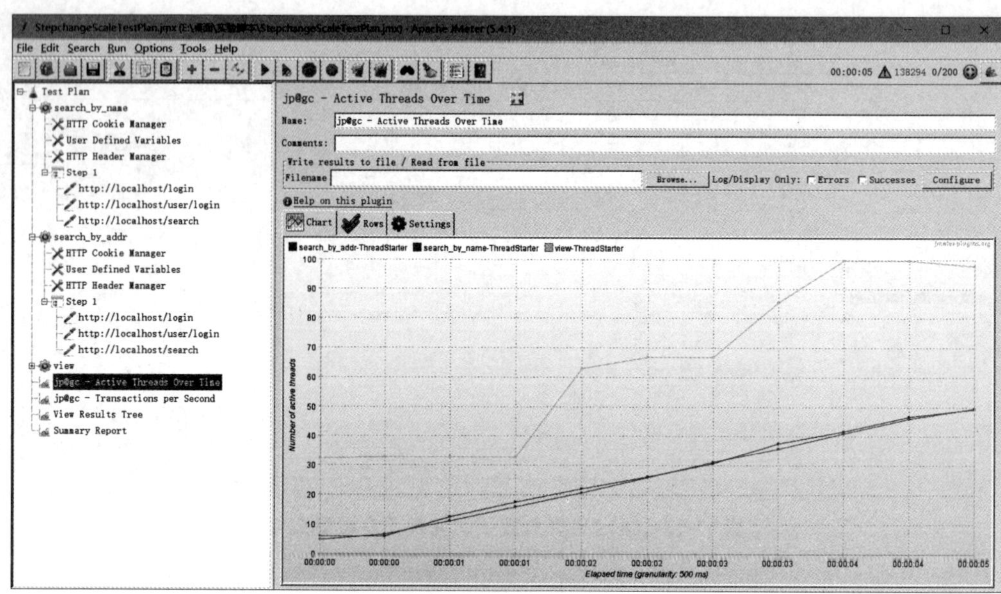

图 13-25 阶梯变化负载下的并发用户数量变化

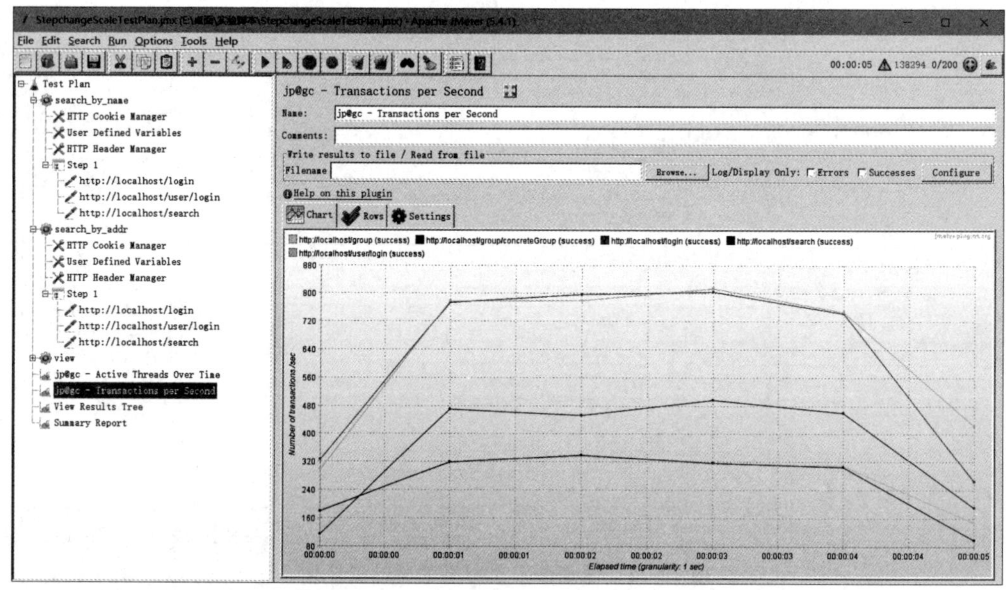

图 13-26 阶梯变化负载下的吞吐量变化

content	2021-09-05 13:40	文件夹	
sbadmin2-1.0.7	2021-09-05 13:40	文件夹	
index.html	2021-09-05 13:40	Microsoft Edge ...	10 KB
statistics.json	2021-09-05 13:40	JSON 文件	3 KB

图 13-27 生成的测试报告

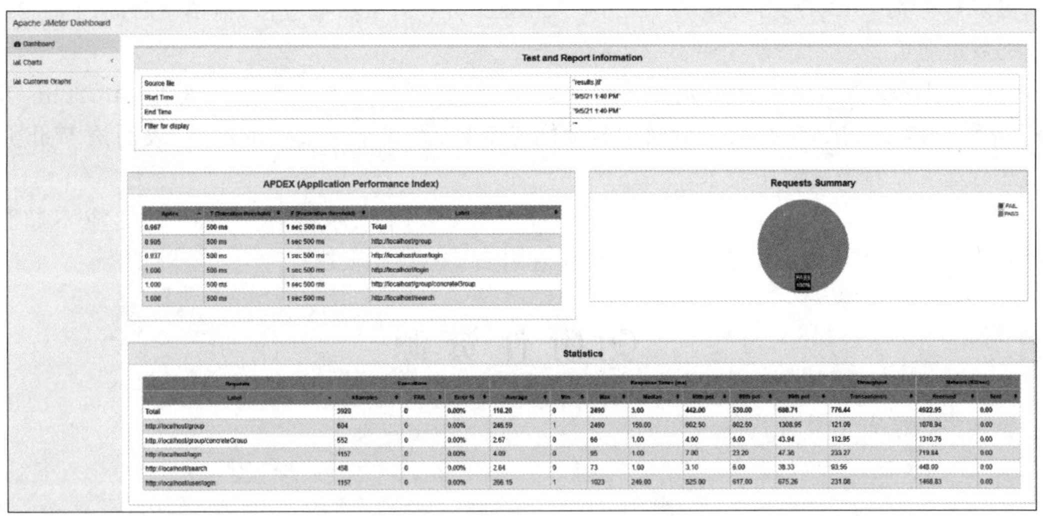

图 13-28　测试报告 Dashboard 内容

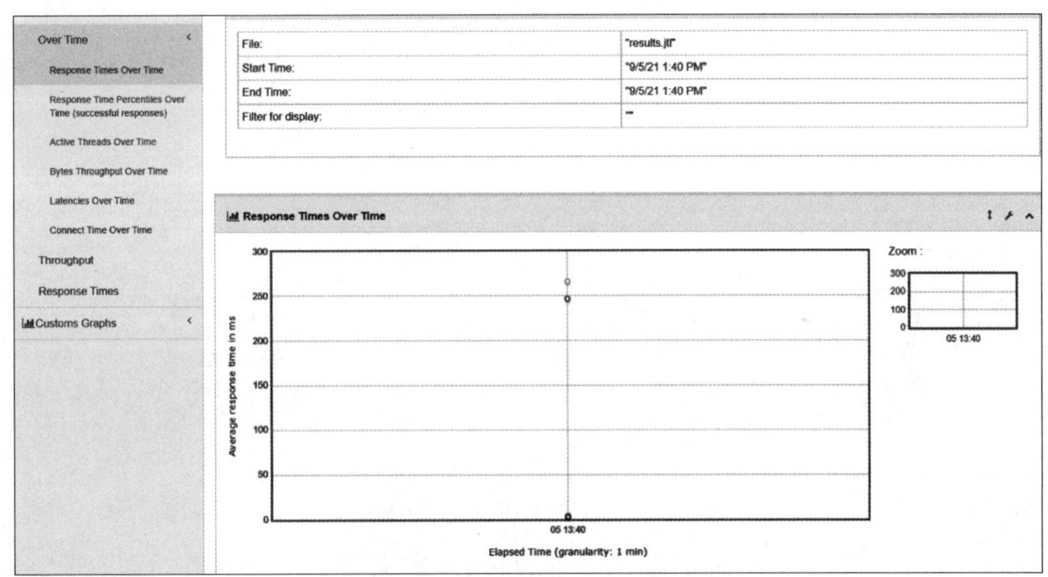

图 13-29　测试报告 Charts 内容

3）测试结果分析

从图 13-28 的结果来看，对于被测组队出游应用，在 200 规模的并发压力中，50 个虚拟用户按名称搜索出游队伍，50 个虚拟用户按地址搜索出游队伍，100 个虚拟用户查看出游队伍，其总体平均响应时间为 118.20ms，吞吐量为 776.44 Transactions/s，测试执行全部成功，失败率为 0.00%。

性能表现较好的是搜索队伍信息功能，对应地址为 http://localhost/search 的网络请求，其平均响应时间为 2.64ms，最大响应时间为 73ms，吞吐量为 93.56 Transactions/s。

性能表现较差的是查看出游队伍功能，对应 http://localhost/group 网络请求，其平均响应时间为 246.59 ms，最大响应时间为 2490ms，这也和该请求并发访问规模更大、传输数据更多等有关。该功能吞吐量为 121.09 Transactions/s，虽然响应慢，但单位时间内完成业务的数量尚可。

总体来看，在需求的并发负载规模下，组队出游网站的平均响应时间在 118.20ms 左右，未发现请求失败情况，与一般网站的性能表现接近，属于可接受的性能，表明该 Web 应用性能基本能够满足使用需求。

实验中也调研了该组队出游软件的部分用户，用户普遍感觉响应时间应不超过 1000ms，由此来看，被测组队出游软件响应时间上基本满足要求。

附件资源

（1）被测 Web 软件代码。

（2）jmx 测试脚本。

实验14

基于云的并发性能测试

并发性能测试需要客户端主机来构建虚拟用户以发起负载。大规模的并发性能测试常常无法基于单一客户端计算机实现，需要构建客户端负载生成集群并协同集群操作。集群的管理给大规模并发性能测试的实施带来了困难。基于云的并发性能测试为克服这种困难提供了方便，利用云端充足、按需使用的计算资源，可以很容易地发起不同规模的性能测试。掌握基于云的并发性能测试许多时候很有必要。本实验依托商业云测试服务开展基于云的并发性能测试实践，初步掌握基于云的性能测试方法，为未来产品级 Web 应用大规模性能测试奠定基础。

一、实验目标

了解基于云环境开展性能测试的方法，能够分析被测应用的性能需求和开展性能测试所需的资源条件，并在云环境中配置测试、执行测试和分析测试结果，如表 14-1 所示。

表 14-1　目标知识与能力

知　识	能　力
(1) 功能和性能需求 (2) 云测试环境及基于云环境的性能测试方法 (3) 测试资源及其分析方法 (4) 性能指标	(1) 设计/开发解决方案：能够识别系统性能需求，能够基于云环境对 Web 应用实施并发性能测试 (2) 研究：开展性能测试实验，获得性能表现数据，综合数据，形成关于应用性能表现的结论 (3) 使用现代工具：使用基于云的新型并发性能测试工具

二、实验内容与要求

使用阿里巴巴、腾讯、华为或其他云性能测试环境对一个 Web 应用进行负载性能测试。具体要求如下。

(1) 分析待测 Web 应用的性能需求，确定大负载的主要工作场景、最大需求的负载规模，明确测试的目标。

(2) 对潜在的大负载场景，编制或录制 Web 操作，形成性能测试配置。

(3) 执行性能测试，触发多虚拟用户同时访问 Web 应用，采集测试过程中的性能指标数据。

(4) 生成测试报告图表，解读性能指标数据，形成对待测应用性能的评价。

(5) 试分析基于云的性能测试与本地开展性能测试的异同。

三、实验环境

(1) 公网被测软件部署。

(2) 云测试平台服务账号。

四、评价要素

评价要素如表 14-2 所示。

表 14-2 评价要素

要素	实验要求
云性能测试平台使用	了解云性能测试平台，掌握其中的相关概念，并能够依托云平台开展性能测试
性能测试实施	掌握分析性能需求、开展性能测试设计、分析性能测试结果等方法
本地和云平台性能测试比较	能够比较本地和云平台性能测试的差异，有理有据地表达自身的相关观点

问题分析

1. 基于云的并发性能测试

基于云的并发性能测试在云端平台通过 Web 前端配置并执行测试，其原理与本地开展的并发性能测试并无本质差别，只是提供的测试服务更为直接，测试者无须再关注测试工具的安装与配置、测试资源分配等问题。

发起并发性能测试需要计算资源来激活虚拟用户。在本地并发性能测试中，计算资源由本地主机或集群提供。测试工具通过在本地或集群主机中创建进程、线程、协程等来构建虚拟用户。在基于云的并发性能测试中，有两种典型的虚拟用户构建方式，一种是在云端提供虚拟机或资源容器构成的集群，然后采用与本地类似的方式来激活虚拟用户；另一种是在云端维护一个按需分配的全局性公共虚拟用户资源池，每当要创建虚拟用户时，从资源池直接分配资源激活虚拟用户。如此，测试者无须关注集群创建等中间细节。

由于需要使用云端资源，测试过程中应注意资源计费问题。许多云测试平台按虚拟用户数量进行计费，为发起一定规模的并发性能测试，需要预先有充足的虚拟用户资源储备。云测试平台一般提供有试用测试资源，足够开展基于云的并发性能测试实验。尽管如此，也需关注云平台计费规则，避免有超出预期的测试开销。

2. 实验问题的解决思路与注意事项

为在云端开展并发性能测试，需要有一个云测试平台账号，并拥有一定的测试资源。云端测试一般只能针对公网可访问的 Web 应用部署，因此，需要有一个云端环境来部署自己的 Web 程序。

测试过程可以类似本地 Web 应用性能测试来开展，实验中需特别注意虚拟用户（网络请求）的发起问题。不同云测试平台提供的虚拟用户模拟方式多种多样，代表当前并发性能测试领域一些有趣的问题和解决方案。研究虚拟用户模拟机制有助于深入理解相关软件测试和云计算技术。

3. 难点与挑战

(1) 在云端并发性能测试中，常常无法直接利用录制技术构建脚本，需要在测试场景配置时人工设定网络请求地址、参数等内容。如何准确完成设置以模拟真实用户的行为是一个难题。

(2) 如何创建虚拟用户是另一个难题。在云端环境下，通常既提供一些简单的虚拟用户创建方式，也提供多地域虚拟用户创建、大规模虚拟用户创建等复杂功能。开展复杂方式的虚拟用户创建需要对计算机网络、云计算、Web 软件工作机理等有较深入认知，存在不少挑战。

实验方案

1. 实验环境与实验对象

本实验以 WordPress 应用为对象，依托华为云性能测试环境 CPTS 开展基于云的并发性能测试实验。WordPress 是一款基于 Web 的开源内容管理软件，采用 PHP 语言编写，可以用来搭建个人博客、企业门户等。从 Web 博客的视角来看，其基本功能包括搜索文章、浏览文章以及评论等。该应用涉及多用户的在线并发访问，上线前为确定是否能够支撑预期的服务规模，需预先开展并发性能测试。

开展测试前，首先在云端部署 WordPress。实验在腾讯云上实现 WordPress 的部署。登录腾讯云官方网站，可以以学生身份购买云主机。实验使用的云主机配置为 1 核 CPU、2GB 内存、网络带宽 1MB/s、系统盘 50GB，操作系统为 CentOS 7.6。

分配并启动好远程主机后，可在本地通过 putty、Xshell 等工具建立 SSH 连接，远程登录云主机。登录后，安装 Apache、MySQL 和 PHP 环境，然后安装 WordPress。安装 WordPress 的关键步骤如图 14-1 所示。

```
#下载安装包，解压，并复制到\var\www\html\wordpress 目录
wget http://wordpress.org/latest.tar.gz
tar xzvf latest.tar.gz
sudo rsync -avP ~/wordpress/ /var/www/html/wordpress/
#修改 wp-config.php 配置文件
// ** MySQL settings - You can get this info from your web host ** /
/** The name of the database for WordPress */
define('DB_NAME', 'database_name_here');
/** MySQL database username */
define('DB_USER', 'username_here');
/** MySQL database password */
define('DB_PASSWORD', 'password_here');
/** MySQL hostname */
define('DB_HOST', 'localhost');
#重启 Apache 服务，启用 WordPress
systemctl restart httpd
```

图 14-1　安装部署 WordPress

在本地浏览器中输入云主机地址(假设为 http://1.116.122.13/)，可以打开 WordPress 的主界面，进入后台后发表文章，实验中的博客首页如图 14-2 所示。

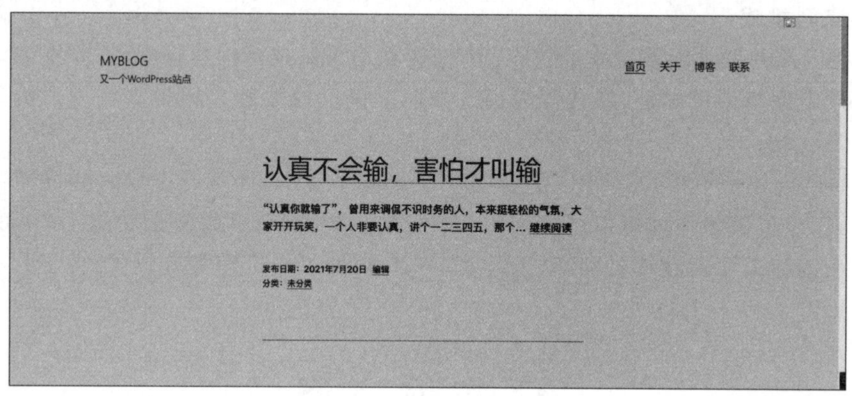

图 14-2 Web 博客首页

2. 功能场景和性能需求分析

对于实验所针对的 WordPress 应用，其主要功能场景如表 14-3 所示。用户在应用上的活动大部分可以归为表中类别。性能需求方面，本实验假定被测系统总体期望支持的并发用户规模在数百左右，各场景用户规模分配如表 14-3 最右列所示。其中，“评论博客”规模设置为 50 并发量，而“搜索博客”规模和“查看博客”规模设置得更大，为 100 并发量，符合实际访问的特点。

表 14-3 Web 博客应用的功能场景与期待支持的用户规模

功能场景	描 述	用户规模
搜索博客	用户访问博客首页后，在输入框中输入博客标题片段，检索满足条件的博客	100
查看博客	用户单击博客标题，跳转到新页面详细查看博客内容	100
评论博客	用户对博客内容发表评论	50

本次测试的目标是验证当负载请求达到预期的“大规模”时，被测应用是否还能够正常给出响应，软件的吞吐量、响应时间等性能指标是否处于可接受的范围内，而不至于影响用户的实际使用。

3. 构造测试配置

实验对测试需求分析中确定的三个主要功能实施性能测试。测试过程中将同时为所选功能场景创建一定数量的虚拟用户，以模拟多组真实用户并发使用博客应用的情景，检测其性能表现。

1) 检查软件功能是否正常

首先，人工在浏览器中执行一遍测试过程，确定软件基本功能是否正常。人工执行的具体测试步骤如下。

(1) 功能场景 Test1：搜索博客。

在浏览器中输入博客首页地址，进入博客首页。在首页的输入框内输入搜索关键词“世界”，单击“搜索”按钮，自动跳转到关于“世界”的信息页。

(2) 功能场景 Test2：浏览博客信息。

在博客首页单击标题为“世界，您好！”的博客，跳转至该博客详细界面。

(3) 功能场景 Test3：评论博客。

在标题为“认真不会输，害怕才叫输”的博客页面的评论输入框中输入评论，单击“发表评论”按钮，提交评论。

2) 配置测试任务

然后，将依托华为云性能测试服务(Cloud Performance Test Service，CPTS)来开展并发性能测试。CPTS 是一项为应用接口、链路提供性能测试的云服务，通过云端测试主机池发起测试，支持 HTTP、HTTPS、TCP、UDP 等多种协议。

CPTS 按测试工程、测试任务、测试用例和网络请求的结构组织测试活动，如图 14-3 所示。为便于管理，一般为不同被测目标创建不同的测试工程。测试任务描述一次性能测试的任务配置，一个测试工程内可以配置多个不同测试任务。测试任务内包含多个测试用例，一个测试用例代表一个功能场景。测试用例下含一个或多个请求报文，报文包括通信报文、思考时间、响应提取和检查点等设置。通信报文是对通信内容的描述；思考时间模拟用户在不同操作之间由于人工思考、反应等造成的时间延迟等待；响应提取通过正则表达式把前一个报文的输出提取出来，作为后一个报文的输入；检查点主要定义校验信息来验证服务端的返回内容是否正常。请求报文又可组织为事务，与本地性能测试中事务的概念相接近。

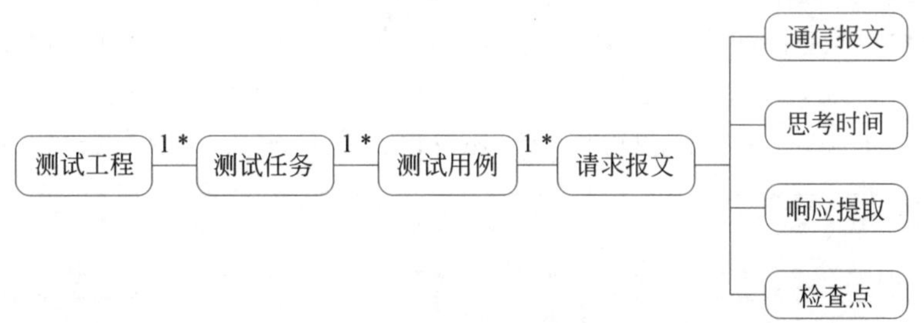

图 14-3　测试活动组织

首先，登录 CPTS，单击“立即使用”按钮，然后打开“CPTS 测试工程”页面，如图 14-4 所示。在该页面，单击“创建测试工程”按钮，输入测试工程名称(本实验是“TestWordpress”)和描述，新建一个测试工程。

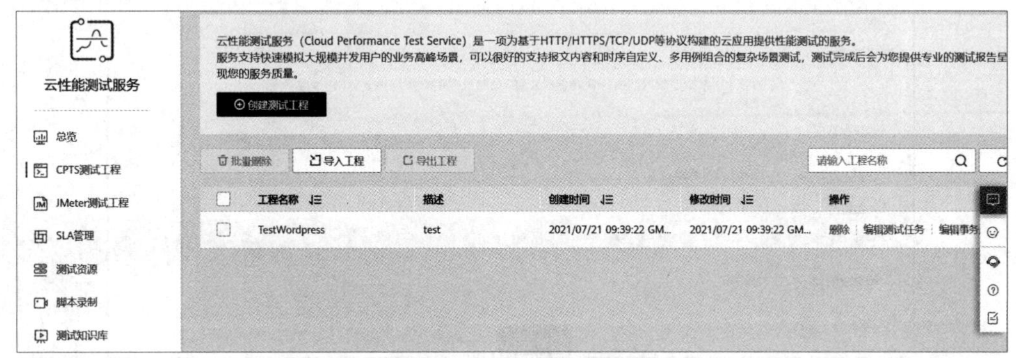

图 14-4　CPTS 测试工程

在测试工程内单击“添加任务”，输入任务名称和基准并发，创建一个新测试任务。基准并发是当前任务下所有并发用户数的参照基准，并发用户数＝基准并发×并发比例。在一些复杂压力策略下，通过基准并发，可以比较方便地控制并发用户规模的增减变化。本测试任务基准并发数量设为 100。实验中测试工程添加的任务名称是 testWordPress(见图 14-5)。

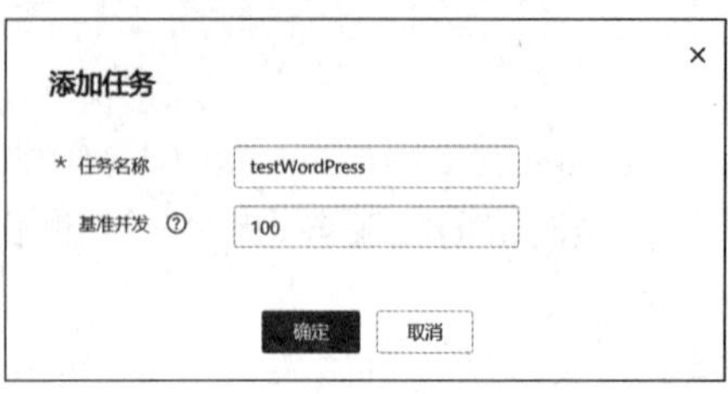

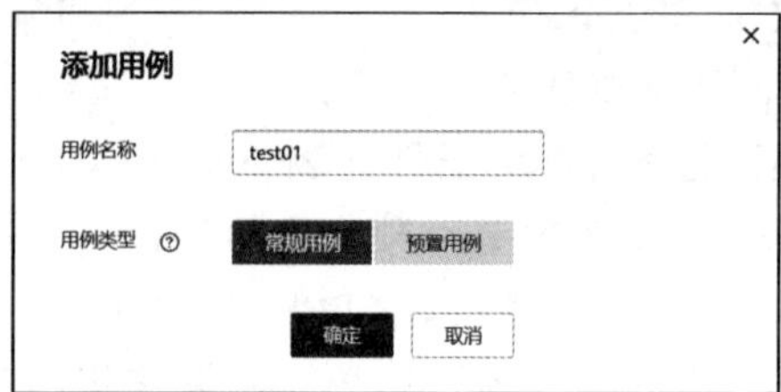

图 14-5　添加测试任务和测试用例

接下来在测试任务视图中单击“添加用例”，增加测试用例。一般可选择创建常规用例，描述 HTTP、HTTPS 等协议通信场景。

(1) 配置“搜索博客”功能云测试。

本实验配置常规用例来开展性能测试。首先新增一个名为 test01(见图 14-5)的用例，描述功能场景 Test1，即搜索博客，在测试用例中添加请求信息(包括请求报文、思考时间、响应提取和检查点等)。

博客搜索场景包括两个网络请求。第一个请求是登录博客首页，报文协议类型为 HTTP，请求方式为 GET，“响应超时”设置为 5s，“请求地址”是博客首页地址“http://1.116.122.13”，如图 14-6 所示。除此以外，还可以设置 Cookie、请求参数和头域等信息。

图 14-6　登录博客首页网络请求

实验为登录首页设置思考时间 1000ms,以模拟真人在多个操作步骤之间的某种延迟等待(见图 14-7)。

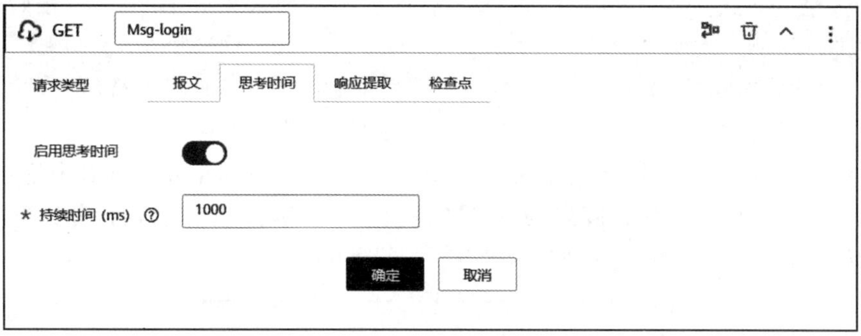

图 14-7　思考时间

本实验粗略地认为能够给出响应结果,而不是抛出 HTTP 500 等错误,即表明服务器成功进行了对于网络请求的响应,而不是因为大负载压力而崩溃。因此,此处未设置检查点。一些网络应用即使内部已无法应对大负载压力,也不会在 HTTP 状态标志位中反馈异常,对于此类复杂应用,可以考虑针对响应结果数据设置较为详细的检查点来判断网络请求是否得到了正常处理。

博客搜索场景的第二个请求是搜索关键词“世界”,报文的协议类型为 HTTP,请求方式为 GET,“响应超时”设为 5s,“请求地址”为博客地址。此处相对第一个网络请求的一个区别是 URL 中多了一个请求参数“s”,其内容为具体的检索词“世界”,如图 14-8 所示。

图 14-8　关键词搜索网络请求

接下来在用例 test01 的视图中单击“添加阶段”，设置用于施加压力的负载变化阶段。一个阶段可以选择“并发模式”或“TPS 模式”两种压力模式之一。前者从请求发起角度出发，按照预定数量规模发起并发用户进行压测；后者则从请求完成角度出发，按照每秒完成的业务数进行压测。本实验设置为“并发模式”。

阶段的“执行策略”分为两种：“按时长”指按照设定的持续时间进行压测，“按次数”指按照设定的发送总次数进行压测。本实验设置“按时长”进行压测。

阶段设置中的“梯度递增”选项用于在测试启动和停止时期望并发量有个逐步递增/递减的过程。本实验暂未启用梯度递增，设置“并发用户”数为 100，“并发百分比”(相对于基准并发的比例)为 100%，“持续时间”为 2 分钟(见图 14-9)。

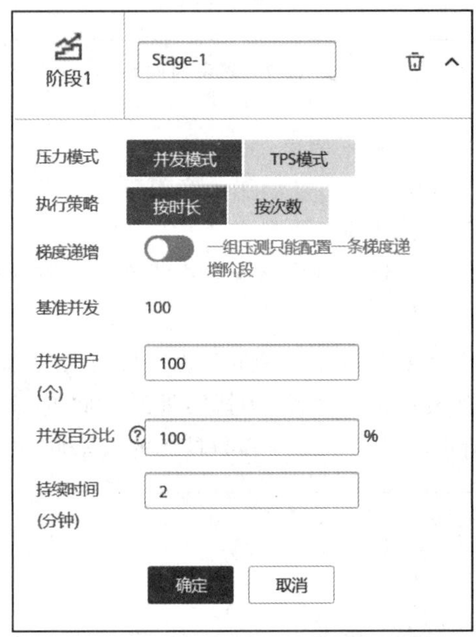

图 14-9　搜索博客的压力阶段设置

完成配置后的测试用例视图如图 14-10 所示。

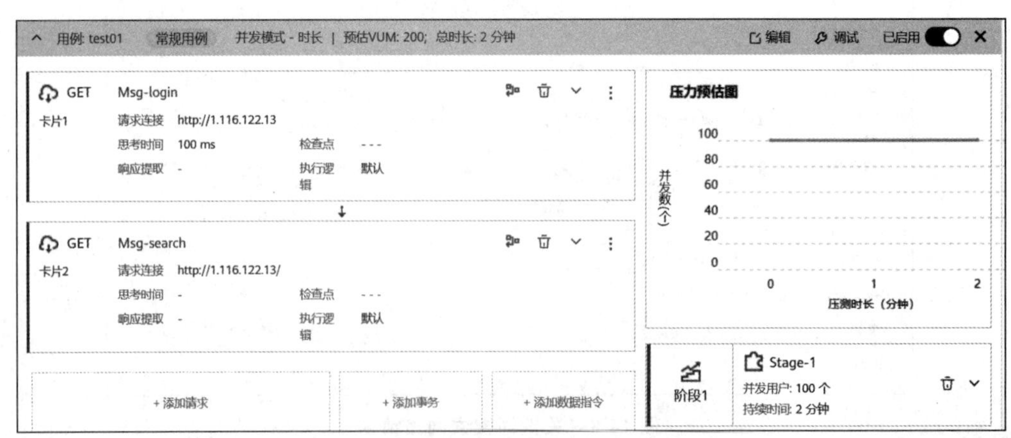

图 14-10　配置后的测试用例 test01

(2) 配置“浏览博客”功能云测试。

为模拟来自功能场景 Test2,即浏览博客信息场景的压力,下一步在测试任务中继续添加名为 test02 的另一个常规用例。在该用例中添加对应查看某博客的网络请求,具体请求设定如图 14-11 所示,该请求为 GET 请求,响应超时设为 5000ms,请求地址是标题为“你好,世界!”的博客的页面网址。

图 14-11 浏览博客的网络请求设置

同样,可为浏览博客请求设置负载压力变化阶段。本实验设置其负载压力为“并发模式”,执行策略为“按时长”,设置“并发用户”数为 100,“持续时间”为 3 分钟。

(3) 配置“评论博客”功能云测试。

为模拟来自“评论博客”功能场景的压力,接着在测试任务中继续添加常规用例 test03。在用例中添加评论博客对应的网络请求。与其他请求不同,该请求是一个向服务器提交数据的 POST 请求,并且含有提交的表单数据,具体请求设置如图 14-12 所示,表单数据的含义见表 14-4。

表 14-4 POST 请求参数

键	值	含　义
comment	testcomment	评论内容
author	huawei	评论的作者
email	xxxxxxx@qq.com	评论作者的邮箱
submit	发表评论	提交表单类型
comment_post_ID	1	评论序号

图 14-12 评论博客的网络请求设置

实验 test03 设置“压力模式”为“并发模式”、“执行策略”为“按时长”、“并发用户(个)”为 50、“并发百分比”为 50%、“持续时间民(分钟)”为 2 分钟的负载压力变化阶段，来为其开展性能测试(见图 14-13)。

4. 执行性能测试

1) 测试任务调试

设置完测试用例后，先对用例进行“调试”。该功能可以快速发现测试用例的配置错误，确保配置模型可用。

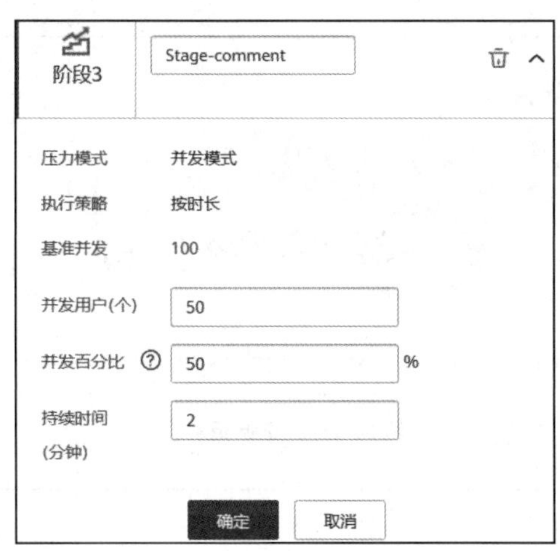

图 14-13　评论测试阶段

在测试用例视图中单击“调试”(见图 14-14),先选择资源组类型,确定负载压力的发起来源。资源组类型包括共享资源组、云容器 CCE 资源组、私有 CCE 资源组几种,如表 14-5 所示。1000 以内的并发可以直接使用共享资源组,无须额外创建资源组。因此,本实验选择“共享资源组”作为负载发起来源,如图 14-15 所示。

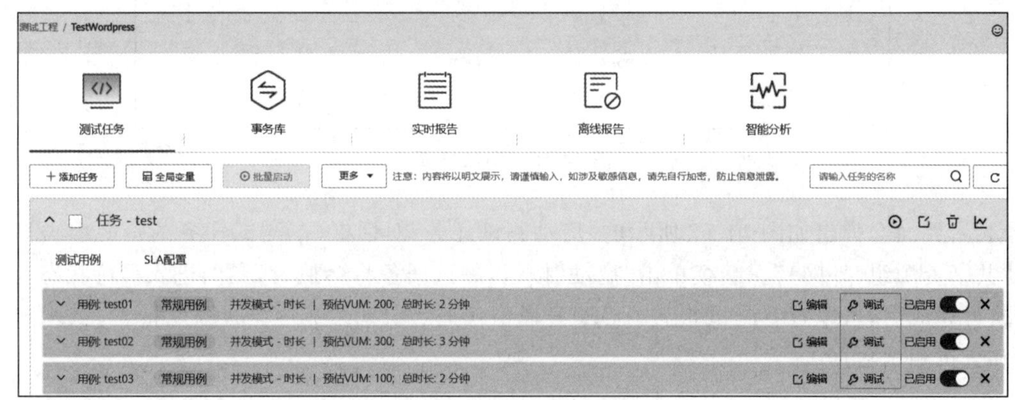

图 14-14　调试测试用例

表 14-5　资源组类型

资源组类型	描　　述
共享资源组	无须创建即可使用,支持外网地址压测
云容器 CCE(Cloud Container Engine)资源组	用于发起负载的公有弹性云容器集群,可简化测试资源管理
私有 CCE 资源组	私有测试资源云容器集群

启动调试,查看调试结果(见图 14-16)。如无异常,表明测试用例的配置可用。

2) 分配测试资源并启动性能测试

若调试通过,单击测试任务视图(见图 14-14)中的“启动”按钮,即可启动性能测试。

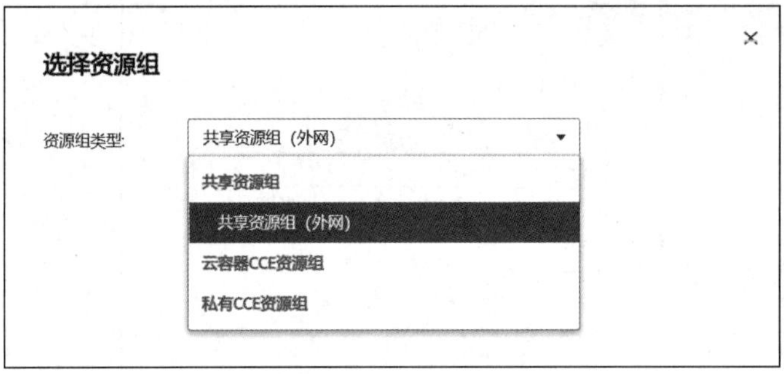

选择资源组
资源组类型: 共享资源组（外网）
共享资源组
共享资源组（外网）
云容器CCE资源组
私有CCE资源组

图 14-15　资源组类型

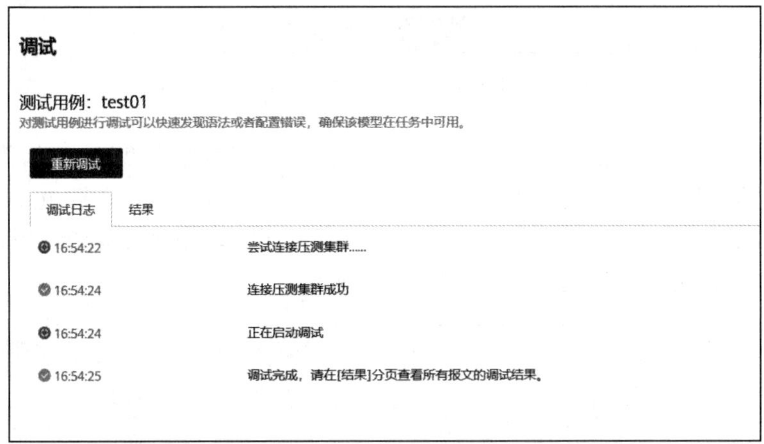

图 14-16　调试界面

启动后，界面会弹出如图 14-17 所示的"启动测试任务"对话框，本测试任务的资源组类型选择"共享资源组(外网)"。继续单击"启动"按钮，测试任务将会执行，界面进入等待状态。等待执行完成后，可以查看测试报告。CPTS 提供实时、离线两种类型的测试报告，供用户查看和分析测试数据。

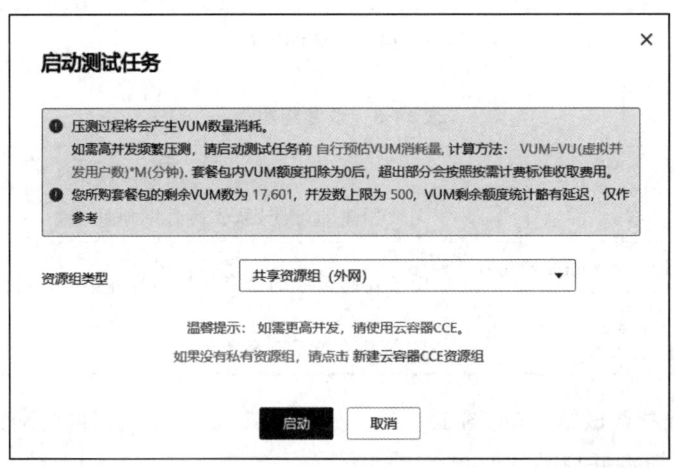

图 14-17　启动测试任务

5. 测试结果分析

测试报告由业务明细和服务水平满足情况(Service Level Agreement,SLA)两部分构成。业务明细显示测试用例的各项执行指标。SLA 是评估性能是否满足预期的一种方式,类似于功能测试中的断言等机制。SLA 报告显示测试工程中已配置的 SLA 规则,以及触发 SLA 规则的情况。SLA 规则支持三种设置,分别关于三项性能指标：响应时间 RT、每秒完成请求数(吞吐量)RPS 和请求成功率,可为这三项指标设置阈值条件,测试执行时,如指标达到设定的阈值条件,将判定有性能异常,触发告警通知或者停止压测。

测试后,查看测试报告,会显示该测试任务的详细结果,如图 14-18 所示。其中,“各项指标总量”显示本次实验的最大并发数为 250,成功执行率为 97.87%,平均响应时间为 577.55ms,RPS 吞吐量为 408。异常返回数高达 1336 个,大部分为响应超时引起,即在设置的响应超时时间内(默认 5000ms),服务器端没有响应数据返回。出现超时表明服务器难以应对大负载压力,处理请求的等候时间明显延长。

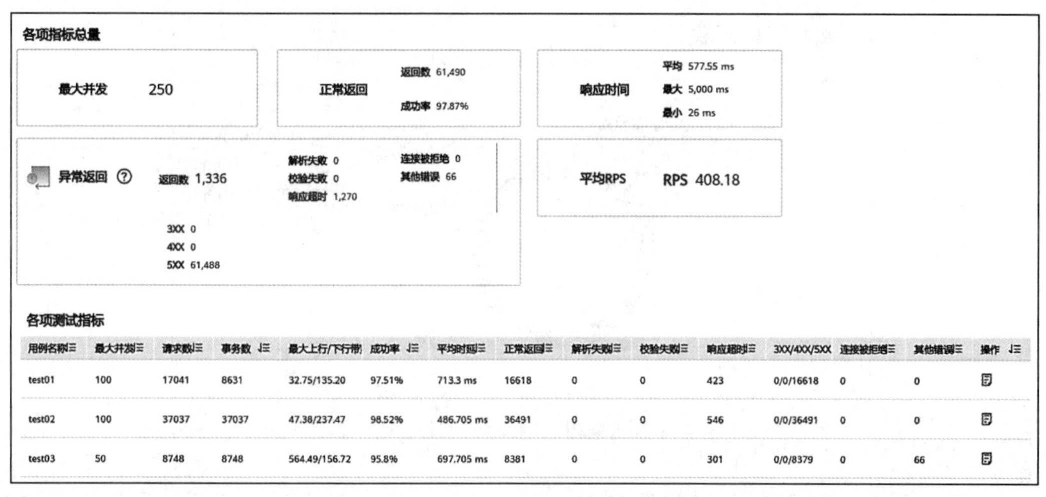

用例名称	最大并发	请求数	事务数	最大上行/下行带	成功率	平均时延	正常返回	解析失败	校验失败	响应超时	3XX/4XX/5XX	连接被拒绝	其他错误	操作
test01	100	17041	8631	32.75/135.20	97.51%	713.3 ms	16618	0	0	423	0/0/16618	0	0	
test02	100	37037	37037	47.38/237.47	98.52%	486.705 ms	36491	0	0	546	0/0/36491	0	0	
test03	50	8748	8748	564.49/156.72	95.8%	697.705 ms	8381	0	0	301	0/0/8379	0	66	

图 14-18　测试结果

图 14-18 中数据表明,对于被测的 Web 博客应用,在预设的并发压力下,性能表现较好的是浏览博客功能,其网络请求的成功率为 98.52%,平均响应时间为 486.705ms,但测试响应超时较多;性能表现较差的是评论博客功能,其网络请求成功率为 95.8%,平均响应时间为 697.705ms,伴有超时外的其他错误 66 个。

CPTS 也提供关于各个时刻请求响应结果、吞吐量、平均响应时间等的跟踪视图。图 14-19以测试用例 test01 为例展示了对测试用例的请求响应吞吐量 RPS、平均响应时间跟踪情况。从三个用例的跟踪视图来看,除个别毛刺,总体来看各测试用例在整个测试执行过程中的吞吐量和平均响应时间大致稳定。评论博客功能的吞吐量略低,响应时间略长,应该是因为评论涉及的计算更多、网络数据传输更复杂。

CPTS 测试报告也给出了各性能指标数据的分布情况。图 14-20 以测试用例 test01 为例展示了测试用例的响应时间分布。从三个用例的响应时间分布图可知,本测试工程的绝大部分响应时间处于 5000ms 以内,一半以上的响应时间少于 500ms,响应时间在 200ms 以内的情况占比约为 30%～40%。

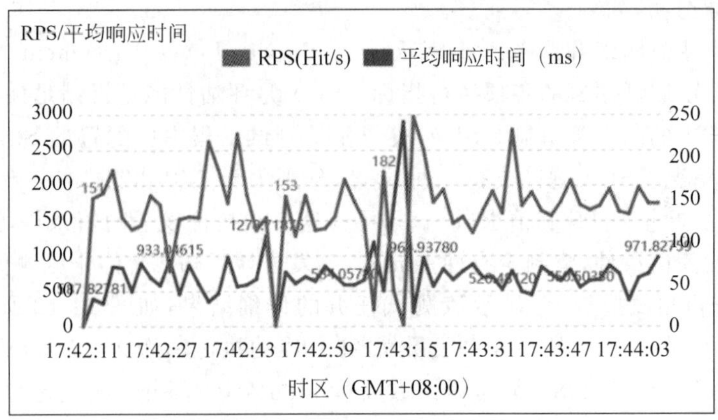

图 14-19　测试用例 test01 的 RPS/平均响应时间跟踪

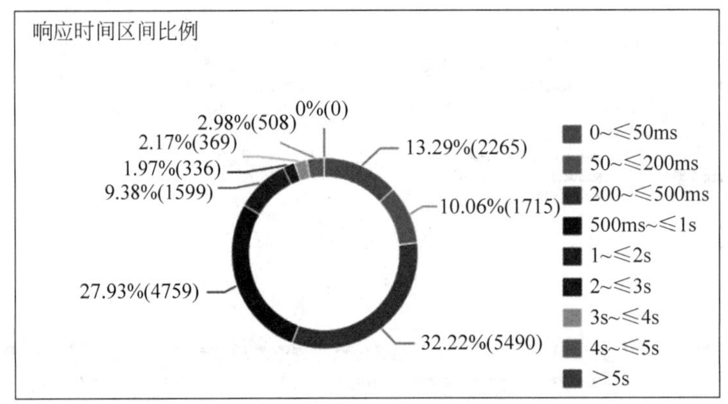

图 14-20　响应时间分布

从最初的性能需求来看，目标博客应用部署希望支持主要业务上百的并发规模。按该性能需求，实验在 250 个总体并发用户数量的搜索、浏览和评论博客负载搭配下，对目标博客应用开展云性能测试，其结果数据表明，请求响应的总体成功率较高，服务器基本能够完成业务处理。平均请求响应时间在 0.5s 左右，处于可以接受的程度，但相对一般网站 200ms 以内的响应时间水平，已略有不足，开始影响用户体验。受性能影响相对最大的是博客评论功能，其次是博客搜索。如果要改善博客应用的使用体验，需要针对目标服务规模，增加 CPU、内存、网络带宽等计算资源，以进一步降低响应延迟，提高超时时限内的请求成功率。

6. 与本地性能测试的异同

基于云的性能测试与本地性能测试的共同点在于都可以发起虚拟用户对服务器端的并发访问，可以设置负载变化策略，能够收集吞吐量、响应时间等各个层面的指标，以评估被测应用的性能。

基于云的性能测试与本地性能测试的不同点如下。

（1）云端性能测试使用相对简单，不需要复杂的工具配置，易于上手。

（2）基于云的性能测试配置计算资源更方便，很容易发起大规模的测试负载，并且负载可以选择从许多不同的地点发起。而对于本地性能测试，配置发起大规模测试负载的客户端相对复杂，也较难同时在不同的地点发起测试，对网络环境的拟真程度不如基于云的性能测试。

（3）本地性能测试可以搭配运用各种本地工具，相对比较灵活，而云端性能测试的负载发起能力受云平台限制。

（4）本地性能测试可以针对局域网环境的被测目标发起测试，而云端性能测试主要针对公网可以访问的目标。

（5）云端性能测试有一定的云环境租用成本，而本地性能测试的成本主要在于客户端主机环境准备，以及相应的测试管理成本。

总体来看，如果测试目标是公网网络应用，所需开展的测试内容符合常规模式，且成本上不构成问题，基于云环境来开展性能测试也是一种值得考虑的选择。

第五部分

测试与软件项目管理

在较早的年代，人们曾认为测试是软件开发结束后的一个独立任务。随着工程化、系统化构建软件的思路得到越来越普遍的认可，这种观念也得到了纠正。测试不再独立于编码等开发活动，而是和需求分析、设计、编码、构建等研发过程有机联系在一起。测试不仅是专门测试人员的任务，也和各类其他开发人员密切相关。软件开发和管理人员需要了解如何在项目开发流程中组织测试，测试人员需要了解如何对接测试与其他环节、如何管理测试相关的活动。

项目管理对于在校学生而言显得抽象而难以把握，本书通过依托工具开展的一组测试相关项目管理实验来将项目管理具体化。很难说通过这些实验就能把握项目管理的精髓，即使是就测试这一侧面而言。但通过这些实验，至少可以将软件研发从无序的组织，变得更加有序。通过体验实验过程中的烦琐与简单，未来可以进一步结合自身的工作经验，定义更适合自身任务的项目管理方法。

本部分共包括四个实验。实验“软件需求与测试管理”建立起从需求分析到测试设计的关联，有效管理测试资源，跟踪测试用例设计、执行进展，了解软件质量情况。需求和风险是软件测试绕不开的两个核心概念，本实验以具体到工具的方式揭示需求和测试的联系，探索如何围绕需求和测试用例管理测试活动。

实验“代码变更与评审”探究如何在开发过程中变更代码时，结合 pull request 机制开展基于人工评审(review)的广义软件测试。这种代码审查是团队开发时确保主线代码质量的一种常用方式，尤其在开源软件开发中得到广泛使用。

实验“持续集成与测试”尝试在软件开发和构建的过程中利用持续集成工具自动挂载测试。本实验不仅包括基于程序执行的狭义概念测试，还包括基于代码静态分析的广义概念测试。在持续集成的过程中自动开展测试，可以使测试“持续”化，并且不依赖人的介入，只需一次配置，今后即可在后台自动运行。如此，可以使软件始终保持在较高的质量水平，不用担心因对测试任务“疲劳”，而导致质量下降。

实验“问题跟踪管理”围绕缺陷体验软件项目中问题管理的主要流程。缺陷，或者说更广泛的概念“问题(issue)”是项目计划制订的核心依据之一。项目组常围绕问题的两个方面——功能(feature)和缺陷(bug)——组织开发活动。了解缺陷管理，有助于理解项目管理中测试和开发的衔接，理解开发活动组织。

上述实验中，第一个实验关联了测试的出发点即软件需求，后三个实验覆盖了从代码开发到软件构建，再到缺陷发现和处理的闭环流程。这些软件质量相关的项目管理手段，为全生命周期质量控制提供了保障。

实验15

软件需求与测试管理

软件测试过程需要有效的管理，以提高测试活动的组织效率。人们已将测试管理的相关原则凝练并表达在一系列现代测试管理工具中。通过使用测试管理工具开展测试，可以了解测试活动的划分、职责分派、测试相关主要制品，以及测试流程的组织方法。即使切换工具，甚至不再使用工具管理测试，也能够应用从测试管理工具使用中获得的经验来指导后续测试工作的开展。正因如此，本实验中将体验一个使用工具管理测试活动的过程，获得测试管理的初步经验，深化读者对测试相关项目管理的认识。

一、实验目标

能够分解软件功能，提炼非功能属性，确定测试需求，制订测试计划；能够使用测试管理工具(如 TestLink)管理和跟踪测试，如表 15-1 所示。

表 15-1 目标知识与能力

知识	能力
(1) 软件需求分析：功能分解、非功能属性提炼 (2) 需求跟踪矩阵 (3) 测试管理：测试制品管理、测试流程组织、职责分派	(1) 设计/开发解决方案：能够分析软件需求，并据此设计测试用例 (2) 使用现代工具：使用测试管理工具 (3) 项目管理：掌握依托工具管理测试制品和测试流程的方法

二、实验内容与要求

从移动应用市场中下载使用较广泛的任意一个应用，对其进行黑盒测试。具体步骤要求如下。

(1) 对应用的功能点和非功能属性进行分解，以树、表等方式列出主要功能模块和非功能性要求。

(2) 根据上一步的分解，提取一个可以作为独立被测单元的子功能，详细分析其子需求规格，并以表格方式列出需求跟踪矩阵。

(3) 在测试管理工具(如 TestLink)中录入待测试的需求规格。

(4) 为步骤(2)的子功能需求以及至少一个非功能要求设计测试用例。

(5) 执行部分测试用例，并在测试管理工具中登记结果。

(6) 用测试管理软件对已开展的测试进行跟踪统计，获得统计报表，展示测试设计、执行进展情况；并根据数据统计，规划下一阶段的测试工作。

三、实验环境

TestLink 软件：https://www.testlink.org/。

四、评价要素

评价要素如表 15-2 所示。

表 15-2 评价要素

要素	实验要求
概念理解	能够理解测试管理相关的概念，及其在 TestLink 中的对应，能够基于概念阐述所做动作的目标和意义
问题分析	能够分析被测软件的需求，针对需求开展测试用例设计
工具应用	能够使用工具完成规定的实验任务，且实验过程围绕任务展开，每一步能说明其对最终测试管理任务的作用。 切忌将实验报告写成工具使用手册，实验应围绕被测项目的测试管理任务展开

问题分析

1. 测试管理

在测试管理的众多目标中，组织数据、规范流程、跟踪任务是几大核心目标。组织数据即开发团队如何记录、分享软件测试相关的数据，避免无序的数据管理造成测试用例、测试记录等核心资产丢失，给项目推进带来困扰。如代码开发中建议设立代码仓库、应用 Git 等配置管理工具，在测试中，也需要相应手段来管理测试数据。将测试数据分布保存在多个测试者乱七八糟的文件中、通过聊天传文件交换测试用例等，是较为原始的测试数据管理方式，仅适用于简单项目。应借助恰当工具，使测试数据的管理相对集中化，读写权限清晰，当前版本和旧版本能够有效区分，并可以很容易地随时获得必要数据。

数据管理是基础，在此之上应进一步规范测试流程。例如，一般而言，进行测试前应明确需求(功能或非功能属性)，为需求定义测试用例。应避免漫无目的的随意测试，开展测试活动建议先定义一个测试计划，明确测试的目标。例如，目标是测试一组新功能，或者检验缺陷修复是否有效。测试计划建议包含希望运行的测试用例，在总体计划下分派测试用例给不同测试者执行。测试团队应根据项目特点明确测试活动组织流程以及各个测试者在流程中所应承担的职责等。

测试管理中通常还需要对测试任务进行跟踪，随时了解当前测试设计、测试执行等活动的进展，分析软件总体质量表现，了解各个功能在测试中的缺陷发现情况等。任务跟踪一般需要从软件需求、测试用例、测试计划等角度获得统计视图，得到作为进展分析的支撑数据。为有效跟踪测试，测试的各个制品，包括测试用例、软件需求、测试执行结果等，应建立联系。这些联系可以通过统一的标识来建立，在不同制品中按准确的标识名称来互相引用，或者借助工具来实现。

TestLink 提供了丰富的测试数据管理、测试流程串联、测试任务跟踪功能，为测试管理提供了有力支撑。其使用免费、功能易于扩展，因此被许多软件项目采用。

2. 实验问题的解决思路与注意事项

使用 TestLink 管理测试的关键在于理解 TestLink 中的一系列概念，包括测试制品、测试角色与职责、测试流程等。

1）测试制品

TestLink 将测试相关制品组织为产品（product）、版本（build）、需求规格（requirements specification）、需求（requirement）、测试定义（test specification）、测试用例（test case）、测试计划（test plan）等一系列概念，组织测试活动必须了解这些概念的本质含义。

- 产品：被测试的软件产品。
- 版本：被测软件的版本。
- 需求规格：是 TestLink 中“Requirements Specification”的中文译名，并非软件工程中一般意义上的需求规格，称为需求定义可能更为恰当，是一组需求的集合。
- 需求：一般意义上的软件需求。
- 测试定义：关于测试用例的总体定义，在 TestLink 中文版界面上展现为“编辑测试用例”。
- 测试用例：一般意义上的测试用例，一个用例有前提条件，并可能有多个执行步骤，每个步骤有相应的动作和预期执行结果。
- 测试计划：对应一轮测试活动，一个测试计划由若干被选中的测试用例组成。

图 15-1 展示了各个概念实体之间的关联。一个产品仅有一个测试定义，可以有多个需求规格和软件版本。一个需求规格内包含多个具体需求。测试定义中包含的测试用例可以有多个，一个测试用例可能只能运行在某些特定软件版本上。测试用例和需求之间可能有多对多关系。

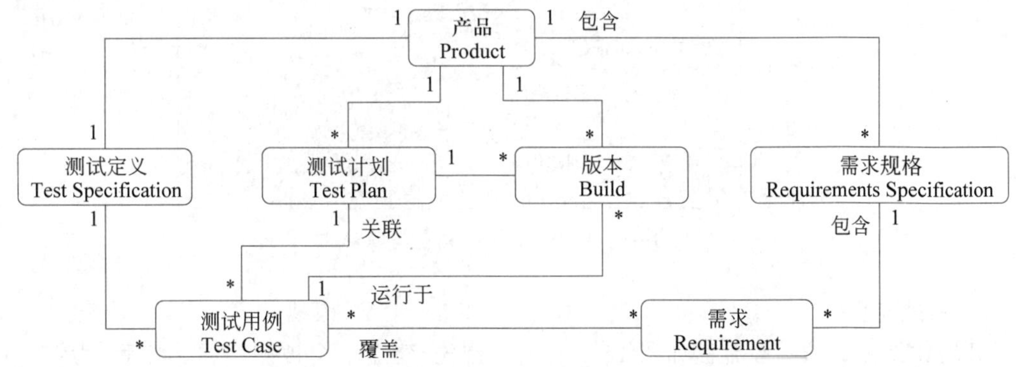

图 15-1 TestLink 中的测试制品相关概念及其联系

2）测试职责

测试管理应注意职责划分，为恰当的人分配恰当的测试任务。TestLink 将测试相关人员分为六种概念角色[1]：访客、测试执行者（test executor）、测试设计者（test designer）、测试分析者（test analyst）、测试负责人（test leader）和管理员，分别对应系统中的 guest、 tester、test designer、senior tester、leader 和 admin。

- 访客(guest)：只可查看，不可修改。
- 测试执行者(tester)：可以查看并运行测试用例、登记测试结果。
- 测试设计者(test designer)：能够定义软件需求和测试用例。
- 测试分析者(senior tester)：可以设定需求，编辑测试用例并运行，不可以创建测试项目、分配角色和定义测试计划。
- 测试负责人(leader)：可以管理一个项目的各类测试相关活动，但无法创建测试项目、分配新用户。
- 管理员(admin)：具有所有权限。

各角色主要职责如图 15-2 所示。大规模的测试团队中，测试者所承担的角色可能比较分明，而在小规模团队中，一个测试者常常同时承担多种角色。

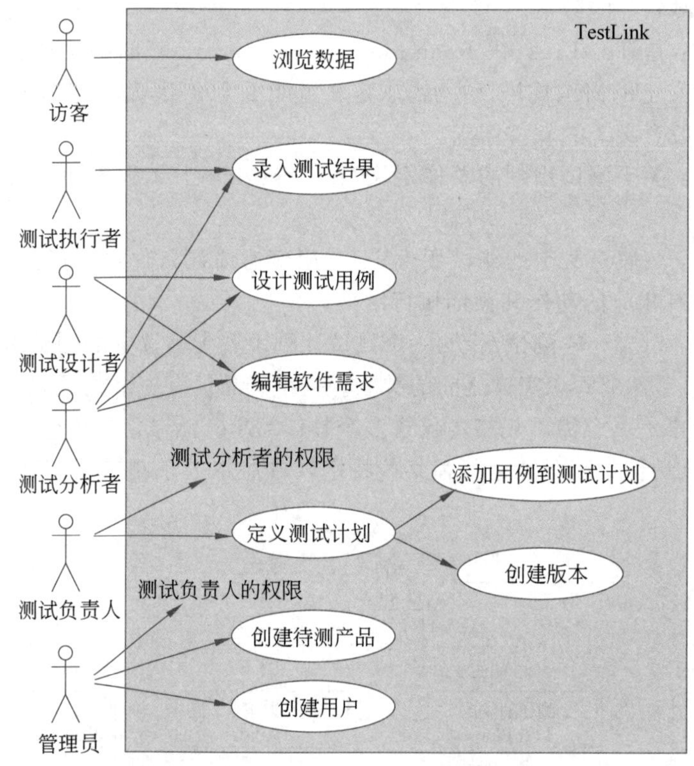

图 15-2　TestLink 中的角色与职责

3）测试流程

开展软件测试的一般流程如图 15-3 所示。首先，建立一个被测产品。然后，为该产品定义需求。理清需求后可以定义测试用例，构造测试用例池。当需要执行测试时，第一步先创建一个测试计划，并确定待测目标产品的版本。接下来，向测试计划中添加测试用例。将测试计划中的用例分配给不同的测试者。测试者执行测试用例，并录入测试结果。执行部分或全部测试后，可以查看测试统计报表，跟踪测试进展，获知测试结果。

3. 难点与挑战

(1) 概念理解：准确把握测试相关概念是用好测试管理方法的关键。在概念理解错误

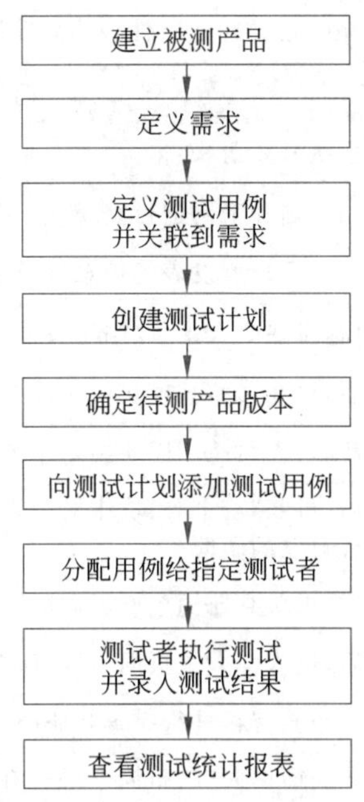

图 15-3 TestLink 中的测试流程

的情况下硬套方法论可能不仅无法提高测试组织效率，反而会使测试活动相当“别扭”，误以为某种方法是“繁文缛节”，徒增烦恼。

(2) 工具应用：运用 TestLink 工具需要建立工具中相关实体和软件工程概念的联系，工具中的一些名词可能和软件工程惯用说法并不完全一致，不恰当的中文翻译可能放大这种影响。完成测试需要广泛查阅资料，特别是官方文档。

实验方案

1. 实验对象及其功能和非功能需求

本次实验所测试的对象是新浪微博的 Android 移动端。微博是一个基于用户关系、通过关注机制分享简短实时信息的广播式社交平台。其移动端主要功能特性和非功能属性的分解如图 15-4 所示。表 15-3 列出了关于这些功能特性和非功能属性的简要介绍。

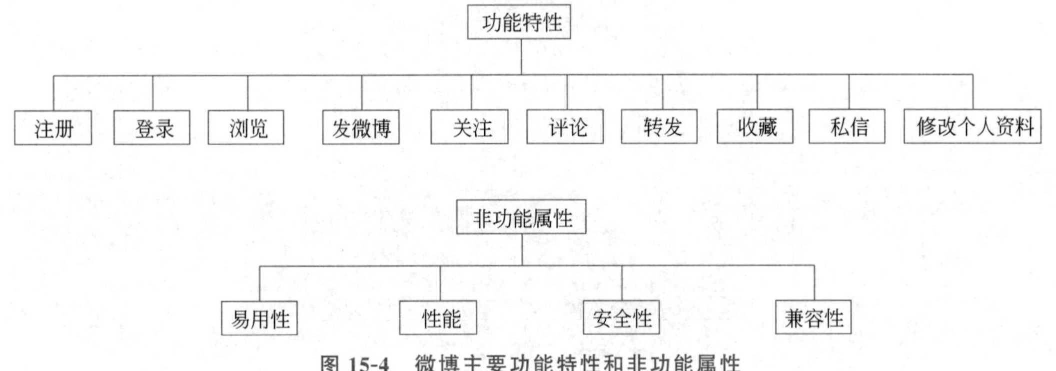

图 15-4 微博主要功能特性和非功能属性

表 15-3 微博主要功能特性和非功能属性简介

类别	项目	简介
功能特性	注册	通过手机号注册账户
	登录	通过用户名和密码进行登录
	浏览	浏览所有用户所发表的信息以及微博热搜等内容
	发微博	登录后，可在个人主页（“我”页面）或“首页”发表自己的微博
	关注	登录后，可在“发现”模块中关注个人喜欢的用户
	评论	登录后，可在“首页”模块中对个人关注用户所发微博进行评论和回复
	转发	登录后，可在“首页”模块中对个人关注的用户所发的微博进行转发，从而变成自己的微博
	收藏	登录后，可对其他用户所发表的微博进行收藏
	私信	登录后，进入个人主页面，可与所关注的用户进行私信交流
	修改个人资料	对用户个人资料进行完善和修改
非功能属性	易用性	操作界面简单大方、布局合理。在初次使用时，设有操作指南，让用户快速熟悉软件功能，在熟练使用后可以更快地进行各项操作
	性能	高性能、高并发，支持大规模并发访问
	安全性	设有访问限制、数据加密、数据隔离等功能，确保软件的安全运行和用户数据安全
	兼容性	可运行于不同版本的 Android 平台

2. 独立子功能需求分析

实验以“发微博”功能为代表性的可独立测试的子功能单元，来实施测试管理。该功能单元主要界面如图 15-5 所示，其中包括编辑文字、上传图片、嵌入视频、编辑分享权限、发送微博、删除微博等子功能。“发微博”功能的主要测试需求及需求跟踪矩阵如表 15-4 所示（包含一个非功能属性）。

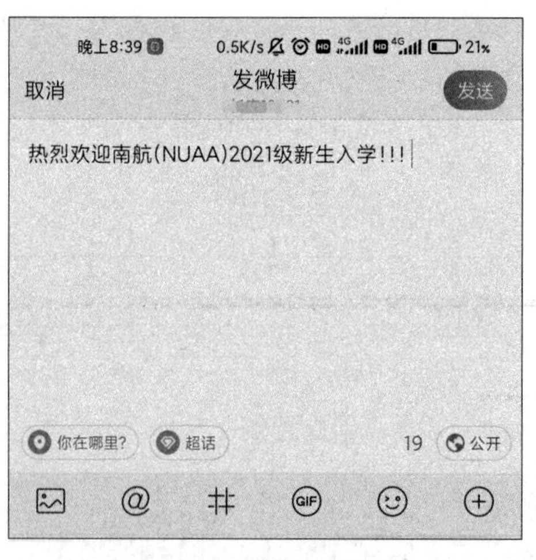

图 15-5 “发微博”界面

表 15-4 需求跟踪矩阵

功能单元	需求标识	子功能	需　　求	优先级
发微博功能	RB-01	编辑文字	在发微博界面可编辑中文、英文、数字、符号以及表情等信息	高
	RB-02	上传图片	访问本地相册,可对图片进行编辑并上传本地图片文件	高
	RB-03	嵌入视频	访问本地相册,可对视频进行编辑,并对本地视频文件进行上传	高
	RB-04	编辑分享权限	选择分享范围,包括:公开(所有人可见)、粉丝(关注你的人可见)、好友圈(互相关注好友可见)、仅自己可见以及指定部分好友可见	中
	RB-05	发送微博	正常发送仅有文字内容的微博,能够发送包含图片、视频的微博,不能发送空微博,10min 内不能发送文本内容相同的微博	高
	RB-06	删除微博	对已发送的微博进行删除,并给出删除确认提示	中
应用兼容性	RB-07	支持不同系统	可在不同版本的 Android 平台运行新浪微博软件	中

3. 录入测试需求

确定软件需求后,下一步,安装 TestLink 软件,并在 TestLink 中录入测试需求。

1) 安装 TestLink

可在 TestLink 官网下载其代码包,参照官方文档实现安装[2]。此种方式需要自行部署 MySQL、PHP 以及 Apache 等 Web 服务器。另一种方式是使用官网提供的环境捆绑好的 Bitnami 部署包一次性完成所有安装。

2) 建立测试项目,并分配测试用户

在 TestLink 安装过程中会创建管理员用户。下一步,打开 TestLink 测试管理软件,登录管理员账号。登录后,在左侧导航栏中单击“测试项目管理”按钮,跳转至“测试项目管理”视图(见图 15-6),单击其中的“创建”按钮进入“创建新的测试项目”界面(见图 15-7),在“名称”“前缀”“项目描述”输入框中输入项目名称、测试用例名称前缀、项目描述文字,勾选“启用产品需求功能”“启用测试优先级”以及“启用测试自动化”复选框。然后单击“创建”按钮即可建立新的项目,并进入项目主页,如图 15-8 所示。

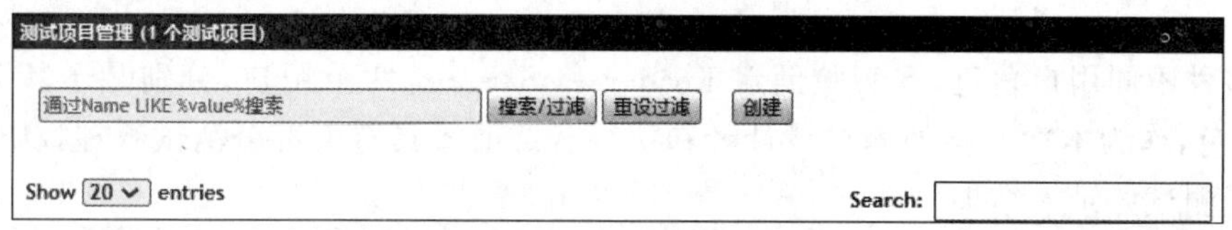

图 15-6 “测试项目管理”视图

下一步,为项目分配用于测试操作的用户。在项目主页(见图 15-8)单击上方工具栏的“用户管理”按钮,进入如图 15-9 左侧所示的“用户管理”界面,单击界面下方的“创建”按钮,即可在如图 15-9 右侧所示的页面添加用户。如实验方案前的问题分析所述,TestLink

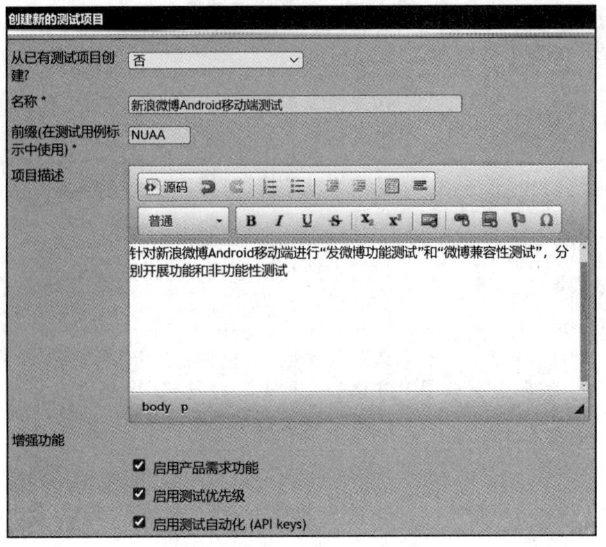

图 15-7　创建新的测试项目

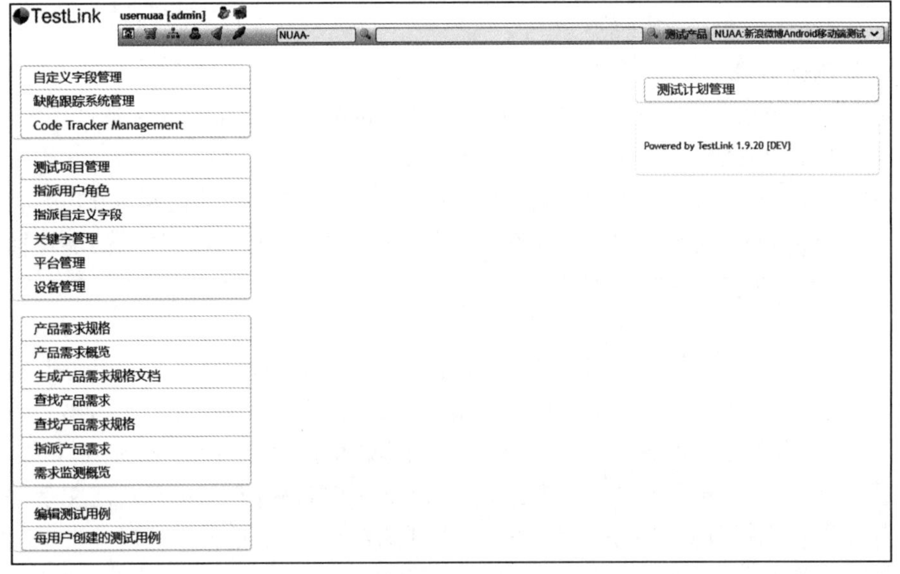

图 15-8　项目主页

提供了多种不同用户角色，本实验创建 Leader 和 STester 两个用户，分别赋予其 leader 和 tester 角色，作为本次实验的测试设计者和执行者。前者具有大部分测试管理权限，后者仅负责执行测试并录入结果。

创建好测试用户后，单击项目主页上方工具栏中的"注销登录"按钮，然后重新以新建的用户 Leader 登录，可以开始设计测试。

3）录入需求规格

测试的核心目标是验证需求，因此测试管理首先要管理好软件需求。实验以"发微博"功能为代表，先在 TestLink 中录入需求规格(requirements specification)。发微博又分为

用户管理

查看用户 查看角色 指派测试产品的角色 指派测试计划的角色

打开/折叠组 显示全部列 复位到默认状态 刷新 重置过滤器

账号	名字	姓	电子邮件	角色
usernuaa	User	Administrator	user@example.com	admin
STester	S	tester	user@st.com	tester
Leader	User	Name	user@ex.com	leader

创建 导出

账号 用户管理

图 15-9 添加用户

若干子功能，因此还需在 TestLink 中创建子测试需求(requirement)，创建好需求后再录入并管理测试用例。

为录入需求，先单击 TestLink 工具栏中的“产品需求”按钮，跳转至“导航 - 产品需求规格”界面，如图 15-10 所示。然后，单击右侧标题为“测试产品：新浪微博 Android 移动端测试：产品需求规格”视图下方的“新建产品需求规格”按钮，进入如图 15-11 所示的需求规格录入界面，开始创建测试需求规格。

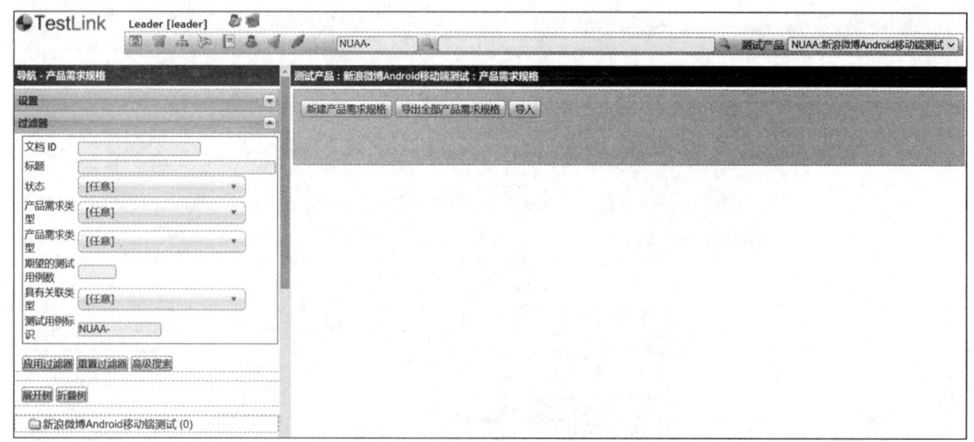

图 15-10 “产品需求规格”界面

实验录入了一条标题为“发微博功能”的需求规格。该需求规格包含若干子需求。在产品需求规格浏览树(见图 15-12 左侧)中选中“发微博功能”这一上层需求，在相应需求展示和编辑界面(见图 15-12 右侧)单击顶部“产品需求规格：[1] ∷ 发微博功能”下的动作按钮，可弹出如图 15-12 上方所示的需求编辑按钮栏。然后，单击“创建新产品需求”按钮，可进入与图 15-11 类似的创建子需求界面，进而根据表 15-4 的需求跟踪矩阵录入产品需求。录入发微博功能的所有需求，并录入关于兼容性的一个非功能需求后，产品需求树如图 15-13 所示。

4. 设计并管理测试用例

实验根据被测应用的软件需求来设计测试用例，利用 TestLink 录入测试用例，并将测试用例和需求关联，以便从业务需求层面跟踪测试工作进展。

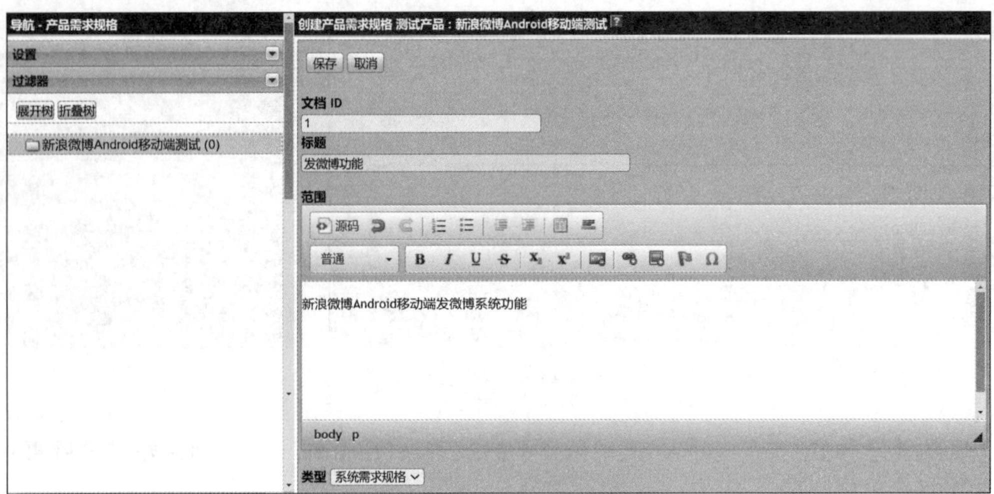

图 15-11 新建产品需求规格

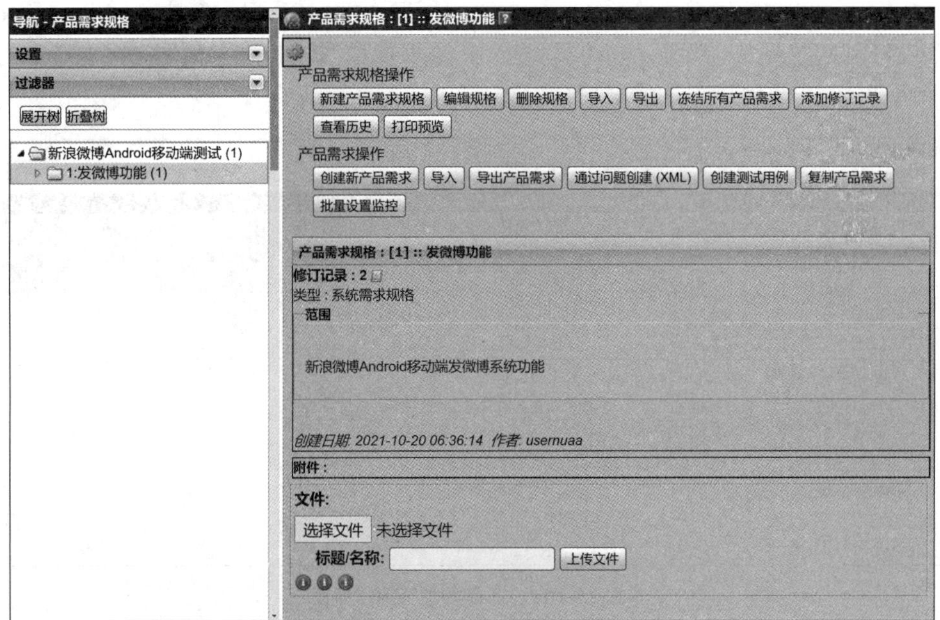

图 15-12 产品需求展示与编辑界面

图 15-13 产品需求树

1）设计测试用例

根据表 15-4 需求跟踪矩阵对每个需求设计测试用例，如表 15-5 所示。

表 15-5　设计测试用例

序号	需求标识	子功能	用例标识	用例名称	操作步骤	预期结果
1	RB-01	编辑文字	TC101	编辑文本	输入中文、英文、数字和符号混合内容	成功输入
			TC102	编辑表情	输入表情	成功输入
2	RB-02	上传图片	TC201	上传单张图片	①单击相册图标，访问本地相册；②选中单张图片，单击界面右上角“下一步”；③图片选择完成后，单击右上角“下一步”上传图片	单张图片上传成功，成功插入微博内容中
			TC202	上传多张图片	①单击相册图标，访问本地相册；②选取 9 张图片，单击界面右上角“下一步”；③图片编辑完成后，单击右上角“下一步”上传图片	9 张图片上传成功，成功插入微博内容中
3	RB-03	插入视频	TC301	上传视频	①单击相册图标，访问本地相册；②选择单个视频，跳转至视频选择界面；③选择完成后，单击右上角“下一步”上传选中视频	单个视频上传成功，成功插入微博内容中
4	RB_04	编辑分享权限	TC401	分享权限设为粉丝可见	①单击右下角“公开”，设置分享权限；②选择分享范围为“粉丝”	仅“关注你的人”有权限查看该已发微博
			TC402	分享权限设为仅自己可见	①单击右下角“公开”，设置分享权限；②选择分享范围为“仅自己可见”	仅自己有权限查看该已发微博
5	RB-05	发送微博	TC501	纯文本微博发送	发送仅有文字内容的微博	正常发送
			TC502	含图片、视频微博发送	发送含图片、视频的微博	正常发送
6	RB-06	删除微博	TC601	删除微博	①单击“删除”对已发微博进行删除；②针对“确定删除这条微博吗”单击“确定”	成功删除并提示“已删除”
			TC602	删除微博中途取消	①单击“删除”对已发微博进行删除；②针对“确定删除这条微博吗”单击“取消”	取消删除，该微博保留
7	RB-07	支持不同系统	TC701	支持 Android 11	在版本 Android 11.0 平台运行新浪微博软件	成功运行
			TC702	支持 Android 10	在版本 Android 10.0 平台运行新浪微博软件	成功运行
			TC703	支持 Android 9	在版本 Android 9.0 平台运行新浪微博软件	成功运行

2）录入测试用例

下一步，在 TestLink 中录入测试用例。录入前需要先创建测试用例集，本实验创建两个测试用例集："发微博功能测试"和"微博兼容性测试"，分别开展功能和非功能性测试。具体创建过程从项目主页面开始，单击"编辑测试用例"链接打开产品测试用例视图（见图 15-14），然后单击界面"测试产品：新浪微博 Android 移动端测试"下的动作按钮，将出现"测试用例集操作"工具栏。通过单击其中的按钮可打开"创建测试用例集"界面（见图 15-15），填入名称和描述，即可创建一个测试用例集。

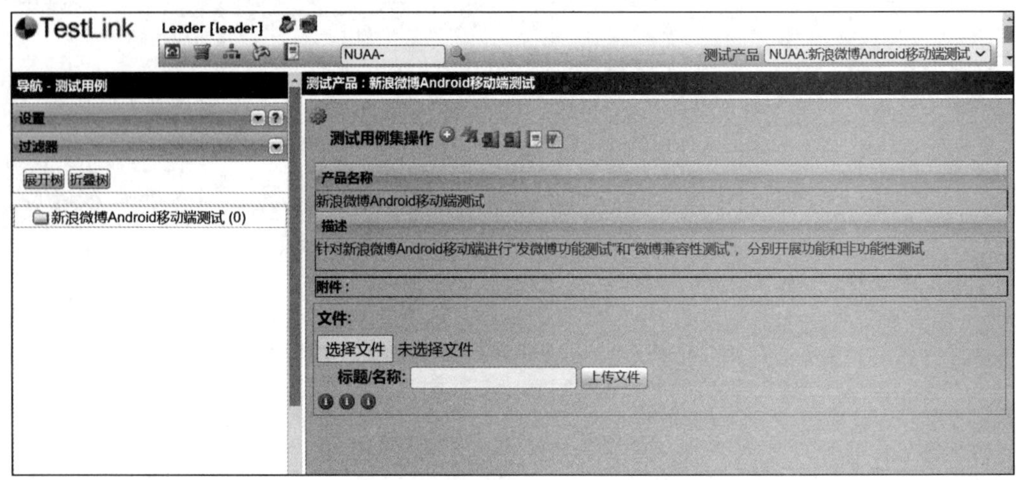

图 15-14　产品测试用例视图

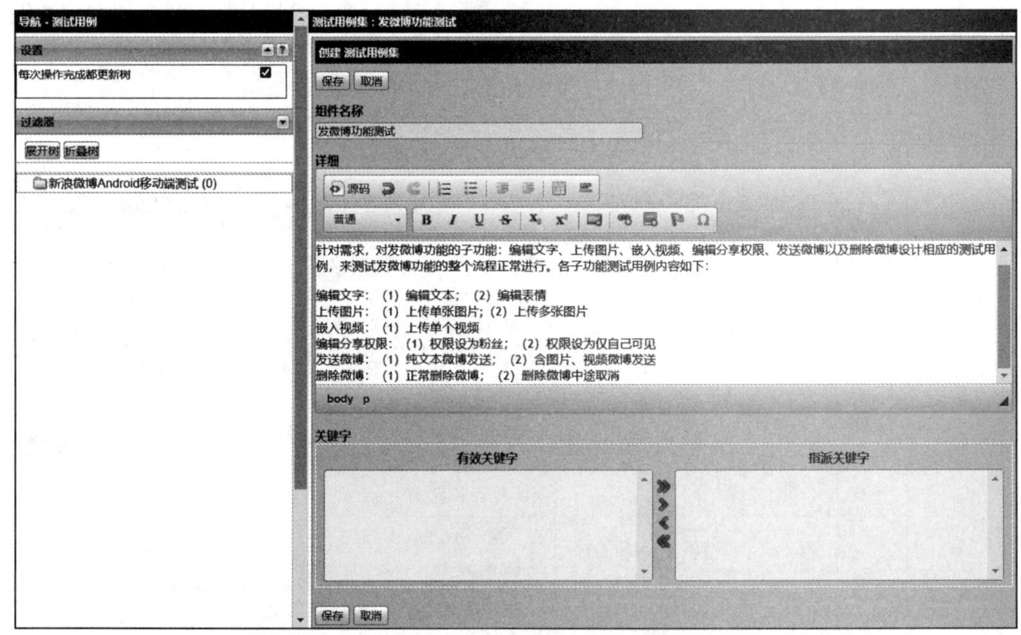

图 15-15　创建测试用例集

创建好测试用例集后，以功能测试为例，实验在"发微博功能测试"用例集下录入新的测试用例。录入过程先从左侧"导航-测试用例"界面下选中测试用例集，在右侧打开测试用例集视图（见图 15-16），单击其中的动作按钮，展开工具栏，然后通过单击第二行"测试用例

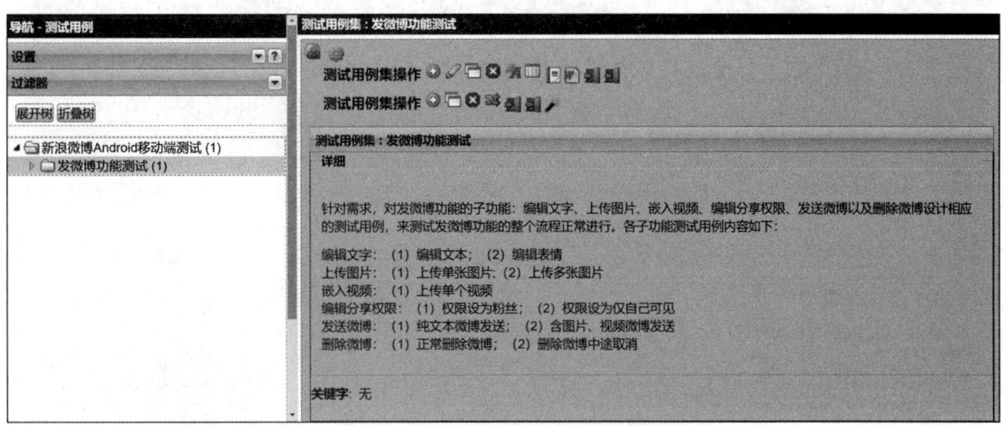

图 15-16 测试用例集视图

集操作”右侧的“创建测试用例”按钮，即可进入编辑测试用例视图(见图 15-17)。填入标题、前提、摘要等信息，即可保存一个测试用例。

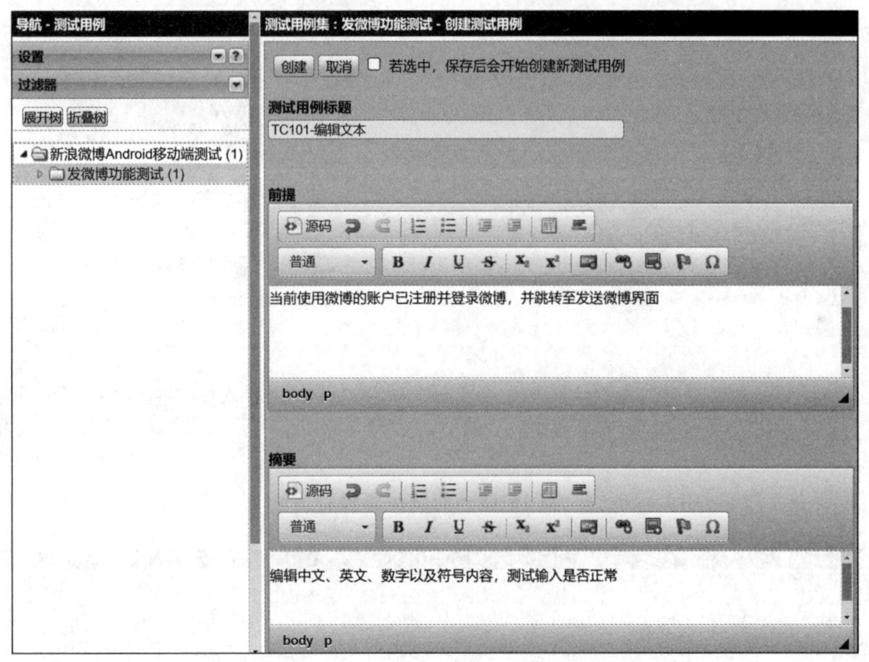

图 15-17 编辑测试用例视图

一些测试用例可能包含多个操作步骤，每个步骤包含相应的动作和预期执行结果。创建好测试用例后，还需在 TestLink 中添加测试用例的执行步骤。以用例集“发微博功能测试”下的测试用例“TC201-上传单张图片”为例，创建过程首先在界面左侧导航视图选中测试用例 TC201，在右侧呈现测试用例界面(见图 15-18)。单击其中的“创建步骤”按钮，填写步骤动作“单击相册图标，访问本地相册”和期望结果“访问本地相册，可读取本机所有的图片文件”，即可创建一个测试步骤，如图 15-19 所示。图 15-20 展示了一个创建好的包含多个步骤的测试用例。

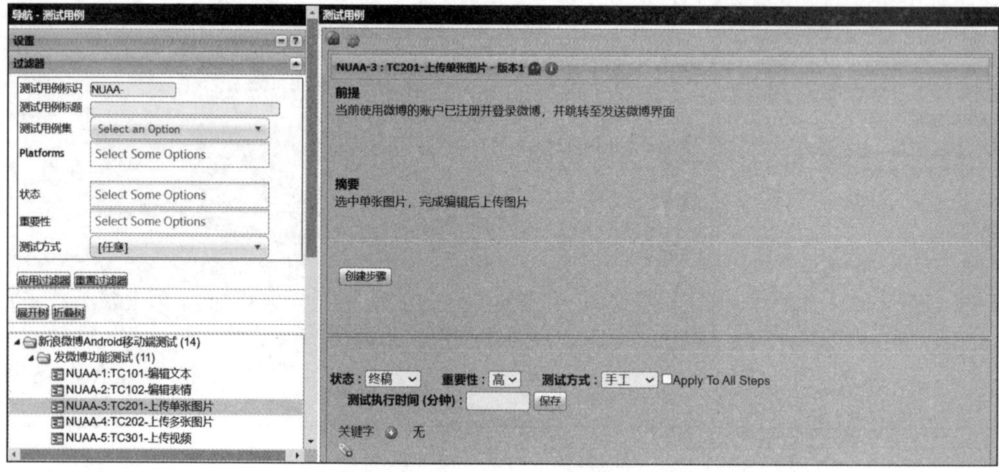

图 15-18 TC201 测试用例界面

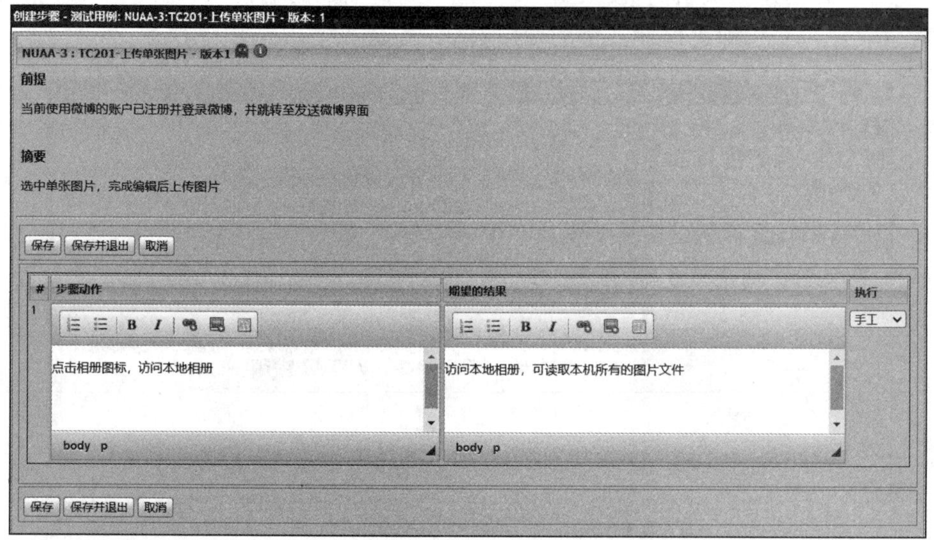

图 15-19 测试步骤设计

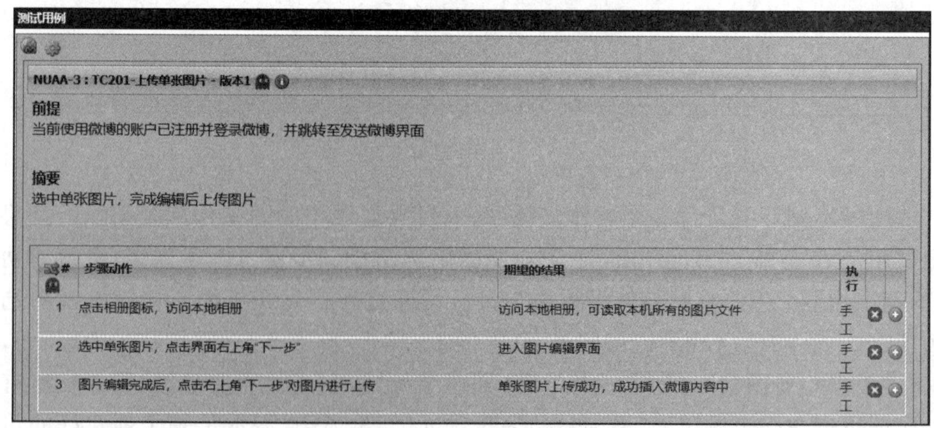

图 15-20 多步骤测试用例

按上述操作方法，实验建立的总测试用例集如图 15-21 所示。

图 15-21 总测试用例集视图

3）为测试用例关联需求

一个软件需求往往需要多个测试用例来检验，一个测试用例也可以同时测试多个需求。建立需求和用例之间的关联可以帮助了解测试设计进展、分析测试过程对需求的覆盖情况，以及各需求的缺陷分布等。因此，下一步，实验将需求和测试用例绑定。

返回项目主页，在左侧导航栏中单击“指派产品需求”链接(见图 15-8)，跳转至“分配需求给测试用例”界面，如图 15-22 所示。

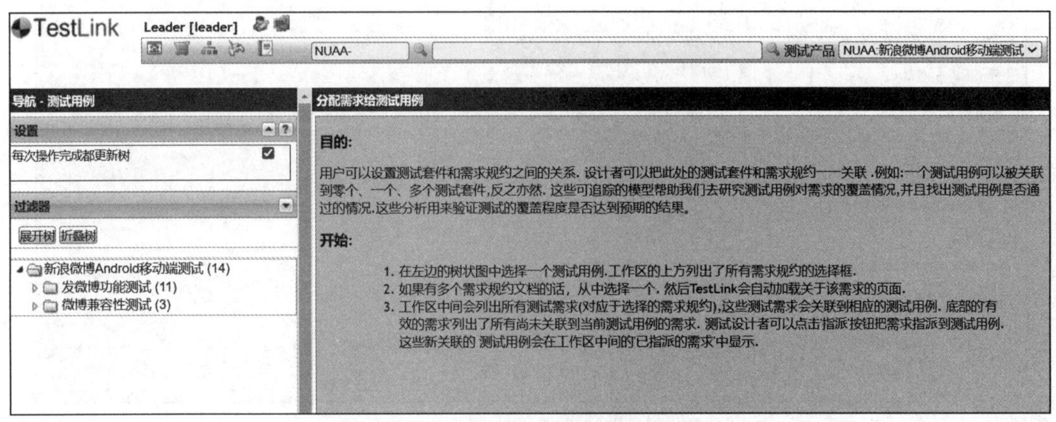

图 15-22 “分配需求给测试用例”界面

指派产品需求过程首先在界面左侧的测试用例树中选择一个用例，例如测试用例“TC102-编辑表情”，右侧将弹出需求指派界面(见图 15-23)。界面上方视图区域列出了“产品需求规格”选择框，从中选择一个步骤 3 中录入的需求规格，例如，“[1] - 发微博功能”，表明测试用例 TC102 即将关联的是“发微博功能”这一需求规格。然后，TestLink 会在界面下方的“有效的产品需求”部分列出该需求规格下所有尚未关联到当前测试用例的子需求，例如，“上传图片”“嵌入视频”等。可以勾选其中的需求，并单击“指派”按钮把需求指派到测试用例。已关联到测试用例的需求会在视图中部区域“已指派的产品需求”中显示。

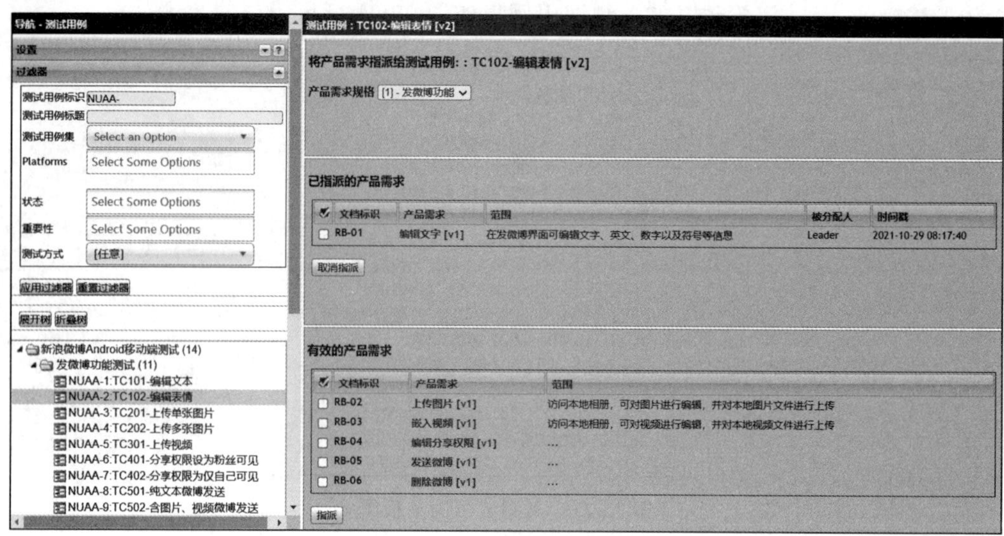

图 15-23 用例 TC102 指派产品需求

指派产品需求后可以通过项目主页(见图 15-8) 左上角“产品需求”按钮查看每个需求被测试用例覆盖的情况,如图 15-24 所示。

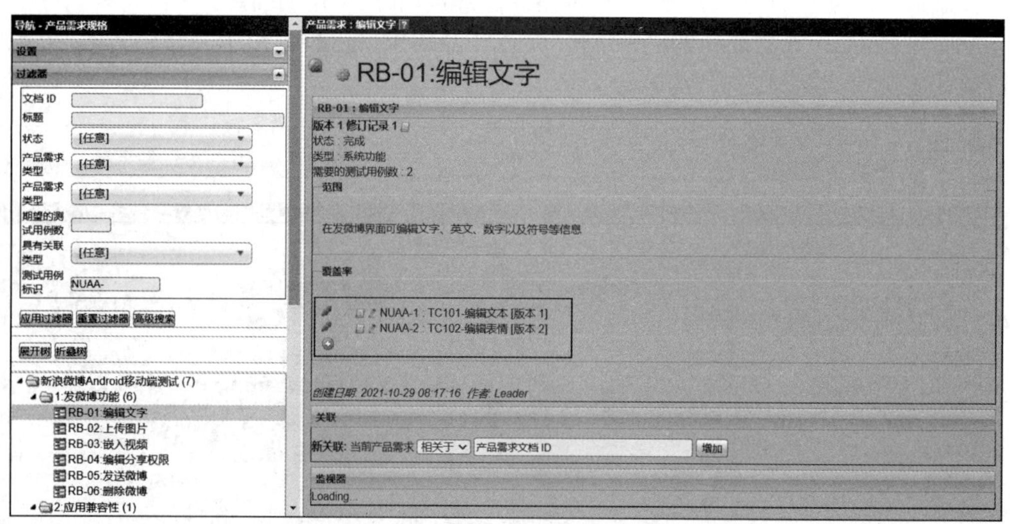

图 15-24 查看需求的测试用例覆盖情况

5. 执行用例并登记测试结果

执行测试一般需要在 TestLink 中先建立一个测试计划(test plan),将测试用例加入执行计划,然后分派给测试者来执行。

1) 创建测试计划

在项目主页(见图 15-8)导航栏单击“测试计划管理”链接,跳转至如图 15-25 所示的“测试计划管理 - 测试产品 新浪微博 Android 移动端测试”视图。单击其中的“创建”按钮,可以进入测试计划定义界面(见图 15-26),填入相应信息,即可构造一个测试计划。

图 15-25　“测试计划管理”界面

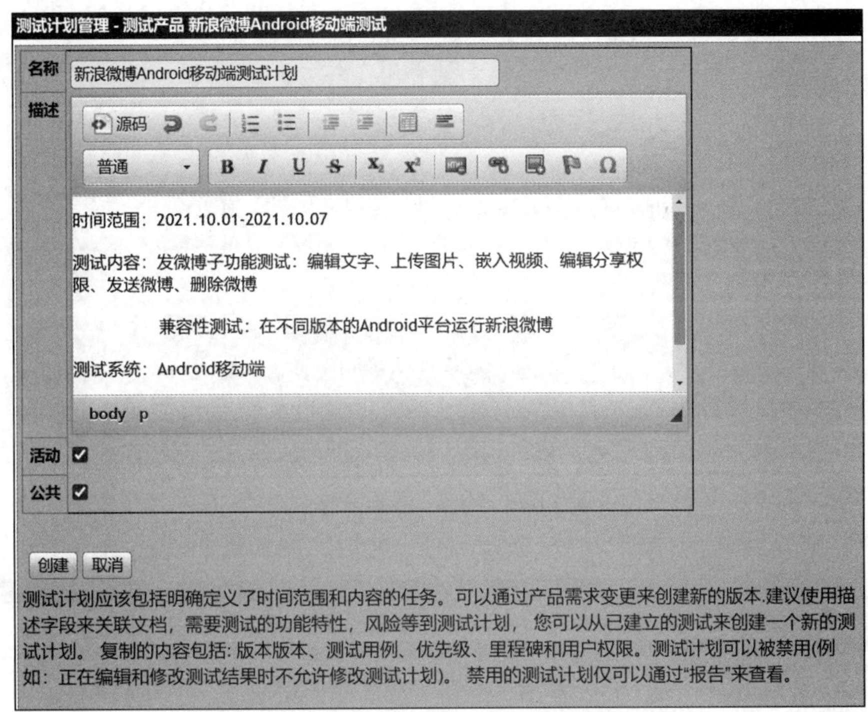

图 15-26　创建测试计划

对于一个测试计划，必须为其中的测试用例指定所针对的软件版本（build），如此测试才可运行。TestLink 中可以管理软件版本，登记版本过程首先返回项目主页，单击导航栏的“版本管理”按钮，跳转至如图 15-27 所示的版本编辑界面，填入版本标识、版本说明等信息，创建一个待测的软件版本。

2）添加测试用例到测试计划

下一步，添加测试用例到测试计划。添加过程首先返回项目主页，从导航栏的“添加/删除测试用例到测试计划”按钮，跳转至“添加/删除测试用例”界面（见图 15-28）。继续在左侧浏览树中选择一个测试用例集，界面右侧将展开添加/删除测试用例到/从测试计划视图，该视图列出了候选测试用例及其版本、状态（如草稿、终稿等可设定状态）、重要性以及执行顺序进度等信息。勾选需要添加的测试用例，可从上方工具栏相关添加、删除按钮完成添加，已添加的测试用例将高亮标记并自动记录添加日期（见图 15-28 中测试用例表顶部带日期数据部分）。

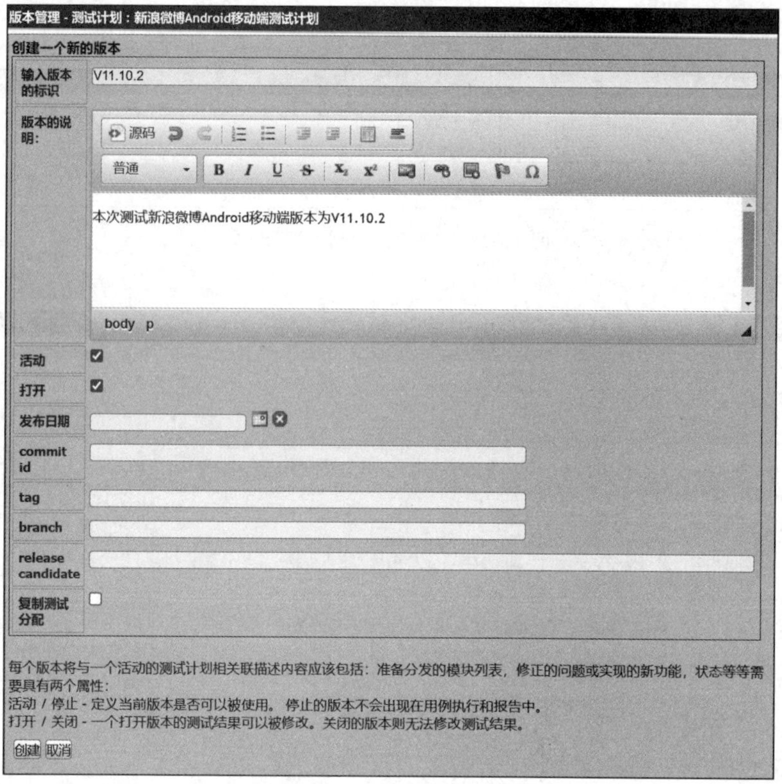

版本管理 - 测试计划：新浪微博Android移动端测试计划

创建一个新的版本

输入版本的标识 V11.10.2

版本的说明：

本次测试新浪微博Android移动端版本为V11.10.2

活动 ☑

打开 ☑

发布日期

commit id

tag

branch

release candidate

复制测试分配 ☐

每个版本将与一个活动的测试计划相关联描述内容应该包括：准备分发的模块列表，修正的问题或实现的新功能，状态等等需要具有两个属性：
活动 / 停止 - 定义当前版本是否可以被使用。停止的版本不会出现在用例执行和报告中。
打开 / 关闭 - 一个打开版本的测试结果可以被修改。关闭的版本则无法修改测试结果。

创建 取消

图 15-27　创建一个新的版本

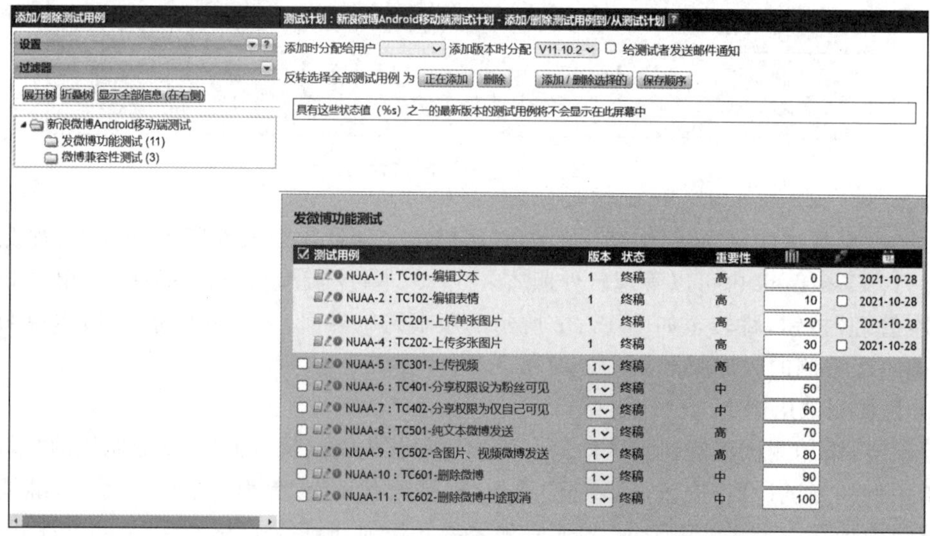

图 15-28　为测试计划“添加/删除测试用例”界面

3）分配测试任务

测试计划中用例的执行需要明确责任人。可将用例分配给不同测试人员来执行。本实验将所有用例都分配给测试人员 STester。分配过程首先返回项目主页，通过导航栏的“指派执行测试用例"链接，进入"分配测试用例执行"界面（见图 15-29）。选择要分配的测试用例（以"TC201-上传单张图片"为例），在界面右侧出现"指派执行测试用例的任务"视图，在 Users for Bulk Actions 输入框选择该项目的测试者 STester，依次单击输入框右侧的 Apply Assign 和 Save Assignments 按钮完成分派，即可将用例 TC201 分派给测试员 STester。

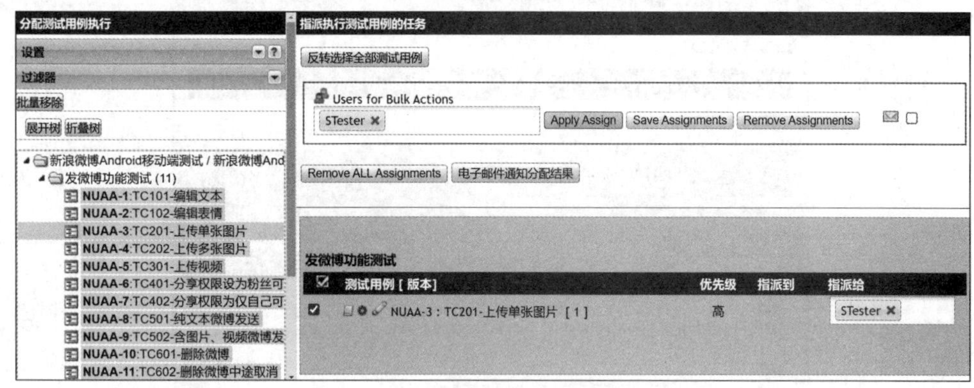

图 15-29　指派测试者界面

4）执行测试用例

完成测试执行任务分配后，测试人员可登录其账号，查看分配给自己的测试任务，选择并执行分派给自己的测试用例来完成测试。以测试人员 STester 为例，登录其账号，进入项目主页，从导航栏的"执行测试"按钮，进入"执行测试"界面（见图 15-30），在此界面左侧"执行测试"浏览树中可以看到分配给自己的测试用例。

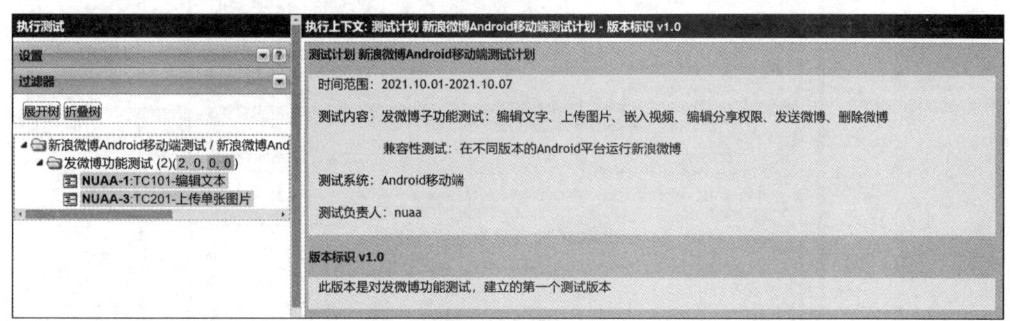

图 15-30　执行测试界面

下一步，以测试用例"TC101-编辑文本"为例执行测试。首先在"执行测试"视图选中用例，进入如图 15-31 所示的"测试结果"界面。查看测试用例的前提和摘要，可以按照预定步骤动作来人工执行测试。

执行时在进入被测软件的发微博界面后，输入"热烈欢迎南航（NUAA）2021 级新生入学!!!"；查看微博移动端真实执行情况，可见输入成功。然后，在"测试结果"界面中部的步骤结果部分"执行纪要"中填入测试步骤执行概况，在"执行状态"填入对步骤执行是否成功的评判，候选状态包括"通过""失败""锁定"三种。最后，还需综合各步骤执行情况，在"测试结果"界面下部区域登记整个测试用例的执行结果。该部分提供了一组图标，分别表示不同的执行状态，如表 15-6 所示。选中相应图标即可成功登记总体执行结果。显然，测试用例

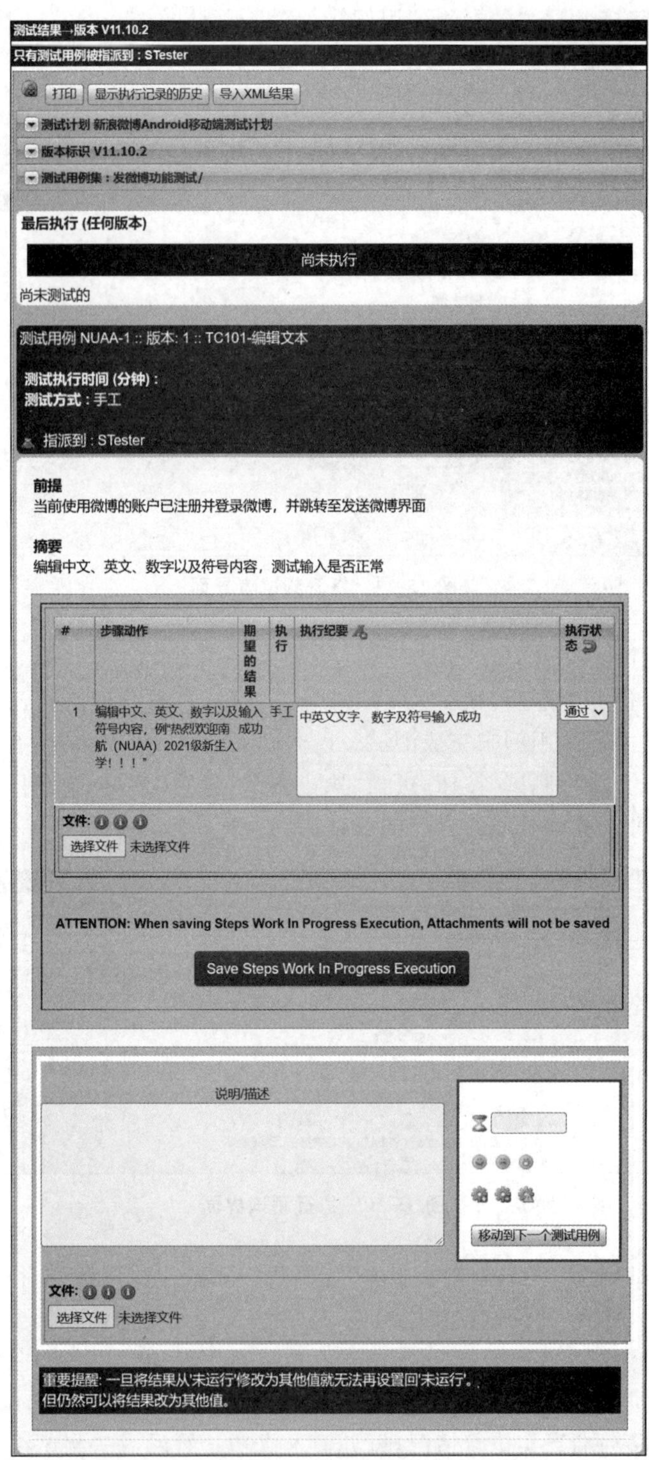

图 15-31　测试结果界面

TC101 的整体执行结果为“通过”，选中图标后，“测试结果”界面上部的执行记录区域将自动刷新展示最新的执行结果，如图 15-32 所示。

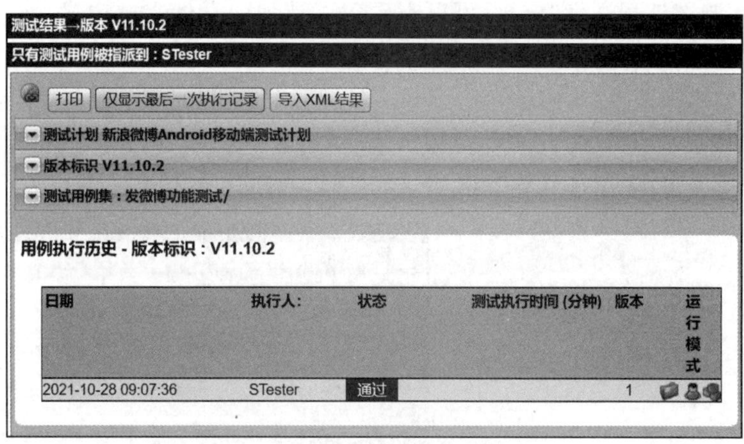

图 15-32 “TC101-编辑文字”执行结果

表 15-6 四种测试结果

状　态	图标	详　　情
通过		结果符合预期，执行通过
失败		结果不符合预期，执行失败
锁定		由于其他用例失败，导致此用例无法执行，被阻塞
尚未执行		该测试用例没有被执行

6. 跟踪测试进展

各测试人员执行完测试后，可用 TestLink 对测试进展进行跟踪统计，以了解测试工作推进情况。登录测试管理者账号（本实验为 Leader），进入项目主页（见图 15-33）。单击上方工具栏的“测试结果”按钮，进入“报告和进度”界面（见图 15-34），可以查看各个维度的测试进展统计报告。

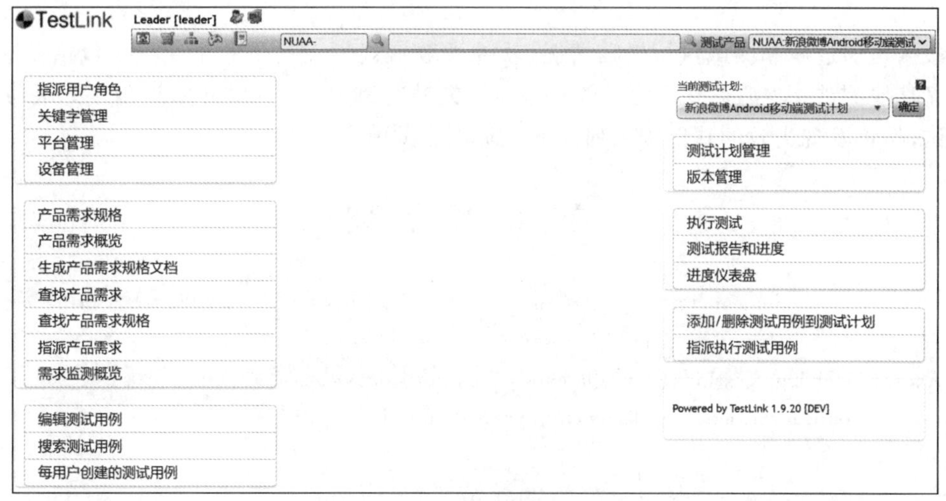

图 15-33 项目主页

通过“总体测试计划进度”链接，可以查看测试计划的总体完成情况，如图 15-35 所示。从该图可以发现，当前测试用例总计执行 10 个，尚未执行 4 个，完成进度为 71.4%；执行通过 9 个，占 64.3%，失败 1 个，占 7.1%。同时，可查看各测试用例集的测试进展情况(用例集“发微博功能测试”完成进度为 72.7%；用例集“微博兼容性测试”完成进度为 75%)以及按优先级分类的进度情况(中优先级完成 66.7%；高优先级完成 75.0%)。

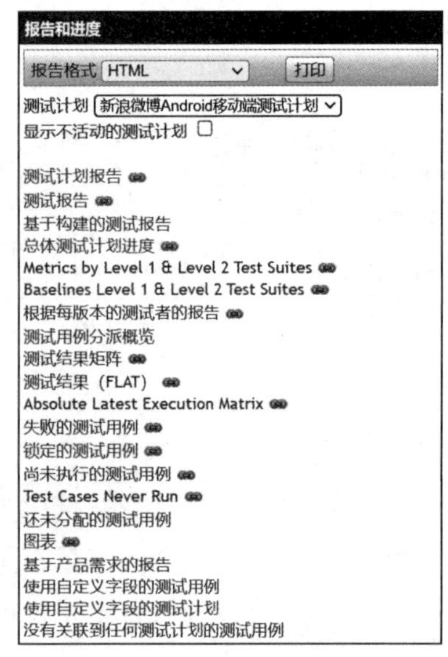

图 15-34 报告和进度界面

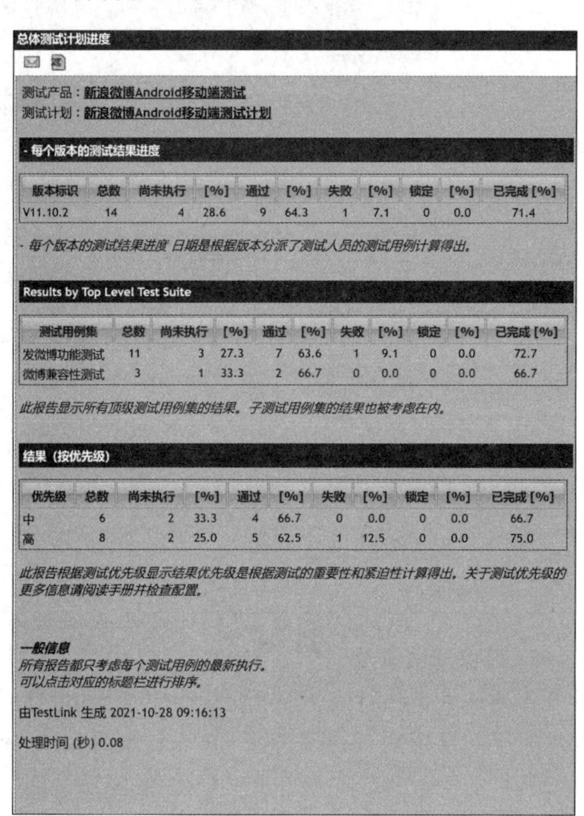

总体测试计划进度

测试产品：新浪微博Android移动端测试

测试计划：新浪微博Android移动端测试计划

- 每个版本的测试结果进度

版本标识	总数	尚未执行	[%]	通过	[%]	失败	[%]	锁定	[%]	已完成 [%]
V11.10.2	14	4	28.6	9	64.3	1	7.1	0	0.0	71.4

- 每个版本的测试结果进度 日期是根据版本分派了测试人员的测试用例计算得出。

Results by Top Level Test Suite

测试用例集	总数	尚未执行	[%]	通过	[%]	失败	[%]	锁定	[%]	已完成 [%]
发微博功能测试	11	3	27.3	7	63.6	1	9.1	0	0.0	72.7
微博兼容性测试	3	1	33.3	2	66.7	0	0.0	0	0.0	66.7

此报告显示所有顶级测试用例集的结果。子测试用例集的结果也被考虑在内。

结果 (按优先级)

优先级	总数	尚未执行	[%]	通过	[%]	失败	[%]	锁定	[%]	已完成 [%]
中	6	2	33.3	4	66.7	0	0.0	0	0.0	66.7
高	8	2	25.0	5	62.5	1	12.5	0	0.0	75.0

此报告根据测试优先级显示结果优先级是根据测试的重要性和紧迫性计算得出。关于测试优先级的更多信息请阅读手册并检查配置。

一般信息

所有报告都只考虑每个测试用例的最新执行。

可以点击对应的标题栏进行排序。

由TestLink 生成 2021-10-28 09:16:13

处理时间 (秒) 0.08

图 15-35 总体测试计划进度展示

根据当前进展和测试执行失败情况(软件失效)，规划下一步的工作主要包括：①继续执行完其他测试；②汇报发现的失效；③如果失效得到确认，可以开始初步规划后续的回归测试，先将发现失效的软件需求列入下一阶段测试内容。

参 考 文 献

[1] TestLink Development Team. Test Link User Manual [EB/OL]. [2022-02-20]. http://testlink.sourceforge.net/docs/documents/1_6/user-manual.html.

[2] Andreas Morsing. TestLink - Installation & Configuration Manual [EB/OL]. [2022-02-20]. http://testlink.sourceforge.net/docs/documents/installation.html.

实验16

代码变更与评审

代码评审是项目管理中控制软件质量的一种非常有效的手段。结合版本管理，在代码变更的过程中，利用在线工具开展评审是广泛采用的代码评审方式之一。尤其是结合 pull request 变更合并机制开展评审，因其操作简单，被众多代码管理平台支持，近年来越来越多地得到应用。本实验尝试在 pull request 过程中实施代码评审，以掌握通过评审控制软件质量的方式。

一、实验目标

掌握结合版本管理开展代码评审的流程，了解评审实施的要点，能够在软件开发过程中利用在线工具实施基于 pull request 的轻量级人工代码评审，如表 16-1 所示。

表 16-1　目标知识与能力

知　识	能　力
(1) 软件配置管理，特别是版本更新、代码合并方法 (2) 代码评审方法	(1) 使用现代工具：使用配置管理和代码评审工具 (2) 项目管理：能够在软件开发过程中以不同角色实施高质量代码评审

二、实验步骤与要求

在 Github、GitLab、Gitee 等本地或云端托管代码管理平台上实施基于 pull request 的代码修改/修复与审查流程，了解轻量级的变更与评审方法如何应用在项目开发过程中。实验步骤和要求如下。

(1) 选择一份项目代码作为本实验的修改和评审目标，介绍项目基本情况。

(2) 调研有哪些本地或云端托管平台支持基于 pull request 的代码审查，选择其中一个，并说明该选择如何满足了目标项目的管理需要；若为本地平台，先进行必要的安装。

(3) 创建仓库管理者（评审者），在代码管理平台中建立 Git 项目仓库，为其设定分支保护等权限，分配普通开发者账号，仓库管理者存入旧版本代码。

(4) 以普通开发者身份从 Git 仓库克隆项目代码，对代码进行增加新功能或修复缺陷的修改，并通过 pull request 提交修改。

(5) 仓库管理者审查代码，给出回复意见，形成评审不通过的结论。

(6) 开发者再次修改代码后重新提交代码，仓库管理者审查通过，并合并提交的代码；开发者检查前次更新是否最终被合并到项目主线。

(7) 查阅文献，了解作为 pull request 的提交者和审查者，都有哪些关于 pull request 的使用建议。

(8) 尝试对一个你较为熟悉的开源项目，按步骤(7)中的注意事项，提交关于功能添加或缺陷修复的 pull request，并等待项目管理者的回复意见。(本步骤为扩展内容，供感兴趣的读者选做。)

三、实验环境

(1) Git 代码版本管理工具。

(2) Github 在线代码托管平台。

四、评价要素

评价要素如表 16-2 所示。

表 16-2 评价要素

要　　素	实验要求
评审实施	按实验要求，有效组织起基于 pull request 的代码评审流程
pull request 使用建议调研	了解实施高质量 pull request 和代码评审的要点
高质量评审组织建议的采纳	在提交修改、发起 pull request，以及审查和合并代码的过程中，遵循相关建议，避免徒有形式的项目管理

问题分析

1. 代码变更管理与评审

软件的代码往往持续演进，有必要记录其版本以便于追踪更新、合并不同变更乃至回退到历史版本等。经常可以见到学生的软件项目桌面一个版本、C 盘一个版本、D 盘一个版本，这种方式尽管也可以实施版本管理，但时间一长，很难理清哪个文件夹对应着哪个版本，文件找不到或丢失的情况经常出现。为高效实施版本管理，出现了 CVS、SVN、Git 等一系列软件配置管理工具，能够记录代码演进历史，并可切换、合并不同版本，为项目管理提供了极大的方便。

依托版本管理可以实施代码评审。由于版本往往处在不断的变更中，大量基础代码不变，而仅有少部分代码发生变化，因此，对变化的部分开展评审是一种比较契合软件生命周期特征的评审方法。支持这种评审的典型工具如 ReviewBoard、Google Gerrit 等。

2. pull request 与代码评审

Github 等平台支持一种称为 pull request 的变更管理和代码评审方式。所谓 pull request 即代码修改者提交自己的变更请求至希望融合这部分修改的仓库，请求仓库管理者拉取这部分修改，实施代码合并。在仓库管理者合并所修改的代码前，可以组织对变更的部分进行评审，确保低质量代码不会合并到关键分支中。

图 16-1 展示了基于 Git 配置管理工具和 Github 代码仓库进行代码评审的参考流程。项目的核心代码保存在名为 master 或 main 等的主线分支中。开发者每次进行缺陷修复或功能更新时首先创建一个用于修改的专门代码分支(例如 lchBranch)，将其克隆到本地，在该分支中不断更新，直至完成修改任务。完成修改后，通过 git push 向远程仓库推送修改，使本地修改进入远程仓库。对于远程仓库中的修改，可以发起 pull request 合并请求，要求主线管理者将修改合并到主代码。仓库管理者可以在合并代码前邀请相应的角色来开展评审。只有评审通过才可合并；否则，将评审意见反馈给 pull request 请求者。代码修改者可以根据意见继续实施修改，重新发起 pull request。这种方式其本质与 Gerrit 等专用评审工具中的变更管理和代码评审基本相同，但使用起来相对简单，开发者的操作与不评审时较为接近，整个过程也不用考虑烦琐的工具安装配置问题。

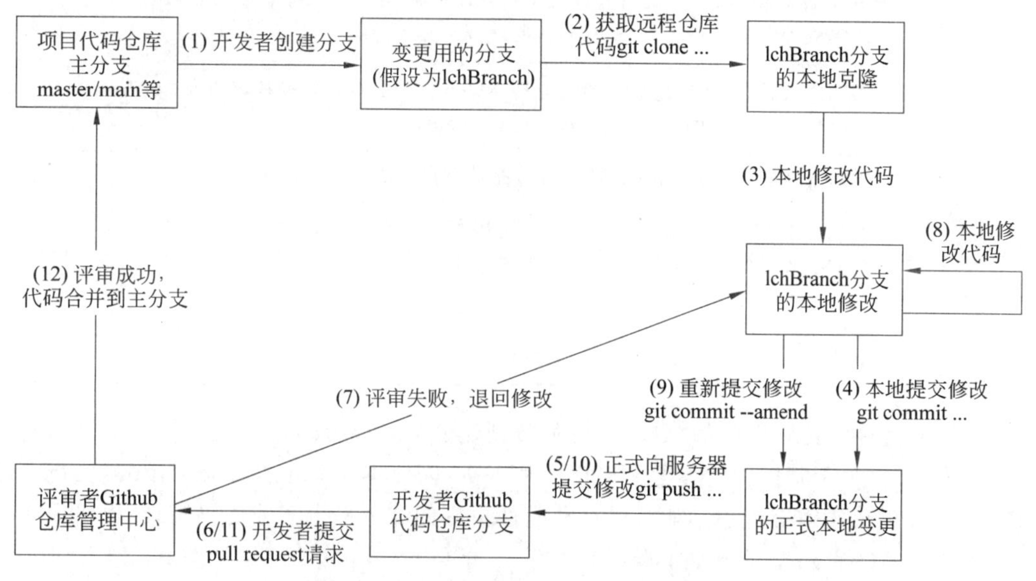

图 16-1　基于 pull request 的代码评审流程

3. 实验问题的解决思路与注意事项

按实验步骤开展实验，不应满足于简单完成一个步骤，应更多思考各个步骤的必要性、涉及哪些概念和管理原则、不同情况下怎样做才算是最好。在代码修改、变更提交、评审反馈等过程中应尽量遵循相关规范，使得代码变更管理与评审能够真正对项目开发有益。

4. 难点与挑战

实验的主要难点与挑战在于理解相关概念与方法，了解方法背后蕴含的原理，并将相关管理原则切实应用到真实的项目开发中。

实验方案

1. 实验对象

本实验以一个贪食蛇小游戏为例来实践基于 pull request 的代码修改/修复与审查流

程。该小游戏基于JavaScript语言编写。其核心代码包括蛇身跟随蛇头运动的控制逻辑、蛇头碰撞检测(与墙壁和蛇身)等核心模块。项目功能的演示地址为 https://forrany.github.io/Web-Project/%E8%B4%AA%E5%90%83%E8%9B%87/snake.html。

2. 支持 pull request 审查的代码托管平台调研

pull request 方式的代码审查已经成为软件项目开发过程中轻量级代码审查的较普遍做法,在众多代码托管平台都得到有效支持。表16-3列出了支持 pull request 的典型代码托管平台,这些平台均支持免费创建公/私有代码仓库,并在代码管理外,还提供项目管理等功能。

表 16-3 主要代码托管平台

平 台	基 本 情 况	本地部署
Github	国际开源社区主要代码托管和社交平台,提供Git等代码仓库管理功能,提供持续集成等众多外围服务,具有丰富的外围工具支持	不可
BitBucket	有影响力的国际代码托管平台,支持Mercurial和Git版本控制。提供与Atlassian系列工具的良好集成,如JIRA、Cloud9	不可
GitLab	可本地部署的开源Git代码托管平台,提供丰富的项目管理功能	免费
Coding	国产代码托管平台,支持Git/SVN代码托管,提供代码质量分析、在线WebIDE、项目管理、持续集成、测试管理等功能	收费
Gitee	国产代码托管平台,基于Git代码仓库,提供克隆代码检测、在线IDE、代码质量分析等功能,构建有丰富的开源代码生态	收费

Github 是代码托管平台的标杆,支持免费创建公/私有仓库,许多类似平台的功能都以 Github 为参照,关于其使用的参考文档也极为丰富,因此本实验选择依托 Github 实施基于 pull request 的代码审查流程。如希望在私密性更好的本地平台实施代码管理,也可以考虑自行部署私有 GitLab 环境开展实验。

3. 环境与仓库、账号准备

实验需要在本地安装 Git 工具以拉取与推送代码,为实施代码审查流程,需要在 Github 上创建代码仓库并分配相应的账户。

1) 安装 Git 工具

实验在 Ubuntu 系统上安装 Git,并创建提交者的用户信息。该过程可通过执行以下命令实现。

```
sudo apt-get install git
git config --global user.name "Your Name"
git config --global user.email "youremail@domain.com"
```

其中创建的用户信息主要用于标识代码提交者的身份,与 Github 上的账户并无直接关联。

2) 创建 Github 用户账户

实验创建3个 Github 账户以用于代码评审,账户详细信息如表16-4所示。

表 16-4　为实施 pull request 代码评审所创建的账户

角　色	名　称
仓库所有者	Owner123321
开发者	lch150620
评审者	Reviewer123321

3) 仓库所有者创建代码仓库并添加开发和评审协作者

首先,仓库所有者 Owner123321 进入如图 16-2 所示的创建仓库界面,输入相关名称、描述等设定,创建新代码仓库。本实验创建的仓库地址为 https://github.com/Owner123321/demo。

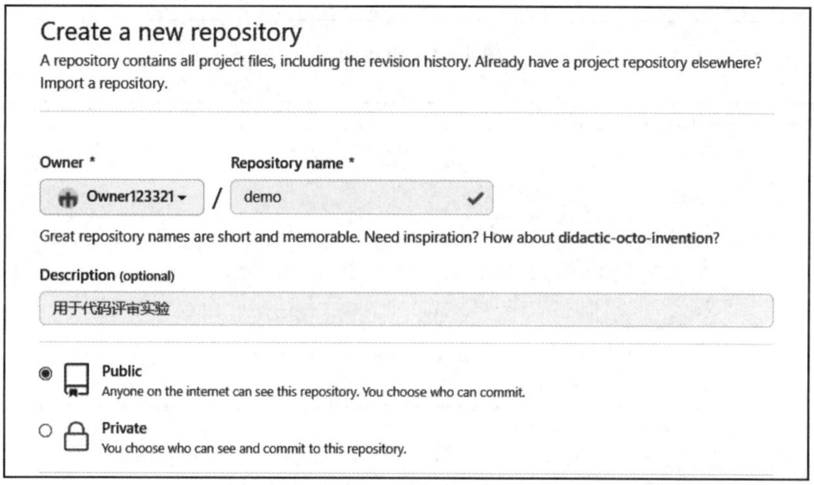

图 16-2　创建仓库

创建仓库后进入代码仓库管理界面,打开如图 16-3 所示的 Settings→Manage access 选项卡,单击 Invite a collaborator 按钮邀请用户。本实验邀请 Reviewer123321 负责代码评审,邀请开发者 lch150620 负责修改项目并提交,邀请过后被邀请用户邮箱会收到邀请,同意过后便可成为协作者,协作者可以直接在仓库中创建分支以及提交 pull request。本次实验所创建的仓库为公有库,非合作者也可以 fork 复制,这样即拥有一个可以自由提交的远程仓库,然后可以通过 pull request 把在所 fork 仓库中的提交贡献回原仓库。

接下来进行分支保护,屏蔽一般开发者直接修改主线分支的权限。首先从仓库管理标签页,先进入代码仓库的 Settings→Branches 分支管理界面。单击其中的 Add rule 按钮,开始分支管理规则设定,如图 16-4 所示。将设置保护 main 分支,勾选 Require a pull request before merging 复选框,表示在合并代码之前需要 pull request 审查。所需评审次数设为 1,表示合并前需要至少一个评审者评审。本实验设置推送新提交时覆盖过时的 pull request 申请。可以根据需要设置 pull request 审核者必须为仓库拥有者(勾选 Require review from Code Owners 复选框),或者允许由协作者审核 pull request。本实验将审核交由协作者负责。完成设置后,单击页面底部的 Create 按钮即可使设置生效。

实验在完成以上代码仓库设置后,由仓库管理者向其中存入原始项目代码。使用仓库

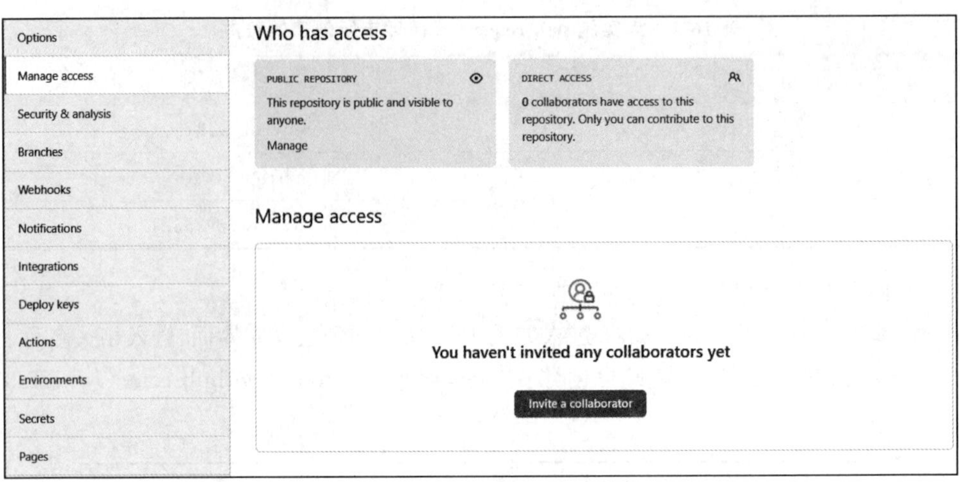

图 16-3　邀请用户

Branch protection rule

Branch name pattern

main

Protect matching branches

☑ Require a pull request before merging
When enabled, all commits must be made to a non-protected branch and submitted via a pull request before they can be merged into a branch that matches this rule.

☑ Require approvals
When enabled, pull requests targeting a matching branch require a number of approvals and no changes requested before they can be merged.
Required number of approvals before merging: 1

☑ Dismiss stale pull request approvals when new commits are pushed
New reviewable commits pushed to a matching branch will dismiss pull request review approvals.

☐ Require review from Code Owners
Require an approved review in pull requests including files with a designated code owner.

图 16-4　设定分支保护权限

所有者的账号可以直接对 main 主线分支进行修改。如图 16-5 所示，选择界面 Add file 菜单下的 Upload files 动作，将待修改的旧版代码拖入提交框，写好备注，即可上传代码。

4. 开发者修改代码并发起 pull request

下一步，实验模拟开发者修改代码并提交更新的过程。开发者从 Github 后台的代码仓库克隆项目代码，修改项目，再推送回 Github 代码仓库。

首先，开发者用自己的账号 lch150620 登录 Github，创建分支 lchBranch，如图 16-6 所示，单击左上方的分支名称按钮，在弹出框中输入分支名，再单击 Create branch：lchBranch from ‘main’即可创建分支。

创建好分支后，开发者在其用户目录(如\home\xx\git)下用 Git 客户端克隆 Github 中刚刚创建的分支，具体命令为：

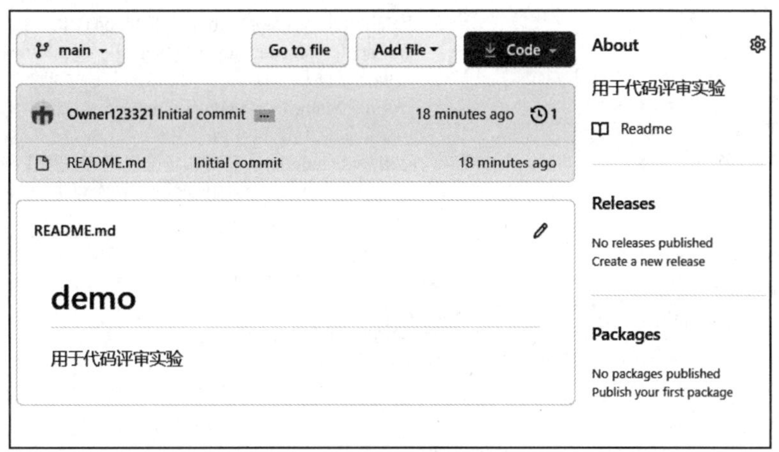

图 16-5　上传旧版本代码

```
git clone -b lchBranch https://github.com/Owner123321/demo.git
```

其中,lchBranch 是分支名,https 开头的网址是代码仓库地址。

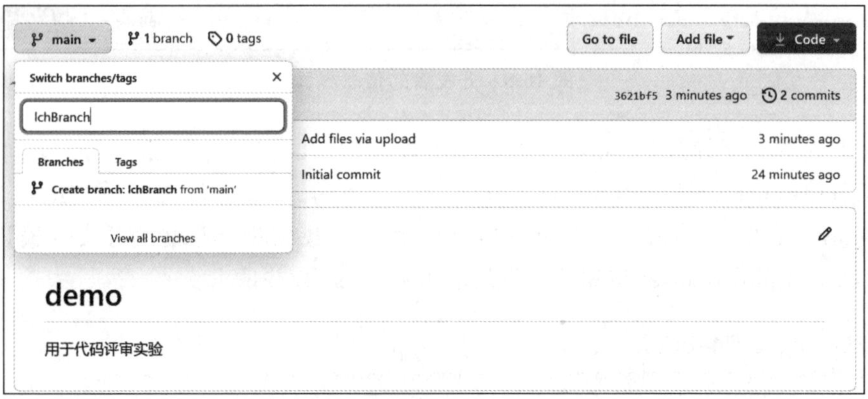

图 16-6　创建分支

获取到的代码其文件结构如图 16-7(a)所示。得到原始代码后,可以修改代码。开发者 lch150620 认为游戏中一次不应该最多只能生成两个苹果(贪吃蛇的果实,通过吃果实得分),这样节奏太慢,于是如图 16-7(b)所示修改了 index.js 文件中的 appleShow 模块,注释了保证同时只能存在两个果实的代码,同时将一次最多生成两个果实的代码改为 5 个。

修改好文件后可以进行提交(注意在 demo 目录下进行操作),并通过 git push 将本地修改推送到 Github 仓库。具体命令如下,其中,lchBranch 为分支名。

```
git add.
git commit -m '修改 appleShow 功能,注释了保证同时只能存在两个果实的代码,同时将一次最
多生成两个果实的代码改为 5 个'
git push origin lchBranch
```

代码提交后,用开发者 lch150620 登录 Github,进入 Owner123321/demo 仓库后,可以

```
- demo
    + .git
    + snake
        -bg.jpg
        -index.css
        -index.js
        -snake.html
        -snakeHead.png
        -start.png
        - README.md
```

(a) 克隆到的代码结构

```
SnakeInit.prototype.appleShow = function () {
    var apple = document.getElementsByClassName('apple');
    //确定是随机生成 1~5 个果实
    var n = Math.floor(Math.random()*5 + 1);
    //保证同时只能存在两个果实
    //if(apple.length == 1){//若场上已经存在果实则最多只能
    //生成一个果实，否则同时存在两个以上
    //    this.generate(1);
    //}else{
    //    this.generate(n);
    //}
    this.generate(n);
}
```

(b) 代码修改

图 16-7 克隆到的分支代码结构及代码修改

发现新修改，如图 16-8 所示。

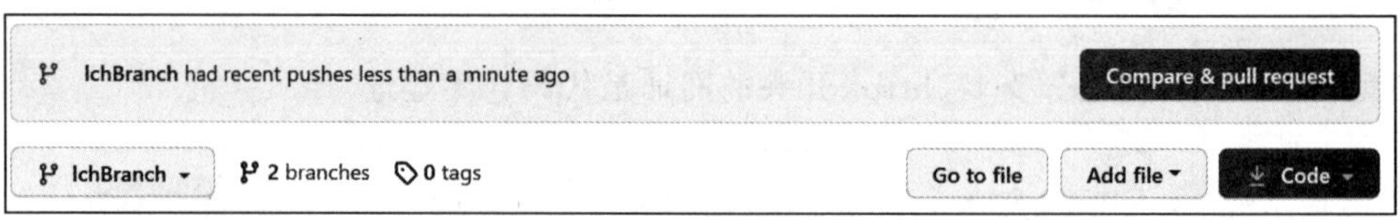

图 16-8 开发者的信息界面

单击 Compare & pull request 按钮，会出现如图 16-9 所示的 pull request 创建界面。其中提示 lchBranch 分支相对于 main 分支发生了变化，可以进行合并。“These branches can be automatically merged”表示审查通过后系统可以自动合并这些分支。输入备注说明，单击 Create pull request 按钮即可发送 pull request 合并请求。

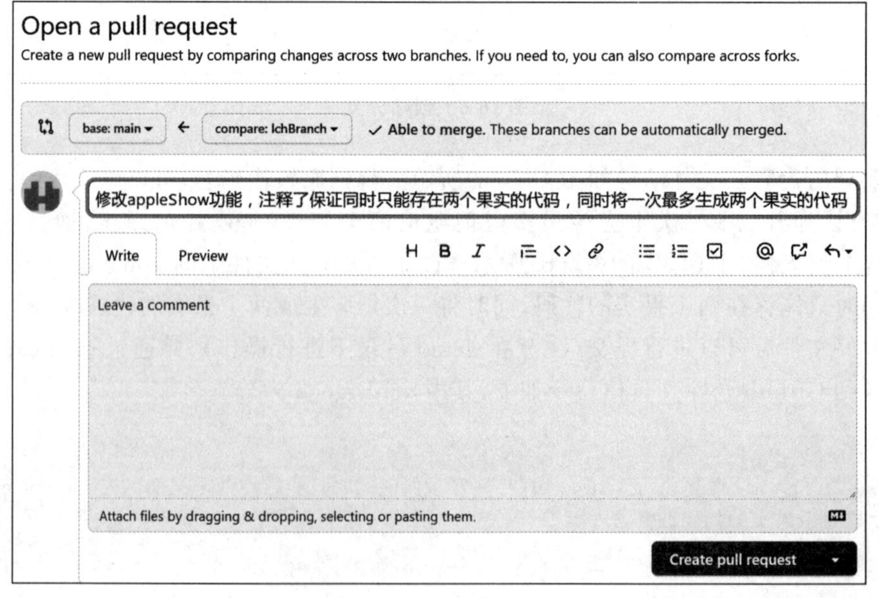

图 16-9 pull request 创建界面

创建 pull request 后，在 Github 仓库的 Pull requests 选项卡中（见图 16-10）可以看到有一个新的 pull request。界面下方关于该 pull request 有两处提示，表示：①需要审核，至少需要 1 个来自具有写入权限的审阅者的审核认可；②合并被阻止，更新需等待审查通过才可合并。

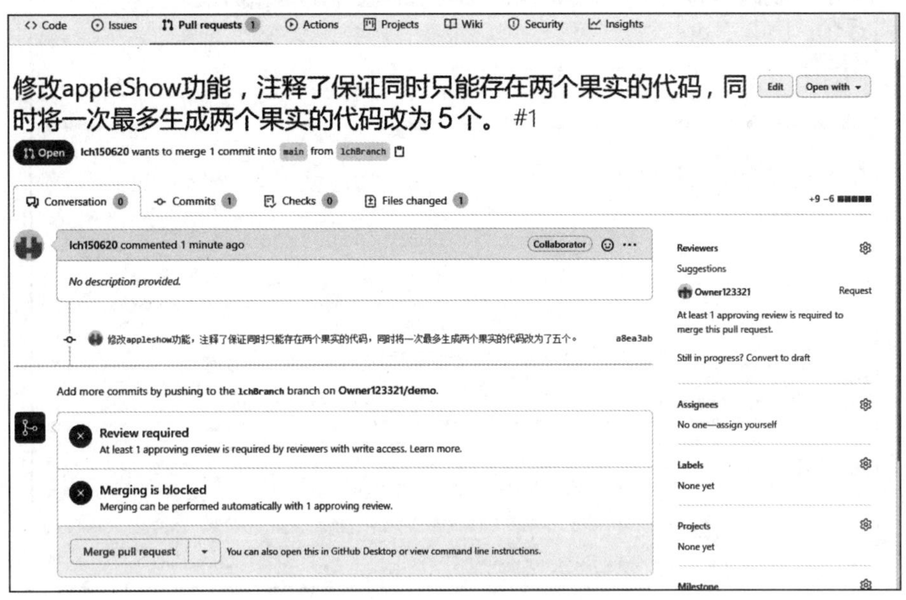

图 16-10　提交结果

5. 初次评审

实验先由评审者使用 Github 进行代码修改评审，形成“不通过”的结论。

用评审者账户 Reviewer123321 登录 Github，进入仓库 Owner123321/demo，在 Pull requests 选项卡可以发现提交的修改，如图 16-11 所示。

图 16-11　评审者的评审信息界面

单击 pull request 名称，将出现如图 16-12 所示的评审界面，可对代码变更进行审查。打开界面中的 Add your review 链接，选中提交的被修改代码文件，查看修改内容，如图 16-13

所示，中部红色高亮左侧带“－”标记行表示代码被删除，下部绿色高亮左侧带“＋”标记行表示新增内容。

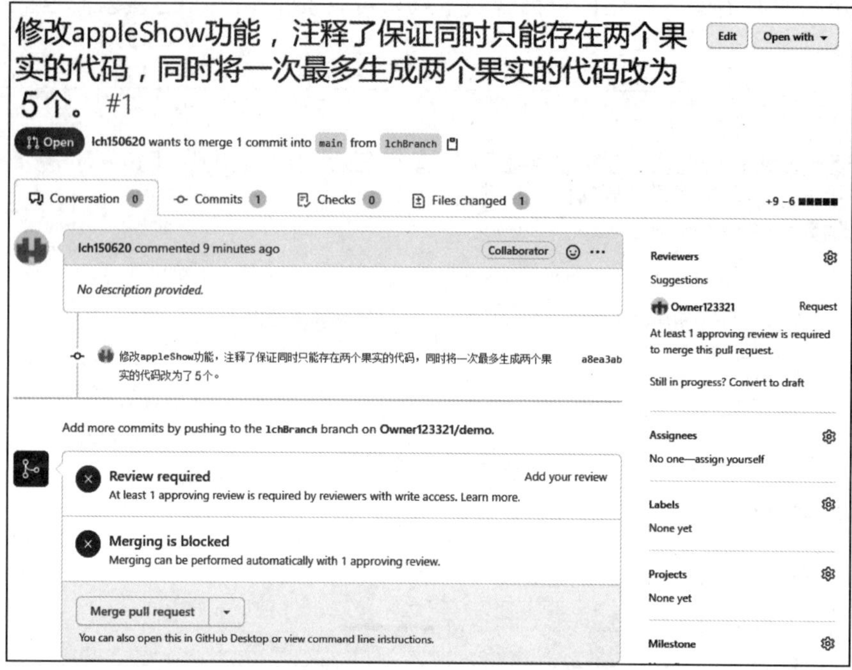

图 16-12 评审界面

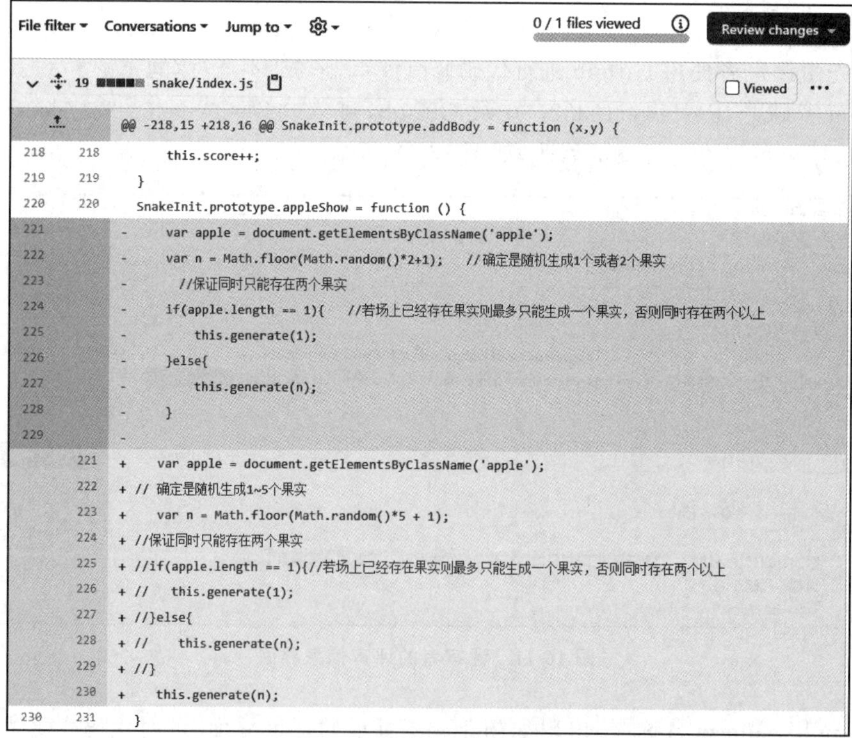

图 16-13 比较文件内容

单击图 16-13 界面中的 Review changes 按钮，可在所弹出的如图 16-14 所示界面中给出评审意见。对比修改前后的代码，评审者 Reviewer123321 认为休闲游戏的节奏不需要那么快，于是拒绝通过，建议改为三个果实，选择 Request changes，要求重新修改。

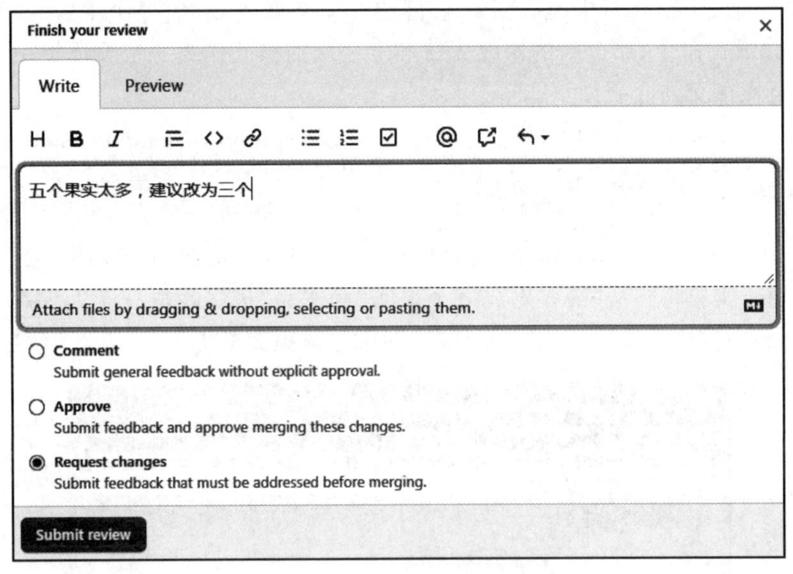

图 16-14　评审“不通过”界面

用开发者账户 lch150620 登录 Github，打开相关 pull request，可以看到之前提交的请求上出现了标记，如图 16-15 所示，表示代码评审不通过。查看评论可以得知评审者提出的建议，开发者需要再次修改代码。

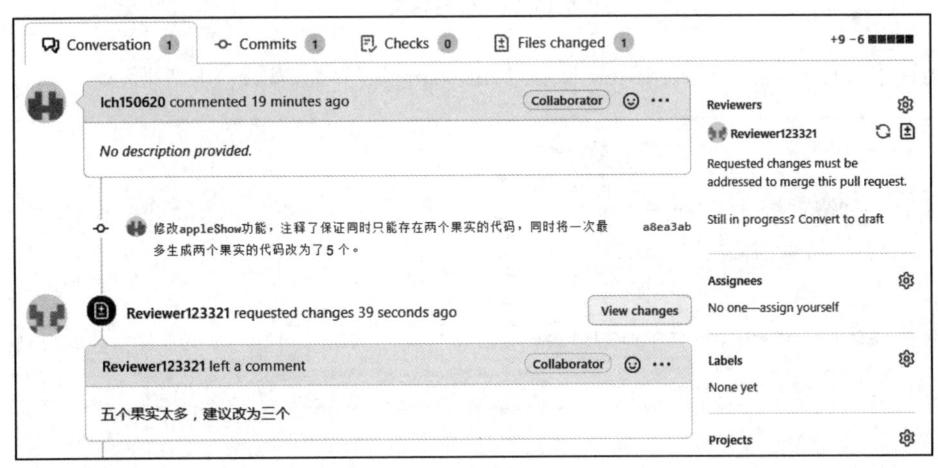

图 16-15　Github 界面中的评审未通过展示

6. 二次修改与评审

针对评审者提出的意见，开发者再次修改代码，重新将其提交到 Github 评审分支，本次评审者将给出评审通过意见并合并代码。

首先，开发者 lch150620 修改代码。修改之前执行命令“git pull origin lchBranch”，确

保代码更新到最新。此次优化之前的更改，将最多生成五个果实改为三个，接着再次提交。重新提交时，在用 git push 推送变更到代码仓库之前，须使用“git commit --amend”而不是 git commit 命令提交变更，否则会生成新的评审任务，无法与上一次审核任务关联。这是因为 Github 中一个 commit 一般是针对一个目的的完整修改，对应一个 Review 任务。如果直接用 git commit 命令，那么新的修改无法和上一次的修改作为一个整体提交评审。

修改并再次提交的命令如下。

```
$ git add.
$ git commit --amend
```

执行“git commit --amend”命令后会出现一个待编辑的文档(见图 16-16)，可以看到上次的修改说明。实验将其从“最多生成五个果实”修改为“最多生成三个”，保存退出。然后再次执行 git push origin lchBranch(分支名)即可重新提交变更。

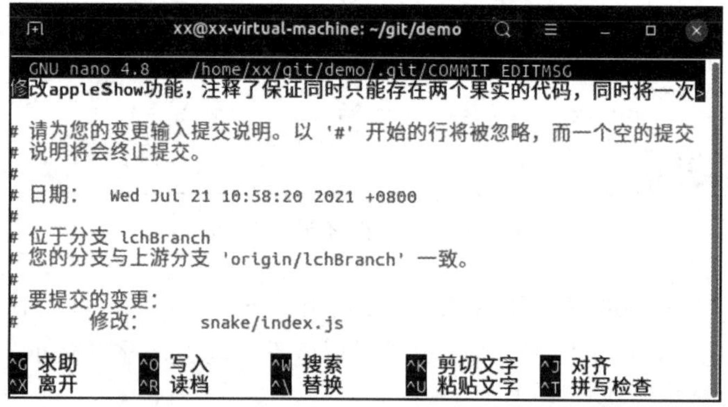

图 16-16 待编辑文档

用评审者账户再次登录 Github，进入 Pull requests 界面，如图 16-17 所示。

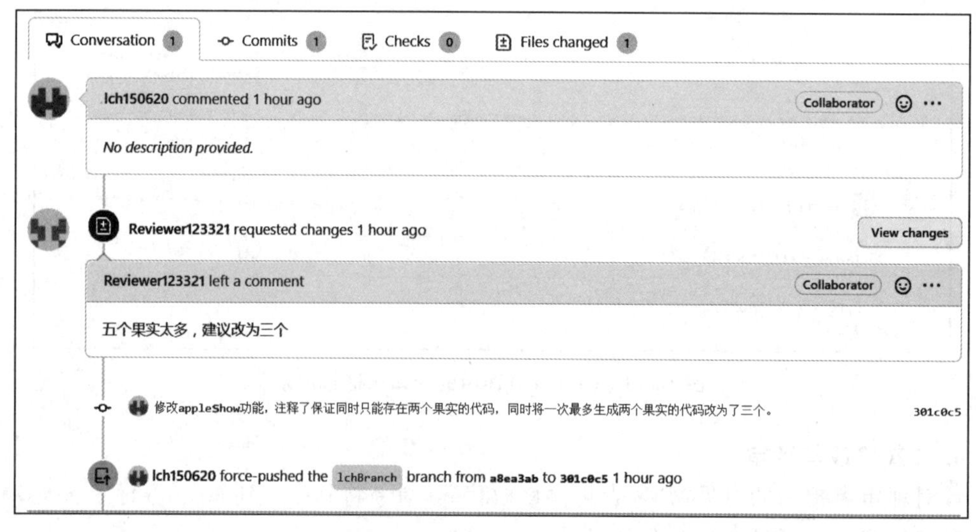

图 16-17 评审者 review 界面

在图 16-17 中可以看到上次驳回后又新出现了第二次提交。通过右边的 View changes 按钮,可以查看本次的修改并进行评审,如图 16-18 所示。单击 Review changes,在如图 16-19 所示的界面中输入评审意见,选择 Approve 通过评审,并单击 Submit review 按钮完成提交。

```
File filter ▾  Conversations ▾  Jump to ▾  ⚙ ▾          0 / 1 files viewed   Review changes ▾

∨ 19 snake/index.js                                                    Viewed  ...
@@ -218,15 +218,16 @@ SnakeInit.prototype.addBody = function (x,y) {
218 218         this.score++;
219 219     }
220 220     SnakeInit.prototype.appleShow = function () {
221     -       var apple = document.getElementsByClassName('apple');
222     -       var n = Math.floor(Math.random()*2+1);    // 确定是随机生成1个或者2个果实
223     -         //保证同时只能存在两个果实
224     -       if(apple.length == 1){    //若场上已经存在果实则最多只能生成一个果实，否则同时存在两个以上
225     -           this.generate(1);
226     -       }else{
227     -           this.generate(n);
228     -       }
229     -
    221 +      var apple = document.getElementsByClassName('apple');
    222 +   // 确定是随机生成1~3个果实
    223 +      var n = Math.floor(Math.random()*3 + 1);
    224 +   //保证同时只能存在两个果实
    225 +   //if(apple.length == 1){//若场上已经存在果实则最多只能生成一个果实，否则同时存在两个以上
    226 +   //    this.generate(1);
    227 +   //}else{
    228 +   //     this.generate(n);
    229 +   //}
    230 +      this.generate(n);
230 231     }
```

图 16-18　比较修改内容

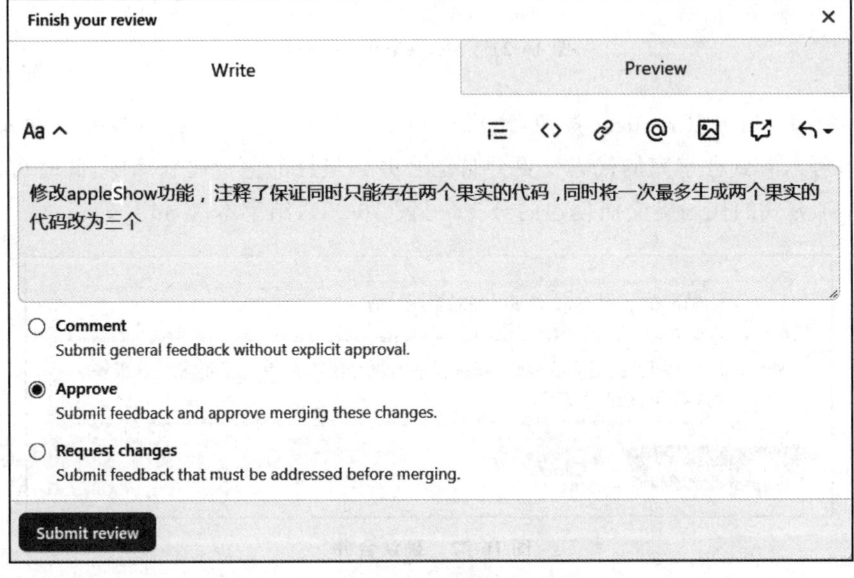

图 16-19　在评审界面中通过评审

提交之后，可以看到评审已通过(见图 16-20)。

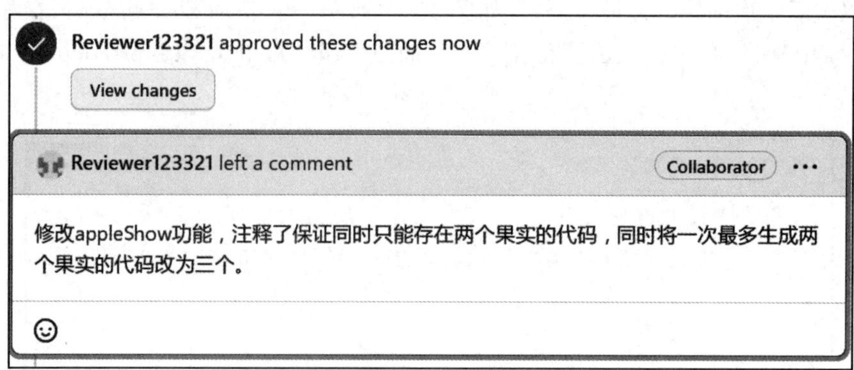

图 16-20 评审通过

评审通过之后，评审者 Reviewer123321 可以看到 pull request 界面中如图 16-21 所示的 Merge pull request 合并拉取请求按钮从原先的灰色变为绿色。

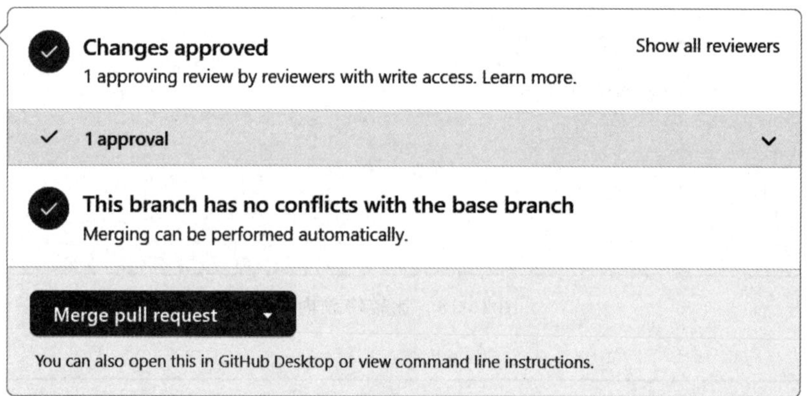

图 16-21 Merge pull request

单击该 Merge pull request 按钮，出现如图 16-22 所示的合并确认界面。输入备注，确认合并后，可以看到评审完的代码变更会自动合并到最终的主代码仓库中，此时可以删除为 pull request 方式的代码提交而创建的分支(见图 16-23)，结束本次 pull request。

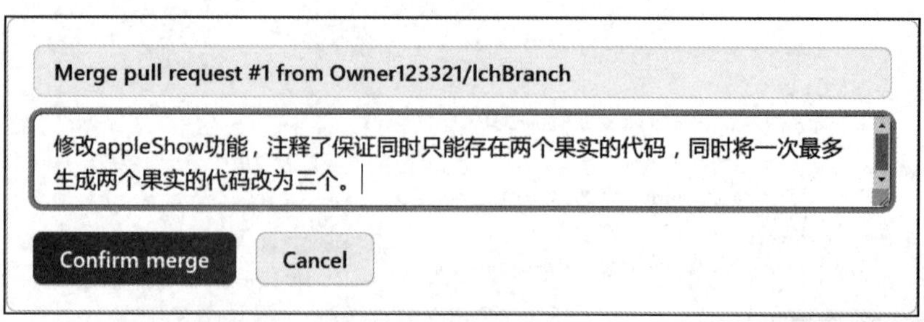

图 16-22 确认合并

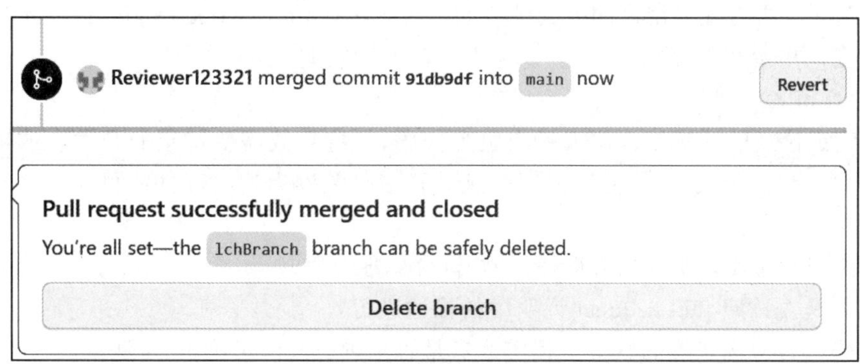

图 16-23　合并成功，删除分支

7. 关于 pull request 的使用建议

除了正确操作 pull request 流程，在代码修改和审查的过程中，还需要注意一些管理性事项[1,2]，以提高软件研发过程的效率，保障软件质量。

1）给开发者的建议

（1）创建分支，并在分支下开展某项错误修复或功能实现。分支是一个并行的开发线程，每个分支专注于独立的一项工作，比如一次代码重构或者一个问题修复。在分支下工作可以使得代码的变更路线更为清晰可追溯，也使变更易于评审。如果全部在主线分支(master、main 分支等)上进行编程开发，未来合并拉取请求的代码仓库可能被不必要的代码合并弄得混乱。

（2）在 push 之前确保完成以下几点。

- 测试：为新功能或错误修复编写测试，并确保在提交前代码通过测试。
- 文档：及时根据所作的变更更新用户手册。
- 完整性：一次代码提交对应一项新功能或错误修复任务，应在提交中尽可能全面地解决问题，而不是留下"尾巴"待日后发现和解决。

（3）定期拉取主线分支，合并最新代码。这样每次都只需面临小规模变更，而不至于突然面对大规模的项目变化，也可以保证提交的拉取请求是基于最新主线代码。

（4）pull request 中建议不要包含任何不相关或不必要的格式更改，例如，增加空白行、格式化代码等，避免干扰审查，分散审查者注意力。

（5）pull request 的标题和说明应简洁明了，应描述增加的功能或修复的缺陷，包括给出缺陷或新功能在问题跟踪(issue tracker)系统中的相关编号等。不重要的更改和修复不需要很长的描述。如果变更中的实现按已讨论的方案实施，只需在描述中引述相关讨论结果。如果实现方案未经沟通或与先前达成的结论不一致，则应详细描述实现方法，以便评审者确定是否要合并代码。改变功能或行为的 pull request 需要描述改变的重点，以便确定审核内容。不建议将代码相关的注释放在拉取请求的说明中，如果有程序员阅读源代码所需要的信息，应将其放在代码注释中，源代码阅读者一般不会看到放在拉取请求中的注释。

（6）在处理审查者给出的反馈时，使用 git branch 检查当前分支，确保在正确的分支上工作。永远不要用强制推送"git push -f"。强制推送可能会破坏拉取请求，导致克隆所推送分支的人(例如进行审查的人)的额外合并或合并冲突。

（7）删除不再有任何用途的分支。定期运行“git remote prune origin”以从本地工作副本中删除仓库中远程已删除的分支，以免不小心使用它们。

2）给评审者的建议

（1）确定恰当的评审者。评审者应熟悉代码，一些更改需要特定的开发者或项目管理者同意，例如，对关键接口、性能敏感模块或对容错有关键影响的部件的更改。这些更改需要对相应组件非常熟悉的审核者。

（2）检查整体代码质量是否良好，是否符合标准，例如。

- 变更是否按照 pull request 说明中的描述进行？
- 代码是否遵循正确的软件工程实践？是否正确、健壮、可维护、可测试？
- 在更改性能敏感部分时，是否对性能进行了优化？
- 测试是否覆盖了全部改动？
- 测试执行速度是否够快？
- 代码是否避免引入额外的编译器警告？
- 如果项目依赖更新了，NOTICE 文件是否也更新？

（3）为了保持版本控制历史干净，在合并一个 pull request 时可以选择 Squash and merge 选项。Squash and merge 合并拉取请求中包含的所有单个提交(commit)，仅用一个提交表达拉取请求中所做的所有更改。拉取请求已基本能够表达本次变更的所有内涵，而未来的维护者一般也不会对拉取请求中的每个单独提交感兴趣。合并拉取请求中的提交，可以避免杂乱无章的 Git 历史，使得 Git 历史中的变更线索更为清晰。

（4）及时审查 pull request，尽早合并必要代码，避免延迟合并造成未来大量冲突。

（5）反馈建设性的审查意见，以便于开发者准确理解和解决问题。

附件资源

示例项目代码。

参考文献

[1] Michael Ernst. Programming advice：How to create and review a GitHub pull request [EB/OL]. 2021-07-21 [2022-02-20]. https://homes.cs.washington.edu/～mernst/advice/ github-pull-request.html.

[2] Apache Flink. 如何审核 Pull Request [EB/OL]. [2022-02-20]. https://flink.apache.org/zh/contributing/reviewing-prs.html.

实验17

持续集成与测试

持续集成(continuous integration)是一种软件开发方式,通过频繁地构建和集成软件,并检验集成效果,尽早发现软件中存在的问题,使软件始终处于较好的维护状态,可以快速获得最新的可用软件版本。除了按构建成功与否来检验集成效果,通常还会在集成过程中开展自动的版本验证测试。这些测试其启动无须人工介入,不仅自动而且"自律",软件质量控制能够持续化。本实验将体验一个在持续集成过程中开展动态测试和静态测试的流程,以了解通过持续集成和测试来在软件研发过程中控制其质量的方法。

一、实验目标

了解软件自动化构建与自动化测试方法,了解软件配置管理,能够应用 Git、Jenkins 等工具为不断演进的软件实施持续集成,并在集成过程中通过运行动态测试和静态缺陷扫描来保障软件质量,如表 17-1 所示。

表 17-1 目标知识与能力

知　识	能　力
(1) 软件配置管理 (2) 软件自动化构建与测试 (3) 持续集成 (4) 静态缺陷扫描	(1) 使用现代工具:使用软件构建、单元测试、配置管理、持续集成和缺陷扫描工具 (2) 项目管理:能够应用持续集成方法管理软件开发与测试相关过程

二、实验内容与要求

选择一个开源项目或自己曾经开发过的项目,使用 Git、Jenkins 和 SonarQube 工具为其搭建持续集成环境,实施关于该项目的一个持续集成和测试过程。

主要任务:

(1) 部署 Git 代码仓库、Jenkins 持续集成工具和 SonarQube 缺陷扫描工具。

(2) 为所选择的项目实施基于 Git 的版本控制,并提交变更。

(3) 使用持续集成工具捕获变更,并获得新构建的软件版本。

(4) 在持续集成过程中增加版本验证测试,并展示测试结果。

(5) 在持续集成过程中增加静态缺陷扫描,并展示扫描结果。

(6) 总结实验过程中的难点,讨论上述项目管理过程的优点与不足。

三、实验环境

(1) Java 及 Eclipse/IntelliJ IDEA 开发环境。

(2) Git 版本控制工具。

(3) GitStack 远程代码仓库：http://gitstack.com/。

(4) Jenkins 持续集成工具。

(5) SonarQube 持续缺陷扫描工具：https://www.sonarqube.org/。

四、评价要素

评价要素如表 17-2 所示。

表 17-2 评价要素

要素	实验要求
持续集成实现	有效应用 Git、Jenkins 等工具组织起持续集成流程，在成功完成实验步骤的同时，能够清晰表达步骤的目标和作用
在持续集成中开展动态测试	成功在持续集成过程中发起版本验证测试并获得测试结果
在持续集成中开展静态缺陷扫描	成功在持续集成过程中发起静态缺陷扫描、获得扫描结果并能够解读结果
实验总结	批判性审视实验过程，对持续集成实施有所体会，并能够表达体会

问题分析

1. 持续集成实施

持续集成的核心是软件构建(build)，需要自动构建脚本来使得构建过程能够在 Jenkins 等工具的远程环境中有效完成。自动构建脚本多种多样，许多读者熟悉用 Visual Studio 开发软件，Visual Studio 按解决方案(solution)和工程(project)来组织项目，不仅可以以图形界面方式运行，而且可以按命令行方式使用，可以将编译和链接等过程配置到一个 BAT 等形式、相对自由的批处理脚本中来完成构建。C/C++ 等语言还可以使用 make、CMake 等工具，编写相对规范的 Makefile 等构建脚本来实现自动构建。对于 Java 项目，Ant、Maven、Gradle 是广泛使用的构建工具，编写 XML 等形式的自动构建脚本来描述编译、打包及其他相关的设置。Eclipse 等环境中的一些项目可能默认不带有自动构建脚本，但平台通常提供相应的构建脚本生成机制，或支持项目构建方式的转换。

实施持续集成可以设置不同方法来表达“持续”这一概念。一种“持续”是按固定时间间隔持续不断地去进行集成。另一种典型的“持续”是跟踪 Git 等代码仓库中持续不断的版本变更，一旦有新代码版本即触发一次新的集成。

持续集成在服务器端运行构建脚本，实施集成并运行测试。当 Jenkins 等持续集成工具部署在本地时，服务器端就是本地，而其他情况下服务器也可能在云端。在配置环境参数和编写构建脚本时，需要确保相关设置与实际的开发端和集成端布局相一致。

2. 实验问题的解决思路与注意事项

遵循实验步骤开展实验。Jenkins 等软件中出现的相关名词、操作步骤是软件工程理念在实际实施层面的落实，应注意理解其概念、效用，对照课程中的原理介绍和实际操作来体会软件工程方法的实际应用。

3. 难点与挑战

实验的难点在于知识和原理的应用，其过程涉及大量过去可能并不熟悉的细节概念，理清头绪并成功完成实验步骤可能需要查阅资料构建起关于软件构建、集成、测试等的概念网络，并且将抽象概念对应到具体实体。

实验与软件构建技术紧密相关，许多学生尚不熟悉该项技术，错误地配置构建机制容易引发意想不到的问题，分析和排查问题可能有一定难度。

实验方案

实验围绕一个案例项目 JenkinsTest 来开展持续集成和测试。

1. 安装部署测试环境

1）安装和配置 Git 代码仓库

首先，安装 Git 软件。安装后将获得 Git 客户端。如感觉命令行客户端不便使用，也可以安装 TortoiseGit 等带有图形界面的客户端。

除客户端外，还需要部署 Git 代码仓库。可直接使用 Github 等公有代码仓库，也可依托 GitStack、SCM Manager、GitLab 等软件在本机部署仓库。本实验部署一个 GitStack 代码仓库作为实验基础。

以默认方式安装 GitStack，安装完成后，在地址栏里输入 http://localhost/gitstack/ 可以登录系统，如图 17-1 所示。

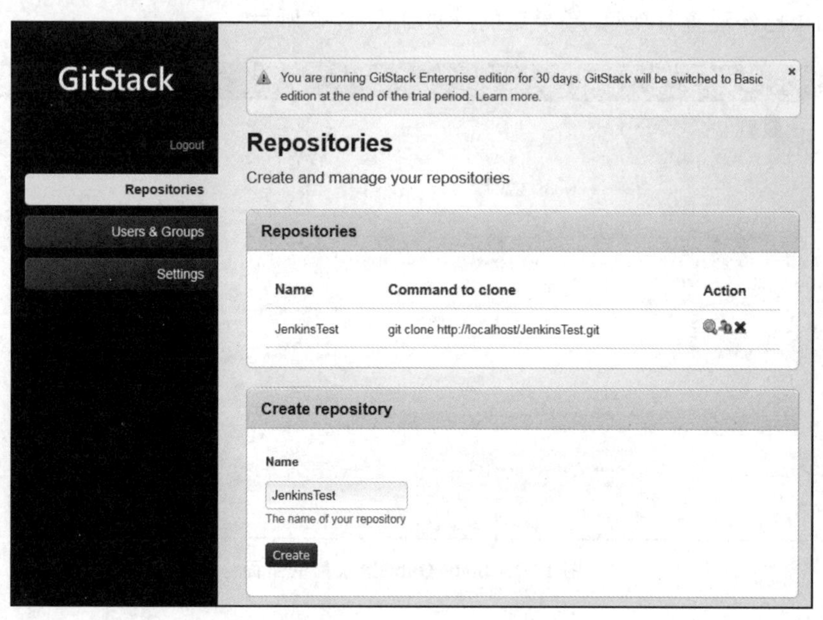

图 17-1 GitStack 界面

通过 Repositories 页面，可以在 GitStack 中创建新的项目仓库。本实验的案例仓库为 JenkinsTest。直接输入仓库名“JenkinsTest”，然后单击 Create 按钮即可完成仓库创建。创建好的仓库会在界面 Repositories 列表中展示，同时显示该仓库的克隆地址，例如 http://localhost/JenkinsTest.git。

创建完仓库后需要为仓库配置读写用户。首先在 Users & Groups 页面下创建用户。创建好用户后，返回如图 17-1 所示的仓库管理页面。再单击案例仓库 JenkinsTest 对应的 Action 动作中的“用户管理”按钮，进入仓库权限管理页面。在该页面可以添加或删除具有访问 JenkinsTest 仓库权限的用户。

2）安装和配置 SonarQube 缺陷扫描工具

进入官网下载 SonarQube 工具恰当的版本。如果当前 JDK 版本是 JDK 8，则下载 7.8 或更早的几个版本；如果是 JDK 11，则可以选择 7.9 及以后版本。版本是否合适可在相应版本官方文档中的 Requirements 节查看。

本实验采用 SonarQube 7.8 版本（建议不选择最新版本，因为可能存在和 Jenkins 的兼容性问题）。下载并解压安装包后，从 bin\windows-x86-64 下的 StartSonar.bat 文件可直接启动 SonarQube，默认运行在 9000 端口。注意尽量避免在 SonarQube 的安装路径中包含非字母符号，以免工具难以处理。如果因系统中安装有多个 Java 版本而导致运行失败，可以参照如下命令，首先设置 PATH 环境变量，在其中指定 Java 路径，然后执行 StartSonar.bat。

```
SET PATH=C:\Program Files\Java\jdk-11.0.9\bin;%PATH%
StartSonar.bat
```

启动 SonarQube 后，在浏览器的地址栏中输入“http://localhost:9000”可以验证 SonarQube 是否正常启动。正常启动后，可以登录 SonarQube，默认的账户为 admin/admin。如果已经配置有项目，登录后的首页如图 17-2 所示。

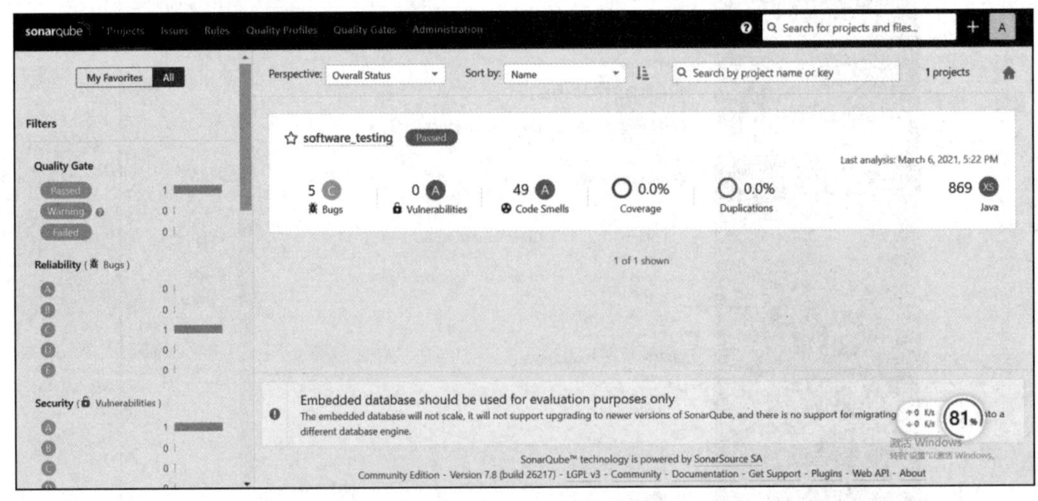

图 17-2　SonarQube 登录后的页面

3）安装和配置 Jenkins 持续集成工具

（1）安装 Jenkins 工具。

进入 Jenkins 官网下载最新的 Jenkins 工具 war 包(本实验使用的是 Jenkins 2.282 版)。有两种方式可以启动 Jenkins。一种是将 jenkins.war 放入 Tomcat 容器的 webapps 目录，当启动 Tomcat 时，会自动载入 Jenkins 工具。另一种是在命令行输入 Java 命令"java -jar jenkins.war"直接启动 Jenkins，默认会运行在 8080 端口。

启动 Jenkins 后，在浏览器中打开网址 http://localhost:8080，可以验证 Jenkins 是否正常启动。如出现如图 17-3 所示的界面，说明 Jenkins 工具已经部署成功。

图 17-3　Jenkins 主界面(已创建一个项目)

（2）在 Jenkins 工具中安装 Git 插件。

本实验使用 Git 作为版本管理工具，而 Jenkins 需要安装 Git 插件来支持其版本监控。从图 17-3 界面中的 manage Jenkins 按钮进入如图 17-4 所示的"插件管理"(Manage Plugins)页面，再从其进入"可选插件"选项卡，在搜索栏处按名称检索，可以找到 Git 插件，如图 17-4 所示。若尚未安装该插件，选中插件，单击"直接安装"即可完成安装。如无法安

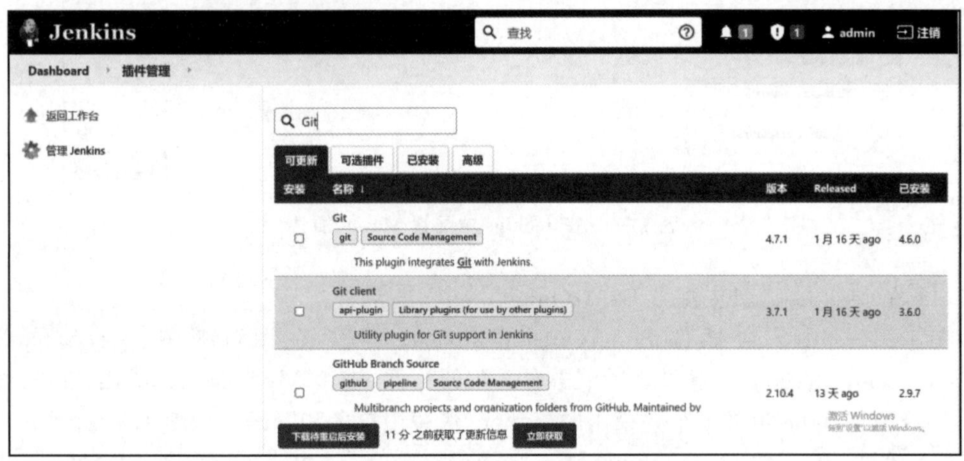

图 17-4　Git 插件安装(本机已安装)

装 Git 插件，也可考虑安装 GitHub plugin 插件，其中附带 Git 插件；还可尝试设置“插件管理”页“高级”(Advanced)下的 Update Site，将其改为 https://mirrors.tuna.tsinghua.edu.cn/jenkins/updates/update-center.json 等镜像地址。

除了安装 Git 插件，实验还需要在 Jenkins 中指出 Git 工具的可执行文件路径。进入 Manage Jenkins→Global Tool Configuration，在 Git 配置项下的 Path to executable 一栏添加 Jenkins 部署主机的 git.exe 程序路径即可完成设置，如图 17-5 所示。

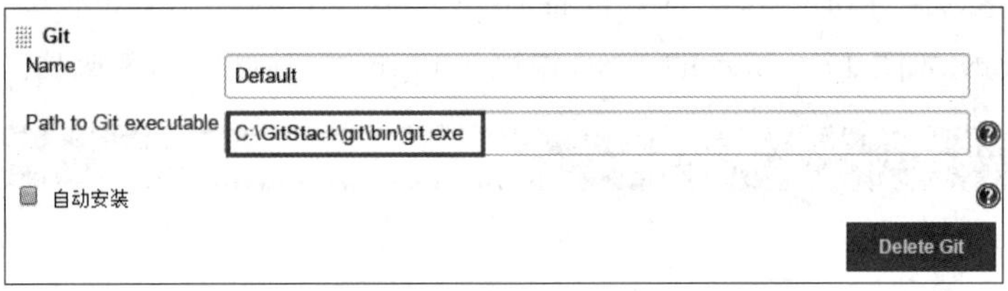

图 17-5　Git 配置

设定好 Git 的可执行程序路径后，进入 Manage Jenkins→Configure System，在 Git plugin 下设定用于访问 Git 仓库的用户信息，包括 user.name 和 user.email 等。Jenkins 会用设定的身份读取 Git 仓库的更新记录，获取最新的代码版本。该部分的配置可参考官方文档 https://plugins.jenkins.io/git/#Global%20Configuration。

(3) 在 Jenkins 工具中配置 Maven。

本实验使用 Maven 项目管理工具进行代码的自动构建。为使用 Maven，需额外下载插件。进入步骤(2)中所述的插件安装页面，搜索 Maven Integration 后进行插件安装。安装插件后，进入 Global Tool Configuration 页面，配置 Maven。在 Maven 设定处单击“新增 Maven”，填写 Maven 工具路径等相关信息后保存(见图 17-6)。

图 17-6　在 Jenkins 中配置 Maven 插件

(4) 在 Jenkins 工具中配置 SonarQube。

在 Jenkins 中安装插件 SonarQube Scanner。然后，在浏览器中打开 SonarQube(http://localhost:9000)，登录之后单击右上角的头像，进入 My Account 页面，在 Security 页中，为 SonarQube 生成一个登录用的 Token(代替用户名和密码)，如图 17-7 所示。

之后在 Jenkins 的 Mange Jenkins→Configure System 功能页中配置 SonarQube 服务器的地址(Server URL)，并添加访问服务器的 Server authentication token(见图 17-8(a))。

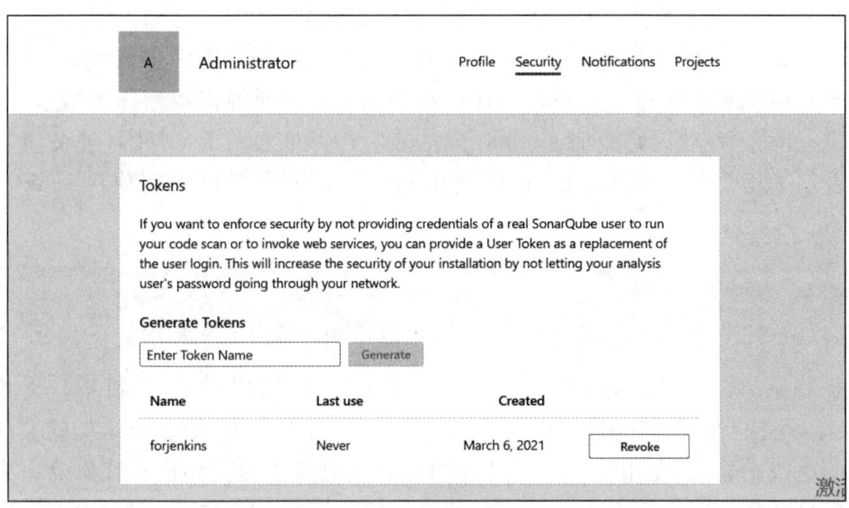
A
Administrator
Profile
Security
Notifications
Projects
Tokens
If you want to enforce security by not providing credentials of a real SonarQube user to run your code scan or to invoke web services, you can provide a User Token as a replacement of the user login. This will increase the security of your installation by not letting your analysis user's password going through your network.
Generate Tokens
Enter Token Name
Generate
Name
Last use
Created
forjenkins
Never
March 6, 2021
Revoke

图 17-7　生成 SonarQube 的 Token

此处的 Token 即先前在 SonarQube 中创建的那个 Token。可单击“添加”按钮在弹出的对话框中选择类型 Secret text 并在 Secret 处填入。除此以外，还需要在 Manage Jenkins→Global Tool Configuration 功能页中配置 SonarQube Scanner，如图 17-8(b)所示。

SonarQube servers
Environment variables Enable injection of SonarQube server configuration as build environment variables
If checked, job administrators will be able to inject a SonarQube server configuration as environment variables in the build.
SonarQube installations
Name
MySonar
Server URL
Default is http://localhost:9000
Server authentication token
sonarV1
添加
SonarQube authentication token. Mandatory when anonymous access is disabled.
添加凭据
Domain
全局凭据 (unrestricted)
类型
Secret text
范围
全局 (Jenkins, nodes, items, all child items, etc)
Secret
ID
描述

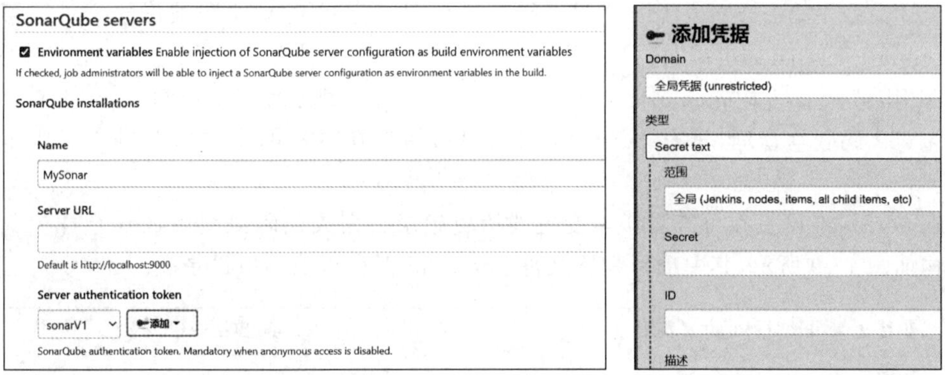

(a) 在 Manage Jenkins→Configure System 下配置

SonarQube Scanner
SonarQube Scanner 安装
新增 SonarQube Scanner
SonarQube Scanner
Name
MyScanner
Install automatically
Install from Maven Central
版本
SonarQube Scanner 4.6.0.2311
新增安装

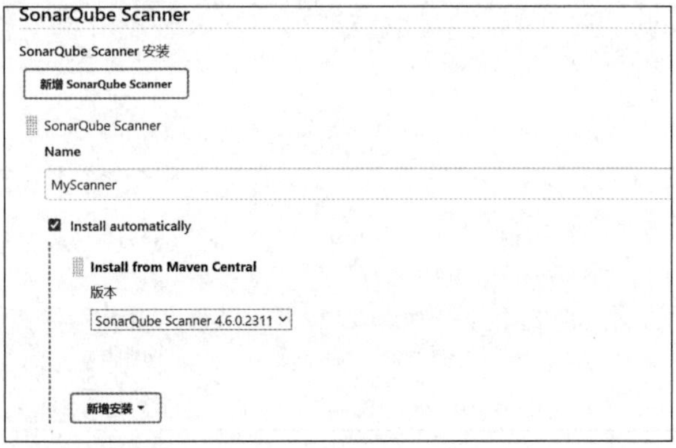

(b) 在 Manage Jenkins→Global Tool Configuration 下配置

图 17-8　在 Jenkins 中配置 SonarQube

2. 为所选项目实施基于 Git 的版本控制，并提交变更

为体验 Jenkins 的自动构建流程，实验需要先在 Git 代码仓库中创建变更。稍后可以发现，Jenkins 能够检测到这些变更并自动在服务器端进行编译等构建操作。

打开带 Git 的命令行(必要时手工将 git.exe 所在目录加入 PATH 环境变量)。切换到希望用来复制远程代码仓库的本地目录，使用 git clone 命令复制案例项目 JenkinsTest，完整命令如下。

```
cd JenkinsTest
git clone http://localhost/JenkinsTest.git
```

完成复制后，本地将有远程代码仓库中项目最新代码的一个副本。下面将更新 JenkinsTest 项目的代码。在克隆所得的 JenkinsTest 文件夹里，加入要添加的文件，产生一个对项目的更改。然后，使用 git push 命令将本地代码变更提交到远程代码仓库中，使变更真正进入项目的代码版本管理系统。具体的 Git 代码提交命令如下。

```
cd JenkinsTest
git add.
git commit -m "add files"
git push
```

上述命令中第一步“git add .”用来提交当前目录下的新文件和被修改文件。第二步“git commit -m "add files"”将目前累积的变更首先提交到本地的代码仓库中，变更的名称为“add files”。第三步“git push”把本地的变更记录提交到远程 Git 仓库。Git 工具支持的是分布式代码版本管理，只有 push 操作执行后，用户在本地的变更才会进入主版本控制系统。

在 GitStack 网页端可查看版本变更的历史记录。完成代码提交后，Git 仓库中文件的树结构如图 17-9 所示，其中项目配置文件 pom.xml 保存于项目根目录下。

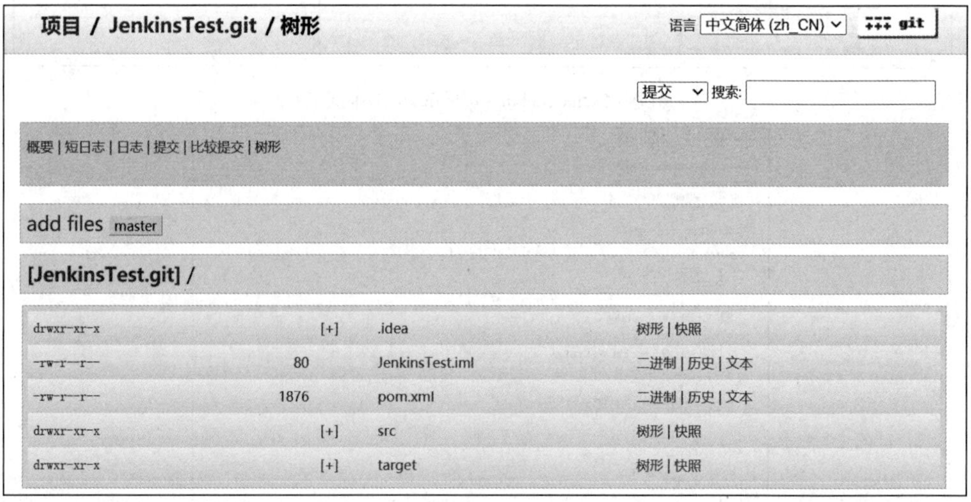

图 17-9　仓库文件树结构

3. 使用持续集成工具跟踪代码变更，并获得新构建的软件版本

首先，在 Jenkins 初始页面，单击左侧的“新建”，选择并创建一个自由风格的持续集成任务(item)，如图 17-10 所示。创建好持续集成任务后，会自动进入任务的配置页面。

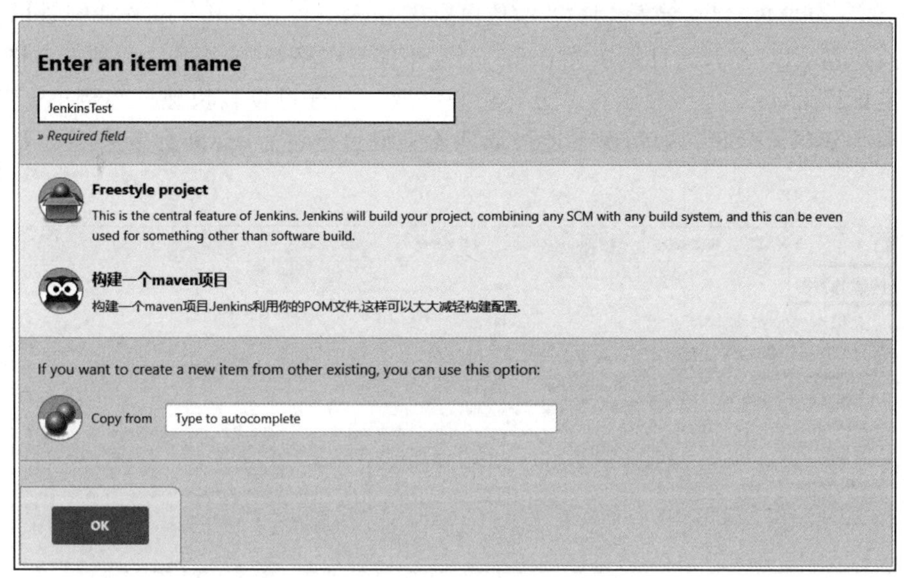

图 17-10　新建 Item

在任务配置页面下的“源码管理”(source code management)页中选择 Git。在 Git 的 Repository URL 中输入 Git 仓库地址，从而确定 Jenkins 需要跟踪的目标代码仓库，如图 17-11 所示。在 Credentials 中设定访问 Git 仓库所需要的账户，可以通过用户名密码方式访问，也可以设置 Security text，通过安全码访问。

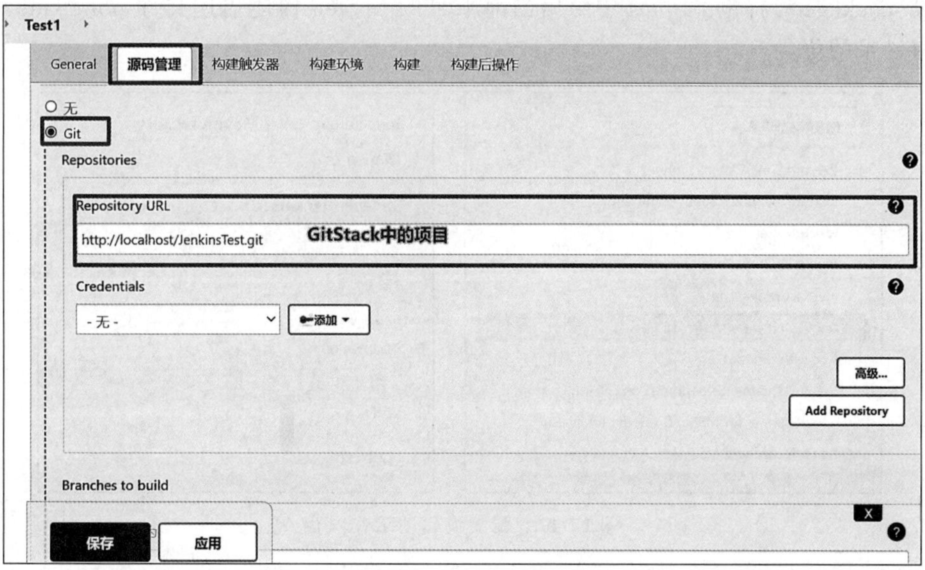

图 17-11　源码管理配置

然后，在如图 17-12 所示的“构建触发器(Build Triggers)”页中选择 Poll SCM 复选框，监控 Git 仓库变更来即时进行构建。该界面中的“日程表(Schedule)”可以设定 Git 仓库的监控周期。日程设定中可以填入“H* /2***”，表示每隔 2h 检查一次 Git 上的变更情况。其中，H 后的 5 个参数“*”“/2”“*”“*”“*”依次对应 minutes、hour、day、month、week，实际设置的时间间隔须以“/”开始且须接着前一符号后不能有空格，其他符号之间须有空格。本实验中设定日程为“H/2****”，表示每 2 分钟检查一次。这样可以较快地监控到 Git 变更，方便观察监控效果。但是一般情况下监控周期不宜设置得过短，否则会带来不必要的性能开销。

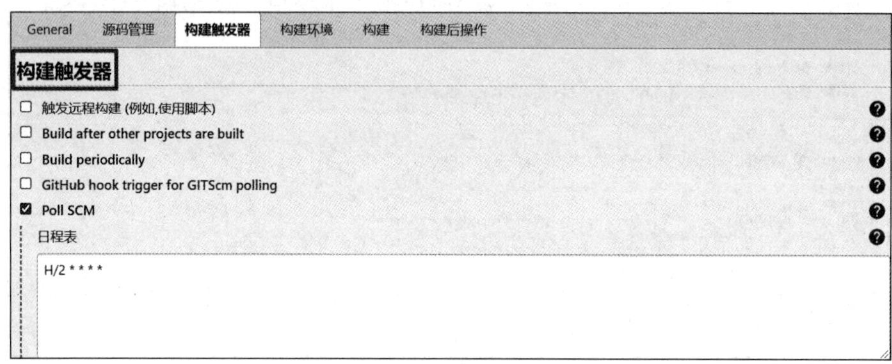

图 17-12　配置“构建触发器”

接下来，在任务配置页面的“构建(Build)”页中，选择“增加构建步骤”中的 Invoke top-level Maven targets，设定构建的工作内容，如图 17-13 所示。Maven 构建内容中，“Maven 版本”为前面对 Global Tool Configuration 中的 Maven 进行配置时指定的 Name。“目标”指 Maven 构建命令，如 clean 表示清理编译结果(清空 target 文件夹)、compile 指编译、test 是测试、package 为打包。POM 中给出当前项目的 Maven 构建描述文件 pom.xml 相对于项目根目录的位置。

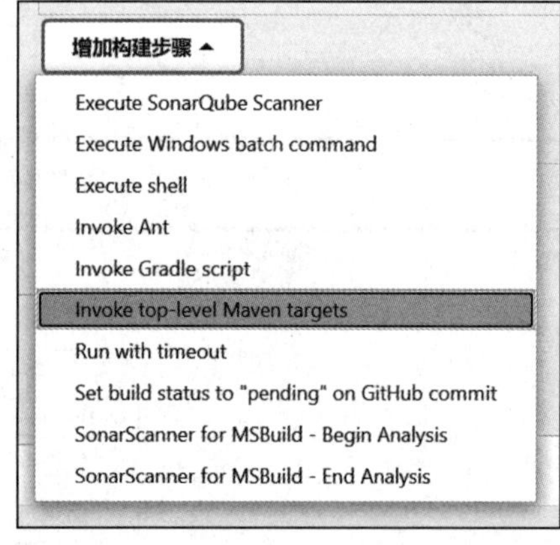

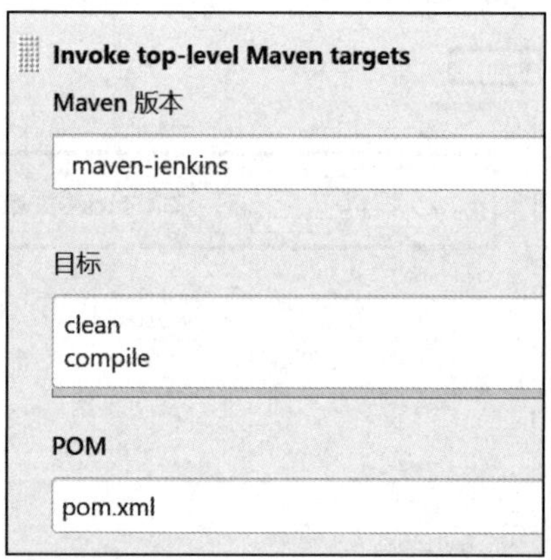

图 17-13　配置构建的工作内容

待测项目的构建描述文件 pom.xml 主要内容见图 17-14，properties 属性中是编译和编码设置，dependencies 中设定的主要依赖为程序功能主体使用的 Apache commons 包和测试用的 junit 库。不同项目的依赖可能不同，POM 文件结构也会有差异，需要根据项目自身特点来设置。

```
<?xml version="1.0" encoding="UTF-8"?>
<project xmlns="http://maven.apache.org/POM/4.0.0"
         xmlns:xsi="http://www.w3.org/2001/XMLSchema-instance"
         xsi:schemaLocation="http://maven.apache.org/POM/4.0.0
http://maven.apache.org/xsd/maven-4.0.0.xsd">
  <modelVersion>4.0.0</modelVersion>
  <groupId>nuaa</groupId>
  <artifactId>JenkinsTest</artifactId>
  <version>1.0-SNAPSHOT</version>
  <properties>
    <maven.compiler.source>8</maven.compiler.source>
    <maven.compiler.target>8</maven.compiler.target>
    <project.build.sourceEncoding>UTF-8</project.build.sourceEncoding>
    <project.reporting.outputEncoding>UTF-8</project.reporting.outputEncoding>
    <maven.compiler.encoding>UTF-8</maven.compiler.encoding>
  </properties>

  <dependencies>
    <dependency>
      <groupId>org.apache.commons</groupId>
      <artifactId>commons-pool2</artifactId>
      <version>2.8.0</version>
    </dependency>

    <dependency>
      <groupId>junit</groupId>
      <artifactId>junit</artifactId>
      <version>4.13</version>
      <scope>test</scope>
    </dependency>
  </dependencies>
</project>
```

图 17-14　项目的 Maven 构建描述 pom.xml

按以上配置，Jenkins 会在后台监控代码变更并进行自动构建。构建成功后，在构建日志中可以看到如图 17-15 所示的构建记录。有时在构建日志中会提示找不到 JAVA_HOME，对此问题，可以进入 Manage Jenkins→Configure System→Global properties→Environment variables 中增加关于 JAVA_HOME 的环境变量设置，使该变量指向 JDK 目录。

4. 增加版本验证测试

配置 Jenkins 项目时，在 Maven 构建的“目标”一栏中写入相应的测试命令，即可在项目构建时，执行代码中的测试任务，如图 17-16 所示。该图上“目标”中的 test 命令即为 Maven 命令，默认编译并执行所有 JUnit 下用“@Test”标注的测试用例。

在本实验中，案例项目 JenkinsTest 复制了 Apache commons pool2 对象池程序库内的两个类 BaseGenericObjectPool 和 DefaultPooledObject，为其编写了单元测试；同时，编写了一个对象池示例小应用，并做了相应的测试。

```
[WARNING]
[INFO]
[INFO] ------------------------< nuaa:JenkinsTest >------------------------
[INFO] Building JenkinsTest 1.0-SNAPSHOT
[INFO] --------------------------------[ jar ]---------------------------------
[INFO]
[INFO] --- maven-clean-plugin:2.5:clean (default-clean) @ JenkinsTest ---
[INFO] Deleting D:\Jenkins\workspace\Test1\.\target
[INFO]
[INFO] --- maven-resources-plugin:2.6:resources (default-resources) @ JenkinsTest ---
[INFO] Using 'UTF-8' encoding to copy filtered resources.
[INFO] skip non existing resourceDirectory D:\Jenkins\workspace\Test1\.\src\main\resources
[INFO]
[INFO] --- maven-compiler-plugin:3.1:compile (default-compile) @ JenkinsTest ---
[INFO] Changes detected - recompiling the module!
[INFO] Compiling 5 source files to D:\Jenkins\workspace\Test1\.\target\classes
[INFO] ------------------------------------------------------------------------
[INFO] BUILD SUCCESS
[INFO] ------------------------------------------------------------------------
[INFO] Total time:  2.790 s
[INFO] Finished at: 2021-06-14T20:20:51+08:00
[INFO] ------------------------------------------------------------------------
Finished: SUCCESS
```

图 17-15 Jenkins 构建日志

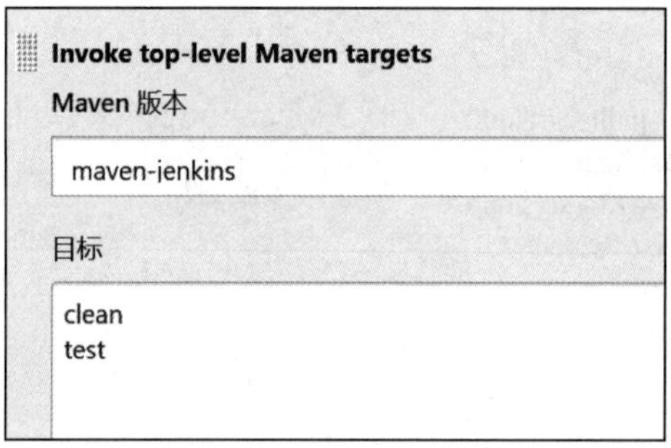

Invoke top-level Maven targets

Maven 版本

maven-jenkins

目标

clean
test

图 17-16 配置在 Jenkins 构建的同时运行测试

对象池示例应用的代码如程序 17-1 所示。其中创建了一个由 StringBuffer 构成的对象池 pool，每个 StringBuffer 模拟一个将字符流整体按块缓冲输出的缓冲区。代码提供 writeToBuffer(String s)功能，每次向对象池捞取一个缓冲区，然后将参数字符流通过缓冲区实现输出。通过对象池，可以实现缓冲区的复用。

程序 17-1 待集成项目 JenkinsTest 中的对象池示例应用

```
public class Main {
    //创建池
    GenericObjectPool<StringBuffer> pool =
        new GenericObjectPool<StringBuffer>(new PooledStringBufferFactory(),
            new GenericObjectPoolConfig<StringBuffer>());

    String writeToBuffer(String s) throws Exception{
```

```
        //从 ObjectPool 租借对象 StringBuffer,获得缓冲区
        StringBuffer buffer = pool.borrowObject();
        //模拟参数字符流 s 整体按块缓冲输出(write and flush)
        buffer.append(s);
        //归还对象 StringBuffer
        //XXX: 此处注入故障,注释掉归还语句,会导致对象池泄漏
        //pool.returnObject(buffer);
        return buffer.toString();
    }

    public String writeToBuffer(ArrayList<String> strings) throws Exception{
        String bufferStr = "";
        for(String s: strings) {
            bufferStr = writeToBuffer(s);
        }
        return bufferStr;
    }
}
```

正确的实现中,对象池 pool 中只需一个缓冲区,writeToBuffer(String s)方法每次从对象池获得该缓冲区的句柄,向缓冲区内写入字符流,然后归还缓冲区对象。实验在方法 writeToBuffer(String s)中注释掉语句 pool.returnObject(buffer),进而注入一个忘记归还缓冲区的对象池泄漏错误。当泄漏的对象超出一定数量时,向对象池请求租借对象会造成程序挂起。也即对于封装多次输出的方法 writeToBuffer (ArrayList<String> strings),如果待输出的字符串太多,可能会出现程序挂起问题。

本实验编写单元测试 testPoolAppend()来检测对象池泄漏问题,测试代码如程序 17-2 所示。当不存在对象池泄漏并挂起问题时,测试用例中的实际输出内容 result 应和待输出内容相符。而如果出现挂起异常,可以通过在单元测试 testPoolAppend()上增加超时错误检测"@Test(timeout=1000)"来捕获。也就是说,对于注入错误的版本,单元测试用例 testPoolAppend 会汇报执行失败。

程序 17-2　JenkinsTest 中的对象池测试代码

```
public class EntryTest {
@Test(timeout = 1000)
    public void testPoolAppend() throws Exception {
        ArrayList<String> arrayList=new ArrayList<String>();
        arrayList.add("I");
        arrayList.add(" like");
        arrayList.add(" my");
        arrayList.add(" friends");
        arrayList.add(" Joey");
        arrayList.add(" and");
        arrayList.add(" Monica");
        arrayList.add(" very");
```

```
        arrayList.add(" very");
        arrayList.add(" much!");

        Main main = new Main();
        String result = main.writeToBuffer(arrayList);
        System.out.println(result);
        assertEquals("I like my friends Joey and Monica very very much!", result);
    }
}
```

对于案例项目 JenkinsTest，按本节配置，在 Jenkins 上进行持续集成时，除了编译源代码生成可执行程序外，还会执行单元测试。执行后可以见到如图 17-17 所示的测试日志。该日志中显示测试用例 testPoolAppend 执行失败，并给出了出现错误的调用栈。除了从构建日志和项目状态界面了解测试执行结果，如需更详细的测试报告，还可以配置构建后步骤 Publish JUint test result reports 来生成图表化的测试记录。

```
-------------------------------------------------------
 T E S T S
-------------------------------------------------------
Running BaseGenericObjectPoolTest
max wait before setting: -1
max total before setting: 8
Tests run: 2, Failures: 0, Errors: 0, Skipped: 0, Time elapsed: 0.146 sec
Running DefaultPooledObjectTest
Tests run: 1, Failures: 0, Errors: 0, Skipped: 0, Time elapsed: 0 sec
Running EntryTest
Tests run: 1, Failures: 0, Errors: 1, Skipped: 0, Time elapsed: 1.003 sec <<< FAILURE!
testPoolAppend(EntryTest)  Time elapsed: 1.003 sec  <<< ERROR!
org.junit.runners.model.TestTimedOutException: test timed out after 1000 milliseconds
        at java.base@11.0.9/jdk.internal.misc.Unsafe.park(Native Method)
        at java.base@11.0.9/java.util.concurrent.locks.LockSupport.park(LockSupport.java:194)
        at java.base@11.0.9/java.util.concurrent.locks.AbstractQueuedSynchronizer$ConditionObject.await(AbstractQueuedSynchronizer.java:2081)
        at app//org.apache.commons.pool2.impl.LinkedBlockingDeque.takeFirst(LinkedBlockingDeque.java:594)
        at app//org.apache.commons.pool2.impl.GenericObjectPool.borrowObject(GenericObjectPool.java:437)
        at app//org.apache.commons.pool2.impl.GenericObjectPool.borrowObject(GenericObjectPool.java:354)
        at app//Main.writeToBuffer(Main.java:14)
        at app//Main.writeToBuffer(Main.java:25)
        at app//EntryTest.testPoolAppend(EntryTest.java:23)
        at java.base@11.0.9/jdk.internal.reflect.NativeMethodAccessorImpl.invoke0(Native Method)
        at java.base@11.0.9/jdk.internal.reflect.NativeMethodAccessorImpl.invoke(NativeMethodAccessorImpl.java:62)
        at java.base@11.0.9/jdk.internal.reflect.DelegatingMethodAccessorImpl.invoke(DelegatingMethodAccessorImpl.java:43)
        at java.base@11.0.9/java.lang.reflect.Method.invoke(Method.java:566)
        at app//org.junit.runners.model.FrameworkMethod$1.runReflectiveCall(FrameworkMethod.java:59)
        at app//org.junit.internal.runners.model.ReflectiveCallable.run(ReflectiveCallable.java:12)
        at app//org.junit.runners.model.FrameworkMethod.invokeExplosively(FrameworkMethod.java:56)
        at app//org.junit.internal.runners.statements.InvokeMethod.evaluate(InvokeMethod.java:17)
        at app//org.junit.internal.runners.statements.FailOnTimeout$CallableStatement.call(FailOnTimeout.java:288)
        at app//org.junit.internal.runners.statements.FailOnTimeout$CallableStatement.call(FailOnTimeout.java:282)
        at java.base@11.0.9/java.util.concurrent.FutureTask.run(FutureTask.java:264)
        at java.base@11.0.9/java.lang.Thread.run(Thread.java:834)


Results :

Tests in error:
  testPoolAppend(EntryTest): test timed out after 1000 milliseconds

Tests run: 4, Failures: 0, Errors: 1, Skipped: 0

[INFO] ------------------------------------------------------------------------
[INFO] BUILD FAILURE
[INFO] ------------------------------------------------------------------------
```

图 17-17　Jenkins 中的持续集成测试日志

5. 持续静态缺陷扫描

1）增加持续集成过程中的静态缺陷扫描步骤

进入 Jenkins 项目的配置(Configure)页面，勾选“构建环境”下的 Prepare SonarQube Scanner environment 复选框，如图 17-18 所示。

构建环境
Delete workspace before build starts
Use secret text(s) or file(s)
Abort the build if it's stuck
Add timestamps to the Console Output
Inspect build log for published Gradle build scans
Prepare SonarQube Scanner environment
Server authentication token
sonarV1
添加

图 17-18　配置 SonarQube 构建环境

然后，在配置 Maven 构建的同一位置，单击“增加构建步骤”，选择 Execute SonarQube Scanner，增加一个静态缺陷扫描步骤，如图 17-19 所示。在弹出的配置界面中填入相应的静态缺陷扫描参数，其中，Analysis properties 栏填写如下内容。

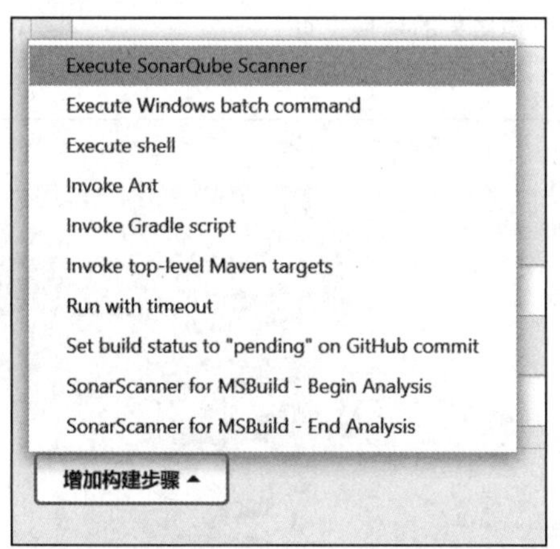

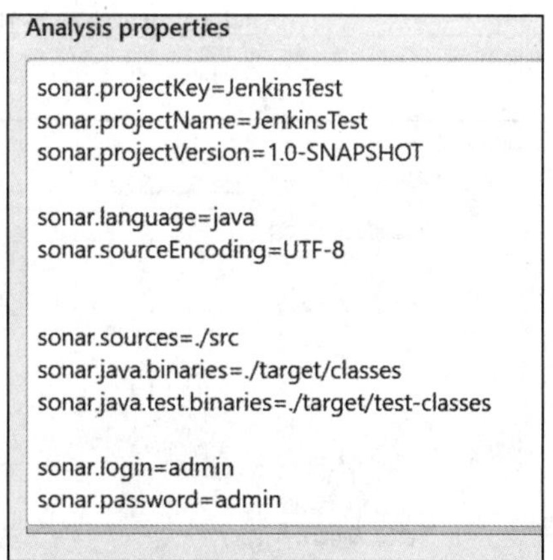

Analysis properties
sonar.projectKey=JenkinsTest
sonar.projectName=JenkinsTest
sonar.projectVersion=1.0-SNAPSHOT
sonar.language=java
sonar.sourceEncoding=UTF-8
sonar.sources=./src
sonar.java.binaries=./target/classes
sonar.java.test.binaries=./target/test-classes
sonar.login=admin
sonar.password=admin

图 17-19　配置持续集成中的静态缺陷扫描

- sonar.projectKey 和 sonar.projectName 一般填写为项目名称。
- sonar.sources 为 Jenkins 项目工作空间(workspace)中的源代码位置。
- sonar.java.binaries 为项目核心代码对应的 class 文件位置。
- sonar.java.test.binaries 为项目测试代码对应的 class 文件位置。

具体可参考 https://docs.sonarqube.org/7.8/analysis/scan/sonarscanner-for-jenkins/。

(建议将 SonarQube 步骤拖曳到 Maven 构建之前。若 SonarQube 扫描配置在 Maven 任务之后，有时需要将先前在 Maven 中配置执行的目标 test 改回 compile，因为测试失败可能导致 SonarQube 扫描不执行。)

2）展示缺陷扫描结果

在构建项目后，单击 Jenkins 项目主页中的“SonarQube”链接（见图 17-20），将进入 SonarQube 中的缺陷展示页面，如图 17-21 所示。

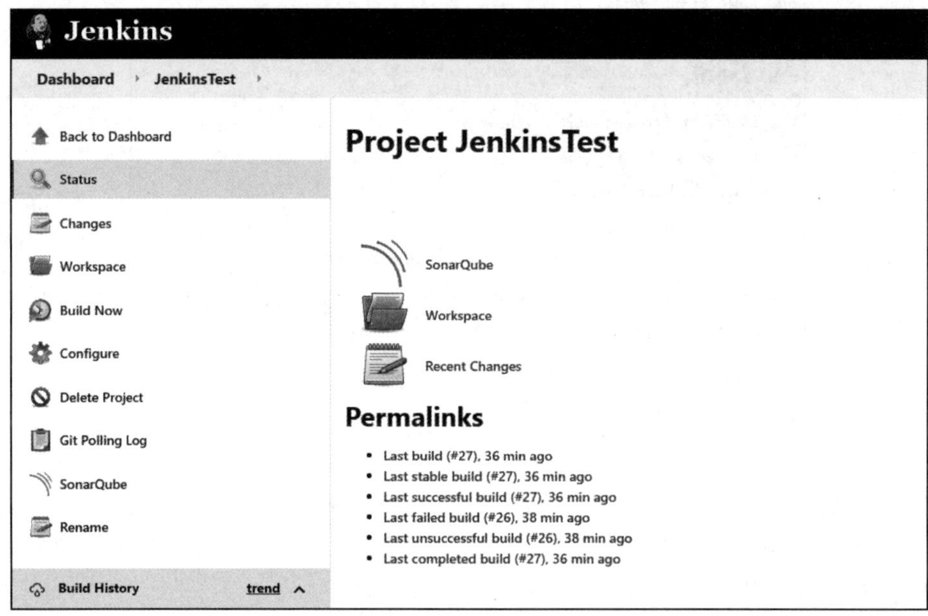

图 17-20　带静态缺陷扫描结果的项目主页

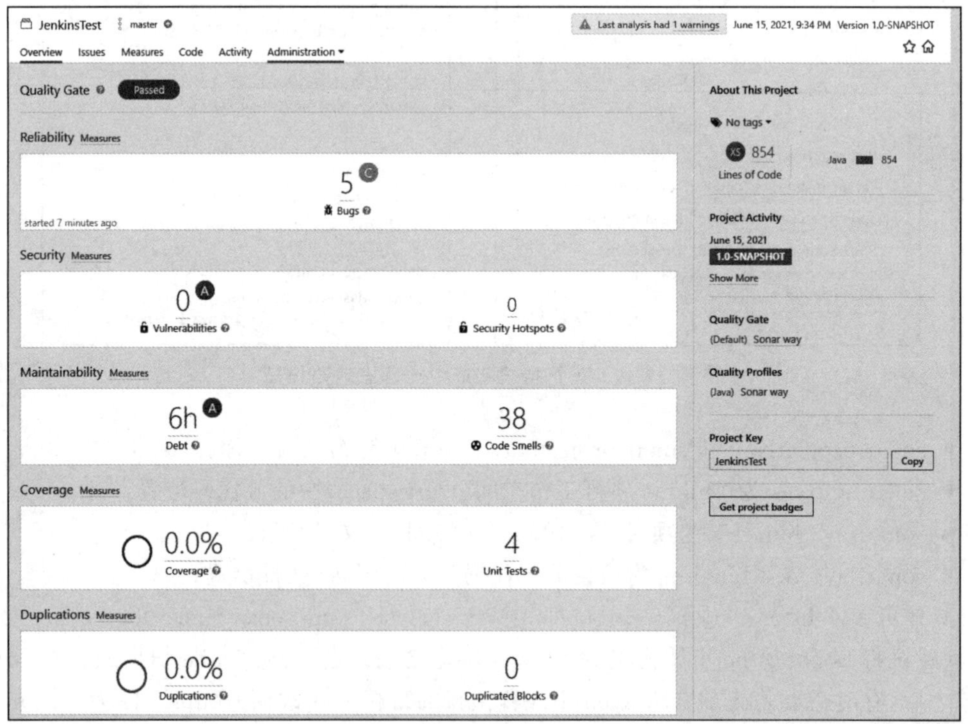

图 17-21　SonarQube 扫描结果

SonarQube 展示了项目的可靠性、安全性、可维护性等方面的扫描结果，单击各项内容可查看具体细节。

JenkinsTest 案例项目中共扫描出 5 个 Bug 和 38 个 Code Smell，如图 17-22 所示。其中，Bug 为工具认为的有较大可能引发错误的代码，Code Smell 是 SonarQube 认为的不良设计。工具难以如专家般判断准确，一些问题可能是误报，但也应注意确认问题是否真实存在。

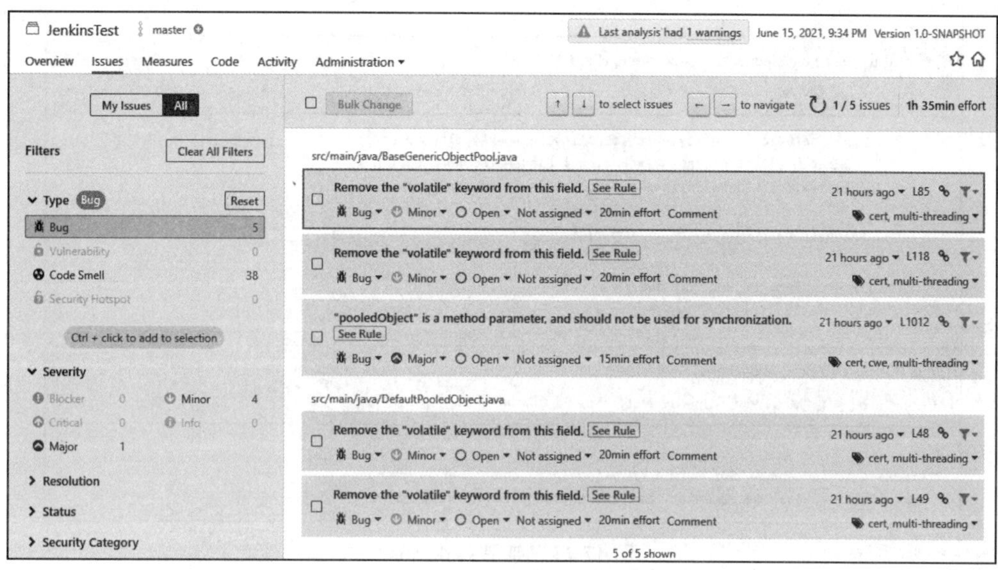

图 17-22 SonarQube 报告的缺陷列表

4 个 Bug 指出同步控制关键字 volatile 使用有误。SonarQube 给出的解释是非基本类型字段(基本类型为 int、long、double 等)不应该设置为 volatile。volatile 关键字容易给人整个对象被有效同步控制的感觉，而事实上被测程序中只有到对象的引用(reference)是 volatile 的，其数据成员并未得到有效同步控制。SonarQube 建议用 synchronzied 关键字、ThreadLocal 等机制来对对象实施同步控制。该建议有非常高的合理性，表明代码存在问题，但未必会在运行时触发真正的失效。

Non-primitive fields should not be "volatile"

Marking an array *volatile* means that the array itself will always be read fresh and never thread cached, but the items *in* the array will not be. Similarly, marking a mutable object field *volatile* means the object *reference* is *volatile* but the object itself is not, and other threads may not see updates to the object state.
This can be salvaged with arrays by using the relevant AtomicArray class, such as *AtomicIntegerArray*, instead. For mutable objects, the volatile should be removed, and some other method should be used to ensure thread-safety, such as synchronization, or ThreadLocal storage.

SonarQube 中列出的典型 Code Smell 如图 17-23 所示。两个 Code Smell 分别指出了关于项目中异常捕获、代码模块化的问题。“Extract this nested try block into a separate method”指的是要把嵌套 try-catch 的内部部分放到一个方法中，代码中不应直接出现 try-catch 语句的嵌套，这影响到了代码的可读性和可维护性。“Move this file to a named package”表示应当将代码放到包中，即 Java 项目“./src/main/java”目录下应该有包，代码应该放到包中，而不应把类直接放到“./src/main/java”目录下。可根据提示对项目的文件结构和代码语句进行调整。

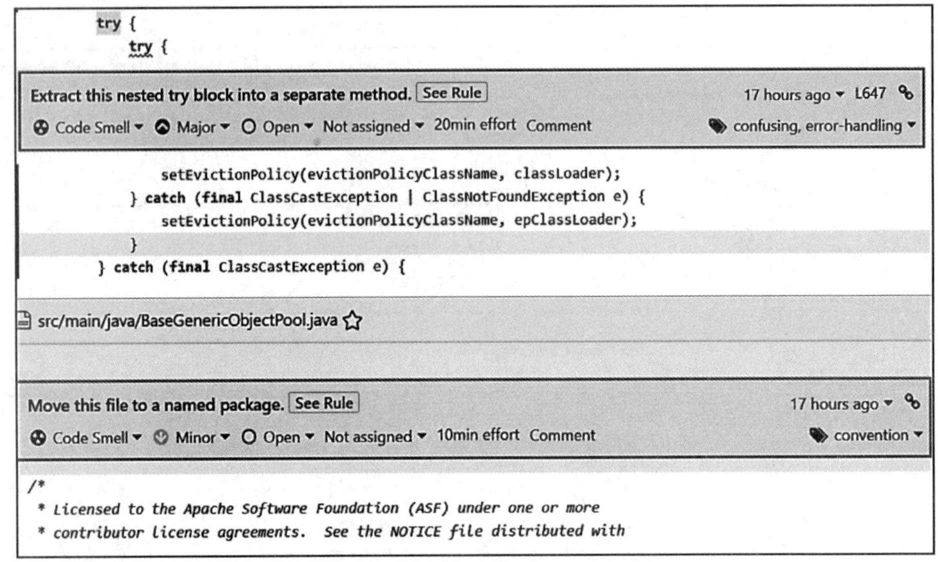

图 17-23 典型 Code Smell

6. 实验过程中的难点、所采用项目管理过程的优点与不足

本实验的难点主要在环境安装与配置、概念理解、工程项目组织等几个方面。

(1) 环境安装与配置：Jenkins 和 SonarQube 有一些对于 Java 版本的要求，要确保 JDK 版本和 SonarQube、Jenkins 匹配，否则无法启动软件。如果本机安装有多个版本的 Java，可以在命令行中启动相关工具，在启动前，通过 SET PATH＝xxx 等指令来指定 Java 版本，也可以进一步将这些启动命令保存到 BAT 批处理文件中以便重用。Jenkins 中插件可能下载失败，有时需要切换网络、设置镜像站点等，确保相关网站可以连接。尽管工具配置相对麻烦，但解决这些配置问题的同时，也是印证计算机领域知识掌握的过程。不断的尝试、填坑，才能培养较为强大的动手能力，今后遇到各种软件配置、执行中的异常，都能够心中不慌，找到解决方案。在安装和使用软件的过程中，能够了解一个软件常见的风险在何处，也能够快速发现软件缺陷。

(2) 概念理解：顺利组织持续集成与测试的一个关键是要结合真实项目理解相关软件工程概念，了解什么是代码仓库和版本更新、什么是构建(build)、什么是缺陷(Bug)、什么是 Code Smell 等，知晓相关工具和这些概念之间的关联。只有熟悉概念，才能在无须过多查阅资料的情况下，就能流畅地利用工具实施持续集成和测试。

(3) 工程项目组织：本实验还需要熟悉项目的组织方式，包括软件源代码和编译结果如何在 Maven 等工具下组织，如何设定 compile、test、clean 等构建目标，如何处理项目依赖，如何通过 commit、merge 等命令在 Git 中配置项目等。只有熟知现代工程项目组织，才能较为轻松地应对持续集成和测试中出现的各种意外问题。

开展持续集成和测试的优点在于，一方面，可以持续掌握软件的质量变化，确保项目长期维持在一个较为稳定的水平之上，而不是在想要使用软件时，发现软件甚至连基本的编译链接都无法正常完成；另一方面，借助工具将项目的构建集中化、自动化、文档化。大型项目常常即使提供了一份完整源代码，也无法轻易得到其可以执行的程序，有时需要人工去进行编译、配置、打包。项目长时间不用、开发人员离职等，可能导致连如何搭建构建环境、编译得到可执行程序都无法保证。而开展持续集成，促使开发团队持续维护整个构建机制，不用担心出现软件构建问题。整个构建历史，也构成了项目的一种特殊文档，对于软件维护有重要意义。此外，便于开发、测试活动的解耦，在 Git、Jenkins 等框架下，开发者向代码仓库提交代码，测试者从集成工具获得软件版本，避免了开发和测试之间繁复无组织的沟通。

当然，实施持续集成和测试也需要一定的代价，包括环境建设、持续集成机制的不断维护等。若项目较小，或者持续维护的必要性并不是很高，则未必有必要实施持续集成和测试。

附件资源

（1）示例项目代码。

（2）Jenkins 启动等配置。

实验18

问题跟踪管理

项目的开发常常围绕问题(issue)展开,问题包括新的功能需求和待处理的缺陷两个方面。项目管理者审视当前存在的各个问题,确定问题的处理优先级,并为问题指派对其负责的开发人员。开发人员修改代码来解决问题,从而推进项目进展。本实验以缺陷为核心,体验从测试发现缺陷到为处理缺陷而变更代码的问题跟踪管理流程,掌握基于问题管理组织项目开发的方法。

一、实验目标

熟悉缺陷的属性和缺陷管理的主要流程;掌握处理缺陷并围绕缺陷展开项目开发的方法,如表18-1所示。

表18-1 目标知识与能力

知　识	能　力
(1) 缺陷的常见属性 (2) 缺陷管理的基本流程 (3) 缺陷修复流程	(1) 使用现代工具:使用缺陷管理工具 (2) 项目管理:能够在软件开发与测试中实施缺陷管理,并围绕缺陷组织开发

二、实验内容与要求

以曾研发过的一个软件版本为例,围绕缺陷,体验使用Github(或类似工具)的issue tracker实施轻量级问题管理的工作流程。具体要求如下。

(1) 查阅文献资料,调研问题或缺陷跟踪、管理工具,列举目前主流工具及其特点;分析Github的issue tracker与其他工具相比的优势与不足。

(2) 深入了解Github issue tracker的功能,绘制流程图说明问题管理系统中问题的生命周期流程。

(3) 在Github中创建项目,并分配项目管理者、开发者和测试者(不具有代码修改权限)账户。

(4) 调研问题提交的一般性要求(例如,已有问题查询、问题描述要求等),以测试者身份按规范的要求提交缺陷报告。

(5) 以项目管理者身份为问题分配负责处理的开发者;以开发者身份阅读缺陷报告,并与测试者沟通缺陷信息。

(6) 以开发者身份修复缺陷,并在相关代码提交等过程中关联所处理的缺陷;

在完成修复后关闭缺陷问题。

（7）讨论实验所针对的项目在问题处理过程中应注意哪些内容，如缺陷提交、缺陷修复有何注意点、什么时候关闭缺陷等。

三、实验环境

Github 或类似支持问题管理的系统。

四、评价要素

评价要素如表 18-2 所示。

表 18-2　评价要素

要　　素	实 验 要 求
工具调研	检索并了解常见问题/缺陷管理相关工具，分析其特点，以便在项目管理中选择和使用
流程理解	能够从概念模型上理解缺陷管理的流程，应能把握其本质，从工具的使用步骤细节回归到方法论层面的流程
缺陷提交	能够遵循规范，有效描述缺陷、提交缺陷，特别应避免缺陷难以理解的情况
缺陷处理	按要求完整体验缺陷从分派到修复和关闭的流程
实验总结	能够认识到问题管理的核心要点，在了解相关原则和规范的情况下，有理有据地总结和讨论问题

问 题 分 析

1. 缺陷管理

缺陷管理是软件项目管理的重要一环，包括缺陷提交、缺陷分派、缺陷修复、缺陷验证等相关环节。其中，缺陷提交关注如何提交并登记缺陷信息。一方面，测试者应准确描述缺陷，使得出现的问题易于为开发方所理解；另一方面，开发方在收到提交的缺陷后，要对缺陷进行甄别，判别其是否为有效报告、是否重复等，以便后续对缺陷展开针对性的处理。

缺陷分派的目的是将缺陷指派给相应的开发者在恰当的时间来加以修复。其一，需要确定分派的优先级，明确哪些缺陷应尽快处理，哪些可以推后修复，甚至不加处理。其二，选定合适的修复者，一般是熟悉相关代码又有空闲精力的人。

缺陷修复则是要根据缺陷描述和软件本身的研发目标去处理问题。若要提高修复效率，则所提交的缺陷信息应尽量全面，包含问题出现环境和步骤等上下文信息，以及具体表现。

缺陷修复本身存在未能妥善解决问题和引入新问题的风险，因此，修复后要进行缺陷验证，排除上述风险。缺陷验证一般采用回归测试技术。其一，在已知的问题场景下，检查缺陷是否仍然存在；其二，在类似的其他场景下，检查缺陷是否存在；其三，分析代码修改对于系统其他方面的影响，通过功能和非功能性测试，确定修改没有带来新问题。缺陷的修复得到验证后，可以关闭缺陷，结束其生命周期。

图 18-1 展示了缺陷管理的概念层主要流程。在缺陷管理工具中，该流程还可能展开为更细化的操作流程。

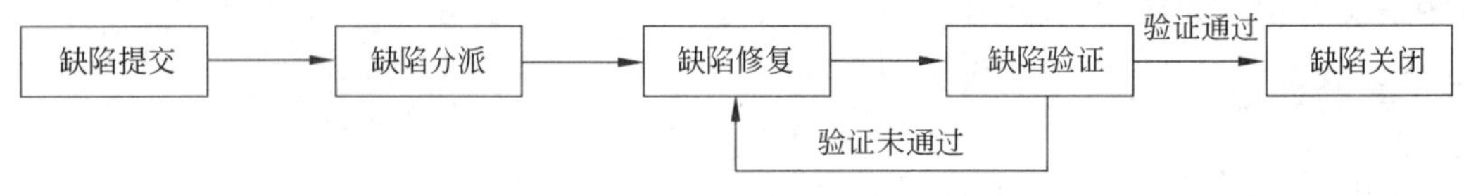

图 18-1 缺陷管理流程

2. 实验问题的解决思路与注意事项

实验按规定的步骤实施即可。实验过程中建议关注软件界面上的各类术语，理解相关概念在软件项目管理流程中的作用，细化对缺陷管理的认识，建立起抽象概念到具体实施细节的映射。

Github 上的开源项目中往往有大量缺陷提交，建议阅读别人的缺陷提交，尝试按自身所学，评价缺陷提交的质量，同时也学习先进经验。

3. 难点与挑战

（1）缺陷提交：方法论层面的问题不同于算法，有时看似简单，但做得很好却很难，也很难察觉到自身做的不好。例如，在缺陷提交中，从既往的经验来看，许多同学无法准确描述缺陷。一些同学将缺陷管理理解为就是掌握工具的操作方法，提交的缺陷信息非常粗糙，完全无法表达缺陷本质。另一些同学认为好的缺陷报告就是文字要多，长篇累牍，不及重点。还有的同学自说自话，所采用的术语只有自己能够明白，根本不是计算机领域常见表达方式。例如，对于图形用户界面，各类控件有其常用名称，如按钮、复选框、标签页等，如果用错名词，又缺少截图，则容易造成开发者对缺陷的误解。

（2）工具应用：恰当地应用工具完成缺陷管理流程需要查阅资料，解决诸多细节问题。使用工具的过程也是印证原理，深化对缺陷管理认识的过程。

◆ 实验方案

本实验同样以 JavaScript 语言编写的贪食蛇小游戏为例来实践基于 Github issue tracker 的问题管理。该游戏详细介绍见实验 16。

1. 问题/缺陷跟踪管理工具调研

实验调研了当前常用的一些问题/缺陷管理工具，其结果如表 18-3 所示。其中，JIRA 和 Bugzilla 是知名度较高的专用商业和免费缺陷管理工具。Github 也提供 issue track 功能，支持功能和缺陷的问题跟踪。Github 免安装，使用简单，但与专用工具相比，功能丰富性有所不足。表 18-3 中的一些工具只能在线使用，无法本地部署。对于少量、小规模项目而言，大部分所列工具可免费使用。

表 18-3 主要问题跟踪管理平台

平　台	基 本 情 况	本地部署
JIRA	集项目计划、任务分配、需求管理、错误跟踪等于一体。支持二次开发，可扩展性强，有配置管理工具接口，方便将代码版本信息带入缺陷管理	收费

续表

平 台	基 本 情 况	本地部署
Bugzilla	知名开源 Bug 管理系统,功能完善、配置丰富,但安装和配置比较复杂,界面风格较传统	免费
EasyBUG	基于 Web 的在线 Bug 管理系统,相对简单,适合 1～5 人的小团队使用	不可
Bugfree	国产缺陷管理工具,安装配置简单,目前已集成入禅道项目管理软件	免费
Github	提供问题管理功能,支持功能和缺陷的问题跟踪,免安装,使用简单,易于上手	不可

2. 问题的生命周期流程

本实验主要关注问题类别中缺陷的管理。缺陷一般由测试者提交。作为缺陷的问题提交后,将为问题分配开发者。分配成功后,开发者可以在问题管理界面查看缺陷报告,并与测试者沟通。开发者明确问题性质后将进行代码修改,并通过 pull request 等机制提交变更。提交变更时可将变更与问题关联,以便追踪了解代码修改的目的。当问题解决、变更请求得到确认后,可以关闭问题。图 18-2 展示了围绕缺陷的问题生命周期流程。

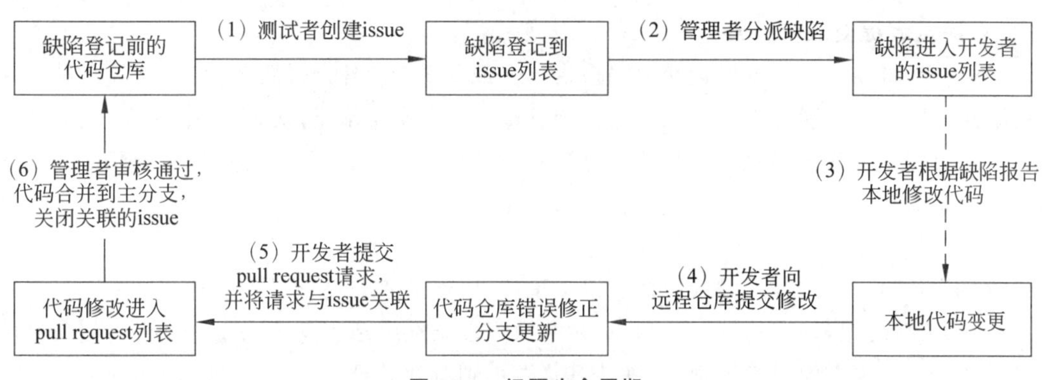

图 18-2 问题生命周期

3. 代码仓库与账号准备

实验需要在本地安装 Git 工具以拉取与推送代码。为实践问题管理流程,需要在 Github 上创建代码仓库并分配相应的账户。本实验创建的仓库地址为 https://github.com/Owner123321/demo。建立 3 个用户账户用于问题管理,账户详细信息如表 18-4 所示。

表 18-4 问题管理流程所需的账户

角 色	名 称
仓库所有者	Owner123321
开发者	lch150620
测试者	Tester123443

完成仓库和用户账户创建后,将添加开发者和测试者账户为仓库协作者。具体操作通过代码仓库管理界面完成,与实验 16 中相关步骤相同。本实验邀请 Tester123443 负责测试,邀请开发者 lch150620 负责修复缺陷问题。相关用户成为协作者后,可对代码进行测试

以及对代码进行修改。

下一步，由仓库管理者向 Github 代码仓库中存入原始项目代码。使用仓库所有者的账号 Owner123321 可以直接对 main 主线分支进行修改。通过 Github 的文件上传功能，可以直接将基础代码存入仓库。存入初始代码后的仓库如图 18-3 所示。

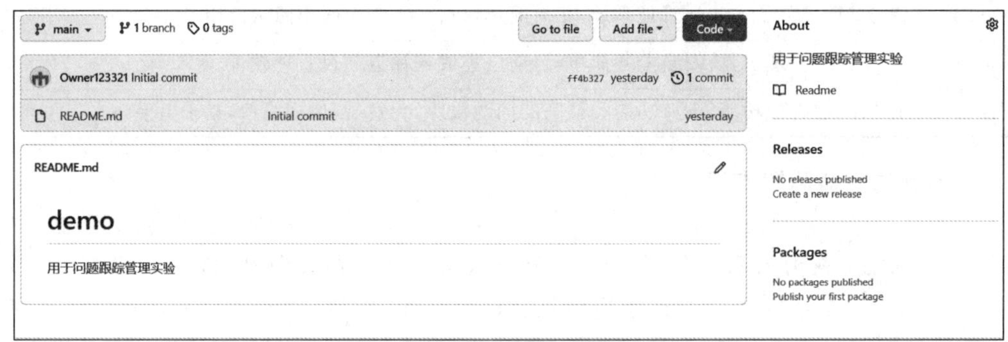

图 18-3 代码仓库

4. 测试者提交缺陷报告

下一步，将以测试者身份提交缺陷报告。一般而言，缺陷的属性包括缺陷标题、缺陷描述、附件、严重程度、紧急程度、提交人、提交日期、所属项目、缺陷状态、缺陷处理人、处理时间、处理结果等。缺陷提交者应妥善划分缺陷，设定好标题、描述等信息，确定缺陷是否严重和紧急，而提交人、提交日期、所属项目等格式化信息通常可以通过缺陷管理工具得到较好的管理。

对于测试者提交缺陷，一般应注意以下事项，以使缺陷容易被开发者理解和处理。

- 每条缺陷报告只包括一个缺陷。多个缺陷混杂在一起提交容易增加开发者定位缺陷的难度，也不便于管理缺陷、确认其是否得到有效处理。
- 缺陷标题和描述要准确，精准表达问题本质内容。其中的术语要符合业界习惯和表达方式，功能等相关的描述要与软件界面上的用词一致，必要时提供截图等作为补充说明。准确的描述一方面便于理解，另一方面也便于查找历史缺陷记录，判断是否有重复的缺陷汇报等。
- 缺陷描述要简洁。应避免不必要的废话、重复啰嗦或陈述众所周知的事；避免使用复杂而难以理解的长句，用简单的句式来陈述事实。
- 缺陷描述要完整，使得问题易于重现。应包含足够复现缺陷的操作步骤等，如缺陷与某些特殊文件有关，还应提供附件，以便重现问题。如果问题很难复现，应说明难以复现或问题的出现概率等，以便明确问题性质。
- 缺陷描述应规范。问题重现步骤的每一个步骤尽量只记录一个操作，步骤可以加上数字序号；缺陷描述使用相同的字体、字号、行间距；提交缺陷前检查拼写，避免错别字等影响问题理解。
- 明确缺陷类型、缺陷严重性、优先级等，以帮助项目管理者决定如何处理缺陷。
- 可以附加个人建议和注解。测试者可以给出对缺陷成因或修复方式的推测，尽管这未必是其职责。这些信息可帮助开发者解决问题，尤其是对于开源项目。

本实验中，被测项目存在一个游戏中生成果实太慢的缺陷，导致游戏节奏过慢。将向项目的 Github 仓库提交该缺陷。提交过程首先用测试者账号 Tester123443 登录 Github，进入仓库 Owner123321/demo，切换入仓库的 Issues 页，如图 18-4 所示。然后，单击 New issue 按钮进入问题创建界面，如图 18-5 所示。在该页面填写标题和内容，单击 Submit new issue 按钮即可提交一个缺陷。本实验提交的缺陷标题为“获取积分功能下生成果实太慢的缺陷”，描述中陈述了具体情况，见图 18-5。

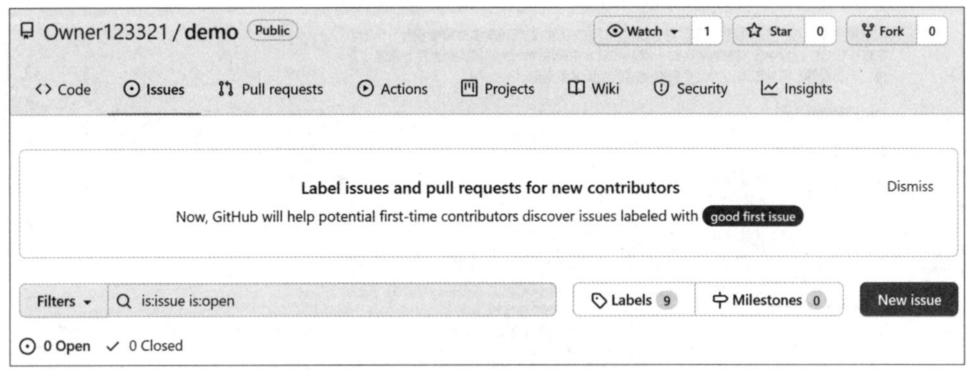

图 18-4　代码仓库的 Issues 页

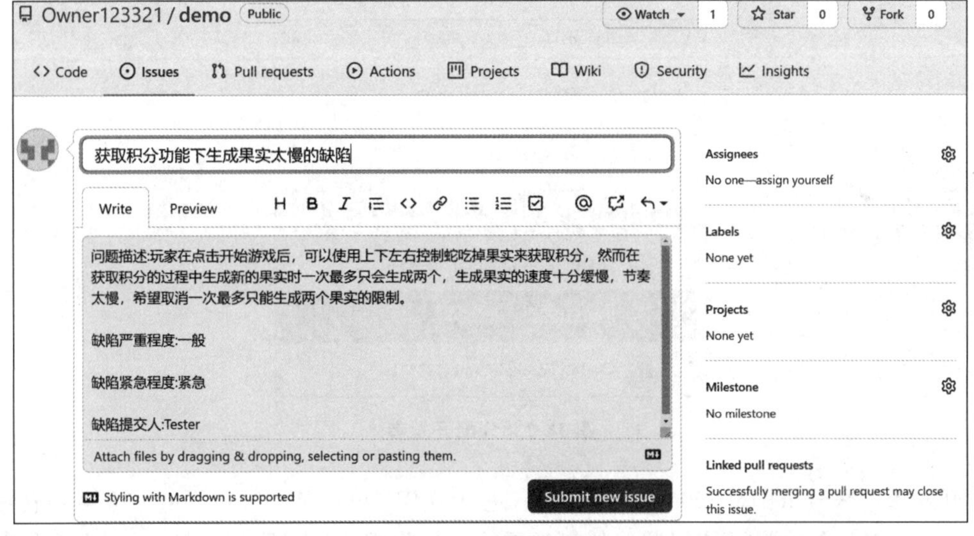

图 18-5　创建 issue 界面

5. 为缺陷分配开发者，开发者查看并沟通缺陷

缺陷提交后，项目管理者将审核缺陷，确定其是否真实存在，且不和过去提交过的缺陷相重复。无效或重复缺陷可以直接关闭。对于确实存在的非重复缺陷，将判定缺陷是否当前立即需要修复。如果是，项目管理者可以将缺陷分派给相应的开发者，例如最熟悉缺陷相关代码的人，由其来加以修复。

本实验中，项目管理者以 Owner123321 账号登录代码仓库，打开待分派的缺陷，如图 18-6 所示。单击图中右上角的 Assignees 按钮，会弹出协作者选择窗口(见图 18-7)，可以以项目管理者身份来分派缺陷。实验将缺陷"获取积分功能下生成果实太慢"分派给开发者 lch150620 来负责处理。

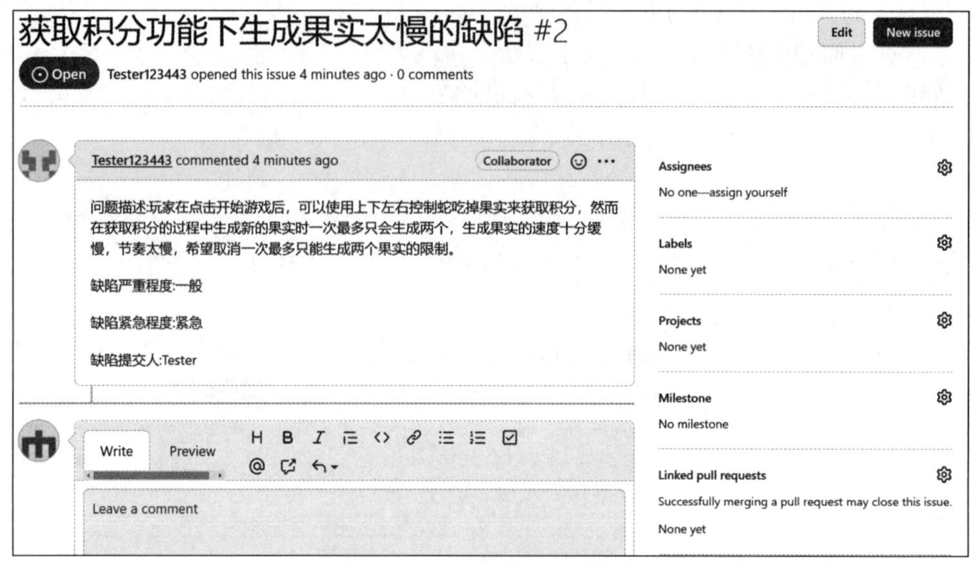

图 18-6　issue 处理界面

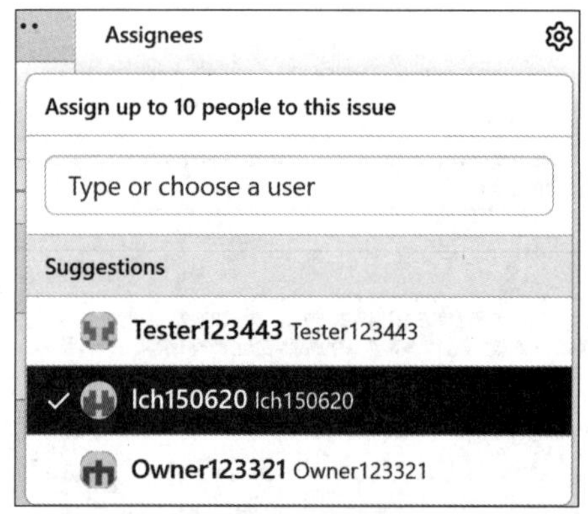

图 18-7　分配开发者

开发者用账号 lch150620 登录 Github，进入仓库 Owner123321/demo，切换入仓库的 Issues 页查看指派给自己的问题。如果尚不能从缺陷相关描述明确问题，可以在问题管理系统中就缺陷展开讨论，与测试者进行沟通。讨论过程即在问题记录下进行留言评论，如图 18-8 所示。开发者询问"取消最多只能生成两个果实的限制后应该设置为最多生成几个比较合适呢"，测试者进一步回复，认为修改为四个较为合适。参考测试者的意见，开发者明确需求后即可进行缺陷修复。

6. 修复缺陷，并将修复和缺陷关联

1) 修复缺陷

下一步，开发者修复缺陷并提交。先从 Github 代码仓库克隆项目代码，修改项目，再推送回 Github 代码仓库。

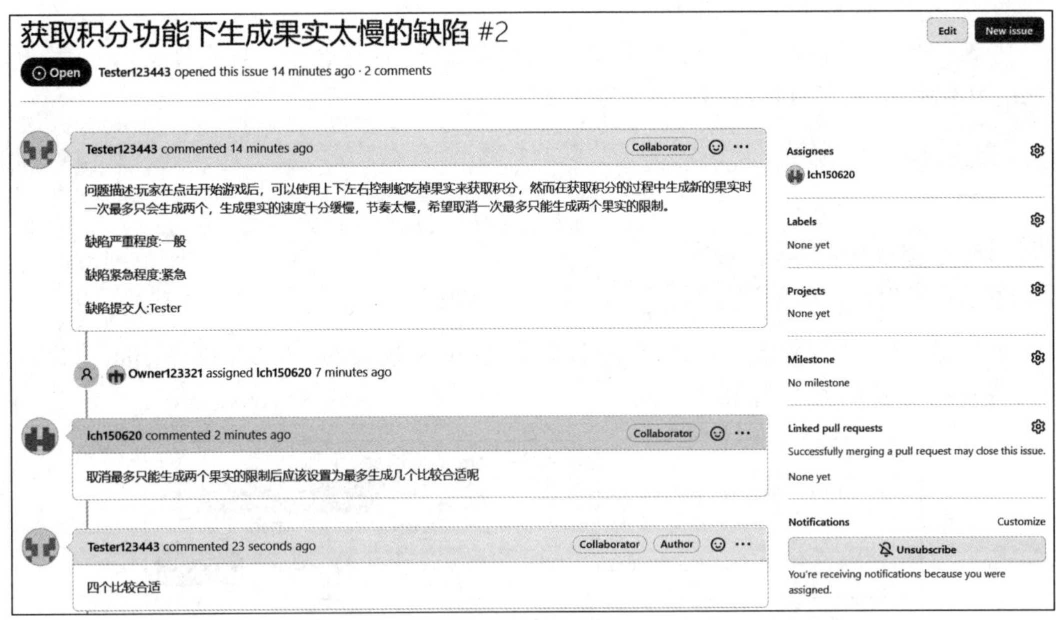

图 18-8　开发者与测试者就缺陷展开讨论

具体过程：首先用开发者账号 lch150620 登录 Github，为目标仓库创建分支，设其名为 lchBranch。创建好分支后，开发者 git 克隆该分支，具体命令为：

```
git clone -b lchBranch https://github.com/Owner123321/demo.git
```

通过克隆获取到的代码结构如图 18-9(a)所示。

然后，开发者根据缺陷描述修改代码。按照缺陷报告提到的一次不应该最多只有两个苹果(贪吃蛇的果实，通过吃果实得分)，开发者修改了 index.js 文件中的 appleShow 模块，注释了保证同时只能存在两个果实的代码，同时将一次最多生成两个果实的代码改为能生成四个。具体修改如图 18-9 所示。

```
- demo
  + .git
  + snake
     -bg.jpg
     -index.css
     -index.js
     -snake.html
     -snakeHead.png
     -start.png
     - README.md
```

(a) 克隆到的代码结构

```
SnakeInit.prototype.appleShow = function () {
    var apple = document.getElementsByClassName('apple');
    //确定是随机生成 1~4 个果实
    var n = Math.floor(Math.random()*4 + 1);
    //保证同时只能存在两个果实
    //if(apple.length == 1){//若场上已经存在果实则最多
    只能生成一个果实，否则同时存在两个以上
    //     this.generate(1);
    //}else{
    //        this.generate(n);
    //}
    this.generate(n);
}
```

(b) 代码修改

图 18-9　克隆分支并在代码中修复缺陷

2）提交修复，并将修复和缺陷关联

修改好代码后可进行提交，并将修改推送到 Github 远程仓库。具体命令如下，其中，demo 为本地 git 项目目录，lchBranch 为分支名。

```
cd demo
git add.
git commit -m '修改 appleShow 功能，注释了保证同时只能存在两个果实的代码，同时将一次最多生成两个果实的代码改为四个'
git push origin lchBranch
```

代码提交后，用开发者 lch150620 身份登录 Github，进入 Owner123321/demo 仓库后，可以发现提交了修改，如图 18-10 所示。

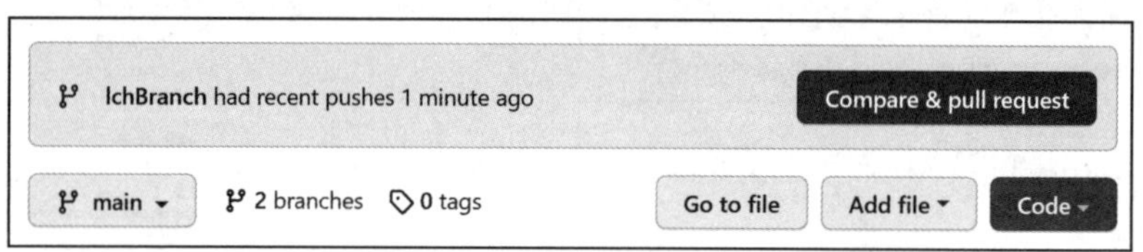

图 18-10 开发者的代码提交信息界面

单击 Compare & pull request 按钮，可查看变更，进而在如图 18-11 所示的界面中创建 pull request，请求合并代码。输入信息备注，单击 Create pull request 按钮即可完成 pull request 的创建。

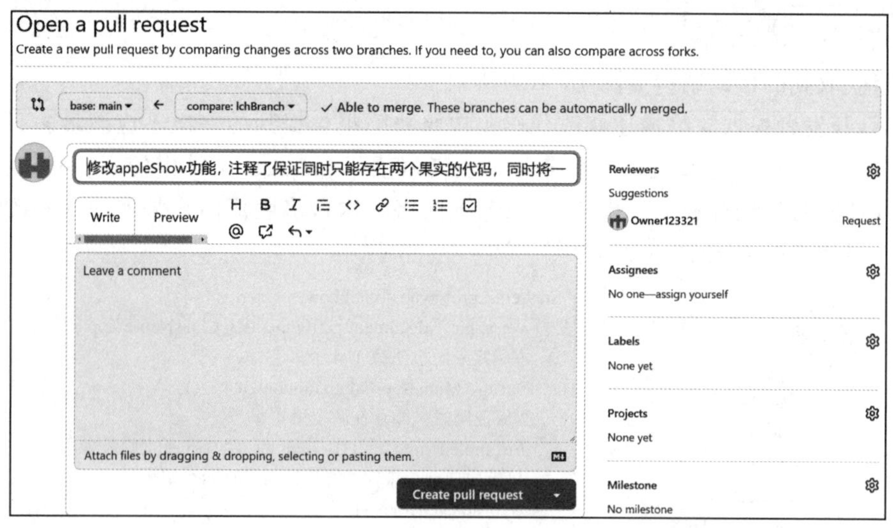

图 18-11 创建 pull request 界面

创建 pull request 后，如图 18-12 所示，将生成一个等待批准的代码合并请求。单击图 18-12右下角的 Linked issues，选择贪吃蛇问题单(见图 18-13)，可将本次 pull request 对应的代码修改与贪吃蛇问题单中的缺陷关联，说明本次 pull request 所做的修改是为了解决缺陷。关联缺陷后可以更方便地跟踪获知代码修改的目的，以确认修改的有效性，未来出现新问题也便于分析缺陷修复的影响。

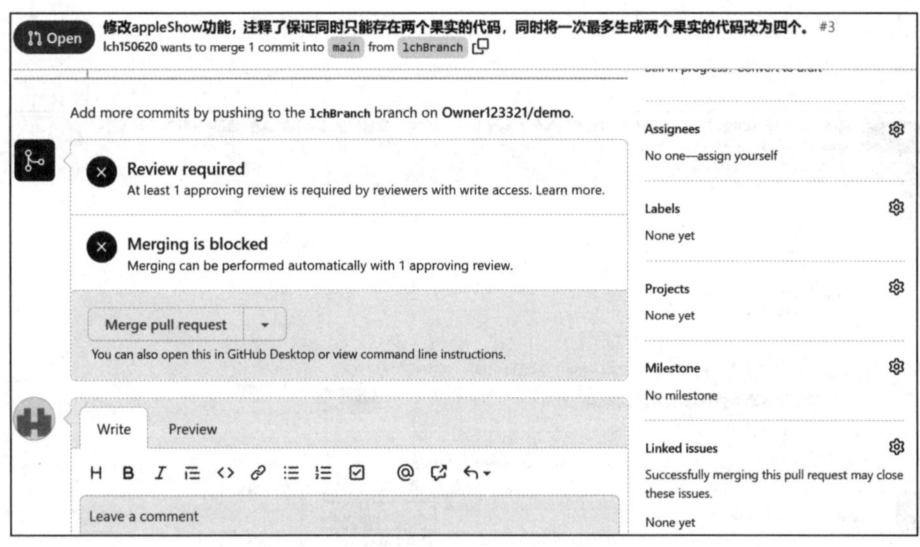

图 18-12　待批准的 pull request 代码合并请求

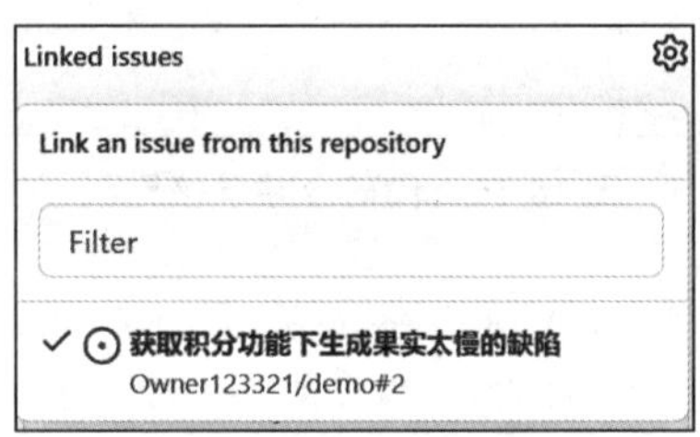

图 18-13　关联问题单

3）确认修复，并关闭缺陷

用项目管理者账户登录 Github，进入仓库 Owner123321 /demo，在 Pull requests 页可以发现提交的修改，如图 18-14 所示。

图 18-14　Pull requests 页

单击 pull request 名称会出现代码合并的审核界面(见图 18-15),可在此对代码变更进行确认。

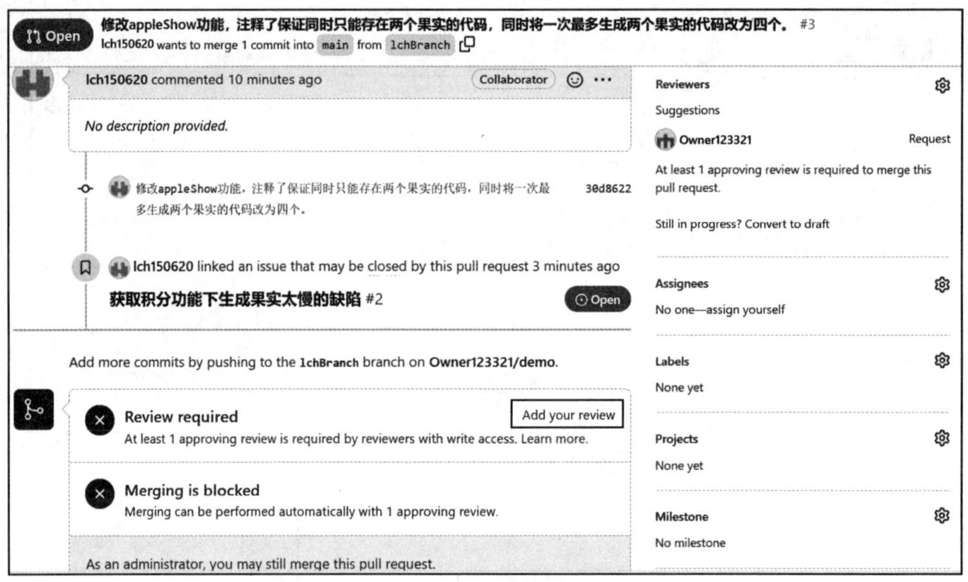

图 18-15　代码合并审核界面

单击图 18-15 审核界面中间的 Add your review,将弹出如图 18-16 所示的评审结论输入界面,可选择 Approve 选项通过评审。

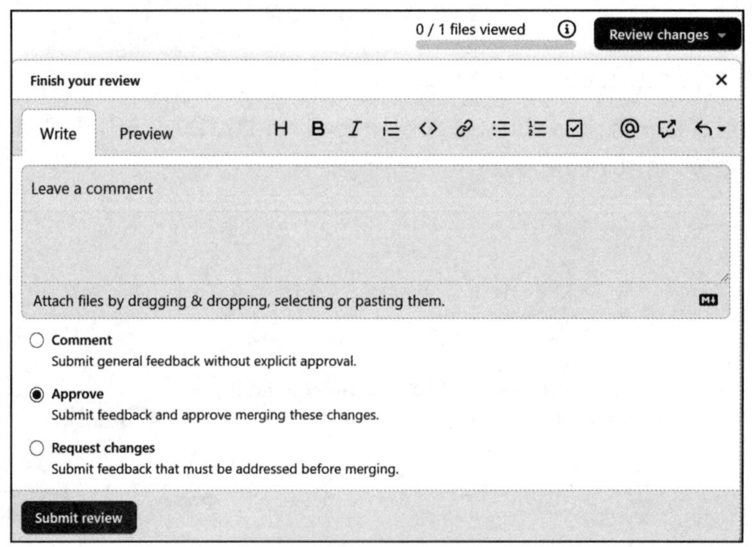

图 18-16　评审界面

评审通过之后,如图 18-17 所示,管理者可以看到代码合并审核界面的 Merge pull request 合并拉取请求按钮从原先的灰色变为绿色。单击该按钮,并在弹出的界面中确认合并,可以看到通过审核的代码变更会自动合并到最终的主代码仓库中,此时可以删除为修改缺陷而创建的分支,结束本次 pull request。

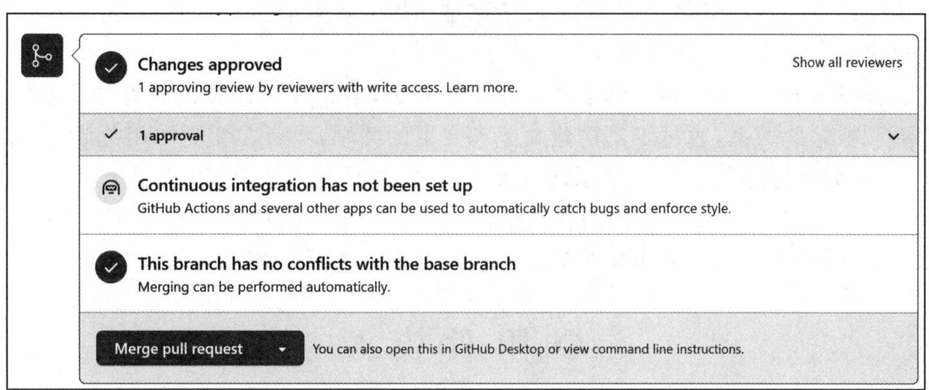

图 18-17 合并 pull request 界面

代码合并成功后，打开 Issues 界面可以看到关联的 issue 的状态已经从 open 变成了 closed，如图 18-18 所示，表示缺陷已经完成了处理。

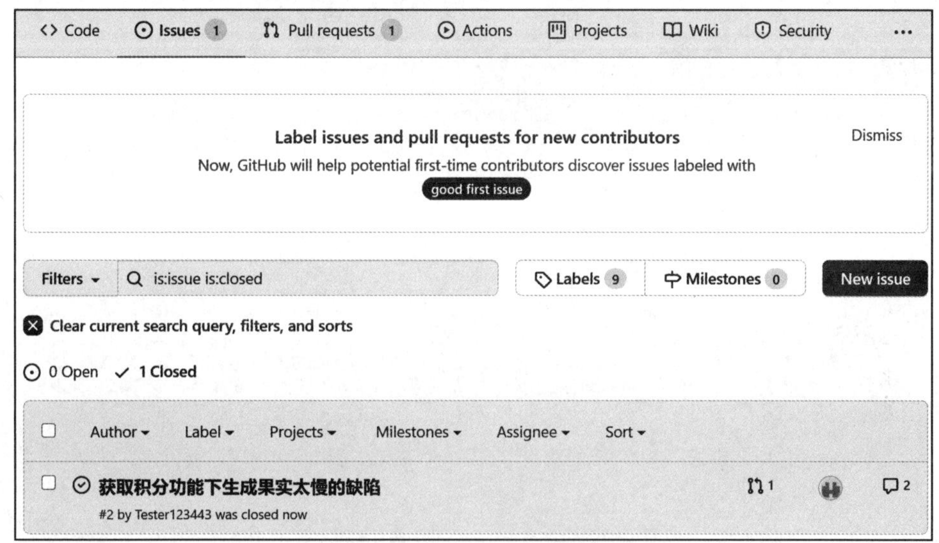

图 18-18 问题关闭状态示例

7. 小结

本实验体验了 Github 上的缺陷管理流程，事实上，在 JIRA、Bugzilla 等工具中，缺陷管理与之仍有所不同。无论如何，缺陷提交应注意的一个关键是要确保所提交的缺陷能够为他人所看懂，一个他人无法看懂的缺陷，提交了也许还不如不提交。提交者可能会觉得节省了一些笔墨，减少了麻烦，但试想一下如果一个缺陷本来花 5min 即可描绘清楚，但如果不去仔细表达，到头来开发者就这个缺陷与提交者电话沟通半小时，对双方而言，其代价都可能更高。

使得缺陷能够为别人看懂的关键不在于文字的多少，而在于如实验步骤 4 中所述，表述要准确，问题的上下文要清晰阐述，告知开发者在什么背景下出现了一个什么样的具体问题。

对于已经有大量缺陷提交的系统，还应注意在提交缺陷前检索该缺陷是否已提交过，避免重复提交带来不必要的反复处理。

对于开发者而言，具体如何修复缺陷和业务有关，但在提交修复的过程中，应尽量明确代码变更和缺陷的关系，通过工具构建缺陷和变更的关联，或者在变更的相关描述中注意标注缺陷号、缺陷内容等信息。当完成缺陷修复后，应及时关闭缺陷，以便于了解问题已经得到解决。必要时，应告知缺陷解决方法，例如，增加了一个界面操作步骤、程序库添加了一个参数等，如此也能方便用户采用修正后的软件来解决其应用问题。

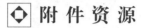

 附件资源

示例项目代码。

第六部分

测试工具研制

紧迫的研发日程、高昂的人力资源成本要求将许多过去由人工完成的测试工作交由工具来快速自动完成。一些难于由人工完成的大压力测试、大数据量测试、深度探索测试等，也需要测试工具的支撑。开发测试工具，已经成为高级测试工程师的日常工作之一。

测试工具包括黑盒类工具、白盒类工具等，其承担的任务涉及测试流程组织、测试数据构造、代码分析扫描、运行监控等众多方面。本书介绍 4 个简单黑盒和白盒测试工具的研制案例。通过这些案例，一方面读者可初步了解测试工具如何研制，能够基于现代工具研发解决测试问题的解决方案。另一方面，也加深读者对测试技术相关原理的掌握，从简单工具的实现管窥复杂商用测试工具的构造途径。

具体而言，本部分包括 4 个实验。

实验 19“关键字驱动测试框架设计”，要求基于 Python 语言研发一个服务于 Web 应用测试自动化的简单框架，能够从 Excel 读取测试关键字列表，并按关键字描述实施测试。同时，实验也和当前主流的关键字驱动测试框架 Robot Framework 进行对比，通过对比印证，获得关于测试自动化框架构建的深刻体验。

实验 20“测试自动生成工具开发”研制测试数据构造工具。基于测试数据的规格描述，采用约束求解、自动机遍历、在线知识库查找等方式构造测试用例。基于这些基础的测试自动生成技术，可以发展出针对更复杂问题的测试用例构造方法，解决测试用例构造代价高的问题。

实验 21“静态缺陷检测工具开发”实现一个针对程序字节码的缺陷扫描工具，可以识别一些简单“臭代码”。实验进一步将代码扫描关联到软件构建过程，可以挂载到持续集成环境来运行，从而将缺陷扫描透明地集成到软件研制流程中。

实验 22“运行时监控与覆盖分析工具开发”基于 LLVM 编译平台，设计一个实现函数级执行追踪和覆盖收集的工具。通过该实验，可以深入理解动态程序分析该如何实现，未来也可以根据特殊任务需要，构造自己的执行跟踪分析工具。

实验19

关键字驱动测试框架设计

测试者经常面对的任务之一是为某软件产品研制一套测试自动化框架，以提高该产品的测试效率，赋能敏捷开发、DevOps等。关键字驱动的测试框架是测试自动化框架搭建的一种常用形式。本实验从基本的测试脚本编写开始，探寻如何搭建一个自己的关键字驱动测试自动化框架。同时，也与行业主流的关键字驱动测试框架进行对比，以促进对测试自动化系统构建的理解。

一、实验目标

掌握运用Python等脚本语言开发测试自动化框架的基本方法；理解数据驱动测试脚本、关键字驱动测试脚本等概念，并能够应用；能够在已有关键字驱动测试框架的基础上，扩展定义针对给定软件的测试自动化框架，如表19-1所示。

表19-1　目标知识与能力

知　　识	能　　力
(1) Python脚本语言 (2) Selenium自动化测试框架 (3) 数据驱动和关键字驱动测试脚本	(1) 设计/开发解决方案：设计关键字驱动的测试自动化框架 (2) 使用现代工具：使用基础测试框架开发测试工具，比较不同测试框架的优势与不足

二、实验内容与要求

运用Python语言开发关键字驱动的自动化测试工具，测试Web软件。具体步骤和要求如下。

(1) 采用Selenium工具录制Web应用上的一组常见动作为测试脚本，分析其中可以参数化的数据内容，并尝试将这些动作抽象定义为一组测试关键字，列出关键字名称和参数。

(2) 基于上述测试动作，设计和实现一个关键字驱动的测试框架。将由关键字和参数的序列构成的测试用例保存在Excel文件中，设计Python程序解释关键字，从而执行测试流程。

(3) 基于Robot Framework框架实现所支持的功能与上述自定义框架相同的关键字驱动自动化测试。

(4) 比较自定义关键字框架和 Robot Framework 框架，分析目前自定义框架的不足，以及自定义一个测试自动化框架可能的价值。

三、实验环境

(1) Python 开发环境。

(2) Firefox 浏览器(Firefox 84)。

(3) Geckodriver：https://github.com/mozilla/geckodriver/releases。

(4) Selenium IDE 3.17.0。

(5) Python 的 Selenium 库。

(6) Python 的 Excel 读取库 xlrd。

(7) Robot Framework。

四、评价要素

评价要素如表 19-2 所示。

表 19-2　评价要素

要　素	实验要求
关键字及其参数设计	设计恰当的关键字及其参数来表达测试过程中的主要活动
自编关键字测试框架	成功实现基于 Python 的关键字驱动测试框架
基于 Robot Framework 的关键字驱动测试自动化	基于 Robot Framework 构建关键字驱动测试框架
总结与比较	有效分析各个方案的优势与不足，有理有据地展开讨论

问题分析

1. 测试自动化框架

测试自动化框架通过测试脚本来驱动测试流程的执行，脚本完成测试环境的建立与拆除、输入激励的给入、输出结果的检查等任务，使得测试过程可以脱离人工而自动运行。

从结构特征来看，测试脚本可以分为线性脚本、结构化脚本、共享脚本、数据驱动脚本、关键字驱动脚本等类型。线性脚本通常的结构为顺序语句，测试数据内嵌在脚本中，典型的例子是脚本录制工具所获得的脚本。这类脚本灵活性欠佳，适用的场景有限。结构化脚本在脚本中包含分支、循环等逻辑结构，甚至函数调用等，能够根据环境变化执行相应的操作，较之线性脚本更为灵活。共享脚本则比结构化脚本更进一步，加入了模块化的机制，使得不同脚本可以共享通用性的功能。

在软件测试中，测试数据比操作流程更为易变。将易变的测试数据从脚本代码中提出，使得脚本代码专注于流程，而数据独立存储，由此，即得到数据驱动的测试脚本(见图 19-1(a))。在业务流程复杂的系统中，许多时候总体业务流程由一系列基本操作组合而成，基本操作相对稳定，而由此组合所得的流程易变。用关键字表达基本操作，将组合关系表达为关键字及其参数的序列，提炼出来放在独立的存储中，由此可得关键字驱动的测试脚本（见图 19-1（b））。关键字驱动的脚本适应软件测试活动的特点，具有较好的灵活性，也易于维护，因此在测试自动化中被广泛使用。在关键字驱动的测试框架下，关键字及其解释机制由测试工具研制者提供，最终的测试者负责定义描述每个测试用例的关键字文件，编制测试用例时无须改变底层关键字解释框架，测试开发工作量更低，测试更加简单。

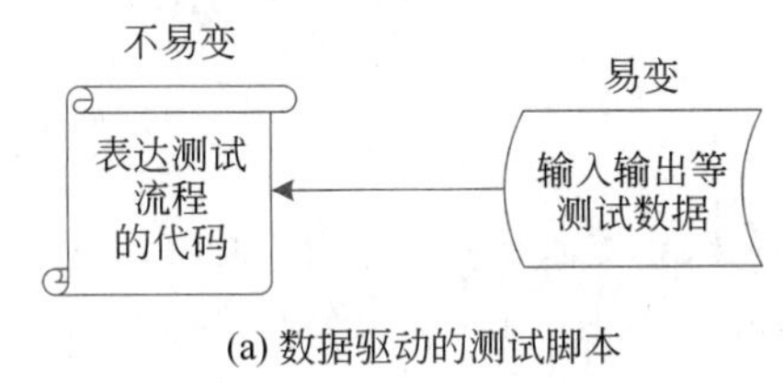

(a) 数据驱动的测试脚本

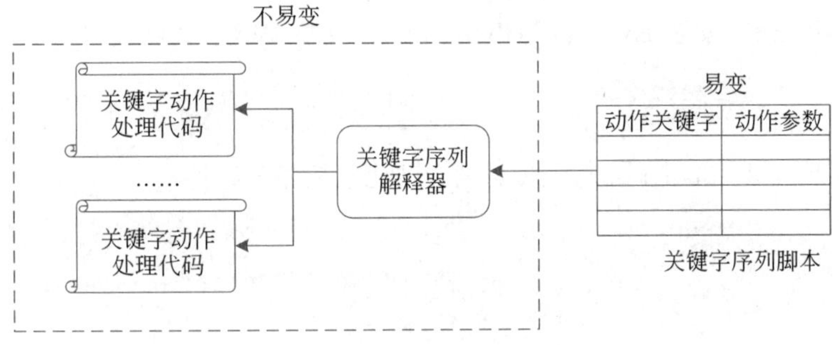

(b) 关键字驱动测试自动化框架

图 19-1　数据驱动与关键字驱动的测试脚本

2. 实验问题的解决思路与注意事项

在关键字驱动测试框架的设计中，关键在于如何提炼关键字及其参数，以及如何设计和实现一个关键字脚本解释器，能够解释并执行作为测试用例的关键字序列。

关键字提炼时，可将那些具有原子性、通用性的操作提炼为关键字，将操作中在不同测试用例下易变的部分提炼为关键字参数。作为测试用例的关键字序列及其参数可以放在 Excel 表中。定义测试用例时，只需修改表格中的关键字和参数即可，无须深入操作的实现细节。

关键字序列解释器可以设计为一个逐行处理关键字序列文件的循环模块。每读入一行，得到一个关键字及其参数。然后，根据关键字内容动态调用不同的关键字处理方法单元。本实验对 Web 软件进行测试，可用 Selenium 框架执行基本的 Web 应用操作。

Robot Framework 也提供了一个相对完善的关键字驱动测试框架，但未必适用于所有项目的测试需要。实验中应注意观察 Robot Framework 中有哪些概念[1]，提供了哪些设施，其界面如何组织、测试如何执行、结果如何反馈等，基于这些观察和使用体验，思考一个理想的测试自动化框架应该是何种样子。

3. 难点与挑战

（1）测试自动化框架设计：需要思考什么样的测试自动化框架使用起来最简单、最灵活且功能强大，能够完成你所了解需要开展的各种测试。框架设计没有最优，只有更优，需要充分发挥创造力。

（2）测试自动化框架实现：实现出一个有效的测试自动化框架需要解决编程中遇到的各种问题。编程基础不够扎实可能存在困难。

（3）测试自动化框架比较：需要开展批判性思维，结合自身经验，以及文献查阅，了解各种方案可能的优缺点。

实验方案

1. 实验环境与实验对象

本实验首先需要安装 Python、Firefox 浏览器（也可以是 Chrome 等）、geckodriver 程序、Selenium IDE 以及 Python 的 Selenium 库，确保 Web 应用程序的测试自动化框架已经建立。详细安装配置方法可以参考实验 11。

然后，按以下命令安装 Excel 读写模块 xlrd，以支持关键字文件读取。

```
pip install xlrd
```

按如下命令安装 robotframework 测试自动化框架相关组件。

```
pip install robotframework
pip install -U https://github.com/robotframework/RIDE/archive/master.zip
pip install robotframework-seleniumlibrary
```

注意：本实验安装的 robotframework-ride 版本 2.0b2.dev1 中文支持比较弱，请勿在 Python 安装路径和测试项目相关路径中包含中文。

实验拟针对百度搜索引擎编写测试自动化框架，测试目标是搜索相关功能。实验对象直接通过网络访问，无须另行安装。

2. 录制测试脚本，提炼关键字

实验录制在百度搜索引擎中检索“软件测试”关键词，单击“下一页”按钮两次，最后单击第三个搜索项“软件测试 - 知乎”的测试脚本，驱动被测搜索引擎进行检索和查看。在录制的脚本中添加必要的等待，确保其可以正确回放。具体测试脚本如程序 19-1 所示。

程序 19-1　测试脚本 recorded.py

```
#Generated by Selenium IDE
import pytest
import time
import json
from selenium import webdriver
from selenium.webdriver.common.by import By
from selenium.webdriver.common.action_chains import ActionChains
from selenium.webdriver.support import expected_conditions
from selenium.webdriver.support.wait import WebDriverWait
from selenium.webdriver.common.keys import Keys
from selenium.webdriver.common.desired_capabilities import DesiredCapabilities

class TestSearch():
```

```
  def setup_method(self, method):
    self.driver = webdriver.Firefox()
    self.vars = {}
  def teardown_method(self, method):
    self.driver.quit()
  def test_search(self):
    self.driver.get("https://www.baidu.com/")
    self.driver.set_window_size(2576, 1416)
    #添加等待
    self.driver.implicitly_wait(30)
    self.driver.find_element(By.ID, "kw").click()
    self.driver.find_element(By.ID, "kw").send_keys("软件测试")
    self.driver.find_element(By.ID, "su").click()
    #添加等待
    self.driver.implicitly_wait(30)
    self.driver.find_element(By.LINK_TEXT, "下一页 >").click()
    #添加等待
    self.driver.implicitly_wait(30)
    time.sleep(5)
    self.driver.find_element(By.LINK_TEXT, "下一页 >").click()
    #添加等待
    self.driver.implicitly_wait(30)
    self.driver.find_element(By.LINK_TEXT, "软件测试 - 知乎").click()
```

该脚本所对应的测试场景中，执行了三个动作："检索关键词""下一页"和"查看搜索结果项"。这三个动作可以组合成多样的检索和查看序列，例如，检索其他关键词、单击 n 次"下一页"、查看第 k 个搜索结果等。可以将这些动作定义成关键字，以方便动作的组合。所定义的关键字如表 19-3 所示。"动作"列给出了关键字名称、"参数"列给出了关键字的参数示例。参数是可以动态配置的选项。search 动作的参数是检索的内容，nextPage 动作无须参数，selectItem 动作的参数是所选项在检索结果页面中的索引。

表 19-3　关键字定义

动　作	动 作 描 述	参　数
search	检索关键词	软件测试
nextPage	下一页	
selectItem	查看搜索结果项	3

3. 编写自己的关键字驱动测试框架

可以根据表 19-3 的关键字定义，编写基于关键字的测试用例，保存到 Excel 文件中。一个基于关键字的测试用例如图 19-2 所示，保存在文件 KeywordTestCase.xls 中。关键字驱动的测试框架的主要任务就是解析由关键字文件表达的测试用例，按文件中的动作序列及其参数描述执行测试动作。

本实验设计基于 Python 的测试框架来运行关键字文件描述的测试流程。测试框架核心包括三大主要模块：关键字文件读取模块、动作流程解析引擎，以及各个动作的解释模块。整个框架的核心代码如程序 19-2 所示。

	A	B
1	动作	参数
2	search	软件工程
3	nextPage	
4	selectItem	3

图 19-2　KeywordTestCase.xls

程序 19-2　自定义关键字驱动测试框架 keywordtest.py

```
import sys
import xlrd
import time
from selenium import webdriver
from selenium.webdriver.common.by import By

URL = "http://baidu.com/"

#获取 Excel 表格中的测试动作数据
def read_testcase(testcase_file, sheet_index=0):
    data = xlrd.open_workbook(testcase_file)
    table = data.sheets()[sheet_index]
    nrows = table.nrows  #行数
    list = []
    for i in range(1, nrows):
        row = table.row_values(i)
        list.append(row)
    return list

#搜索
def search(keyword):
    driver.find_element(By.ID, "kw").click()
    driver.find_element(By.ID, "kw").clear()
    driver.find_element(By.ID, "kw").send_keys(keyword)
    driver.find_element(By.ID, "su").click()
    driver.implicitly_wait(30)

#跳转到下一页
def goNextPage():
    driver.find_element(By.LINK_TEXT, "下一页 >").click()
    time.sleep(5)

#选取搜索结果中的项
def select(item):
    list = driver.find_elements_by_xpath('//div/h3/a')
    list[int(item)-1].click()
    time.sleep(5)

#按照关键字执行测试动作
def exec_test_action(action):
    actionType = action[0]
    actionParam = action[1]
    if actionType == 'search':
        search(actionParam)
    elif actionType == 'nextPage':
        goNextPage()
    elif actionType == 'selectItem':
        select(actionParam)

#程序入口
if __name__=='__main__':
    testcase = sys.argv[1]
    driver = webdriver.Firefox()
    driver.get(URL)
    driver.implicitly_wait(30)
```

```
    list = read_testcase(testcase)
    for k in range(len(list)):
        action = list[k]
        exec_test_action(action)

    driver.quit()
```

上述代码中，程序入口通过方法 read_testcase 读取测试动作列表，然后由方法 exec_test_action 将测试动作分派给 search、goNextPage、select 三个方法分别执行。若需要扩展新的关键字，只需在 exec_test_action 方法中增加方法分派，并定义新的关键字解释方法即可。

通过命令行“python keywordtest.py KeywordTestCase.xls”可以运行关键字驱动测试脚本。

4. 基于 Robot Framework 开发关键字驱动测试框架

实验也基于 robotframework 和 robotframework-seleniumlibrary 来实现 Web 应用的测试自动化，用 robotframework RIDE 图形界面进行测试管理。首先，从安装生成的快捷方式或以下命令行启动 RIDE 工具(命令行方式更适用于本机有多个 Python 安装的情况，此处命令行仅供参考，其中路径等可能需要替换)。

```
REM 包含 geckodriver 的目录
set TOOL_HOME= ..\..\..\Env
set PDIR=%TOOL_HOME%\python-3.8.7
set PATH=%TOOL_HOME%;%PDIR%;%PDIR%\Scripts
REM robotframework-ride 中非空设置以下两个环境变量可能有问题
set PYTHONHOME=
set PYTHONPATH=
%PDIR%\python.exe -c "from robotide import main; main()"
```

然后，在 RIDE 中创建一个项目(project)，在项目下创建测试用例。本实验创建的项目 RFTest 和测试用例 RFSearchTest 如图 19-3 所示。

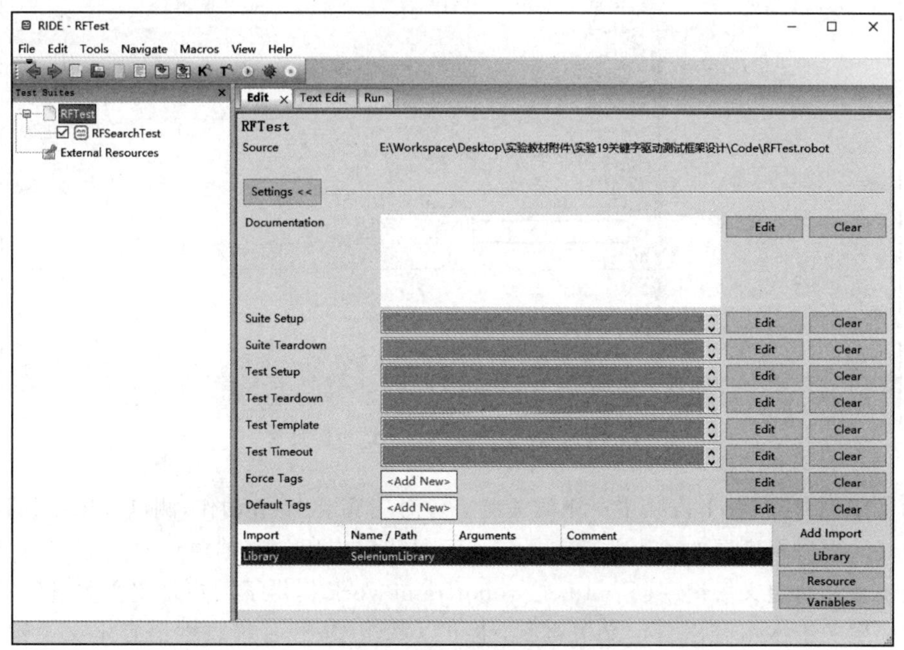

图 19-3　robotframework 下的项目与测试用例创建

设定测试用例内容前，先通过如图 19-4 所示的界面，在项目 RFTest 中导入 SeleniumLibrary 库，以支持 Web 测试自动化。SeleniumLibrary 库调用 Selenium 以解释和执行测试动作。

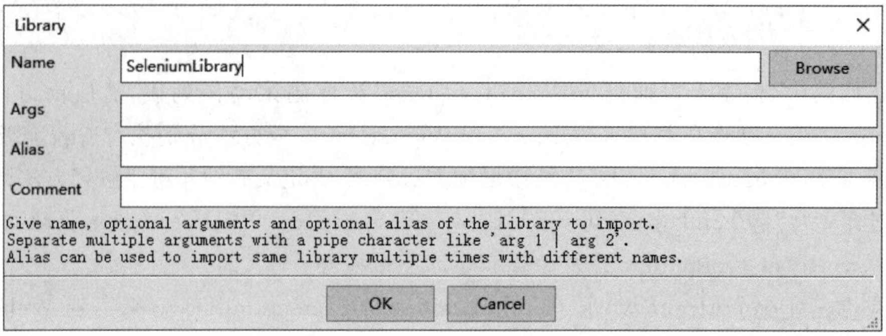
Library
Name
SeleniumLibrary
Browse
Args
Alias
Comment
Give name, optional arguments and optional alias of the library to import.
Separate multiple arguments with a pipe character like 'arg 1 | arg 2'.
Alias can be used to import same library multiple times with different names.
OK
Cancel

图 19-4 导入 SeleniumLibrary 库

在测试用例界面的步骤列表中填入如图 19-5 所示的内容，即可定义一个检索百度“软件工程”关键词、两次单击“下一页”按钮，最后单击第 2 个搜索结果的测试用例。保存之后，测试用例以纯文本形式保存在项目文件 RFTest.robot 中。

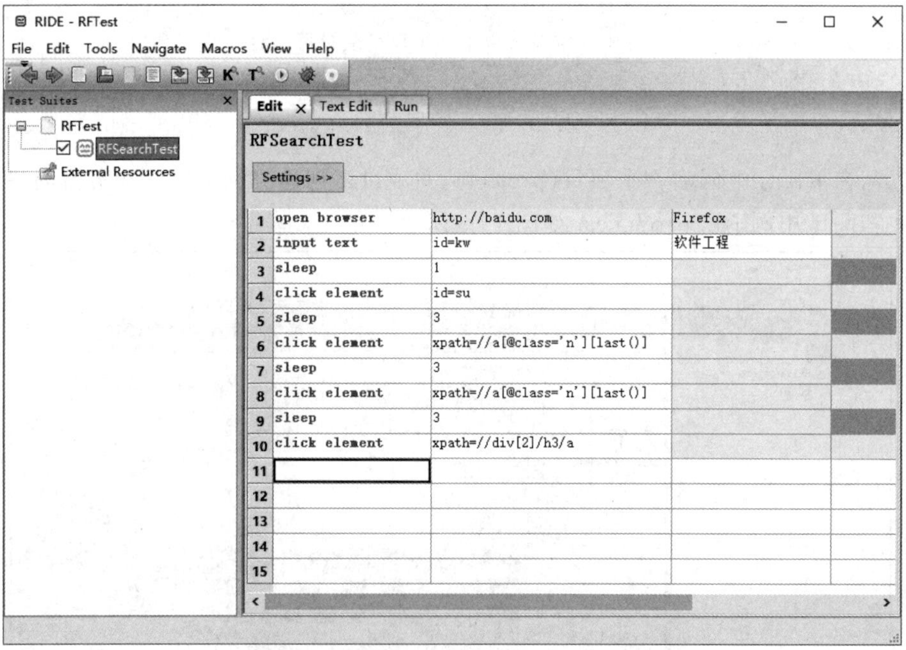
RIDE - RFTest
File Edit Tools Navigate Macros View Help
Test Suites
RFTest
RFSearchTest
External Resources
Edit
Text Edit
Run
RFSearchTest
Settings >>
1 open browser http://baidu.com Firefox
2 input text id=kw 软件工程
3 sleep 1
4 click element id=su
5 sleep 3
6 click element xpath=//a[@class='n'][last()]
7 sleep 3
8 click element xpath=//a[@class='n'][last()]
9 sleep 3
10 click element xpath=//div[2]/h3/a
11
12
13
14
15

图 19-5 基于关键字的测试步骤定义

测试用例 RFSearchTest 中所用的关键字皆对应底层 Web 动作，测试步骤不易理解、维护和扩展。可以将底层的通用关键字封装为面向特定应用的高抽象层次关键字，以便于组合功能步骤。所定义关键字同表 19-3。robotframework 提供了用户自定义关键字的功能，可以从底层关键字组合出自定义关键字，也可以基于 Python 等脚本语言定义关键字。本实验从底层操作出发，组合出 search、nextPage、selectItem 三个关键字。在 RIDE 工具下定义新关键字 search 所用的基本关键字组合如图 19-6 所示，这种组合概念上类似于在 C 语言中定义一个函数。其中，input、sleep、click element 是 robotframework 提供的基本原语，key 是 search 关键字的参数。

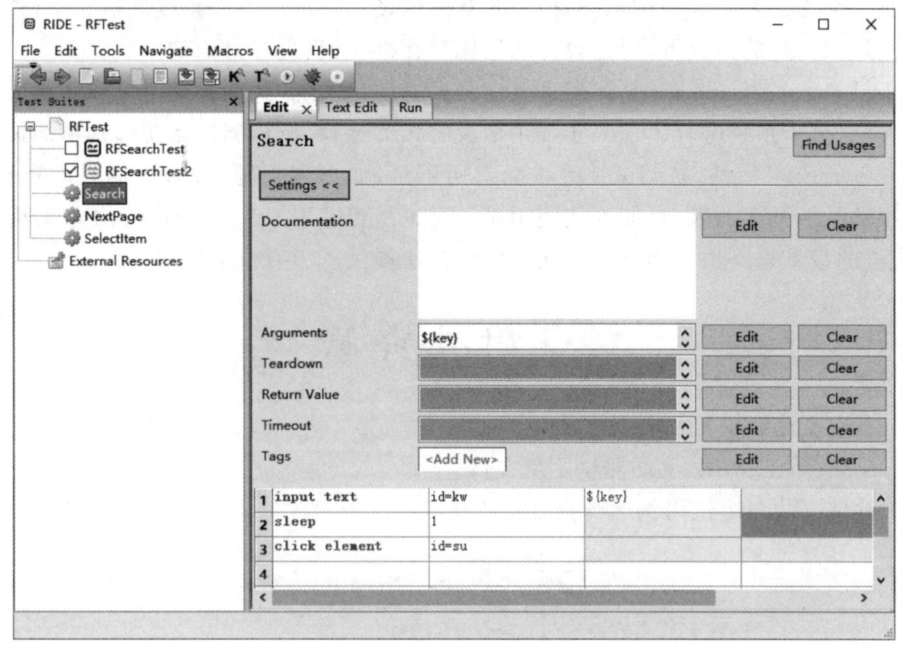

图 19-6　以组合现有关键字方式定义用户关键字

如图 19-7 所示，基于用户自定义的关键字，可以设计一个和原有测试用例 RFSearchTest 行为一样的新测试用例 RFSearchTest2。该测试用例更为抽象，也更便于维护和扩展。

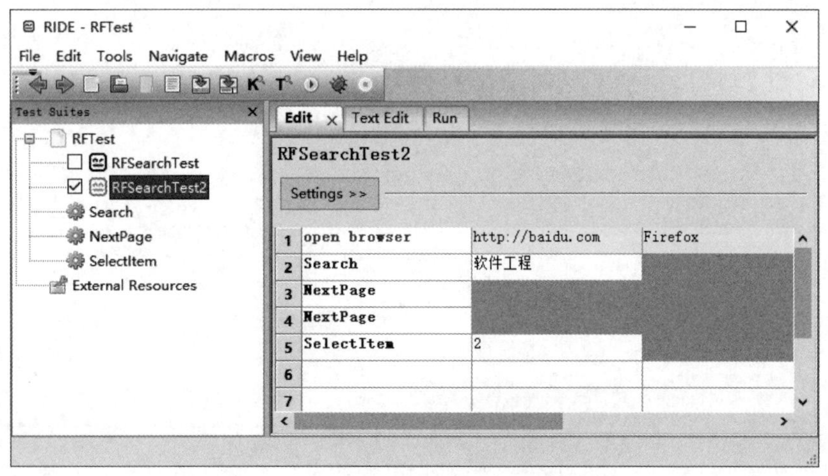

图 19-7　基于用户定义关键字的测试用例

5. 总结与比较

实验设计和实现了两种类型的针对指定 Web 应用的关键字驱动测试自动化框架。前者直接在 Selenium 库的基础上实现，由用户实现关键字驱动逻辑、解释关键字；后者基于一个已有的比较通用的关键字驱动测试框架实现。

相较而言，用户自行实现的测试框架的优点是灵活，仅包含必要的功能单元，简单易维护。缺点是编程开发需要一定工作量，一些功能的设计实现可能是重复制造轮子，并且在缺少优秀测试架构师的情况下，可能设计的结构存在维护、演进等方面的困难。

基于已有 robotframework 框架来架构测试自动化系统，其优势是可以降低测试系统的研制工作量，整个系统融合了前人实践中形成的相关经验，所得测试系统结构更加规范。但 robotframework 灵活性、易调试性等方面有所不足，如出现问题，许多时候只能查看日志，对不是很熟悉该框架的人，可能有使用困难。无论是否基于 robotframework 来架构测试系统，其先进的设计思路也为测试自动化系统的搭建提供了极有价值的参考。

附件资源

（1）自定义测试框架代码。

（2）robotframework 下的测试用例文件。

（3）软件安装与测试用例运行批处理程序。

参考文献

[1] Robot Framework Foundation. Robot Framework User Guide [A/OL]. [2022-02-20]. http://robotframework.org/robotframework/latest/RobotFrameworkUserGuide.html.

实验20

测试自动生成工具开发

为提高软件测试的效率和检错能力，有时候不仅希望将测试的执行流程自动化，还希望自动构造测试用例，通过自动、系统地生成测试用例来全面地发现问题。本实验探索一组基本的测试用例生成问题，研制简单的测试生成工具，以培养测试工具研制能力。

一、实验目标

掌握分析和表达测试数据规格特征的方法，能够使用或设计恰当的工具来自动生成符合规格要求的测试数据，如表20-1所示。

表20-1 目标知识与能力

知　识	能　力
(1) 软件规约：如何用约束、正则表达式等描述所需数据的特征 (2) 测试生成算法：约束求解、自动机遍历等 (3) 在线知识库与Web结构	(1) 问题分析：能够用数学方法表达测试数据的规格要求；结合文献研究，形成关于测试生成方法的相关结论 (2) 设计/开发解决方案：能够设计和实现服务于测试生成目的的程序代码 (3) 使用现代工具：使用开源工具，开发测试工具并分析其局限性 (4) 终身学习：自主学习测试生成算法

二、实验内容与要求

采用约束求解、有限自动机、信息检索的方法为数值和字符串类型的输入项生成测试数据。具体要求如下。

(1) 寻找一个带有取值约束的数值型数据(如三角形三边长度组合)，用一阶逻辑公式表达输入约束，并用Z3等约束求解器为其随机构造一组测试输入，覆盖约束公式中各个原子条件成立和不成立的情况。

(2) 寻找一个带有正则表达式限制描述的输入项，如电子邮件地址，基于Reger等正则表达式工具随机为其生成实例测试输入。理解Reger库的基于自动机的方法的工作原理，尝试在自动机上定义测试充分性准则，基于该准则来改进测试生成算法。

(3) 寻找一个常见的可能带有正则表达式限制的输入概念名称，如E-mail，基于在线正则表达式库RegExLib为其构造测试输入。

（4）结合实验经验和文献阅读讨论上述三种测试生成方法各自的适用范围和可能的优缺点。

三、实验环境

（1）Java 开发环境。

（2）Microsoft Z3 约束求解器：https://github.com/Z3Prover/z3。

（3）Xeger 基于正则表达式的字符串生成器：https://github.com/bluezio/xeger。

（4）Python 开发环境。

（5）Firefox 浏览器(Firefox 84)。

（6）Geckodriver：https://github.com/mozilla/geckodriver/releases。

（7）Selenium IDE 3.17.0。

（8）Python 的 Selenium 库。

四、评价要素

评价要素如表 20-2 所示。

表 20-2 评价要素

要　　素	实验要求
基于约束求解的测试生成	能够基于约束准确表达关于测试数据的规格要求，能够在约束求解器的基础上开发符合要求的测试生成算法
正则表达式测试生成	理解正则表达式和有限自动机的关系，能够为自动机定义测试覆盖准则，并据此编程构造测试输入
基于检索的测试生成	理解基于检索构造测试数据的含义，并能够为具体问题有效编程获取测试数据
总结与比较	分析各个方法的特点和适用范围，有理有据地展开讨论

问题分析

1. 测试数据自动生成

测试数据自动生成有许多方法，典型方法包括基于模型的生成、随机生成、启发式搜索、基于知识库的生成、代码符号执行等[1]。基于模型的生成用模型表达测试数据的规格要求，然后探索模型，导出测试数据。随机生成用随机算法，乃至自适应随机等改进型算法，获得符合要求的测试数据。启发式搜索通过遗传算法、多目标搜索等使得数据逐渐逼近测试所需。基于知识库的生成利用外部搜索引擎、语义资源库、历史数据集等来为新问题构造测试数据。代码符号执行将程序输入数据用符号变量代替，对执行路径上的计算过程进行符号化推导，获得关于路径分支走法的约束条件，求解约束来得到可以使得程序按某些路径执行的测试用例。

本实验主要探索基于模型和基于知识库的测试数据生成方法。第一个子问题是基于约束求解的测试生成。在该类生成中，用约束公式表达数据规格，而一旦数据被形式化描述，则可以利用约束求解算法[2]来获得满足规格要求的数据。约束求解算法采用某些策略来探寻符合约束的取值空间，当前技术所支持的约束包括命题逻辑公式、一阶逻辑公式、包含字符串替换与连接等操作的约束等，高效的算法即使约束公式中包含数万个条件，也能迅速找到满足解。

第二个子问题是基于正则表达式和有限自动机的测试生成。根据编译原理、形式语言与自动机等课程的介绍，正则表达式可转换为与之等价的有限自动机。因此，可以依托有限自动机开展面向正则表达式的测试生成。要为正则表达式构造一个实例数据，等价于在其对应的有限自动机上寻找一个从初态到终态的路径。测试的充分性可以从对自动机的覆盖角度来衡量，比如要求测试数据集下，能够走遍自动机的每个节点。测试数据的自动生成也可转换为有限自动机的图遍历问题，用图论算法实现。

第三个子问题是基于知识库的测试生成。在线正则表达式库 RegExLib[3]中保存有大量正则表达式及其典型实例数据，富含关于可正则表达式化描述的数据的知识。挖掘这些知识可以获得具有较好真实性的测试数据，这些数据来源于人工提供，可避免一些自动数据构造算法由于未意识到某些潜在限制而导致所得结果明显不同于日常使用数据的情况。在基于知识库的测试生成中，关键的问题包括如何匹配知识库和如何提取数据。简单的做法可以基于关键字等进行文本匹配，更复杂的做法也可以借助自然语言处理技术。数据提取则依赖于具体知识库的结构，根据结构去定位所需的数据。

2. 实验问题的解决思路与注意事项

在基于约束求解的测试生成中，可遵循离散数学课程中所学概念，将关于测试数据规格的描述转换为与、或、非连接的约束条件。Z3 等约束求解器可以求解复杂约束，可查阅文档、检索搜索引擎，了解其使用方法和约束求解策略等参数配置。实验的主要任务是将测试生成要求转换为对约束求解技术的应用要求，设计算法，使得求解产出能够符合某种特性。算法设计中，可以考虑应用逻辑系统中的各类定理来帮助展开问题分析。

对于基于正则表达式和有限自动机的测试生成，可以阅读 Reger 工具源代码，了解如何将正则表达式转换为有限自动机。在有限自动机上可以定义状态节点覆盖、状态迁移覆盖、基本路径覆盖等覆盖准则。可实现一个图遍历算法来从有限自动机获得从初态到终态的路径。提取路径上的迁移信息，能够得到作为测试数据的字符串。为实现覆盖，每次生成新测试数据时，可以尽量避免走过去曾经经历过的状态节点、迁移边等，如此，将能以较少条数的测试数据，有效覆盖预定目标。也可以采用随机算法来获得自动机路径，大量尝试，直到满足覆盖要求。

在基于 RegExLib 库的测试生成中，可以用单词文本匹配去寻找 E-mail 等某一概念相关的记录，也可以借助分词、同义词识别等进行适用性更佳的匹配。匹配到数据记录后，可将记录当作网页元素，用 Selenium 框架去拾取记录中的目标数据，得到符合给定概念的测试案例。

3. 难点与挑战

(1) 基础技术学习：需要自行阅读英文文献、手册等，了解约束求解、有限自动机等技术，了解测试生成相关的基本概念和基本现状。

(2) 算法实现：实现满足要求的测试生成算法需要设计恰当的程序结构、编程并排除开发过程中遇到的各种问题。

(3) 适用性和优缺点分析：深入地开展分析讨论需要阅读相关文献资料。

实验方案

1. 基于约束的测试生成

如果用户以约束公式形式给出了某一软件的输入规约，则可以采用约束求解的方法来进行测试用例生成。当前一个比较成熟的约束求解工具是 Microsoft Z3，本实验用其 Java 版为基础来生成测试输入。

实验中，假设被测软件是一个三角形处理程序，输入数据为三边边长，合法输入是三边在一定长度范围内，且满足两边之和大于第三边的数据组合。即设三边边长分别为 a、b、c，则合法输入满足：

$$(a>0)\ \&\ (a<10)\ \&\ (b>0)\ \&\ (b<10)\ \&\ (c>0)\ \&\ (c<10)\ \&\ (a+b>c)\ \&\ (b+c>a)\ \&\ (a+c>b)$$

为解决实验要求的问题，首先建立一个 Java 工程，导入 Z3 的 jar 包，并将 Z3 的动态链接库放置于程序可以找到的目录下。例如，在 Eclipse 中建立如图 20-1 所示结构的工程。

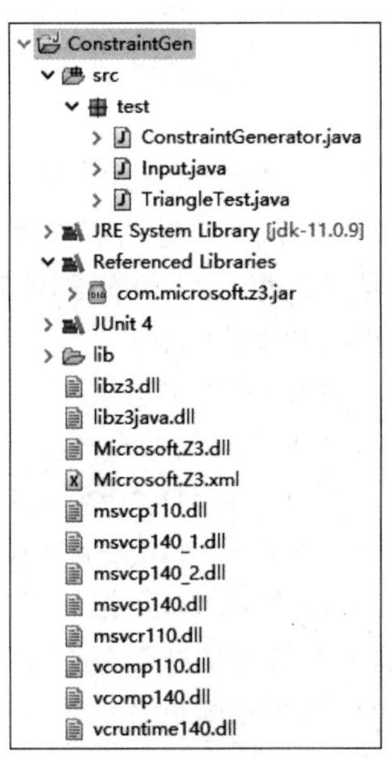

图 20-1 约束求解 Java 工程

生成测试数据前，需要先将关于输入的约束表达成 Z3 支持的形式。Z3 中用 BoolExpr 类型表示一个布尔表达式，并且可以创建变量和常量。通过如程序 20-1 所示的代码，可以将关于三角形程序合法输入的规格约束表达成一个 BoolExpr。

程序 20-1 输入约束的 Z3 表达

```
static Expr createVariable(Context ctx, String name, Set<Expr> variables)
throws Z3Exception{
    Expr var = ctx.mkConst(ctx.mkSymbol(name), ctx.mkIntSort());
```

```
        variables.add(var);
        return var;
    }

    //创建三角形的输入条件:
    //(a>0) & (a<10) & (b>0) & (b<10) & (c>0) & (c<10) & (a+b > c) & (b+c > a) & (a+c > b)
    static BoolExpr createTriangleCondition (Context ctx, Set < Expr > variables)
    throws Z3Exception {
        ArithExpr a = (ArithExpr) createVariable(ctx, "a", variables);
        ArithExpr b = (ArithExpr) createVariable(ctx, "b", variables);
        ArithExpr c = (ArithExpr) createVariable(ctx, "c", variables);
        ArithExpr zero = (ArithExpr) ctx.mkInt(0);
        ArithExpr hundred = (ArithExpr) ctx.mkInt(10);

        //(a > 0) & (a < 10)
        BoolExpr c1 = ctx.mkGt(a, zero);
        BoolExpr c2 = ctx.mkLt(a, hundred);
        //(b > 0) & (b < 10)
        BoolExpr c3 = ctx.mkGt(b, zero);
        BoolExpr c4 = ctx.mkLt(b, hundred);
        //(c > 0) & (c < 10)
        BoolExpr c5 = ctx.mkGt(c, zero);
        BoolExpr c6 = ctx.mkLt(c, hundred);
        //(a + b > c) & (b + c > a) & (a + c > b)
        BoolExpr c7 = ctx.mkGt(ctx.mkAdd(a, b), c);
        BoolExpr c8 = ctx.mkGt(ctx.mkAdd(b, c), a);
        BoolExpr c9 = ctx.mkGt(ctx.mkAdd(a, c), b);

        BoolExpr expr = ctx.mkAnd(c1, c2, c3, c4, c5, c6, c7, c8, c9);
        return expr;
    }
```

假设一个输入约束 C 由集合 $A=\{c_1,c_2,\cdots,c_n\}$ 中的若干原子条件通过与、或、非关系构成。若希望使得生成的测试输入能够覆盖任一条件 c_i 的满足和不满足情况，以及总体条件 C 的成立与不成立，只需分别对以下集合中的公式进行约束求解。

$$S=\{C\wedge c_i,\neg C\wedge c_i,C\wedge\neg c_i,C\wedge\neg c_i \mid c_i\in A\}$$

集合 S 中的公式并不一定都能够成立，本实验不去论证每个公式的可满足性，对于各个公式都尝试进行求解，如果无法找到可满足解，则丢弃约束公式。在求解得到一个满足集合 S 中公式的输入数据(三边边长)时，将所得输入数据带入每个条件 c_i，如果 c_i 的真(或假)已经得到满足，则无须继续对 $C\wedge c_i$ 和$\neg C\wedge c_i$(或 $C\wedge\neg c_i$ 和 $C\wedge\neg c_i$)再次进行约束求解，以避免生成冗余输入。

实现上述求解过程的代码如程序 20-2 所示。

程序 20-2　面向条件覆盖的约束求解框架

```
//条件覆盖
Collection<Input> solveForConditionCoverage(Context ctx, BoolExpr expr)
throws Z3Exception{
    List<BoolExpr> conditions = new ArrayList<BoolExpr>();
```

```
    getConditions(expr, conditions);

    Map<BoolExpr, List<Boolean>> targets = new LinkedHashMap<>();
    for(BoolExpr c: conditions){
        targets.put(c, new ArrayList<>(Arrays.asList(Boolean.TRUE, Boolean.
        FALSE)));
    }

    Collection<Input> inputs = new ArrayList<Input>();
    //迭代生成
    while(!targets.isEmpty()){
        Map.Entry<BoolExpr, List<Boolean>> e = targets.entrySet().iterator().
        next();
        BoolExpr condition = e.getKey();

        //获得下一个待生成的取值
        boolean conditionValue = e.getValue().get(0);
        BoolExpr toGen = conditionValue?condition: ctx.mkNot(condition);

        Input input = new Input();
        try{
            BoolExpr formula = ctx.mkAnd(toGen, expr);
            Map<Expr,Object> result = solveFormula(ctx, formula);
            input.assignment = result;
            input.decisionValue = true;
        }
        catch(UnsatisfiableException ex1){
            try{
                BoolExpr formula = ctx.mkAnd(toGen, ctx.mkNot(expr));
                Map<Expr,Object> result = solveFormula(ctx, formula);
                input.assignment = result;
                input.decisionValue = false;
            }
            catch(UnsatisfiableException ex2){}
        }
        inputs.add(input);

        //去除其他本次生成中已经覆盖的条件
        input.conditionValues = new LinkedHashMap<BoolExpr, Boolean>();
        for(BoolExpr cond: conditions){
            boolean condVal = evaluate(ctx, cond, input.assignment);
            input.conditionValues.put(cond, condVal);

            List<Boolean> set = targets.get(cond);
            if(set!=null) {
                set.remove(condVal);
                if(set.isEmpty()) {
                    targets.remove(cond);
                }
            }
```

```
        }
    }

    return inputs;
}
```

实验通过调用 Z3 约束求解器的 Solver 类来实现对约束公式的求解，具体约束求解代码如程序 20-3 所示。如果求解之后的返回状态为 Status.SATISFIABLE，则表明找到一个满足约束的解。

程序 20-3 调用 Z3 进行约束求解

```
private Map<Expr, Object> solveFormula(Context ctx, BoolExpr expr)
    throws Z3Exception, UnsatisfiableException {
    //创建约束求解器并设定求解策略
    Tactic t = ctx.mkTactic("qflra");
    Solver s = ctx.mkSolver(t);
    Params params = ctx.mkParams();
    params.add("smt.arith.random_initial_value", true);
    params.add("random_seed", random.nextInt());
    s.setParameters(params);

    s.add(expr);

    //求解约束公式 expr
    Status q = s.check();
    if(q == Status.SATISFIABLE){
        Map<Expr, Object> solution = obtainSolution(s);
        return solution;
    }
    else{
        throw new UnsatisfiableException(expr.toString());
    }
}
```

解析 Z3 所得解，可以得到三角形程序输入数据的组合。在通过程序 20-1 中的代码创建三角形程序的输入约束时，已经由方法 createVariable 登记了对应三角形程序输入的变量 a、b、c，放在 Set＜Expr＞ variables 集合中。获得 Z3 的求解结果后，通过形如“Model m＝solver.getModel()”的调用，可以得到包含解的模型。对于一个输入变量 e，在模型 m 上调用“m.evaluate(e,false)”，可以得到输入变量的具体取值。

具体的测试生成代码参见附件资源。

2. 基于正则表达式的测试生成

对于文本类输入，如果已经给定了输入文本的正则表达式模式描述，可以基于正则表达式相关工具进行测试生成。Reger 程序库提供了随机为正则表达式构造实例字符串的功能，利用该库可以较为容易地生成测试输入。

以正则表达式为“[a-zA-Z0-9_-]+\\@[a-z0-9]+\\.(cn|com|org|net)”的某类邮箱地址为例，基于 Reger 库构造邮箱地址的代码如程序 20-4 所示。

程序 20-4 根据正则表达式描述随机构造字符串

```
@Test
public void testRandomGen() {
    String regex = "[a-zA-Z0-9_-]+\\@[a-z0-9]+\\.(cn|com|org|net)";
    Xeger generator = new Xeger(regex);

    System.out.println("Generate 10 random email strings:");
    for(int i=0; i<10; i++) {
        String result = generator.generate();
        assert result.matches(regex);
        System.out.println("   " + result);
    }
    System.out.println();
}
```

图 20-2 展示了随机构造的邮箱地址实例。从该结果来看，测试生成的导向性有所欠缺，容易造成冗余，例如，生成了比较多.net 结尾的邮箱。

```
Generate 10 random email strings:
  __@8.org
  XE_vPI7N7w_euV--2XE7-H_oN_1G_M-Nf4@4hwn.cn
  I2u_1_by_482F-Q-r8_e748YLF-k_Y-@52.net
  7X@3ki3o.com
  Sm62_--P858_JYNH_5-34LE@34kq2thtles.net
  H3__@nkj.cn
  5@opbm89uem.net
  LLs@y17v1h5.net
  -_Md@n.net
  R@f8jw.cn
```

图 20-2 随机构造的邮箱地址实例

一般的正则表达式等价于有限自动机，Reger 程序库也是通过将正则表达式转换为有限自动机，然后在自动机上进行图遍历来生成匹配正则表达式的字符串。可以考虑在测试过程中尽量覆盖自动机的状态节点来提高测试的导向型，使得测试生成能够用比较少的字符串尽可能多地覆盖自动机状态。

基于上述思想，本实验改进了 Reger 程序库，实现了一个满足状态覆盖的字符串生成算法。测试生成算法的总体框架如程序 20-5 所示。算法维护一个每个状态到其可达、但又尚未覆盖的状态的映射表 stateToReachableUncovered，以优化对自动机 automaton 的探索。然后，逐轮遍历自动机，每一轮调用 next()方法获得其一条从初态出发到终态为止的路径，对应一个生成的字符串，直到所有状态都已覆盖。

程序 20-5 带覆盖的字符串生成算法总体框架

```
//生成满足 FSM 状态覆盖的字符串集
public Set<String> generateForStateCoverage() {
    State initState = automaton.getInitialState();

    //获得所有状态的集合
    Set<State> allStates = new HashSet<State>();
    getReachableStates(initState, allStates);

    //各个状态可以达到但又未覆盖的状态集。用来进行优化的搜索
    Map<State, Set<State>> stateToReachableUncovered = new HashMap<>();
    for(State s: allStates){
        Set<State> reachable = new HashSet<State>();
        getReachableStates(s, reachable);
```

```
        stateToReachableUncovered.put(s, reachable);
    }

    //未覆盖的状态
    Set<State> uncoveredStates = allStates;

    Set<String> result = new HashSet<String>();
    while(!uncoveredStates.isEmpty()){
        String s = next(initState, uncoveredStates, stateToReachableUncovered);
        result.add(s);
    }

    return result;
}
```

每一轮中生成自动机路径的算法如程序 20-6 所示。算法从初态 initState 开始遍历，每一轮循环首先获得当前状态的后续迁移集 nextTransitions。如果没有后续迁移，则终止自动机遍历；否则，看后续迁移集 nextTransitions 中哪些能够导向未覆盖的状态，将其放入列表 directionToMoreCover。在遍历后续边的过程中，优先遍历那些能导向更多覆盖的边。Reger 所使用的自动机中，字符标记在每个边(transition)上，采集一条路径上各边对应的字符，将其附加到字符串 strBuilder 中，可以导出该边对应的字符串。

程序 20-6　生成自动机路径的算法

```
String next(State initState, Set<State> uncoveredStates, Map<State, Set<State>>
stateToReachableUncovered)
{
    //产生一个新字符串
    StringBuilder strBuilder = new StringBuilder();
    List<State> generatedSequence = new ArrayList<State>();
    State currentState = initState;
    //当前序列中是否已经包含一个过去未曾覆盖的状态
    boolean alreadyMeetUncovered = false;
    while(true){
        generatedSequence.add(currentState);
        if(uncoveredStates.contains(currentState)){
            alreadyMeetUncovered = true;
        }
        //更新未覆盖迁移信息
        for (Map.Entry<State, Set<State>> e : stateToReachableUncovered.
        entrySet()) {
            Set<State> reachableUncovered = e.getValue();
            reachableUncovered.remove(currentState);
        }
        List<Transition> nextTransitions = currentState.getSortedTransitions
        (false);
        //如果已经没有后继迁移可选,则结束
        if(nextTransitions.size() == 0) {
            assert currentState.isAccept();
```

```
                break;
            }
            //找出那些可能带来更多覆盖的迁移方向,优先走这些路
            List<Transition> directionToMoreCover = new ArrayList<Transition>();
            for(Transition t : nextTransitions) {
                State dest = t.getDest();
                Set<State> reachableUncovered = stateToReachableUncovered.get(dest);
                if(!reachableUncovered.isEmpty()) {
                    directionToMoreCover.add(t);
                }
            }
            List<Transition> candidateTransitions = null;
            //如果当前序列已经包含过去未曾覆盖的状态,且后续迁移都不可能
            //获得更多覆盖,则从后继迁移中任意选择一个走向
            if(alreadyMeetUncovered && directionToMoreCover.isEmpty()){
                candidateTransitions = nextTransitions;
            }
            else{
                candidateTransitions = directionToMoreCover;
            }

            //选择下一步的迁移方向。只考虑可能引导向未覆盖迁移的转移方向
            Transition nextTransition;
            if(currentState.isAccept()) {
                //如果再向后迁移并不能获得更多覆盖,则结束当前状态机搜索
                if(directionToMoreCover.isEmpty()){
                    break;
                }
                //否则,继续向下走,尝试获得更多覆盖
                else{
                    int option = getRandomInt(0, candidateTransitions.size() - 1, random);
                    nextTransition = candidateTransitions.get(option);
                }
            }
            else {
                int option = getRandomInt(0, candidateTransitions.size() - 1, random);
                nextTransition = candidateTransitions.get(option);
            }

            //迁移到下一个状态
            appendChoice(strBuilder, nextTransition);
            //递归生成后继状态
            currentState = nextTransition.getDest();
        }

        //去除已覆盖的迁移
        uncoveredStates.removeAll(generatedSequence);
        return strBuilder.toString();
    }
```

以本实验的案例正则表达式“[a-zA-Z0-9_-]+\\@[a-z0-9]+\\.(cn|com|org|net)”为例，其对应的自动机如图 20-3 所示（0-1 和 2-3 之间边过多，显示为实心区域）。测试生成算法会构造三个输入字符串，如图 20-4 所示。这组输入可以覆盖域名后缀 cn、com、org、net 中的大部分情况，只需较少的字符串数量，即可保障一定程度的测试充分性。遗憾的是，由于只是状态覆盖，而不是迁移边覆盖，并未能覆盖.cn 的域名后缀，这也是后续待改进的地方。

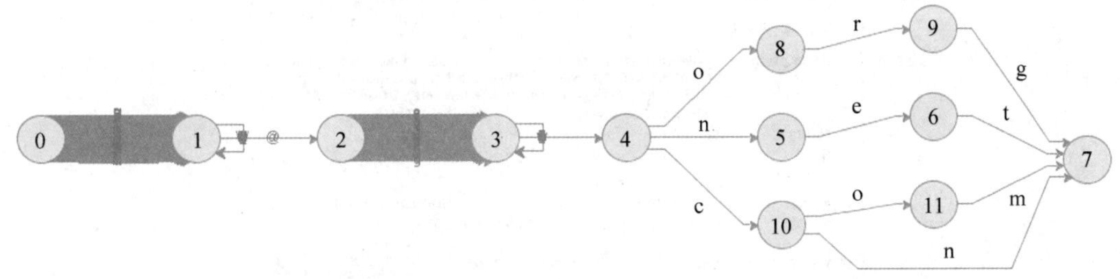

图 20-3　自动机实例

```
Generate 3 email strings according to state coverage:
  --FPprrA_@106.net
  Q@u3k.org
  ZXUOLw_-@p.com
```

图 20-4　面向覆盖的测试生成结果

3. 基于检索的测试生成

在一些开放知识库中，保存有关于许多概念的典型实例数据。例如，在 RegExLib 库中，存有邮箱、电话号码、货币等大量数据的实例（见图 20-5）。通过查询或挖掘这些数据，也可以生成测试输入。

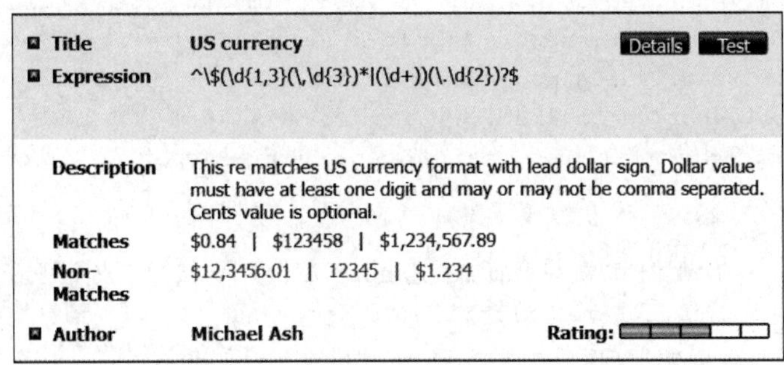

图 20-5　RegExLib 库内容示例

本实验以 RegExLib 正则表达式库为基础，实现一个基于开放知识库搜索的 E-mail 测试数据生成方法。测试生成过程类似于一个网络爬虫，根据 RegExLib 库的数据保存结构，爬取需要的信息。首先，进入 RegExLib 库主页；然后，在检索框中输入“email”进行查询（见图 20-6(a)）；在查询结果中单击 Details 按钮（见图 20-5），进入详细结果界面（见图 20-6(b)）；在详细信息界面读取 Matches 和 Non-Matches 数据块，得到关于邮箱的有效和无效输入。

(a) 检索"Email"

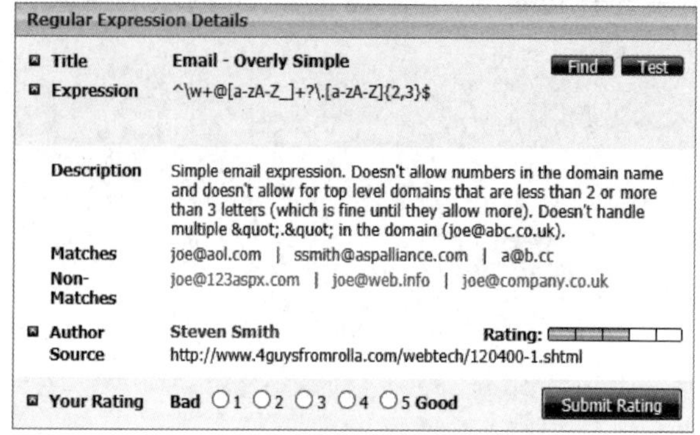

(b) "Email"的详细检索结果

图 20-6 RegExLib 库的访问

测试生成基于 Selenium 浏览器自动化框架实现，其代码如程序 20-7 所示。代码基本结构与实验 11 中的 Web 应用功能测试脚本类似。

程序 20-7 基于 Selenium 的测试数据生成程序

```
#生成有效无效 E-mail 数据的程序
import time
import json
from selenium import webdriver
from selenium.webdriver.common.by import By
from selenium.webdriver.common.action_chains import ActionChains
from selenium.webdriver.support import expected_conditions
from selenium.webdriver.support.wait import WebDriverWait
from selenium.webdriver.common.keys import Keys
from selenium.webdriver.common.desired_capabilities import DesiredCapabilities

def search():
  #设置 Firefox 启动属性以提高页面加载速度：不加载图片，接受不安全网站
  profile = webdriver.FirefoxProfile()
  profile.set_preference('permissions.default.image', 2)
  profile.assume_untrusted_cert_issuer =True
  profile.accept_untrusted_certs = True
  driver = webdriver.Firefox(profile)
  #driver = webdriver.Firefox()

  #搜索 E-mail 信息
  driver.get("https://regexlib.com")
  driver.find_element(By.ID, "ctl00_ContentPlaceHolder1_txtSearch").send_keys
  ("email")
```

```
    driver.find_element(By.ID, "ctl00_ContentPlaceHolder1_Button1").click()
    driver.find_element(By.LINK_TEXT, "Details").click()

    #解析 E-mail 信息,获得匹配正则表达式的内容
    matches = driver.find_element(By.ID, "ctl00_ContentPlaceHolder1_MatchesLabel")
    matchEmails = matches.get_attribute('textContent')
    print("有效输入: ")
    for s in matchEmails.split('|'):
      print("  " + s.strip())

    #解析 E-mail 信息,获得不匹配正则表达式的内容
    nonMatches = driver.find_element(By.ID, "ctl00_ContentPlaceHolder1_
    NonMatchesLabel")
    nonMatchEmails = nonMatches.get_attribute('textContent')
    print("无效输入: ")
    for s in nonMatchEmails.split('|'):
      print("  " + s.strip())

    #关闭浏览器
    driver.close()
    driver.quit()

#入口
search()
```

运行上述测试生成程序,可以得到以下结果。这些结果和用户日常可能输入的邮箱地址非常接近。

```
有效输入:
  joe@aol.com
  ssmith@aspalliance.com
  a@b.cc
无效输入:
  joe@123aspx.com
  joe@web.info
  joe@company.co.uk
```

4. 测试生成方法讨论

本实验的三种测试生成方法各有其适用范围和优缺点。基于约束的测试生成方法更多适用于输入数据为数值类型的情况。基于正则表达式的测试数据生成可以用于字符串生成,如果将每个字符映射为某种动作,还可以基于正则表达式生成动作序列。基于检索的方法适用于一些概念常见、使用广泛的数据。

基于约束的方法的一个局限是约束描述相对复杂,一些输入数据之间的关系可能难以用简单约束描述。但是一旦约束可以建立,就能够用多种数学手段来构造测试输入。基于正则表达式的数据生成其能力和基于自动机的生成一致,正则表达式可视为对序列结构的一种约束。但正则表达式本质上对应一种上下文无关文法,其表达能力受文法类型的限制。基于检索的方法其优势是检索到的结果包含更多人工提供的数据,这些数据相对算法构造

的数据往往更为真实，可避免一些假数据上的无意义测试。并且，基于检索的方法不要求描述关于输入的规格约束，适用于一些结构比较复杂的数据。其缺点是并不是每种数据都能找到开放的知识库以支撑测试生成。测试者可以根据所处理数据的特点和现有的资源条件，决定具体采用何种方法来构造测试输入。

附件资源

（1）基于约束的测试生成程序代码。

（2）基于正则表达式的测试生成程序代码。

（3）基于检索的测试生成程序代码。

参考文献

[1] Anand S, Burke E K, Chen T Y, et al. An orchestrated survey of methodologies for automated software test case generation[J]. Journal of Systems and Software, 2013, 86(8): 1978-2001.

[2] Moura L de, Bjørner N. Z3: An Efficient SMT Solver[C]. In Proceedings of the 14th International Conference on Tools and Algorithms for the Construction and Analysis of Systems, 2008, 337-340.

[3] RegExLib. Regexlib library [DS/OL]. [2022-02-20]. http://regexlib.com/.

实验21

静态缺陷检测工具开发

测试工具不仅包括不依赖软件代码的黑盒类工具，还包括代码相关的白盒类工具。白盒测试工具不但可以用来检测 C/C++、Java 等传统编程语言下软件的质量，还可以检验服务的接口描述是否规范、JavaScript 代码是否存在安全性缺陷、区块链的智能合约是否安全可靠等，具有广泛用途。本实验尝试编写一个简单的静态代码缺陷检测工具，为研制更复杂的白盒类测试工具奠定基础。

一、实验目标

了解基本的白盒自动缺陷检测工具实现方法，能够在程序分析平台的基础上研制简单静态缺陷检测工具，扫描程序中包含的缺陷，如表 21-1 所示。

表 21-1　目标知识与能力

知　识	能　力
(1) 典型代码缺陷 (2) 基本的代码静态缺陷检测方法 (3) 字节码及程序中间表示	(1) 设计/开发解决方案：能够开发静态缺陷检测程序 (2) 使用现代工具：使用开源程序分析平台 (3) 项目管理：在项目管理过程中集成静态缺陷检测 (4) 终身学习：自主学习静态缺陷检测相关技术

二、实验内容与要求

基于 Soot Java 字节码分析框架编写静态缺陷检测工具，扫描 Java 程序中存在的典型代码缺陷，例如：

(1) 定义的变量未被使用。例如，若存在任一形如“x=0”的语句定义了变量 x，但没有语句读取 x 的取值，则认为存在定义变量未使用缺陷。

(2) 方法返回值未被读取。例如，方法“int f(int a)”有一个整数返回值，若存在一个调用 f(y)，该调用中方法 f()的返回值未被用到，则认为存在方法返回值未被读取缺陷。

将编写的工具配置到待测项目的构建脚本中，在 Jenkins 上实现项目构建时的持续缺陷扫描。

三、实验环境

(1) Java 及 Eclipse 开发环境。

(2) Jenkins 持续集成工具及其插件。

(3) Git 项目管理工具。

(4) Soot Java 字节码分析框架：http://soot-oss.github.io/soot/。

四、评价要素

评价要素如表 21-2 所示。

表 21-2 评价要素

要素	实验要求
缺陷检测算法设计与实现	能够解释目标缺陷，说明检测的必要性；成功在典型案例上展示所设计检测方法的有效性。欢迎对更多缺陷类型和检测算法的探索，欢迎深入的实验论证评估
实现持续缺陷扫描	成功在持续集成过程中实现静态缺陷扫描

问题分析

1. 静态缺陷检测

静态缺陷检测旨在在不运行程序的情况下发现程序代码中存在的缺陷，缺陷类别覆盖正确性问题、安全性问题、不良设计等诸多方面[1]。它可以在源代码、字节码甚至机器指令等多个层面展开。在源代码层检测的优势是源代码保存有最多的原始程序信息，缺点是源代码结构随意性大，例如，方法调用可以写成“a(b(c(d())))”这样的连续调用形式，增加了算法分析的难度。在机器指令层面进行检测适用面广，从二进制可执行程序可以很容易获得机器指令，对于无法获得源码的情况也能检测。但机器指令抽象层次低，许多上层信息被编译过程舍弃，检测难度比较高。相对而言，字节码贴近上层源代码，其中包含的信息丰富，且结构相对简单规范，易于分析。Soot、LLVM 等分析平台提供了 Java 程序和 C 程序等的字节码抽象，是开发静态缺陷检测工具的良好起点。

静态缺陷检测算法大致有如下一些类别：基于词法、语法等模式特征的检测、基于控制流分析的检测、基于数据流分析的检测等。基于词法、语法特征的检测扫描程序的词法、语法模式特征来检测缺陷。一旦发现某些不良特征的标识符、程序语句等，即可报告疑似缺陷。进一步地，也可以从特征信息出发，利用机器学习等技术来帮助识别问题。例如，可以匹配代码特征来扫描安全漏洞。

基于控制流分析的检测构建程序的控制流图等数学模型，反映执行过程中语句间的控制流转移关系。在模型上可以利用图论算法来识别缺陷。例如，许多操作要求先调用 open()函数来打开某个设施，然后才可以正常操作，最后还需要调用 close()函数来关闭设施。这种时序上的先后要求即可以通过控制流分析检测。一旦在控制流图上检测到不符合要求的顺序等，可以报错。

基于数据流分析的检测将变量和数值的计算过程纳入到分析中，识别变量在不同语句之间的写入-读取等关系、值在不同实体之间的传播、甚至取值的特征来进行缺陷检测。例如,在空指针缺陷的检测中,如果有一个指针解引用操作“q=p→next”,读取指针 p 所指向的目标来获得 next 属性取值,那么为探究读取过程中 p 是否可能为空指针,需要追踪数据流,找到所有可能写入 p 的取值并将 p 成功传播到解引用地点的关于 p 的赋值,追查 p 的赋值内容是否为空来判定是否存在空指针错误。在数据流分析领域,存在一系列基本算法,例如,数据流迭代、指针指向分析、符号执行等,可以基于这些基础算法取得的结果来构建上层的缺陷检测器。

关于控制流和数据流分析,可以参考《高级编译器设计与实现》[2]等经典书籍。

2. 实验问题的解决思路与注意事项

关于缺陷检测工具开发,Soot 程序分析平台提供了代码中间表示抽象、控制流图构建、数据流迭代分析、指针指向分析等众多基础算法[3,4]。检测缺陷的关键是分析缺陷在程序结构、控制流迁移、数据流传播等方面有哪些基本特征,这些特征可以经由哪些基础程序分析算法所得的信息来加以识别。如此,可将缺陷检测问题转换为基础程序分析问题,在基础分析结果的基础上,通过信息综合,判定当前被检测的程序是否存在缺陷。

对于本实验所举例的两个缺陷,实际上也并不需要展开复杂的控制流和数据流分析,只需在程序中间表示的基础上,根据程序结构本身包含的特征就能有效检测。例如,对于返回值是否被使用,可以先找到所有方法调用。对于每个调用,找到被调方法的定义,检查其是否有返回值,返回值又是否在调用过程中被读取,由此即可识别返回值未读取缺陷。

关于在持续集成中实施静态缺陷检测,简单的做法是修改项目的配置,在项目 Ant、Maven 等构建脚本中注入静态缺陷检测步骤,如此即可在每次实施持续集成时,同步开展缺陷扫描。这种方法需要专门修改被检测项目,使用起来不够方便,也可以在 Jenkins 持续集成工具中研制插件来实施持续缺陷扫描,起到类似 SonarQube 工具的效果(见实验 17)。但研制 Jenkins 插件代价较高,不在本实验的参考方案中讨论。

3. 难点与挑战

(1) 常见缺陷调研:需调研程序中都有哪些常见缺陷类型,或者不良模式的臭代码(code smell),必要时检索并阅读学术论文。

(2) 缺陷检测算法设计:对于复杂类型的缺陷,需要构造程序的模型,并在模型基础上结合数学分析,设计恰当的分析算法。

(3) 缺陷检测工具编写:需要自行查阅 Soot 的文档资料,根据编译原理的概念,在缺乏详细注释的情况下,解读 Soot 示例程序,参考示例编写自己的检测工具。

实验方案

1. 实验环境与实验对象

本实验基于 Java 程序分析工具 Soot 4.2.1 开展,以 Eclipse 为开发环境,采用的 Java 为 JDK 11 版本。

为检验所开发缺陷检测工具的效果,创建一个被测对象程序,置于名为 Subject 的项目下,项目采用 Eclipse 默认方式进行配置,其文件结构如下。

```
+ Subject
  + .settings
  + bin
  + src
    + test
      - TestProgram.java
  - .classpath
  - .project
```

被测项目的程序代码位于文件 TestProgram.java。该程序中包括定义变量未使用缺陷和方法返回值未被读取缺陷，具体程序如程序 21-1 所示。

程序 21-1　被测对象程序 TestProgram.java

```
package test;

class TestProgram {
    public static void main(String[] args) {
        int i = 5;
        int j = 4;

        add(i);
        sub(i);

        int x = multi(i);
        x++;
    }
    public static int add(int n) {
        int j = 5;
        int sum = n + j;
        return sum;
    }
    public static void sub(int n) {
        n = n - 4;
    }
    public static int multi(int n) {
        return n * n;
    }
}
```

2. 创建基于 Soot 的缺陷检测工具框架

实验在 Eclipse 中定义一个项目来开发静态缺陷工具，工具包含一个 Main 类作为程序入口，缺陷检测的核心逻辑放在类 DefectDetection 中，通过 Build Path 添加 Soot 库作为依赖的基础框架。代码基本框架如图 21-1 所示。

```
DefectDetection
  src
    detector
      DefectDetection.java
      Main.java
  JRE System Library [JavaSE-1.7]
  Referenced Libraries
  lib
    soot-4.2.1-jar-with-dependencies.jar
```

图 21-1　缺陷检测工具代码框架

如一般的程序编译过程，Soot 将一系列程序处理过程组织成流水线框架，每一步对程序的处理称为一个分析阶段(phase)。第一个阶段的输入是.class 字节码文件，中间每个阶段的结果作为下一个阶段的输入，直到生成最终的编译结果。缺陷检测逻辑将插入到 Soot 的分析步骤中，作为 Soot 工具处理 Java 代码的一个阶段。

启动 Soot 工具的主要代码放在文件 Main.java 中，如程序 21-2 所示。其中，Soot 启动时配置了参数"use-original-names: true"，表明在分析 Java 程序的过程中，不忽略变量名称，以便于准确输出可阅读的错误信息(对于编译优化等过程而言，变量名可能不是太重要)。设置输出格式为"Options.output_format_none"，告知 Soot 工具本项目不需要对 Java 程序进行变换，以生成新的字节码。

程序 21-2 检测入口 Main.java

```
import soot.*;
import soot.options.Options;
public class Main {
  public static void main(String[] args) {
    if(args.length == 0) {
      System.err.println("Usage: java Main [options] classname");
      System.exit(0);
    }
    //设置 Soot 工具的工作参数
    Options.v().setPhaseOption("jb", "use-original-names:true");
    Options.v().set_output_format(Options.output_format_none);
    PhaseOptions.v().setPhaseOption("jb", "use-original-names:true");
    //将缺陷检测过程插入到 Soot 处理方法体的主过程 jtp 下,作为其中一个子过程
    Pack jtp = PackManager.v().getPack("jtp");
    jtp.add(new Transform("jtp.instrumanter", new DefectDetection()));
    //启动 Soot 分析过程,逐个分析每个方法
    soot.Main.main(args);
  }
}
```

语句"PackManager.v().getPack("jtp")"用来获得 Soot 处理 Java 方法体的主过程。语句"jtp.add(new Transform("jtp.instrumanter",new DefectDetection()))"将本实验的错误检测过程 DefectDetection 插入到 Soot 对 Java 方法体的处理过程下，作为其中的一个子流程。该过程无须对程序进行实际变换，只输出缺陷检测信息。语句"soot.Main.main(args)"启动整个代码分析流程。

Main 入口类的命令行参数和 Soot 自己的命令行参数一致。本实验中用到的命令行参数为"-prepend-classpath -soot-classpath <class_path> <class_name>"。其中，class_name 指定待分析的类，class_path 给出该类所在的 CLASSPATH 文件夹路径。

3. 实现缺陷检测类 DefectDetection

DefectDetection 继承自 Soot 的 BodyTransformer 类，重载其中的 internalTransform 方法来定义自己的 Java 方法体处理逻辑，实现缺陷检测。该方法中可以获取到每个 Java 方法的字节码，得到其中的变量、指令等程序实体信息，以合适的逻辑扫描这些逻辑实体，可以进行静态缺陷扫描。

对于定义的变量未被使用缺陷，首先，遍历方法的变量表，初始化变量的定义、使用次数信息，保存在 Map 数据结构中。接着，遍历程序中的语句，如果有赋值，且被赋值的变量在

Map 中，则将其定义次数加 1；如果有使用，同样将变量使用次数加 1。最后，遍历 Map 中的变量信息，如果其中某变量定义次数大于 0，而使用次数为 0，则输出该变量，提示该变量存在定义但未被使用的情况。

对于方法返回值未被读取缺陷，扫描每一条程序语句，判断语句是否是调用语句（只含调用，不含赋值）。如果是，获取该语句所调用的方法的返回值信息，若返回值类型不是 void，且调用后的赋值目标为空，则发现缺陷，输出包含缺陷的调用语句信息。

DefectDetection 源码如程序 21-3 所示。其中，Body 表示方法体，Unit 表示方体中的每一个指令，Local 表示局部变量，名称不以“$”开头的是用户定义的变量，而以“$”开头的变量一般是 JDK 编译器生成的用户不可见临时变量。ValueBox 是封装程序中左值或右值的中间表示实体。

程序 21-3　缺陷检测逻辑 DefectDetection.java

```
import java.util.*;

import soot.*;
import soot.jimple.*;
import soot.util.Chain;

public class DefectDetection extends BodyTransformer {
    //internalTransform 方法用来逐个处理程序中的每个方法体
    @Override
    protected void internalTransform(Body body, String arg1, Map arg2) {
        //得到待处理方法
        SootMethod method = body.getMethod();
        //得到该方法的 UnitChain 语句列表
        Chain<Unit> units = body.getUnits();
        //显示方法签名信息
        System.out.println("method : " + method.getSignature());

        //获取每个变量的写入与读取的次数
        Chain<Local> variables = body.getLocals();
        Map<String, Integer> variableDefTimes = new HashMap<String, Integer>();
        Map<String, Integer> variableUseTimes = new HashMap<String, Integer>();

        //初始化变量定义/使用次数信息,保存在 Map 数据结构中
        for(Local variable : variables) {
            String name = variable.getName();
            if(!name.startsWith("$")){
                variableDefTimes.put(name, 0);
                variableUseTimes.put(name, 0);
            }
        }

        //扫描程序中的指令列表
        for(Unit u : units) {
            for(ValueBox box : u.getDefBoxes()) {
                //获取赋值变量的名称
```

```
                String vname = box.getValue().toString();
                //增加变量写入次数信息
                if(variableDefTimes.containsKey(vname)) {
                    int times = variableDefTimes.get(vname);
                    times = times + 1;
                    variableDefTimes.put(vname, times);
                }
            }
            for(ValueBox box : u.getUseBoxes()) {
                //获取读取变量的名称
                String vname = box.getValue().toString();
                //增加变量读取次数信息
                if(variableUseTimes.containsKey(vname)) {
                    int times = variableUseTimes.get(vname);
                    times = times + 1;
                    variableUseTimes.put(vname, times);
                }
            }
        }

        //遍历变量 Map,如果其中变量有写入但读取次数为 0,则输出该变量,
        //提示该变量虽然存在定义,但未被使用
        for(String var : variableDefTimes.keySet()) {
            if(!var.equals("args") &&
              variableDefTimes.get(var)> 0 && variableUseTimes.get(var)==0 ) {
                System.out.println("      > 定义的变量未被使用: " + var);
            }
        }

        //逐个处理方法体中的每一条语句
        for(Unit u : units) {
            //得到语句对应的 Stmt 对象
            Stmt stmt = (Stmt) u;
            if(stmt instanceof InvokeStmt) {
                InvokeStmt invoke = (InvokeStmt) stmt;
                InvokeExpr expr = invoke.getInvokeExpr();
                SootMethod m = expr.getMethod();
                String returnType = m.getReturnType().toString();
                List<ValueBox> valueBoxs = invoke.getDefBoxes();

                //判断返回值是否为空并且该调用语句是否有保存返回值的 ValueBox。
                //如果不为空且没 ValueBox,则输出该 Java 方法(函数)名
                if(!returnType.equals("void") && valueBoxs.isEmpty()) {
                    System.out.println("      > 有返回值但未被使用的函数: "
                        + invoke.toString());
                }
            }
        }

        System.out.println();
    }
}
```

4. 测试缺陷检测工具的工作效果

在 Main.java 程序上单击右键菜单项 Run As→Run Configurations，以被测程序类名称 test.TestProgram 及其类文件夹路径作为参数运行 Main 程序，如图 21-2 所示。

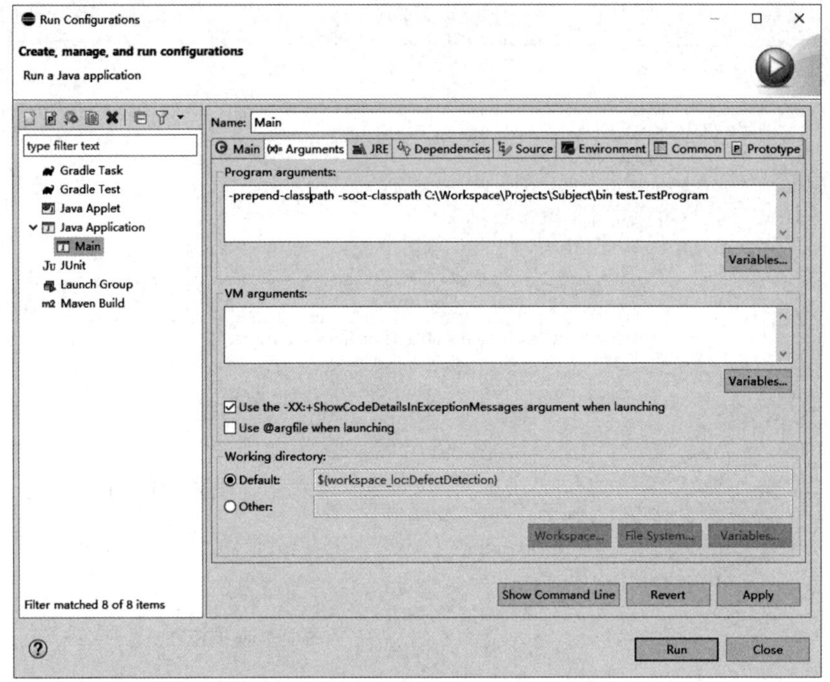

图 21-2　运行参数配置

在控制台可以看到检测结果，如图 21-3 所示。检测结果显示程序中的每一个 Java 方法、方法中定义但未被使用的变量、有返回值但未被使用的方法调用等信息。

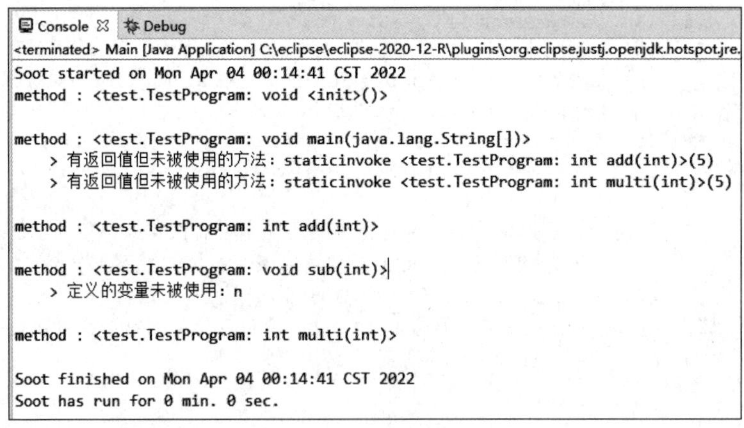

图 21-3　缺陷检测结果

5. 在 Jenkins 中实现持续缺陷扫描

首先将缺陷检测工具利用 Eclipse 自带的导出功能，导出为 jar 包，导出界面如图 21-4 所示。

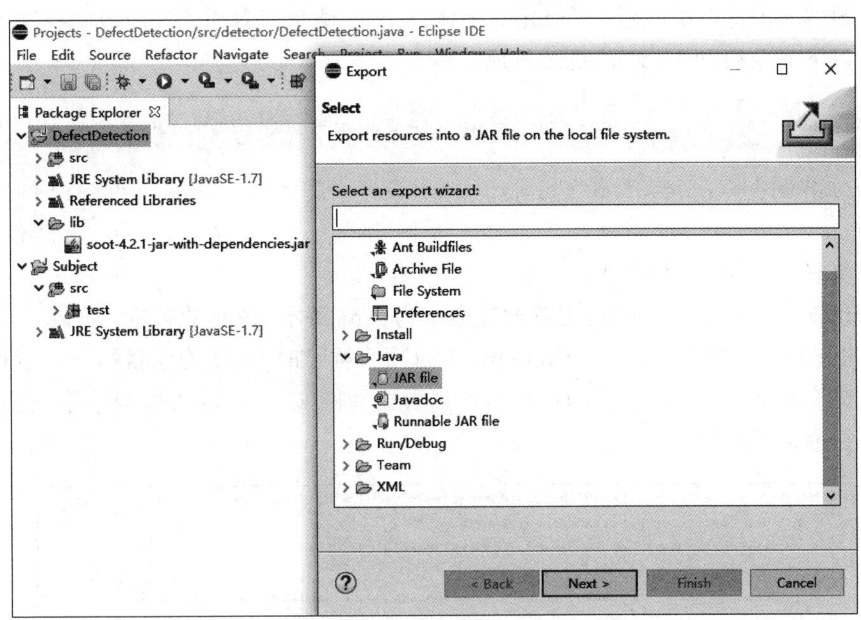

图 21-4　缺陷检测工具导出

将导出的检测器包 detector.jar 和 Soot 基础包 soot-4.2.1-jar-with-dependencies.jar 加入到被测 Subject 项目的 detector 目录下。

然后，在被测程序中基于 Ant 工具配置带有缺陷扫描的构建脚本。首先，选择被测 Java 项目 Subject，利用右键菜单的 Eclipse 的导出功能，从功能路径 Export→General→Ant Buildfiles 导出基础构建脚本 build.xml。从中删除不必要的 target：build-refprojects、init-eclipse-compiler、build-eclipse-compiler，加入如图 21-5 所示的新的缺陷检测任务 test。运行 test 任务，将展示缺陷检测结果，说明构建脚本有效。

```
<!-- 定义一个 CLASSPATH 设定 -->
<path id="detector.classpath">
        <fileset dir="${basedir}/detector">
                <include name="detector.jar"/>
                <include name="soot-4.2.1-jar-with-dependencies.jar"/>
        </fileset>
</path>
<!-- 定义缺陷检测任务 -->
<target name="test">
    <echo message="静态缺陷检测"/>
    <!-- 配置检测器入口类、CLASSPATH 和命令行参数 -->
    <java classname="detector.Main" classpathref="detector.classpath">
        <arg value="-prepend-classpath"/>
        <arg value="-soot-classpath"/>
        <arg value="bin"/>
        <arg value="test.TestProgram"/>
    </java>
</target>
```

图 21-5　Ant 脚本中的缺陷检测任务

在本地的 Git 仓库中创建一个 Subject 项目，将被测项目置于 Git 的版本控制下。

通过以下命令启动 Jenkins 持续集成工具。

```
java -jar <path_to_jenkins>\jenkins_2.273.war --httpPort=9080
```

在 Dashboard→Global Tool Configuration 设置中配置好 JDK、Git 和 Ant 的安装。通过 Dashboard→Plugin Manager→Available 确保 Jenkins 中安装 Git 和 Ant 插件。(详细 Jenkins 安装使用参见实验 17。)

在 Jenkins 中导入 Git 项目，配置构建命令为 Ant 脚本，构建的目标 Targets 为 Ant 脚本中的 build 和 test 两个目标。当 Jenkins 进行项目构建时，将从构建目标 test 运行静态缺陷检测。在 Console Output 构建日志中，可以看到如图 21-6 所示的检测结果，表明缺陷检测器成功扫描出了缺陷。

```
Checking out Revision 0ef0fc98e9422c9f8dbcd45d6b26101cd129f53a (refs/remotes/origin/master)
 > git.exe config core.sparsecheckout # timeout=10
 > git.exe checkout -f 0ef0fc98e9422c9f8dbcd45d6b26101cd129f53a # timeout=10
Commit message: "update"
 > git.exe rev-list --no-walk 0ef0fc98e9422c9f8dbcd45d6b26101cd129f53a # timeout=10
[Subject] $ cmd.exe /C "ant.bat build test && exit %%ERRORLEVEL%%"
Buildfile: C:\Users\test\.jenkins\workspace\Subject\build.xml

build-subprojects:

init:

build-project:
     [echo] Subject: C:\Users\test\.jenkins\workspace\Subject\build.xml

build:

test:
     [echo] 静态缺陷检测
     [java] Soot started on Mon Apr 04 00:40:01 CST 2022
     [java] method : <test.TestProgram: void <init>()>
     [java]
     [java] method : <test.TestProgram: void main(java.lang.String[])>
     [java]      > 有返回值但未被使用的方法: staticinvoke <test.TestProgram: int add(int)>(5)
     [java]      > 有返回值但未被使用的方法: staticinvoke <test.TestProgram: int multi(int)>(5)
     [java]
     [java] method : <test.TestProgram: int add(int)>
     [java]
     [java] method : <test.TestProgram: void sub(int)>
     [java]      > 定义的变量未被使用: n
     [java]
     [java] method : <test.TestProgram: int multi(int)>
     [java]
     [java] Soot finished on Mon Apr 04 00:40:01 CST 2022
     [java] Soot has run for 0 min. 0 sec.

BUILD SUCCESSFUL
Total time: 0 seconds
Finished: SUCCESS
```

图 21-6 持续集成工具的构建和缺陷检测结果

6. 小结

实验基于 Soot 工具实现了一个简单的 Java 字节码层次静态缺陷检测工具，并将缺陷检测配置到了持续集成过程中。在未来的软件版本演进中，会自动实施静态缺陷检测，及时、自动地发现缺陷。

目前实现的缺陷检测还比较简单，存在如下多个方面的局限。

（1）只能在字节码层次进行缺陷检测。当程序不能成功编译时，这种检测无法应用，且只存在于源代码的一些代码风格相关缺陷无法检测。未来可以考虑基于 Java 语法树开展一些其他缺陷检测，扩展检测功能。

（2）只能针对单个方法进行检测，一些跨方法的模块间交互错误检测难度更高，需要更深入的理论、更复杂的技术来实现检测。

（3）目前持续集成环境下的检测只是一个简单实现，未来可以类似 SonarQube 将检测算法实现为 Jenkins 插件，从而可以将检测透明地应用于更多的项目。

附件资源

（1）缺陷检测工具代码。

（2）实验用的被测程序代码及 Ant 构建脚本。

（3）实验用的 Soot 工具版本。

参考文献

[1] Pugh W. Improving Software Quality Using Static Analysis[R/OL]. In JavaOneTM Conference，2007 [2022-02-20]. https://findbugs.cs.umd.edu/talks/JavaOne2007-TS2007.pdf.

[2] Steven S. Muchnick. 高级编译器设计与实现[M]. 赵克佳，沈志宇，译. 北京：机械工业出版社，2005.

[3] Soot Tutorials [G/OL]. [2022-02-20]. https://github.com/soot-oss/soot/wiki/Tutorials.

[4] Einarsson A，Nielsen J D. A Survivor's Guide to Java Program Analysis with Soot [EB/OL]. 2008 [2022-02-20]. http://www.brics.dk/SootGuide/.

实验22

运行时监控与覆盖分析工具开发

除了静态缺陷扫描，白盒测试技术还包括动态分析，可用于在运行时跟踪程序的执行以监控质量风险、收集测试执行的覆盖率等。比较强大的测试工具、软件开发环境等几乎都集成有动态分析技术，如 Eclipse、IntelliJ IDEA、Visual Studio。本实验尝试运用动态分析技术，实现一些基本的程序执行监控和覆盖率收集功能。通过该实验，可以深入了解动态白盒测试技术，未来能够举一反三，研制更高级的动态白盒测试工具。

一、实验目标

了解白盒覆盖测试涉及的基本概念、方法和技术；掌握基于代码插桩监控和收集覆盖信息的方法；能够基于 LLVM 工具，实现基于代码插桩的运行跟踪和覆盖信息收集工具，如表 22-1 所示。

表 22-1 目标知识与能力

知 识	能 力
(1) C语言的相关概念及其英文表述 (2) 编译原理相关概念：程序语法树、中间表示、程序字节码 (3) 程序插桩技术 (4) 基于插桩实现运行时监控和覆盖信息收集的方法	(1) 设计/开发解决方案：设计基于插桩的动态白盒测试工具 (2) 使用现代工具：基于编译平台，开发测试工具，并能够分析其不足 (3) 终身学习：自主学习编译和程序插桩相关技术

二、实验内容与要求

基于 LLVM 分析平台，对 C 程序进行插桩，记录函数级的代码执行和覆盖信息，包括函数执行次数、函数基本类型参数(如 int 等)的实际取值范围、参数指针是否为空、函数调用顺序等。具体实验要求如下。

(1) 利用 Clang 编译命令将一个自己编写的 C 程序编译为底层字节码格式。

(2) 编写 LLVM 的 Pass 模块，实现收集以下信息的功能。

① 函数的执行次数。

② 函数调用顺序。

③ 指针是否为空的信息。

④ 整数类型参数的取值范围。

⑤ 函数级的测试覆盖率。

(3) 编译和运行所编写的工具，在第一步所得程序上收集指定运行时信息。

(4) 总结实验结果，讨论存在的不足与改进方向。

三、实验环境

(1) Ubuntu 开发环境。

(2) LLVM C 程序分析和编译工具：http://llvm.org/。

四、评价要素

评价要素如表 22-2 所示。

表 22-2　评价要素

要　　素	实验要求
运行时信息采集	设计和实现运行时信息采集工具，收集实验要求指定的信息
总结与展望	有效分析不足、展望改进，有理有据地展开讨论

问题分析

1. 程序插桩

程序插桩(program instrumentation)是一种修改程序、注入代码来实现运行时信息采集、故障注入等功能的技术。插桩一般由自动算法实现。与静态缺陷检测类似，程序插桩也可以实现在源代码、字节码、机器指令等多个层级。

本实验在字节码层面进行插桩来实现程序的执行跟踪。在字节码层面插桩实现起来相对容易，也能够满足许多软件工程任务的需要。具体插桩原理如图 22-1 所示。首先，通过编译器将源代码编译为字节码，本实验中是利用 Clang 编译器将 C 程序源代码编译为 LLVM 字节码。然后，通过插桩算法修改字节码，在字节码中注入探针。典型的注入位置包括函数以及基本块的开头和结尾等。通常在原程序中注入的仅仅是一小段入口代码，例如，对信息采集函数的调用。具体实现探测等功能的代码实现在独立的模块中，以方便插桩工具自身的维护。探测程序挂钩进程运行结束事件，或者在主模块(main 函数等)结尾插入一个特殊调用来结束整个运行时跟踪，执行跟踪信息的持久化等操作。

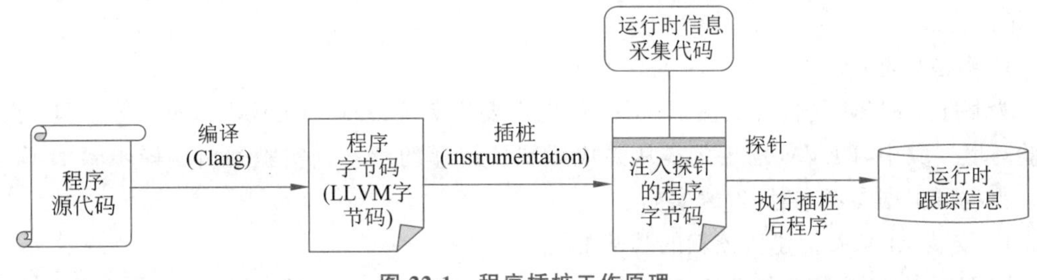

图 22-1　程序插桩工作原理

2. 实验问题的解决思路与注意事项

程序插桩的原理并不复杂，但实现起来涉及一系列细节。在 LLVM 平台上进行插桩，需要比较深入地了解字节码的中间表示，熟悉模块(module)、函数(function)、基本块(basic block)、指令(instruction)等一系列概念；需要了解编译器的流水线处理机制，明白什么是 LLVM 的一"遍(pass)"处理[1]。

插桩过程可以扫描整个中间表示内的每一指令，判断其是否为函数调用。如果是函数调用，则在调用前利用 LLVM 提供的功能注入一个对探针函数的调用，并将函数的实参传递给探针，由探针进行记录。

为避免在执行跟踪过程中频繁地将信息写入到外存，从而显著影响原有程序的性能表现，可以在被测程序执行时，仅将探测到的信息记录在内存内。通过 C 语言标准库中的 atexit()函数，可以挂钩进程结束事件，在进程快结束时，一次性进行运行时跟踪记录的外存写入，降低被测程序正常执行时的运行时跟踪开销。

3. 难点与挑战

(1) 方案设计：开发一个运行时执行跟踪工具需要学习代码插桩相关的概念与技术，需要了解 LLVM 编译平台的功能、处理流程和其能够提供的相关 API，在此基础上，确定插桩点、插入的探针内容等，构建一个原理和技术上均可行的方案。

(2) 编程实现：本实验需要在 Linux 平台进行 C++ 编程，工具运行涉及环境变量设定、动态链接库载入、CMake 配置等问题，代码插桩也会改变程序结构，稍有不慎即产生许多意外情况。解决各种细节问题，开发出有效工具，既需要熟悉基本原理，也需要一定的编程经验，还需要能够提炼关键词，在搜索引擎、StackOverflow 等网站进行英文问题检索。

实验方案

本实验在 Ubuntu 20.04 和 LLVM 11.0.0 环境下进行。通过以下命令可以看到实验所用的操作系统版本信息。

```
cat /etc/issue
cat /proc/version
```

其中，操作系统的版本是 Ubuntu 20.04.1 LTS，Linux 内核的版本是 Linux version 5.4.0-42-generic。

1. 实验环境

为基于 LLVM 平台开发测试工具，首先需要安装 CMake、LLVM、Clang 等工具，搭建实验环境。其中，LLVM 需要的是从源代码现场编译的版本。实验列出编译步骤如下，编译过程也可根据参考文献[2]来实施。

1) 安装 LLVM 构建所依赖的基础工具

LLVM 的编译依赖现有 C++ 编译器(如 g++)和 CMake 构建程序，为此需要先安装这些工具。可以通过以下命令安装。

```
sudo apt-get update
sudo apt-get install -y build-essential
sudo apt install cmake
```

2) 安装 LLVM

下载 LLVM 11.0 的源代码包，通过以下命令进行安装。

```
#解压 LLVM
cd ~
tar -xvf llvm-11.0.0.src.tar.xz
#创建 LLVM 的安装目录(不安装在源代码目录)
mkdir llvm-11.0.0

#安装 LLVM(大约需要 2h)
cd llvm-11.0.0
cmake ~/llvm-11.0.0.src
cmake --build .
sudo cmake --build . --target install
```

执行上述命令后，LLVM 的源代码将被编译成可执行程序。通过如下命令，可以将 LLVM 的入口命令和动态链接库添加到环境变量中。

```
export PATH=$PATH:~/llvm-11.0.0/bin
export LD_LIBRARY_PATH=$LD_LIBRARY_PATH:~/llvm-11.0.0/lib
```

3) 安装 LLVM 的编译前端 Clang

为节省编译时间，本实验从预编译好的二进制文件安装 Clang。Clang 较新的版本可以和 LLVM 11.0 兼容，只需执行如下命令安装。

```
sudo apt-get install clang
```

2. 利用 LLVM 编译命令将待测 C 程序编译为底层字节码

本实验在 LLVM 源代码目录之外建立文件夹 FunctionTracer(所在路径为～\FunctionTracer)，用以放置待测程序 test.c。待测程序中包含一些简单的函数调用，是监控和覆盖分析的对象。其代码如程序 22-1 所示。

程序 22-1　待测程序 test.c

```
#include <stdio.h>

void A(int a){
    printf("A(%d)\n", a);
}
void B(char * p){
    char * hint = p!=NULL? p: "NULL";
    printf("B(\"%s\")\n", hint);
}
void C(){
    printf("C()\n");
}
```

```
int main(){
    printf(">>\n");
    A(1);
    B(NULL);
    C();
    C();
    B("go");
    A(10);
    printf("<<\n");
}
```

通过运行 clang 命令，可以将 test.c 源代码编译为 LLVM 的字节码 test.bc。利用 lli 命令可以执行 LLVM 字节码。具体的编译和执行命令如下。

```
cd ~/FunctionTracer
#编译待测程序
clang -c -g test.c -emit-llvm -o test.bc
#运行程序并检查是否有错
lli test.bc
```

3. 编写跟踪程序执行以收集信息的 LLVM 插件 Pass

实验通过字节码级(.bc 文件)的程序插桩，实现运行时信息的获取。插桩通过定义 LLVM 的 Pass 模块实现，Pass 模块的主要结构如程序 22-2 所示。

程序 22-2 Pass 模块

```
/*  instrument.cpp: 插桩模块,运行前在代码中注入探针调用 */
#include "llvm/Pass.h"
#include "llvm/IR/Module.h"
#include "llvm/IR/BasicBlock.h"
#include "llvm/IR/Constants.h"
#include "llvm/IR/DerivedTypes.h"
#include "llvm/IR/Instructions.h"
#include "llvm/IR/LLVMContext.h"
#include "llvm/Support/raw_ostream.h"

namespace {
  class FunctionTracer : public ModulePass {
    bool runOnModule(Module& module) {
        cerr<<"start instrumentation ... \n";

        Function* fmain = module.getFunction("main");
        if(fmain == 0) {
            errs()<<"WARNING: cannot profiling a module with no main function!\n";
            return false;
        }

        InsertRegisterFunctionProbe(module, fmain);
```

```
        InsertFunctionInvokeProbe(module);

        cerr<<"done \n";
        return true;
    }

  public:
    static char ID; //Pass identification, replacement for typeid
    FunctionTracer() : ModulePass(ID) {}
    void getAnalysisUsage(AnalysisUsage &AU) const { }
    virtual StringRef getPassName() const {  return "FunctionTracer";  }
  };
}

char FunctionTracer::ID = 0;
static RegisterPass<FunctionTracer> X("insert-function-tracer",
                                      "Insert function invoke tracer.");
```

一个 Pass 对应 C 程序字节码处理流水线中的一个步骤,可以获取到完整的待测程序代码信息,并对其进行修改。Pass 的概念与编译原理中词法分析、语法分析各为一个独立步骤("遍")的概念类似。通过继承 LLVM 中的基类 ModulePass,可以实现一个新定义的模块级 Pass。通过语句:

```
static RegisterPass<FunctionTracer> X("insert-function-tracer",
                                      "Insert function invoke tracer.");
```

可以生成名为 insert-function-tracer 的插桩用 Pass,其描述信息为"Insert function invoke tracer",实现代码在类 FunctionTracer 中。在 LLVM 的相关命令中添加适当的命令行参数,可以将该 Pass 载入到 LLVM 处理 C 程序字节码的管道流水线中。

本实验的 Pass 类 FunctionTracer 插桩字节码,收集函数调用顺序、参数指针是否为空、整数类型参数的取值范围等运行时信息。FunctionTracer 类中,重载的成员函数"bool runOnModule(Module& module)"允许对传入的 Module 进行处理。Module 对象存储一个待编译项目的中间表示。一个 Module 对象通常对应一个或多个编译单元,其中包括模块内的全局变量、函数等信息。

在新的 Pass 中,调用了两个本实验所编写的函数:InsertRegisterFunctionProbe(module,fmain),InsertFunctionInvokeProbe(module)。这两个函数的作用分别是插入函数注册探针和插入函数调用探针。函数注册探针对 Module 中定义的每个函数加入一个注册调用,以注册函数相关信息。函数调用探针插桩每次的函数调用,记录函数的实参信息。函数注册探针和函数调用探针实现在额外的运行时库中,其框架如程序 22-3 所示。

程序 22-3　探针运行时库框架

```
/* runtime.c: 探针运行时库 */

//函数注册探针: 作为一个简单示例,假设函数最多只有 1 个参数
```

```
void AddFunction(char * name, int param_num, char * param_name, char * param_
type){
  …
}

//函数调用探针：记录被调函数名称和参数
void InvokeFunction(char * name, int param_value){
  …
}
```

探针激活通过在被测程序中插入新的调用语句实现，以 InsertFunctionInvokeProbe()函数为例，具体的探针插入代码其框架如程序 22-4 所示。

程序 22-4　探针插入代码框架

```
/** 插桩函数调用。每个函数调用前都注入一个对外部 InvokeFunction 函数的调用 */
void llvm::InsertFunctionInvokeProbe(Module& module){
  LLVMContext& context = module.getContext();

  //InvokeFunction(char * name, int param_value)
  const char * probe_name = "InvokeFunction";
  PointerType * charPtrType = PointerType::get(IntegerType::get(context, 8), 0);
  Type * intType = Type::getInt32Ty(context);
  Type * retType = Type::getVoidTy(context);
  FunctionCallee probe_func = module.getOrInsertFunction(probe_name, retType, …);

  //遍历处理模块内的函数
  for(Module::iterator func = module.begin(), fend=module.end(); func!=fend;
  ++func) {
    if(func->isDeclaration()){
      continue;
    }
    //遍历处理函数内的基本块
    for(Function::iterator basic_block = func->begin(), bend=func->end();
        basic_block!=bend; ++basic_block){
      for(BasicBlock::iterator inst = basic_block->begin(), iend=basic_block->end();
          inst!=iend; ++inst) {
        //判断指令 inst 是否是函数调用
        if(isa<InvokeInst>(inst) || isa<CallInst>(inst) ){
          Instruction * invoke = dyn_cast<Instruction>(inst);
          CallBase * cs = dyn_cast<CallBase>(invoke);
          Function * f = cs->getCalledFunction();
          …
          //插入对探针函数的调用
          std::vector<Value * > args(2);
          args[0] = CreateConstantStringPtr(module, context, f->getName());
          args[1] = arg;
          CallInst::Create(probe_func, ArrayRef<Value * >(args), "", invoke);
        }
```

```
            }
        }
    }
}
```

探针插入过程首先遍历被测程序中的每一个函数、每一个基本块和每一条语句。如果一条语句是函数调用语句,即对应的语句类型为 InvokeInst 或 CallInst,那么在该语句前插入一个对探针函数 InvokeFunction()的调用,从而在被测程序执行的过程中记录下被调函数的名称和调用实参。在调用语句的创建函数 CallInst::Create()中指明创建位置,即程序 22-4 中的指令 invoke,即可自动实现插桩。

总体来看,插桩模块、探针模块和被测程序三者之间的关系如图 22-2 所示。插桩模块负责在被测程序中注入额外的对探针模块的调用。探针模块定义监控被测程序函数调用的具体逻辑。

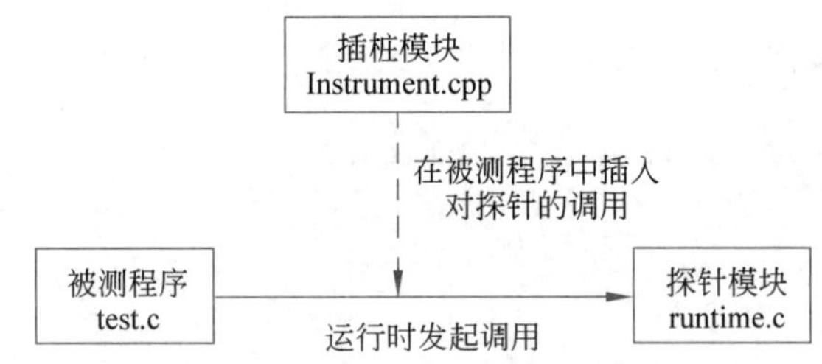

图 22-2　插桩模块、探针模块和被测程序三者之间的关系

探针的工作机理如图 22-3 所示。当被测程序执行到入口 main()函数时,会激发对 AddFunction()探针函数的调用,该探针函数登记程序模块中出现过的所有函数,无论其执行中是否被调用。登记的信息包括函数名称、参数个数、类型等。在被测程序对某个函数 func()进行调用时,将同步调用探针函数 InvokeFunction(),探针函数接收 func()函数的实参信息,对其进行记录和检查。

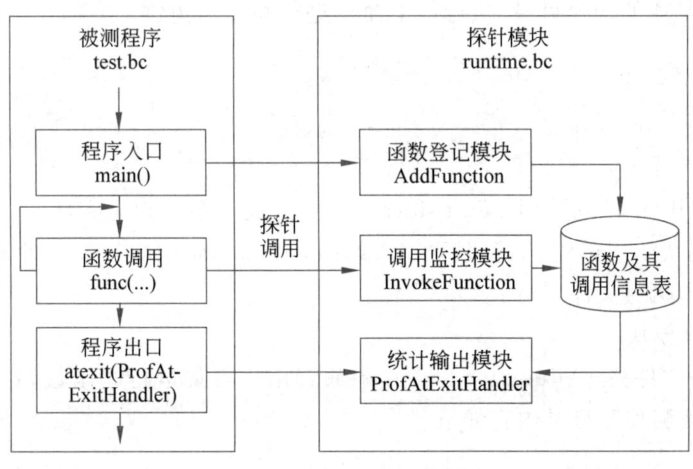

图 22-3　探针工作机理

在第一次调用 AddFunction()探针函数时,将对当前进程登记一个自定义的出口挂钩

函数 ProfAtExitHandler( )，该函数会在进程结束前被调用。运行完被测程序 test.bc，ProfAtExitHandler()函数被激活，该函数统计执行过程中的测试覆盖率等信息，并进行集中输出。

4. 编译和运行插桩程序，跟踪被测程序执行，并收集覆盖率等信息

本实验将把插桩模块 instrument.cpp 放置到 LLVM 源代码目录中的适当位置，并加入相应的 CMake 构建描述来生成插桩模块的可执行程序。具体步骤如下。

1）在 LLVM 源代码目录下(不是最终编译构建的那个目录)创建 Pass 项目

本实验中具体创建位置为：~\llvm-11.0.0.src\lib\Transforms\FunctionTracer。其中包含 LLVM 插桩 Pass 的实现代码和一个 CMake 构建描述，目录树如下。

```
+ FunctionTracer
  - instrument.cpp
  - CMakeLists.txt
```

CMakeLists.txt 文件中需要加入以下构建描述。

```
add_llvm_library(LLVMFunctionTracer MODULE
  instrument.cpp

  PLUGIN_TOOL
  opt
  )
```

为了让 LLVM 发现新加入的模块，在 FunctionTracer 目录外层~\llvm-11.0.0.src\lib\Transforms文件夹下的 CMakeLists.txt 构建描述文件中需加入如下代码行。

```
add_subdirectory(FunctionTracer)
```

2）完成新创建项目的编译，构建插桩工具

切换到 LLVM 的构建目录，执行如下命令进行编译和构建。

```
cd ~/llvm-11.0.0
cmake ~/llvm-11.0.0.src
cmake --build .
```

编译后，~\llvm-11.0.0\lib\Transforms 中会生成一系列构建文件，~\llvm-11.0.0\lib 目录下可以看到新生成的动态链接库 LLVMFunctionTracer.so。该文件即用来进行插桩的 Pass 对应的可执行文件。

3）编译探针模块

在被测程序文件夹~\FunctionTracer 中放置用于收集运行时函数调用信息的探针代码 runtime.c。被测程序目录内容如下。

```
+ FunctionTracer
    - runtime.c
    - test.c
```

运行 clang 命令，编译探针代码到 LLVM 字节码。

```
cd ~/FunctionTracer
clang -c runtime.c -emit-llvm -o runtime.bc
```

4）实施插桩，获得插桩后的被测程序

执行 LLVM 的 opt 命令，加载插桩模块 LLVMFunctionTracer.so，对被测程序的字节码 test.bc 实施插桩，得到包含对探针模块的调用的插桩结果 test2.bc。然后，将插桩后的程序与探针模块链接在一起，得到完整的包含运行时信息采集的新被测程序 test3.bc。具体操作命令如下。

```
cd ~/FunctionTracer
#对 test.bc 程序执行插桩动作，插桩后的结果保存在字节码文件 test2.bc 中
opt --load ~/llvm-11.0.0/lib/LLVMFunctionTracer.so -insert-function-tracer
    <test.bc>test2.bc
#将插桩后的待测程序和探针程序链接到一起，生成新的字节码文件 test3.bc
llvm-link test2.bc runtime.bc -o test3.bc
```

test3.bc 在执行时会自动运行探针模块，跟踪被测程序的执行。

5）运行插桩后的被测程序，监控程序执行并收集覆盖信息

执行插桩后的程序 test3.bc，可以开始跟踪被测程序的执行，监控函数调用参数，并统计测试覆盖率信息。具体命令如下。

```
cd ~/FunctionTracer
#运行插桩后结果，跟踪执行，并最终打印出函数级的覆盖信息
lli test3.bc
```

图 22-4 展示了插桩后程序的执行结果。该图前半部分为待测程序的正常输出，后半部分展示了待测程序中定义的函数列表、每个函数的调用次数、基本类型参数的取值范围、函数调用顺序，以及函数级的测试覆盖率等信息，这些信息都由探针程序获得。

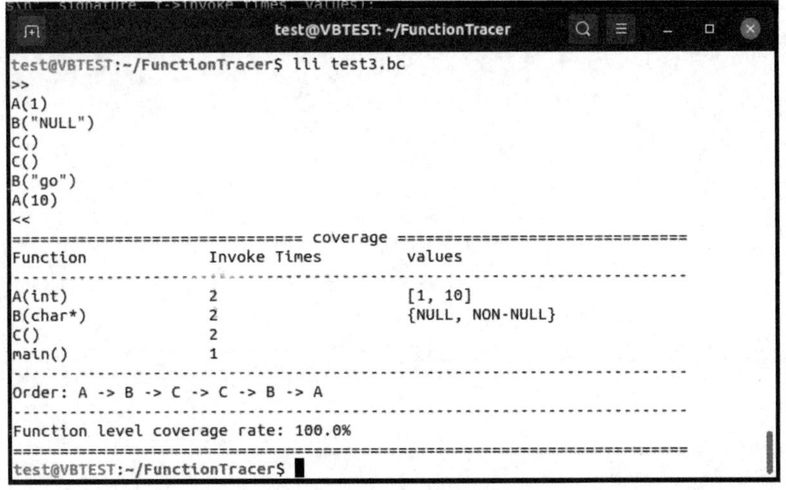

图 22-4　插桩后程序的执行结果

5. 总结与讨论

实验通过在LLVM字节码层面的插桩，成功获取了函数的执行次数、函数调用顺序、指针是否为空等信息，完成了规定的实验任务。

存在的不足和改进方向如下。

(1) 尚未实现对函数所有实参的监控。目前只支持监控函数第一个参数，未来需要增加对更复杂参数列表的处理。

(2) 仅支持对简单参数类型（如整数）的跟踪。未来需要考虑更多的参数类型，并分别加以处理。

(3) 输出结果仅支持控制台展示，未来可能需要将结果导出为文件，以方便后续的进一步分析。

(4) 本实验仅实现了一个原型工具，未考虑监控的性能等因素，插桩后的程序可能执行起来较慢，未来一方面需要优化插桩算法，减少不必要的探针注入，另一方面是优化探针模块的性能，降低执行开销，必要时可能可以考虑通过inline方式实现探针函数的注入，以避免函数调用的上下文切换代价。

附件资源

(1) 实验用被测程序代码。

(2) 插桩程序代码及编译配置。

参考文献

[1] LLVM. Writing an LLVM Pass [EB/OL]. 2020 [2022-02-20]. https://releases.llvm.org/11.0.0/docs/WritingAnLLVMPass.html.

[2] LLVM. Building LLVM with Cmake [EB/OL]. 2020 [2022-02-20]. https://releases.llvm.org/11.0.0/docs/CMake.html.

附　录　A

A.1　实验体系涉及的基本知识和能力

实验体系涉及的基本知识和能力如表 A-1 所示。

表 A-1　实验体系涉及的基本知识和能力

知识、能力与素养体系	涉及程度
(1) 工程知识：能够将数学、自然科学、工程基础和专业知识用于解决复杂工程问题	★★★★★
(2) 问题分析：能够应用数学、自然科学和工程科学的基本原理，识别、表达并通过文献研究分析复杂工程问题，以获得有效结论	★★★
(3) 设计/开发解决方案：能够设计针对复杂工程问题的解决方案，设计满足特定需求的系统、单元(部件)或工艺流程，并能够在设计环节中体现创新意识，考虑社会、健康、安全、法律、文化以及环境等因素	★★★★★
(4) 研究：能够基于科学原理并采用科学方法对复杂工程问题进行研究，包括设计实验、分析与解释数据，并通过信息综合得到合理有效的结论	★★★
(5) 使用现代工具：能够针对复杂工程问题，开发、选择与使用恰当的技术、资源、现代工程工具和信息技术工具，包括对复杂工程问题的预测与模拟，并能够理解其局限性	★★★★★
(6) 工程与社会：能够基于工程相关背景知识进行合理分析，评价专业工程实践和复杂工程问题解决方案对社会、健康、安全、法律以及文化的影响，并理解应承担的责任	
(7) 环境和可持续发展：能够理解和评价针对复杂工程问题的工程实践对环境、社会可持续发展的影响	
(8) 职业规范：具有人文社会科学素养、社会责任感，能够在工程实践中理解并遵守工程职业道德和规范，履行责任	
(9) 个人和团队：能够在多学科背景下的团队中承担个体、团队成员以及负责人的角色	★★★
(10) 沟通：能够就复杂工程问题与业界同行及社会公众进行有效沟通和交流，包括撰写报告和设计文稿、陈述发言、清晰表达或回应指令。并具备一定的国际视野，能够在跨文化背景下进行沟通和交流	★★★★★
(11) 项目管理：理解并掌握工程管理原理与经济决策方法，并能在多学科环境中应用	★★★★
(12) 终身学习：具有自主学习和终身学习的意识，有不断学习和适应发展的能力	★★★★

A.2 实验评价参考

一、基本评价方法

实验可以从通用性的案例选择、演示答辩、实验报告和针对具体实验项目的技术性角度对学生完成情况进行评价。表 A-2 列出了从通用性角度出发，达到“优秀”水平的评价标准，供学生开展实验时衡量自己的完成情况。

表 A-2 评价标准

考查点	衡量标准
案例选择	选用真实、复杂、具有个性化的应用程序等作为实验对象，体现测试现场面临的需要思考、探索才能解决的问题。 应避免选用那些教材、网络上广泛探讨过的案例对象
演示答辩	(1) 演示成功。 (2) 回答问题正确。 (3) 能够口头介绍实验亮点，并就有关问题交流观点
实验报告	(1) 报告规范、流畅，逻辑清晰，关键内容的说明翔实。 (2) 报告对实验中出现的问题进行了深入分析、总结，提出反映个人见解的观点，并基本正确(对探索性的讨论等，允许少量不够正确的论述)。 (3) 报告包含其他亮点(如方案、工具使用、问题表达等)。 (2)(3)满足一条即可

二、实验演示答辩

本教材建议通过演示答辩环节来确保实验得到有效开展，并对学生的能力掌握情况形成参考评估。

演示过程主要是抽查各项实验的具体实施情况，检查是否编写测试代码，测试代码是否能够正常运转等。

答辩环节可参考以下四类问题来考察学生的实际完成情况。

1. 技术性问题

技术性问题就实验所涉及的方法或原理展开提问，示例问题如下。

(1) 单元测试怎样检验模块的正确性？你的实验中采用的测试工具在此方面提供了哪些支持？

(2) Selenium 和 JMeter 都能够为 Web 应用录制测试脚本，驱动对 Web 应用的自动测试，你认为它们之间在应用和原理上有何区别？

(3) Jenkins 工具与软件测试有何关联？能够用其开展哪些类型的测试？

2. 印证性问题

印证性问题用于确保学生独立完成实验，深入了解实验开展细节。示例问题如下。

(1) 任意指出一处代码，请解释代码的具体作用。

（2）任意指出一个测试工具，请说明工具如何安装和使用。

（3）任意指出一处数据，指出数据的来源、含义和作用。

3. 回顾性问题

回顾性问题用于评估学生在实验过程中是否开展深入的总结与思考。示例问题如下。

（1）在你的单元测试过程中，耗费精力最多的地方在哪儿？回头看有何心得？

（2）测试过程中是否发现了待测软件或者其他相关软件的缺陷？谈谈你发现的一个缺陷，其成因是什么？是如何发现的？对应哪一类测试技术？

（3）你测试的×××软件其主要功能需求有哪些？是否有特殊规格要求？主要质量风险有哪些？

4. 讨论性问题

讨论性问题旨在考查学生在实验过程中是否开展批判性、创造性思考等，是否有自主查阅资料、学习扩展性知识。示例问题如下。

（1）使用测试管理工具的体验有哪些？就你过去开发过的软件而言，是否有必要使用 TestLink 这样的测试管理工具？支持用或不用的理由是什么？

（2）你了解哪些自动化测试相关的工具或技术？对于未来的自动化测试，你有哪些期待？觉得哪些方面可能可行？

（3）对于性能测试，你了解有哪些性能指标？对于日常的视频、游戏等应用，你认为还有哪些性能指标会比较重要？